Internet 治理及其经济后果研究

曾建光 著

科学出版社

北 京

内 容 简 介

互联网已经成为影响我国经济社会发展，改变人民生活形态的关键行业之一，对企业和企业利益相关者的行为产生了重要影响，也极大地改善了我国企业在公司治理方面所存在的问题。本书从我国上市公司引入 ERP 系统、中国特色大数据"拆迁大数据"、百度公司遭受黑客攻击等一系列事件出发，构建 Internet 治理框架，运用理论研究和实证分析的方法，探讨 Internet 治理与公司治理、微观经济、宏观环境等各个因素的相互影响以及经济后果，为 Internet 治理提供了全新的视角，具有丰富的现实价值和理论价值。

本书揭示了传统公司治理、公司财务与 Internet 相融合的一个崭新的方向：互联网大数据驱动的 Internet 治理。本书的读者对象包括企业各个层面和职能的管理者，尤其是高层管理人员，信息化从业人员，高等院校会计学、金融学、计算机等相关专业的研究人员、教师和学生。

图书在版编目(CIP)数据

Internet 治理及其经济后果研究/ 曾建光著. — 北京：科学出版社，2021.4

ISBN 978-7-03-067998-7

Ⅰ. ①I⋯ Ⅱ. ①曾⋯ Ⅲ. ①互联网络–管理–研究 Ⅳ. ①TP393.407

中国版本图书馆 CIP 数据核字 (2021) 第 021467 号

责任编辑：刘莉莉 / 责任校对：彭　映
责任印制：罗　科 / 封面设计：墨创文化

科学出版社 出版
北京东黄城根北街16号
邮政编码：100717
http://www.sciencep.com
四川煤田地质制图印刷厂印刷
科学出版社发行　各地新华书店经销

*

2021 年 4 月第　一　版　　开本：787×1092 1/16
2021 年 4 月第一次印刷　　印张：20 3/4
字数：490 000

定价：189.00 元
(如有印装质量问题，我社负责调换)

序　一

我们正处在信息技术日新月异、飞速发展，为经济社会所有领域带来急剧变化的时代。在微观层面，信息技术特别是 Internet，为研究者观察企业管理层的行为提供了很好的视角，也对观察人类日趋复杂和多样化的经济活动提出了新的挑战。

在财经管理领域，以数据为本的企业会计系统，对信息技术的变化和发展，反应最为敏感。从早期的独立会计电算化，后来一路前行，会计系统链接或嵌入到企业资源规划（enterprise resource planning，ERP）信息化整体架构，再到共享服务平台、互联互通财务云。可以说，伴随着进入到数字化时代生态系统的演变，企业会计-财务的传统体系，或主动或被动地转型，是定势。信息技术必将引致和推动企业会计-财务的深刻变革。当然，也对会计-财务人才的素质和胜任能力提出新挑战。IT 技术迅速渗透到企业运营管理的方方面面，管理软件加快升级换代，越来越多的基础会计工作转为自动化完成，人为设置岗位资格的障碍被突破，会计财务人员规模快速缩小，会计账务体系基本功能正在被推动着，从簿记报告拓延扩展到管理会计、内部控制和风险管理。

在这样的专业生态背景下，读到《Internet 治理及其经济后果研究》一书，内容很是应时。全书分为三篇十章，上篇谈 ERP 系统，中篇讨论互联网大数据，下篇分析信息安全隐患。

若干年前我曾经主持过一个国家自然科学基金课题"ERP 系统实施与企业绩效增长关系研究"，探索 ERP 系统实施提升公司绩效的机理。通过一定数量企业的问卷调查和案例企业实地考察，得到的认知是，实施 ERP 系统的公司之各项业绩指标，普遍优于未实施公司。进而通过关键使用者对 ERP 满意度的调查看，总体上说，ERP 改变企业内部流程，带来有形或潜在效益。最重要的是有助于提高管理层决策效率，改进决策效益。但是在不同规模、不同行业的企业，效果既不一致，也不平衡。

当企业单体实施和应用 ERP，进展到 Internet 互联互通共享服务云平台，迎来更高效率的同时，也将难以避免更大的不确定性，必须应对更多变化的风险挑战，待研究的管理和治理问题越来越多，越来越复杂。譬如"基于 ERP 的管理控制""Internet 治理"，都属于此类跨界相关问题，但是其概念内涵和内容外延，在 IT 和财经管理专业领域并无一致认识。

该书作者曾建光，在进入北京大学光华管理学院攻读会计学专业博士学位之前，大学期间在不同的专业领域学习，从事过多年软件开发工作。他对 Internet 自身及其应用，有着独特视角的理解和解读。他通过 Internet 平台信息，通过大数据等方法，获取相关的企业信息，据以观察企业管理层的行为特征的变化，称之为 Internet 治理。特别强调的是，观察和分析研究企业管理问题时，不应该局限于企业自身，还必须重视来自互联网的大数据。特别是在中国的制度经济环境下，Internet 治理具有重要的现实意义，对于我们理解公司治理、媒体治理以及企业社会责任，都具有更宽广的意义。

Internet 治理体现在企业所有方面。曾建光写作该书的重点在会计-财务系统，为会计学领域的研究进行了有益的尝试和拓展。希望他能够积极探索，用更深邃的思考，为我国本土会计研究增进更多的原创性。

王立彦

2019 年 10 月于北京大学

注：王立彦，北京大学光华管理学院教授，会计学专业博士生导师，中国注册会计师协会会员（CPA），美国管理会计师协会学术会员。兼任北京大学光华管理学院责任与社会价值中心主任，《中国会计评论》主编，《经济科学》原副主编，中国审计学会学术委员，中国会计学会环境会计专业委员会副主任。

序　二

Internet 治理及其经济后果一直是"互联网+"在会计与金融领域的热门话题。然而，Internet 作为一种技术，其本身不存在好与坏，更多的是观察使用者动机，如同 Ball 等 (2003)所验证，会计盈余质量更多受动机而不是准则的影响，尤其是 IT 类新技术如区块链技术在管理类领域中的应用，如物料需求计划(MRP)、ERP、可扩展商业报告语言 (XBRL)、财务共享中心等。从资源观视角，其核心竞争优势仅仅三年，此后每个用户引入同类技术后，其竞争优势不再(Brazel and Dang, 2008)。如世通公司通过 ERP 系统，将每年的一些费用通过"内部往来"科目化整为零，分散到各个子公司，如果没有 ERP 系统，或许它们不能如此大规模造假，也就不会有今日之萨班斯法案(SOX 法案)。

我国从 20 世纪 80 年代开始，"互联网+"在会计和金融中的应用，始于企业管理的物流操作系统，然后发展到 ERP，再到目前的财务共享系统。每次新技术的应用，必然会有研究跟进，探讨其实施成功因素、经济后果等，尤其以经济后果研究为甚。如 ERP 实施的经济后果的文章不断出现。

遗憾的是，与 Internet 相关技术在会计领域的应用，至后来的 ERP 和 XBRL 的应用相关的研究则稍显寂寞。因其不如探寻公司治理其他要素复杂，其经济后果的验证相对容易，研究方式、方法也相对简洁，大多数的结论都是基于"是"和"否"。因而，环顾世界范围内的会计信息化领域研究者，较少有学者关注 Internet 治理。就以全球最具影响力的会计会议——美国会计学会年会为例，每年入选美国会计学会年会与 Internet 相关的学术论文为数甚少。同样，发表在会计学领域影响力前五名的期刊上与 Internet 相关的学术论文也是屈指可数。由于 Internet 技术发展迅猛，各种新技术、新名词层出不穷。作为一个相关研究的学者，也就必须与时俱进，迅速跟进。

而我出身于会计，不敢谈会计信息化，更不敢奢谈 Internet 治理。建光命我写读后感，推脱再三，然坚持命题作文，只能屈从。

基于上述诸种缘由，建光教授能够十多年如一年关注 Internet 治理及其经济后果，并有诸多优秀成果发表于《经济研究》及世界顶级杂志，说明其研究已达至顶尖水平。这或许缘于作为一个码农出身的会计学教授，兼具信息技术与会计专业知识，且具有丰富的编程实务经历，从事会计理论研究多年，对信息技术与会计同样深入内心，方能写出如此颇具分量的专著。

专著上篇从 Internet 治理视角出发，用三章篇幅验证了 ERP 实施效果，观察公司内部信息技术应用产生的经济后果。首先探讨了影响 ERP 实施的影响因素，以及影响企业代理成本的路径，发现 ERP 实施降低了代理成本。记得联想集团为了引入 ERP，曾经撤换了多位不愿意引入 ERP 的中层干部，最后才成功引入，所以，ERP 被称为一把手工程。ERP 实施降低代理成本，其实更多是将内部控制固化于信息化软件，导致代理成本降低。

ERP 系统影响管理层行为，尤其是中层干部行为，因为限制或约束的主要是中层干部，高管层如果舞弊，如世通公司，再好的信息技术也无法阻止其操纵。曾有研究认为，ERP 抑制了企业盈余管理行为，也有研究认为加剧了盈余管理行为，而我的理解是，从总体上看，能够更好抑制应计盈余管理，而真实的盈余管理根本无法抑制，因为真实盈余管理本身也很少引起诉讼风险，管理层只要愿意，在应计盈余管理风险加大情况下，只要有动机操纵，自然会采用真实盈余管理。因为将内部控制流程固化于信息系统，ERP 理应使内部控制更加有效，毕竟只有少数管理层才有可能修改或操纵软件。ERP 影响用户的投资效率，包括过度投资与投资不足，我也曾经做过这方面的研究，可见研究视角相异，结果殊途同归。

近日参访大连的中国华录集团有限公司，他们提出数据湖概念。未来的竞争乃数据竞争，该集团利用制作光盘技术种植蔬菜，利用电力控制温度、湿度、阳光，生产无菌高端菜品，全程自动化控制。那么 IT 技术全程应用到整个公司生产流程中，后端管理也是全程自动控制，Internet 治理如何发挥治理作用？有一种深深的无力感。我们人的存在作用与价值，尤其是我们的 Internet 治理作用，还需要人工吗？审计还是稽核，我们人的功用在何处？

专著中篇为互联网大数据对公司治理的影响，从公司外部大数据的视角研究如何影响公司内部的公司治理，它是上篇从公司内部应用 ERP 视角展开讨论后的自然延伸。从互联网技术是否以及如何降低代理成本入手，再分析其对公司盈余质量的影响，进而影响公司资本结构，最终影响公司价值。专著层层递进，从技术到经济后果，抽丝剥茧，逻辑严密。互联网技术进步，使得信息瞬间传到所有利益相关者手中，任何正面与负面新闻都会引起市场波动，公司管理层必须在这一外部约束条件下经营，因而其机会主义行为必须得到更多的自我约束或自我裁决，否则在经理人市场上，其声誉会受到严重影响，因而降低整个公司的代理成本。外部投资者也会利用互联网上发布的各种公司消息进行判断与决策，与之前相比，更加迅速掌握更多公司信息，资本市场更可能是半强式有效。记得 20 世纪初，一些投资者为了更快掌握投资决策信息，甚至是为了超前几秒钟掌握信息，专门在美国芝加哥与纽约之间拉一条电话线路，在当时对大的机构投资者起到很大作用。今天一些公司在交易所周围甚至交易所里面租专门的办公室，也是为了掌握尽可能多且快的信息。可见，信息技术的发展，使得各投资者之间的信息掌握时间差越来越小，投资者之间获利差异更多的可能是来自其个人特质或禀赋，而不是显示公司的信息获取时间差，资本市场越来越向次强式有效发展。

公司管理层考虑到投资者这种反应速度，其应计盈余管理行为更可能被投资者快速发现，那么他们还是否愿意如以前一样操纵盈余呢？至少操纵程度应当有所减弱或具有更多敬畏心吧。相信建光教授也是这样认为的。

美国的教授 Modigliani 和 Miller(简称 MM)于 1958 年 6 月发表于《美国经济评论》的《资本结构、公司财务与资本》一文中所阐述基本思想为，在不考虑公司所得税，且企业经营风险相同而只有资本结构不同时，公司的资本结构与公司的市场价值无关。或者说，当公司的债务比率由 0 增加到 100%时，企业的资本总成本及总价值不会发生任何变动，即企业价值与企业是否负债无关，不存在最佳资本结构问题。1963 年 MM 发表另一篇文章，即修正的 MM 理论(含税条件下的资本结构理论)，在考虑公司所得税的情况下，由于负债的利息是免税支出，可以降低综合资本成本，增加企业的价值。因此，公司只要通过财务杠杆利益的不断增加，而不断降低其资本成本，负债越多，杠杆作用越明显，公司价值越大。当债务资本在资本结构中趋近 100%时，才是最佳的资本结构，此时企业价值达到最大，最初的 MM 理论和修正的 MM 理论是资本结构理论中关于债务配置的两个极端看法。互联网技术发展会对这两个理论产生什么影响呢？推至极端情况，资本市场是完全强式有效，MM 理论更有价值还是修正的 MM 理论更有价值呢？建光教授应当很好地回答了这一问题。

当然，由于大数据技术应用，收集数据还是存在诸多困难，一些单位或个人存在着资源禀赋的差异，上述假设前期不存在，因而需要我们更多的讨论。我想是否有超强计算机，可以计算出这种差异，并找到解决办法，或许这两种理论又有不同解释。但是每秒运算速度高达亿次的计算机可能也无法把个人情感计算出来。所以，互联网技术对资本结构产生影响是必然的。

互联网诞生本身就产生了诸多互联网新贵，BAT 在中国资本市场的影响无人能及，但是其产生的溢出效应也是巨大的。马云的"让天下没有难做的生意"，使得中国的县级以下小镇也知道互联网+，或者开网店。这本身就是互联网产生的市场价值或者提升了公司价值。褚橙的销售得益于互联网，互联网因实体店的应用而增值，相辅相成，相得益彰，使得具有后发优势的中国在互联网市场占有举足轻重的地位。尤其是互联网体现的公平、公开、公正的原则，国有企业在竞争激烈的互联网市场中未能通过国家大力投资占有优势，使得民营经济在互联网中占得先机，这种草根经济野蛮生长，加速形成了更多的互联网新贵。难道这不正是互联网在提升企业价值吗？当然，互联网产生的集聚效应其实很难完全分离计算出其精确数字，但是我们通过前后对比或 DID 部分解决这一难题，从总的趋势回答了互联网大数据带来的公司价值增值。

专著下篇为信息安全风险与相关问题分析。Internet 相关技术发展，带来大量的信息安全隐患。Python 技术的发展也诞生了大量的反爬技术。正所谓道高一尺，魔高一丈，相互竞争，推动着技术的进步，这确实有点黑色幽默，但是事实正是如此。信息安全漏洞，要求我们更多地加强内控，内控更有效，尤其是有关信息安全的内部控制制度的完善，有利于堵塞信息安全漏洞。当然，关键是出现信息安全漏洞更有可能完善相关的内部控制制度，而不是先想到内部控制制度，再来考虑安全漏洞。这也正应了一句话，文明是血与火焠聚的。与信息安全相关的内部控制一定是在一个个信息安全漏洞发现后才可能完善的。

互联网金融的定价考虑到信息安全可能存在的风险，而近年出现的校园网贷陷阱可能更有参考价值或意义，尽管这实在有违金融本义，属于打击之列。如何解决双方或多方信任问题，需要理论上探讨或技术上完善。高风险高回报，但是出现如此之多的网上跑路，实在值得我们警示，风险不小，风险太大。如何防范，尚无良策。建光教授在这方面深入分析与论证，相信对实务部门也会有一定参考价值。

如何审计信息安全呢？信息系统审计师(CISA)考证如此火热，更多的也仅仅是一种口号，真正的作用发挥还需要假以时日，实难预料。该书在这方面也有较好的讨论。

AI 与区块链技术如火如荼，最近区块链技术上升到国家战略，如何发展有待观察。建光教授在这方面也有所涉猎。相信建光教授的下一部专著将在这方面带给我们更多的惊喜。

该书理论厚实，实务接地气，兼具实务参与与学术理论价值，对理论工作者与实务工具者都有很强的参考价值。强烈推荐对会计信息化有兴趣的读者仔细品读。

陈宋生

2019 年 11 月于北京理工大学

注：陈宋生，博士，教授，博士生导师，北京理工大学管理与经济学院会计系主任，具有注册会计师、高级审计师资格。先后毕业于江西财经大学、中国人民大学，获管理学(会计学)学士、硕士和博士学位。从北京大学博士后出站后从事教学工作，美国南卡罗来纳大学、德国卡尔斯鲁厄大学、新加坡国立大学高级访问学者。曾长期从事政府审计实务工作，有丰富的审计实务经验。担任中国审计学会教育分会副秘书长、中国内部审计协会准则委员会副主任、财政部全国会计学术类领军人才、北京市优秀人才。曾多次获得中国会计学会优秀论文奖。

前　　言

自从互联网普及以来，经济生活的各个方面都或多或少地与互联网技术联系交融，如今，互联网已经成为影响我国经济社会发展，改变人民生活形态的关键行业之一，对企业和企业利益相关者的行为产生了重大影响，也极大地改善了我国企业在公司治理方面所存在的问题。

从二十世纪九十年代后期开始，受成熟市场上信息技术开始逐渐普及的影响，我国企业开始认识 ERP 并开始尝试实施 ERP。截止到 2006 年，我国企业基本完成了从认识 ERP 到 ERP 的导入过程，ERP 系统的实施很大程度上补充并优化了我国上市公司的公司治理。随着 ERP 系统等各式各类的基于互联网技术的管理系统的广泛使用，Internet 成为企业利益相关者进行信息共享、信息获取、相互沟通以及社会网络的低交易成本的常用虚拟平台。此时，互联网用户的网络关注度更加广泛深刻地影响到微观企业的决策及其行为，通过对互联网大数据的处理分析，企业得以更有效地管理各类业务活动，我国上市公司的公司治理逐步转向 Internet 治理。然而，信息技术是一把双刃剑，它在推动社会经济高速发展的同时，也带来了许多安全隐患。因此，在公司治理已经普遍嵌入了信息技术，逐步步入Internet 治理的今天，重视内部控制、外部环境中的信息技术风险是现代企业进行内部控制建设时必须考虑的重要因素之一。

本书从我国上市公司引入 ERP 系统、中国特色大数据"拆迁大数据"、百度公司遭受黑客攻击等一系列事件出发，研究 ERP 系统、互联网大数据以及信息安全隐患对代理成本、资本结构、投资效率等公司治理问题的影响，深入探讨 Internet 治理的影响和经济后果。

本书研究发现如下：

（1）在 ERP 系统的实施方面。其一，实施 ERP 系统对我国上市公司的代理成本具有影响。实施了 ERP 系统的公司，其代理成本显著降低，但对国有控股公司而言没有显著影响。其二，ERP 系统的实施对我国上市公司的盈余管理具有影响。公司实施 ERP 系统的前三年内，其应计盈余管理程度没有发生显著变化，而真实盈余管理在 ERP 系统实施两年之后显著上升；对于国有控股公司而言，在开始实施的前两年内，其盈余管理程度显著提高，但其真实盈余管理却没有发生显著变化。其三，实施 ERP 系统对我国上市公司的投资效率具有影响。在 ERP 系统开始实施的当年，上市公司的投资效率显著下降，过度投资显著提升；而对于亏损公司而言，在实施 ERP 系统当年和 ERP 正式采用之后，其投资效率显著下降，投资不足显著恶化。此外，按照自由现金流的高低进行分组之后，在自由现金流高组中，实施了 ERP 系统的上市公司，其投资效率在第二年之后显著下降；

而在低自由现金流高组中，实施了 ERP 系统的上市公司，其投资效率没有发生显著变化。

(2) 在利用互联网大数据的 Internet 治理方面。其一，Internet 治理对我国上市公司的代理成本和资产负债率具有影响。Internet 治理越好的地区，代理成本越低，上市公司的长期资产负债率越低，而短期资产负债率却更高。但在无 Internet 治理的地区，上市公司的长期资本负债率不受市场择时的影响。其二，从中国特色大数据"拆迁大数据"可知，拆迁关注度与我国上市公司的盈余管理存在相关关系。在正向应计盈余管理方面，拆迁关注度与应计盈余管理的程度负相关；在负向应计盈余管理方面，拆迁关注度与应计盈余管理的程度正相关；由"四大"审计的公司和代理成本较高的公司，拆迁关注度与应计盈余管理的程度不存在显著相关性。其三，拆迁关注度对我国上市公司的公司价值具有影响。在拆迁关注度越高的地区，企业管理层受到利益相关者的社会责任要求的压力越大，管理层履行社会责任越多，上市公司的公司价值也越高；但地方国有上市公司的公司价值增幅较小；对于已亏损的央企上市公司而言，其公司价值增幅则更小。

(3) 在信息安全问题方面。其一，现代企业在进行内部控制建设时必须重视内部控制中的信息技术风险。其二，投资者的网络安全风险感知对风险定价具有影响。投资者的网络安全风险感知越高，要求获得的风险补偿也越高；并且移动互联网端较 PC 端投资者的网络安全风险感知要求的风险补偿更高。其三，安全漏洞对内部控制、年报及时性具有影响。危急型和高危型的信息安全漏洞对于年报的及时性具有积极正面影响，而中危型和低危型的信息安全漏洞对于年报的及时性具有负面影响。其四，安全漏洞对我国资本市场具有影响。危机型安全漏洞或者高危型安全漏洞发生的频度与信息风险呈显著正相关；高危型安全漏洞发生的频度与审计风险呈显著负相关；而中危型安全漏洞或低危型安全漏洞发生的频度与信息风险呈显著负相关，与审计风险呈显著正相关。对于由"四大"审计的大公司而言，安全漏洞发生的频度与审计溢价呈显著正相关。

本书的研究意义在于：

(1) 理论上，本书的研究对 Internet 治理相关的理论问题探讨具有深刻意义，特别是对我国企业的 Internet 治理的理论研究和发展具有深刻意义。第一，本书从互联网技术和大数据的视角，考察了 Internet 治理对我国上市公司的代理成本、公司价值、投资效率、风险定价、资本市场等的影响，丰富了代理成本、公司价值、投资效率、风险定价、资本市场等相关领域的文献理论。第二，本书也为宏观政策的微观传导机制提供了新的分析视角和解读，如 Internet 治理对于企业信息披露策略、公司治理的影响的传导机制，进而在一定程度上破解"中国之谜"，为之提供了一个微观经济学的实证证据。第三，本书构建了新的公司治理架构，对于考察和剖析 Internet 治理与公司治理的相互作用具有一定的理论意义。

(2) 实践上，本书的研究为企业管理层、员工、投资者乃至宏观政策的制定者和监管当局提供了一定的可行建议和实际指导。我国上市公司存在公司治理效率较低、信息技术的重要性不断增强等特点，而 Internet 治理的研究则对我国上市公司的公司治理和长久发展具有重要作用。本书关于"Internet 治理究竟是如何影响公司治理的？其内在的作用机理如何？对于不同产权性质的公司而言，Internet 治理对于现有的公司治理和媒体治理的影响又会出现怎样的变化？Internet 治理如何强化企业内部控制实施的有效性？"等这些问题的研究都具有重要的现实意义。例如，本书研究发现，投资者和政策的制定者，特别是监管当局，不仅仅需要关注传统媒体的舆情涨落，也需要关注 Internet 用户自发形成的虚拟社区所折射出来的投资者利益保护诉求。

总之，随着互联网、大数据、区块链等新兴信息技术的不断兴起，越来越多的企业开始在内部控制和外部沟通等各类管理系统中引入互联网技术。目前，基于 Internet 技术构建 Internet 管理平台完善企业的公司治理已是大势所趋。基于此，本书创新并丰富了公司治理理论构架，探讨 Internet 治理与公司治理、微观经济、宏观环境等各个因素的相互影响以及经济后果，为 Internet 治理提供了全新的视角，具有丰富的现实价值和理论价值。

本研究的部分成果为国家自然科学基金面上项目"Internet 治理与企业信息披露策略研究：理论、实证检验与应用"（编号：71572152）的阶段研究成果。本研究的部分成果还得到了重庆市留学人员回国创业创新支持计划项目（创新类）"区块链技术与财务报表审计过程中的 IT 审计风险识别"（项目编号：cx2019154）、重庆市留学人员回国创业创新支持计划项目（创新类）"区块链技术与重庆市营商环境持续优化研究"（项目编号：cx2020119）、2020 年重庆市社会科学规划项目"重庆市营商环境的持续优化与加快推进新基建研究"（项目编号：2020YBGL80）、重庆大学中央高校基本科研业务费项目（科研平台与成果培育专项）"利率政策影响居民杠杆率决策的神经经济学机理研究"（编号：2019CDJSK02PT18）和重庆大学教学改革研究项目（一般项目）"区块链技术与会计学教学变革研究"（编号：2019Y04）的资助。

此外，我的博士生严江南同学认真负责的工作，以及科学出版社刘莉莉编辑的辛勤付出，使得这本书可以顺利出版，在此表示感谢。

作 者

2020 年 12 月

目　　录

中篇 互联网大数据篇

第1章 信息技术进步与 Internet 治理前沿：公司治理的一个新架构

1.1 Internet 治理

1.1.1 Internet 治理概述

2014 年 11 月 19 日，习近平在首届世界互联网大会贺词中指出："以信息技术为核心的新一轮科技革命正在孕育兴起，互联网日益成为创新驱动发展的先导力量，深刻改变着人们的生产生活，有力推动着社会发展。"近些年来，互联网在我国得到迅速普及(图 1-1)。互联网已经渗透到经济生活的各个方面，已经成为影响我国经济社会发展，甚至是改变人民生活形态的关键行业之一，对企业和企业利益相关者的行为产生了重大影响。如某微博炫富事件，导致红十字会公信力严重受挫，拖累筹款数额暴跌[1]。如何扭转该事件背后的公众不信任感，正如红十字会原副会长赵白鸽所言，相对应的改革办法便是成立"社会监督委员会"，建立健全法律监督、政府监督、社会监督和自我监督于一体的监督体系[2]。

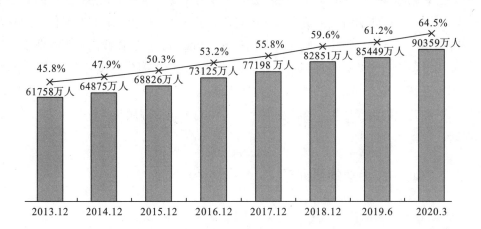

图 1-1 中国网民规模与互联网普及率[3]

---

[1] 中国新闻网，2013-06-17，赵白鸽:突出核心业务 否则组织没有存在的必要
   https://www.chinanews.com/tw/2013/06-17/4933084.shtml
[2] 中国青年网，2012-12-08，中国红会成立社会监督委员会 成员人选未公示
   http://d.youth.cn/shrgch/201212/t20121208_2693594.htm
[3] 中国互联网络信息中心，2020-04-28，第 45 次《中国互联网络发展状况统计报告》
   http://www.cnnic.net.cn/hlwfzyj/hlwxzbg/ hlwtjbg/202004/P020200428596599037028.pdf

另外，根据淘宝网的统计，截至 2013 年，淘宝网拥有近 5 亿的注册用户数，每天有超过 6000 万的固定访客，同时每天的在线商品数已经超过了 8 亿件，平均每分钟售出 4.8 万件商品。这些数据表明，互联网和电子商务正在改变企业的生产经营方式和企业边界；企业的发展越来越依赖于对互联网的充分认识和有效利用；只有准确把握这一趋势，企业才能在新的竞争格局中适时调整战略，求得生存和发展。总之，互联网不仅改变了企业的外部环境，企业内部环境也因此而发生重大变革，主要表现在宏观经济政策、公司治理结构、公司治理、企业绩效等方面。

在互联网得到普及的情况下，互联网平台成为企业利益相关者进行信息共享、信息获取与相互沟通的平台，并形成社会网络的低交易成本的虚拟平台。因此，互联网用户的网络关注度能够影响微观企业的决策及其行为，对微观企业的决策及其行为具有治理作用，即 Internet 治理（曾建光等，2013），其内涵主要包括两个方面：一方面是，企业利益相关者通过互联网平台进行信息分享，通过相关的互联网应用，如微信、百度、Google、微博等，使得他们拥有更多关于上市公司运营的信息，有效降低企业利益相关者搜集和鉴定信息的成本，促使他们更理性地投资，因此，互联网平台构成了市场经济的必要制度机制；另一方面，企业利益相关者通过互联网平台进行相互沟通形成企业利益相关者的社会网络，企业利益相关者之间就能凝聚起来形成力量，也就能够联合起来通过影响公司政策制定者的声誉等，对公司政策的制定和实施施加影响，因此，由互联网平台形成的力量是公司治理的重要组成部分之一。

国际上对 Internet 治理的研究正在展开，并成为重要的学科增长点，国内的一些学者也正在跟进。对于正处于居民消费升级和信息化、工业化、城镇化、农业现代化加快融合发展的转型期的我国来说，由于制度背景的差异，Internet 治理在我国微观企业中的治理作用与成熟市场的研究结论可能存在差异。因此，在我国特有的制度背景下，Internet 治理如何影响我国企业公司治理策略？其内在机制是什么？特别是如何充分利用 Internet 治理发挥更加有效的治理作用，改善我国上市公司的公司治理质量，是值得深入研究和探索的问题。

1.1.2 Internet 治理的研究意义

1. 理论意义

近年来，随着信息技术应用及其创新的不断加快，特别是互联网技术及其应用的迅猛发展，Internet 治理对于微观企业行为的影响日益成为学术界关注的热点问题，特别是在我国媒体管制的大背景之下，Internet 治理对于我国企业的公司治理影响日益增强。但是，现有的研究还存在诸多需要进一步系统研究与探讨的理论问题。

第一，关于 Internet 治理的很多核心问题还没有形成系统性的理论架构，例如，Internet 治理的机制创新和社会网络创新分别是如何影响微观企业主体的决策；Internet 治理对于微观企业行为的作用机理是什么，与现有的媒体治理的作用机制的异同；Internet 治理的效率决定因素包括哪些，企业如何优化自身的公司治理策略以缓解代理问题等，都有待在理论上进一步进行系统性的探讨与研究。

第二，宏观经济政策会影响微观企业行为(Carling et al.，2004；Klein and Marquardt，2006；姜国华和饶品贵，2011；饶品贵和姜国华，2013)，但是，在互联网时代，Internet 治理是否会影响宏观经济政策的微观传导机制，如果会，它的作用机理和效率如何，企业又是如何调整其公司治理策略以反映宏观经济政策的影响，这些都有待进一步研究。中国经济在过去的三十多年里获得了飞速发展，一直保持了较高的经济增长速度，而与之相对应的我国制度设计及其制度实施质量却一直受到西方主流经济学家的诟病。现有的主流西方经济学理论无法很好地解释这种制度发展滞后与经济高速发展的现象，即"中国之谜"(蔡昉，2014)。"中国之谜"的提出为我们重新审视中国经济的发展提供了一个宏观经济学的视角，林毅夫(2010，2012a，2012b)和蔡昉(2014)等从宏观的视角，如制度红利、改革红利、比较优势等，给出了非常有建树性的理论分析和实证证据。但是，就作为宏观经济细胞的微观企业而言，在面对这些不完善的制度和较差的实施质量时，作为理性人的管理层，在 Internet 治理之下，其公司治理策略究竟有何变化，也即制度红利、比较优势等的微观基础究竟是如何发生作用的？

不可否认的是，中国经济高速发展的动力源泉之一是微观企业的健康发展。作为宏观经济细胞的微观企业，在面对这种制度设计与制度实施质量存在缺损的情景之下，其微观经济行为同样也需要符合微观经济学的逻辑。按照现有的微观经济学的逻辑，企业的发展离不开资本市场，中国经济发展的良好态势，促进更多的企业需要通过资本市场获得足够的资源；但是，在我国特有的制度环境之下，作为确保资本市场健康发展的相关制度，尤其是制度实施质量却一直不太令人满意，我国法律规定和法律实施的进展缓慢，投资者也处于弱保护状态(Allen et al.，2005；Pistor and Xu，2005；陈志武，2005；杜巨澜和黄曼丽，2013)。另外，各地经济与文化的差异、城乡二元化结构以及政府政绩考核的锦标赛特征等(周黎安和陶婧，2011)，导致媒体治理的治理效应不足，我国公司治理的整体水平偏低，也没有得到实质性的改观，制度实施的交易成本也没有发生根本性的变化。吴联生等(2007)通过比较我国上市公司与非上市公司的盈余管理程度后，发现非上市公司盈余管理程度在时间序列的分布上比较平稳，但上市公司盈余管理的幅度与频度则在时间序列上却不断增大。王亚平等(2005)认为是资本市场提高了公司的盈余管理程度。这些都与我国资本市场得到迅猛发展的现实看似相悖。因此，本书需要循着宏观政策的微观传导机制，通过考察低交易成本的 Internet 治理对企业公司治理策略的影响，以提供对这种传导机制的新的视角的阐释。

第三，Internet 治理与媒体治理和公司治理究竟是如何相互作用的。La Porta 等(1998，1999，2000)认为，在投资者保护较弱的国家(地区)可能存在某些投资者保护的替代机制。Francis 等(2003)通过实证跨国研究更深入地检验了 La Porta 等(1998，1999，2000)的观点。Ball 等(2003)、陈胜蓝和魏明海(2006)与潘妙丽和蒋义宏(2009)根据以上研究的思路认为,在我国投资者保护较弱的地区的上市公司,会计系统也具有补偿和替代作用。但是,他们提出的替代机制可能存在三个问题:一是,对于企业利益相关者来说,会计系统也是一种投资者保护制度,那么,在投资者保护较弱的地区,会计系统也就可能存在着被管理层轻视的可能,也就是说,会计系统也存在着替代失灵的可能和内生性的问题。二是,在会计系统存在着替代失灵的情况下,是否存在其他的非制度的替代(补充)机制?由于非制度性的替代机制不具有制度的特征,这样的替代机制更是一种更长效的替代(补充)机制,也是一种促使制度日趋完善的有效机制。三是,随着 IT 技术,特别是互联网及其相关应用的普及(如微博、微信等社交网络,搜索引擎的用户搜索行为,网络购物实时评价),互联网的显性或隐性的社会作用具有治理作用,也即,Internet 治理能够影响微观企业的公司治理策略制定及其相应的经济后果。Internet 治理的存在为我们考察和剖析 Internet 对于各种现有不完善制度的影响因素对公司治理的作用途径、动态调整过程和内在机理等提供了一个良好的观测环境和视觉。

以 Internet 技术为保障、网络交易为平台的 Internet 行业的崛起成为这几年来中国公司发展的一大特色,互联网公司的蓬勃发展为我国公司治理理论的发展及其评价提供了新的极富理论创新意义的研究领域。像阿里巴巴公司采用的合伙人制度这样的治理机制,在进行评价时必须要结合互联网行业的特点,对评价的指标与技术手段进行相应革新,才能适应不断变化着的 Internet 治理的现实。

2. 实践意义

中国互联网络信息中心(CNNIC)在北京发布的第 35 次《中国互联网络发展状况统计报告》(2015 年 1 月)显示,截至 2014 年 12 月,中国网民规模达 6.49 亿,全年共计新增网民3117 万人。互联网普及率为 47.9%,较 2013 年底提升了 2.1 个百分点。2013 年 8 月 1 日,国务院印发了《"宽带中国"战略及实施方案》,强调加强战略引导与系统部署,推动我国宽带基础设施快速健康发展,加大光纤到户、宽带进入乡村和公益机构宽带接入力度。我们可以预见,未来网络基础设施服务能力将进一步提升,也将推动中国网民规模的持续增长和网络应用的普及深化,促进我国互联网技术发展与应用创新。国务院在 2013 年 8 月 8 日发布了《关于促进信息消费扩大内需的若干意见》,意见提出:到 2015 年,信息消费规模超过 3.2 万亿元,年均增长 20%以上,带动相关行业新增产出超过 1.2 万亿元;其中基于互联网的新型信息消费规模达 2.4 万亿元,年均增长 30%以上;基于电子商务、云计算等信息平台的消费快速增长,电子商务交易额超过 18 万亿元,网络零售交易额突破 3 万亿元;其次,互联网与传统行业结合更加紧密,如互联网购物、物流、在线支付和互联网金融等方面均有较好的应用和发展;再次,互联网应用塑造了全新的社会生活形态,对人们日常生活中的衣食住行和理财均有较大改变,如微信、互联网金融、淘宝等。

根据梅特卡夫定律(Metcalfe's Law)可知:网络价值随着网络用户数量的平方数增加

而增加。在中国如此庞大的 Internet 用户之下，互联网的价值不可低估，如余额宝这一互联网理财产品成就天弘基金成为国内第一大基金。随着我国互联网普及率逐渐趋于饱和，我国互联网已经从"台式电脑和笔记本电脑接入互联网"阶段发展到"使用智能手机接入无线互联网"阶段。特别是近些年来，国家政策的有力支持和整个社会经济环境的变化进一步加速了"使用智能手机接入无线互联网"阶段的发展，这一新阶段的出现，使得更多的普通民众成为企业更为直接的利益相关者，这为 Internet 治理提供了更广泛的企业利益相关者基础、企业利益相关者社会网络基础和信息来源基础，也为 Internet 治理奠定了更多的数据基础，为我们深入研究 Internet 治理提供了极大的便利性。

随着我国经济的发展，对于处于经济转型期的我国公司治理而言，特别是在我国特有的制度背景(如一股独大)和媒体管制的环境之下，我国 Internet 治理就显得非常有现实意义。2014 年 11 月 23 日南开大学中国公司治理研究院发布的《2014 中国公司治理评价报告》显示：Internet 技术正在公司治理实务中扮演越来越重要的角色；Internet 技术的不断进步为公司治理机制的设计和运行提供了非常大的发展空间，如网络投票系统的实施，使得中小股东拥有了一个相对可靠的维护自身利益的工具，这对于解决中国公司治理实务中的大股东对中小股东利益侵害问题无疑是十分有帮助的。

目前，我国公司治理总体的有效性还是偏低，在诸如中小投资者保护、董事会运作效率和经理层激励约束等方面仍有较大的提升空间。我国正处在经济转型期，公司治理有效性的不足，很可能会导致整个微观经济发展的有效性不足，而 Internet 治理的出现，为创造制度红利提供了可能。由于我国市场规模庞大，并且正处于居民消费升级和信息化、工业化、农业现代化、城镇化加快融合发展的阶段，Internet 在整体经济社会中的作用日益突出，对企业利益相关者和微观企业主体的影响也日益加剧，不可避免的是，Internet 治理对我国公司治理也产生了重大影响。那么，在我国制度实施质量较差，投资者保护较弱的市场上，Internet 治理究竟是如何影响公司治理的？其内在的作用机理如何？对于不同产权性质的公司而言，Internet 治理对于现有的公司治理和媒体治理的影响又会出现怎样的变化？Internet 治理如何强化企业内部控制实施的有效性？等。这些问题都具有重要的现实意义。

总之，本书拟通过系统研究 Internet 治理影响微观企业公司治理策略的内在机理、效率决定和优化路径等，试图回答以下问题：面对 Internet 治理，微观企业公司治理行为会出现怎样的调整与反应？其内在的作用机理是什么？不同微观主体之间的公司治理策略会出现怎样的差异，其背后的因素及形成机理又是怎样？数字鸿沟、宏观政策、市场分割、多元化程度、产权性质、监管层以及其他利益相关者等又在其中扮演了怎样的角色？Internet 治理与公司治理之间究竟存在怎样的互动关系？在 Internet 治理的冲击之下，该如何优化企业公司治理策略的决策运行机制及其效率？在 Internet 治理的冲击之下，宏观经济政策的微观传导机制又会发生怎样的变化？Internet 治理的风险又该如何防范和监管？由此又会产生怎样的经济后果？等。可以说，这些都是亟待深入讨论和解决的重大理论问题和现实问题。但是，到目前为止，系统研究 Internet 治理对于微观企业公司治理策略影响的内在机理、效率决定和优化路径的成果并不多见，而新兴市场的 Internet 治理对于微观企业行为影响的研究成果更少，尤其是在我国特有的媒体管制之下，Internet 治理的相关研究更少。

1.1.3 Internet 治理的国内外研究现状及发展动态分析

自二十世纪九十年代后期以来，Internet 开始逐渐渗透到各行各业，也开始逐渐影响我国微观企业行为，成为推动我国微观企业决策及其行为的重要力量之一。中国互联网络信息中心(CNNIC)2015 年发布的第 35 次《中国互联网络发展状况统计报告》显示：有54.5%的中国网民对互联网上信息表示信任，60.0%的中国网民对在互联网上分享的行为持积极态度，有43.8%的中国网民表示喜欢在互联网上发表评论；截至 2014 年 12 月，我国搜索引擎用户规模达 5.22 亿，使用率为 80.5%，用户规模较 2013 年增长 3257 万人，增长率为 6.7%；手机搜索用户数达 4.29 亿，使用率达 77.1%，用户规模较 2013 年增长 6411 万人，增长率为 17.6%，搜索引擎、社交相关的软件和平台是我国互联网用户最受欢迎的几种应用。而与 Internet 治理的相关文献在近些年才开始逐渐增多。现有的与 Internet 治理相关的国内外的研究，主要以搜索引擎在一个国家或地区关于某一主题的搜索量占该搜索引擎在该国的整个搜索量的比例作为 Internet 治理的代理变量，据此考察 Internet 治理的经济后果。限于篇幅，我们只对这些领域的研究做简要梳理。

(1)Internet 治理与企业信息披露相关的理论及其实证结果。我们将通过 Internet 平台形成的制度机制称为 Internet 治理的机制创新；而通过互联网平台形成的力量，称为 Internet 治理的社会网络创新。与这两种创新相关的理论包括以下几种。

第一，合法性理论(legitimacy theory)。该理论认为，企业被社会赞同和认可是企业存活和发展所必需的资源。Suchman(1995)给出了关于企业合法性的一个比较权威的定义：企业合法性是指在一个由社会构建的规范、价值、信念和定义的体系之中，企业的行为被认为是可接受的、恰当的、合适的一般感知和假定。Parker(1986)认为，信息披露是对即将发生的合法性压力的提早反应，也是对可能的政府干预或外部利益团体压力的一种反应。

Islam 和 Deegan(2010)与沈洪涛和冯杰(2012)等通过实证检验研究发现，公众压力(public pressure)合法性是企业社会责任信息披露的主要动机之一。制度理论的研究者提出，对媒体报道内容做进一步的分析将更加有助于对合法性过程的认识(Baum and Powell，1995)。Brown 和 Deegan(1998)研究发现媒体对行业的负面报道数量越多，行业内企业的正面的环境信息披露也就越多。Aerts 和 Cormier(2009)同样从媒体报道的内容出发，验证了舆论监督与企业环境沟通之间的关系。国内也有从外部压力角度分析企业披露环境信息的动机，如重大环境事故的发生(肖华和张国清，2008)和环境监管的法律法规(王建明，2008)。

　　第二，声誉机制理论。经理人的声誉包括两方面：一是，经理人的个人声誉，包括经理人个人信息的媒体披露的可靠性、经理人个人荣誉、企业家行为的道德水准等；二是，由企业家行为引发的企业社会声誉（从某种意义上讲，在企业处于支配地位的经理人，其个人声誉代表着企业声誉的公众形象）。Kreps 等（1982）、Milgrom 和 Roberts（1982）、Kreps 和 Wilson（1982）最早建立了标准的声誉模型——完美公共监督模型；Fudenberg 和 Levine（1992）则将标准声誉理论的消费者完美公共监督模型扩展成为消费者只能观察到有关企业行为的噪声信息的不完美公共监督模型；而 Mailath 和 Samuelson（1998）进一步将不完美公共监督声誉模型扩展为不完美私人监督声誉模型，解决声誉建立过程中的问题。在声誉建立理论的基础上，近年来国外声誉理论的研究一方面围绕声誉的维持（Mailath and Samuelson，2001；Ekmekci and Wilson，2010）、声誉的交易（Mailath and Samuelson，2001；Hakenes and Peitz，2009）、声誉的消费（Benabou and Laroque，1992；Mathis et al.，2009）等声誉运行机制的完善，另一方面也在开拓扩展声誉对产品价格的影响（Tsoukas et al.，2011）、不同市场特征下的声誉机制（Sette，2009）、网上交易中的声誉机制（Livingston，2005；Jin and Kato，2006）等新的研究领域。

　　Livingston（2005）通过分析在线拍卖网站 eBay 的声誉系统发现，在初次披露卖家类型的信息之后，拥有良好声誉的卖家的商品更容易成交或者其商品竞拍价格也较高，但是连续披露卖家类型的信息之后，卖家的良好声誉对他得到的回报的影响就变得越小。Jin 和 Kato（2006）却发现网上交易声誉体系并非完美无缺，存在质量宣传误导和价格被高抬的现象；他们检验了网上拍卖中产品价格、产品质量、卖方宣传和卖方声誉之间的联系，发现一些买家被在线评级市场中的一些不可信的质量宣传所误导，买家支付更高的价格，却没有得到更好质量的商品，反而更经常被欺骗；就已完成的拍卖来看，声誉好的卖家并不能提供质量更好的产品。

　　第三，议程设置理论（media agenda setting theory）。伯纳德·科恩（Bemard Cohen）认为，"媒体在告诉读者怎样想这一点上大都不怎样成功，但在告诉读者想什么方面却异常有效。"郭庆光在《传播学教程》一书中认为，议程设置的中心思想是：大众传播具有一种为公众设置"议事日程"的功能，传媒的新闻报道与信息传达活动以赋予各种"议题"不同程度的显著性方式，影响着人们对周围世界的"大事"及其重要性的判断。刘训成（2002）认为，媒体的议程设置对舆论影响深远，借鉴"议程设置"的理念有利于媒介达到预期的宣传目的和传播效果；蒋忠波（2011）认为，在议程设置上达成与网民的同构有助于增强网站的舆论引导能力；传统媒体作为网络媒体的重要信源能够通过设置网络议程来引导网络舆论（范明献，2010）。Islam 和 Deegan（2010）研究发现，议程设置理论能够很好地解释跨国企业的社会责任和环境信息的信息披露策略。但是，媒介如何影响政策议程（杨丽莉，2013；郑亚琴，2014）这种单方面影响的研究也受到一些关注，而其中两者或三者之间的互动（袁仲伟，2009）研究还为数不多。

　　近年来，议程设置的概念被引入到对企业的研究之中（Fombrun and Shanley，1990；

Carroll and McCombs，2003）。Carroll 和 McCombs（2003）指出：媒体对企业的新闻报道数量与公众对该企业的关注正相关；有关企业某些方面的新闻报道数量与通过这些方面评判企业的公众比例呈正相关；媒体对企业某一方面的报道越正面，公众对企业这方面的看法也越正面，反之也成立。沈洪涛和冯杰（2012）采用议程设置概念，在企业与社会的关系背景下研究企业环境信息披露的动机，研究发现，媒体有关企业环境表现报道的倾向性能显著促进企业环境信息披露水平。

议程设置认为，在一些较为隐蔽或者是个人较少直接接触而有赖媒体作为主要（有时甚至是唯一）信息来源的问题方面，议程设置的效果尤为突出。Internet 的出现对传统媒体产生了强有力的冲击和影响，也因此为议程设置理论研究提供了新视角，新媒体的出现也促使传统的议程设置理论发生了变化。在中国互联网飞速发展的状况以及不少实践案例中，网络媒体议程设置功能成为无须争议的现象。但是，关于网络媒体议程设置功能影响企业的信息披露策略的研究过少。网络媒体议程设置功能在企业信息披露领域的应用，在课题组的能力范围内，目前没有找到相关的文献。网络媒体议程设置功能有何特征？传统媒体和网络媒体的议程有何异同？对企业信息披露策略有何影响？它的作用路径是什么？相关的经济后果又是什么？都有待进一步深入探讨。

第四，培养理论（cultivation theory），又称教养理论或涵化理论。依靠"媒介现实"所建立的"主观现实"必然不可避免地偏离"客观现实"，而倾向于"媒介现实"；培养理论正是力图理清"媒介现实"对"主观现实"有什么样的影响，以及这种影响发生的原因，基于电视媒体的培养理论同样适用于互联网，但其发挥作用的媒介环境更加复杂化（谢新洲，2003）。

Fama（1980）认为，经理人的机会主义行为，在现实中可以用"时间"加以解决；在竞争的经理人市场上，经理人的市场价值决定于过去的经营绩效，从长期来看，经理人必须对自己的行为负完全的责任；因此，即使没有显性激励合同，经理人也有积极性努力工作，因为这样做可以改进自己在经理人市场上的声誉，从而提高自己未来的收入。Hölmstrom 和 Weiss（1985）认为，良好的职业声誉增加了经理人在经理人市场上讨价还价的谈判能力，对经理人行为具有积极的激励作用；相反，较坏的职业声誉会导致经理人生涯的结束，对经理人机会主义行为具有良好的约束作用。基于这一逻辑，我们认为，经理人过去的信息披露策略随着时间的推移，企业的利益相关者对于这些披露信息的解读会在Internet 上广泛传播，一旦这些信息存在问题，势必严重影响经理人的声誉，因此，我们认为 Internet 治理的机制创新有助于优化经理人的信息披露策略。

第五，社会网络（social network）。网络指的是各种关联，而社会网络即可简单地称为社会关系所构成的结构。从这一方面来说，社会网络代表着一种结构关系，它反映了行动者之间的社会关系。社会网络分析法可从多个不同角度对社会网络进行分析，包括中心性分析、凝聚子群分析、核心-边缘结构分析以及结构对等性分析等。IBM 的研究者们在进行了"运用社会网络分析（SNA）改进知识创造和分享"的相关研究后认为，社会网络分析在组织知识创造和分享过程中发挥着重要作用：识别组织中促进信息、知识有效流动的核心人物，注意他们有时候会成为组织工作顺利开展的瓶颈；识别组织内部网络中的边缘人物，如果是高层管理人员，会延缓决策；辨识某一小组与整个网络的关系，判断其与整个组织的知识和信息的交流、分享情况。在企业实践中，IBM 也一直积极利用社会网络促进知识管理，如开辟"创新智慧园"，可直接接收全球 30 多万名员工提交的创新想法和实施方案，加快知识流通，促进知识共享。Parker 等（2002）讲述了社会网络分析在企业知识管理中的具体运用，他们认为社会网络分析能够促进非正式组织之间的知识流动，改善正式组织内部的知识活动，推进部门间的合作。Tasi（2001）通过调研发现，在组织内部的知识转移中，网络位置影响新知识的吸收能力与业务单位的创新和绩效，而社会内聚力（social cohesion）与网络范围（network range）对知识转移的效果远高于个人之间强关系的作用。Branscombe 等（2007）认为，企业的最大资产就是员工知道的和企业内部员工们所保有的知识，而社会网络分析可以帮助管理者发现这些知识，倡议利用社会网络创造一个商业合作框架来避免传统的知识管理问题。

第六，社会性网络服务（social networking services，SNS），即专指旨在帮助人们建立社会性网络的互联网应用服务。1967 年，哈佛大学的心理学教授 Stanley Milgram 创立了六度分隔理论。按照六度分隔理论，每个个体的社交圈都不断放大，最后成为一个大型网络。社会网络研究则是把关系放在中心的地位。在这套理论中，个人被抽象为节点，个人之间的社会关系作为节点之间的边，共同形成一个网络。社会网络中节点度数的分布则反映社会的分层情况（Wasserman，1994）。而结构平衡用来衡量一个包含正负关系的网络是否稳定，并讨论不同情形下关系稳定的条件（Cartwright and Harary，1956）。Freeman（1977）提出了点介数的概念，反映一个节点在社会网络中处于中间人地位的程度，这逐渐成为衡量个人社会资本的一个标准。相比微观的个人和宏观的社会，每个人生活的社会网络都是一种中层结构，它们影响微观个体的行为，而这些网络累加的效果又反映了宏观的社会现象。因此，基于网络或关系的社会学被视为跨越宏观与微观间鸿沟的桥梁（Mische，2011）。社会网络广泛存在于资本市场之中：投资者之间的相互关系（Hong et al.，2004），董事和高管组成的社会网络（Hallock，1997；Larcker et al.，2005），股东与顾客、供应商等利益相关者之间的关系（Maksimovic and Titman，1991），公司与公司之间的关系（Almazan et al.，2010）等。

社会网络研究在中国有其特殊的意义。中国历来被认为是一个"关系"社会。梁漱溟提出的"关系本位"，费孝通倡导的"差序格局"，都以关系为中国社会的基础。陈运森和谢德仁（2011）引入新的独立董事特征——董事网络位置，利用社会网络分析方法考察独立董事在上市公司董事网络中位置的差别对独立董事治理行为的影响，发现网络中心度越高，独立董事治理作用越好，表现为其所在公司的投资效率越高。

第七，网络治理（network governance）。网络治理是一个组织演化的产物，是在经济全球化、网络经济兴起、以知识经济为代表的新经济力量崛起的背景之下，依托网络技术、现代信息技术和制造技术而形成的新的治理模式。网络作为一种治理形式，是把网络与市场、科层(企业)等并列,视为一种独立的交易活动的协调方式。Zaheer 和 Venkatraman(1995)发展了一种不同于市场与层级传统模式的关系治理模型作为组织间战略的特殊形式,利用329 个独立保险代理人的数据,应用交易成本理论,建立与信用相关的过程变量、结构变量,验证了关系治理要优于单一的传统的治理模式(彭正银,2002)。Jones 等(1997)扩展了交易费用经济学理论,引入任务复杂性这一维度,使企业网络治理建立在四重维度的交易方式中。相比于交易成本经济学和制度理论,企业战略的资源基础理论在解释网络治理方面,和企业管理实践的关系似乎更加密切(李维安和周健,2005)。网络治理的根本目的是能够体现出网络组织的效率,而网络组织的效率主要体现在企业间对于知识共享与交易的独特作用(孟韬,2006)。

第八,大数据(big data),指的是需要采用新处理模式才能具有更强的决策力、洞察发现力和流程优化能力的海量、高增长率和多样化的信息资产。2008 年 9 月,《科学》杂志发表文章"Big Data: Science in the Petabyte Era","大数据"这个词开始广泛传播。在维克托·迈尔-舍恩伯格和肯尼斯·库克耶编写的《大数据时代》中大数据指不用随机分析法(抽样调查)这样的捷径,而采用所有数据进行分析处理。大数据的 4V 特点为:Volume(大量)、Velocity(高速)、Variety(多样)、Value(价值)。大数据技术的战略意义不在于掌握庞大的数据信息,而在于对这些含有意义的数据进行专业化处理。大数据,包括三个层面:第一个层面是理论,从大数据的特征定义理解行业对大数据的整体描绘和定性,从对大数据价值的探讨来深入解析大数据的价值所在,从大数据隐私这个特别而重要的视角审视人和数据之间的长久博弈;第二个层面是技术,技术是大数据价值体现的手段和前进的基石,在这里分别从云计算、分布式处理技术、存储技术和感知技术的发展来阐明大数据从采集、处理、存储到形成结果的整个过程;第三个层面是实践,实践是大数据的最终价值体现。要从互联网的大数据、政府的大数据、企业的大数据和个人的大数据四个方面来描绘大数据已经展现的美好景象及即将实现的蓝图。数据具有数据量巨大、数据类型多样、流动速度快和价值密度低的特点,大数据技术为我们分析问题和解决问题提供了新的思路和方法(陶雪娇等,2013;王珊等,2012)。基于 Google 大数据的相关研究请参考接下来的部分相关研究。

(2)企业信息披露策略。自从 1933 年美国《证券法》实施以来,上市公司都要求信息披露。而企业采用什么样的信息披露策略一直是学术界的热点问题之一。企业采取什么样的信息披露策略取决于披露的信息对于其竞争优势的影响程度(Feltham and Xie,1992)。Hayes 和 Lundholm(1996)则认为,信息披露成本会损害利益。Watts 和 Zimmerman(1986)认为,公司进行信息披露是出于信息披露的政策成本和合同成本的考虑,反过来,这两种成本的存在,又会作用于企业的自愿性信息披露。一旦公司的信息披露确定之后,公司的信息披露政策就具有一定的"黏性"(Bushee et al.,2004),此外,公司的信息披露政策会随着董事的网络关系而传染(Cai et al.,2014)。此外,影响企业的信息披露策略的因素还包括:代理问题(Cheng and Lo,2006;罗炜和朱春艳,2010)、法律风险(Skinner,1994)、监管制度(Mohanram and Sunder，2006)、公司治理(Richardson，2006)、机构投资者(Bushee and Noe，2000)、行业集中度(Ali et al.，2014)、董事的网络关系(Chiu et al.，2013)、高管的风格一致性情况(Bamber et al.，2014)、高管变更(Brochet et al.，2013)、大股东利益(Ertimur et al.，2014)、分析师的跟踪(Healy and Wahlen，1999)等。

Grossman(1981)和 Milgrom(1981)认为，由于逆向选择问题的存在，经理人应该向资本市场披露所有的有价值的信息。但是，Verrecchia(1983)却指出，由于信息披露成本的存在，企业在披露信息的时候会采取一定的策略，披露成本越低的公司越会披露更多的信息，而不是披露所有的有价值的信息。Verrecchia(2001)将会计中的披露研究分为联系基础披露、斟酌基础披露和效率基础披露三大类。其中，斟酌基础披露的研究主要是考察管理者和(或)企业如何选择性地披露他们所拥有的信息以及他们披露所知信息的动机，相关的实证检验都是从资本市场出发展开讨论，提出了资本市场交易等假说(Healy and Palepu，2001)。尽管有研究者，如 Watts 和 Zimmerman(1986)，认识到信息披露可能导致的政治成本会反过来影响企业的披露决策，但至今很少有信息披露非经济性动机的直接证据(Beyer，2009)。

Harris 和 Raviv(1988)及 Botosan 和 Stanford(2005)通过实证研究发现，在竞争激烈的行业，公司披露的信息越少；管理层盈余预测也不细致，只是泛泛而谈(Bamber and Cheon，1998)；但也有可能提供更多的管理层预测(Bamber and Cheon，1998)。2013 年的光大证券"乌龙指"事件，就是由微博首先曝光，再经过广泛的转载后迅速引发证监会的介入，对光大证券相关人员进行了处罚。陈信元等(2014)通过手工收集并逐条阅读上市公司在新浪微博上发布的信息，首次对上市公司微博信息披露进行了考察，研究发现公司治理水平越高的公司越倾向于开设微博，并发布更多的与公司密切相关的信息，尤其是未经公司正式公告披露的信息。

根据委托代理理论，代理人的行为应该为委托人的利益而考虑(Jensen and Meckling，1976；Eisenhardt，1989)，作为代理人的经理人能够较容易获知有关公司的相关知识，通过采用 XBRL(eXtensible Business Reporting Language，可扩展商业报告语言)披露可靠信息给外部投资者以获得最佳的融资方案(Bujaki and McConomy，2002)。公司不论是自愿还是强制向外部投资者披露公司的绩效和治理水平，都是资本市场效率的核心组成部分之一(Healy et al.，1995)。公司在决定采用 XBRL 披露信息的程度时，会权衡披露的成本与收益(Wagenhofer，2003)；公司的规模和流动性等因素都会影响公司是否自愿采用 XBRL 作为信息披露的语言(Premuroso and Bhattacharya，2008；Callaghan and Nehmer，2009)。Premuroso 和 Bhattacharya(2008)通过实证检验发现，在美国 SEC(the U.S. Securities and Exchange Commission，美国证券交易委员会)2005 年实施 XBRL 自愿披露计划的背景下，自愿采用 XBRL 作为财务报告披露语言的企业在公司治理和透明度上要优于没有采用 XBRL 的公司。Efendi 等(2010)通过考察自愿采用 XBRL 进行信息披露的特征，研究发现，提交文件的数量以及通过 SEC(Security and Exchange Commission)自愿披露信息项目的首次披露的数量也在增加，而报告的延迟时间也在下降。Efendi 等(2010)选取 2005 年至 2008 年 7 月 30 日期间自愿采用 XBRL 披露信息的 342 家公司数据，考察这些公司在采用 XBRL 披露信息的当天的市场反应情况，研究表明，对于大公司而言，其市场反应更大；披露越及时，其市场反应也越大；此外作者还研究了这些采用 XBRL 公司的季度超额回报，研究发现，采用 XBRL 大约能够贡献 1.2%～8.0%的超额回报，这一研究表明，采用 XBRL 披露信息具有信息含量。而 Kaya(2014)通过定义基于 XBRL 的自愿信息披露不论是财务信息还是非财务信息，都采用 XBRL 格式通过 SEC 的自愿披露项目(包括 10K 和 10Q 在内)进行信息披露，同时采用 54 个财务和非财务指标作为自愿信息披露程度的测度，实证考察了 51 个在美上市的公司的特征对于采用 XBRL 进行自愿信息披露程度的影响，研究发现，采用 XBRL 进行自愿信息披露程度与公司的规模和公司的创新能力呈显著正相关，这一研究表明，公司的不同特征对于解释公司在财务信息、非财务信息以及通用信息的信息披露上具有重要影响。

　　这些研究为我们观察企业信息披露策略提供了比较全面的视角，但是，鲜有文献考察 Internet 治理下的企业信息披露策略的变化。

　　(3)媒体治理。Dyck 和 Zingales(2002)指出新闻媒体的传播造成的舆论压力能够通过影响公司政策制定者的声誉对公司政策发挥作用，因此，能够有效降低投资者获取和鉴定信息的成本，是公司治理不可或缺的重要组成部分。此外，新闻媒体对资本市场上存在的问题或现象的报道(Miller，2006)，使得更多的投资者拥有了更多关于上市公司运营的信息，促使投资者更理性地投资，因此媒体的监督构成了市场经济的必要制度机制(陈志武，2005)。之后，很多文献研究开始讨论媒体发挥治理功能的作用，包括媒体报道能够迫使公司改正其不正当行为(Dyck et al.，2008；李培功和沈艺峰，2010)，迫使审计师出具保留意见的概率显著上升(Joe，2003)，提高董事会改善其效率(Joe et al.，2009；李培功和沈艺峰，2010)，改善投资者获取信息的质量以及降低交易风险(Fang and Peress，2009)，约束大股东行为(贺建刚等，2008；贺建刚和魏明海，2012)，提高短期内盈余信息的市场反应，减缓长期内的盈余公告后漂移程度(于忠泊等，2012)，提升盈余质量(Qi et al.，2013；于忠泊等，2011)，平衡管理层与股东利益的治理作用(Liua and McConnell，2013)，改善投资者获得的信息质量，降低交易风险(Fang and Peress，2009)，促使高管薪酬趋于合理(杨德明和赵璨，2012)，促使上市公司更好地履行社会责任(徐莉萍等，2011)，增进股权分置改革效率(徐莉萍和辛宇，2011)。但是，新闻媒体作为一个具有盈利动机的机构，新闻媒体报道通过制造轰动效应可以增加订阅量，吸引更多的读者以赚取广告费(Miller，2006)。对于报道的记者来说，通过报道轰动新闻就能够在新闻市场上获得更多的声誉，更利于其个人的职业发展(Dyck et al.，2010)，媒体也就有强烈的动机采用煽情的表达方式来制造轰动效应(熊艳等，2011)。新闻媒体的新闻内容也会随着内容提供者的特征与利益诉求而有系统性的差异(Gurun and Butler，2012)。也就是说，新闻媒体作为上市公司的外部监督渠道具有"双刃剑"的作用，一方面，有助于完善资本市场的外部监督环境；另一方面，媒体自身为了制造"轰动效应"，也给资本市场带来了负面效应(熊艳等，2011)。Core 等(2008)也指出，媒体在一定程度上存在"煽情主义"，却没有发现证据证明公司会采取调整手段应对媒体的负面报道。

这些关于媒体治理的文献，对于媒体的度量存在两个问题：第一，只度量了新闻媒体的报道量，而没有度量出这些新闻媒体有多少读者了解到；第二，关于这些新闻媒体内容的度量，只是按照有限的词库或者人工阅读的方法得到，这些都不可避免地造成重大的偏差。此外，报纸的传播时延较大以及报纸的发行量无法克服订阅人是否关心过报道的内容(Da et al.，2011)。

(4)Internet 治理与资本市场的流动性。Saavedra 等(2011)发现，投资者的即时消息与他们的交易同步性密切相关。Joseph 等(2011)通过分析标普 500 的公司在 2005~2008 年间的 Google 搜索指数，发现 Google 搜索指数能够可靠地预测超额回报以及交易量，此外，他们还发现，某只股票的 Google 搜索指数与该股票被套利的难度正相关。Bordino 等(2012)和 Preis 等(2010)分别发现 Google 搜索量和 Yahoo 上的搜索量数据能很好地预测股票市场投资者的"关注度"，实证研究也支持互联网搜索量和股票交易量之间存在相关性。Preis 等(2013)发现 Google 中与金融相关的搜索关注度能够提前预测股票市场的流动性。Da 等(2011)发现搜索量高的标的股票在接下来的两周内有更高的超额收益，同时更高的搜索量也意味着更高的 IPO 溢价。宋双杰等(2011)通过实证研究发现，Google 搜索量数据对 IPO 市场热销程度、首日超额收益和长期表现都有很好的解释力与预测力。Kristoufek(2013)根据搜索量与该股票的风险正相关的原理，采用 Google Trends 的搜索量构建投资组合，对高搜索量的股票赋予更低的投资权重，研究发现，这种投资组合策略能够获得更高的超额收益。Drake 等(2012)根据在盈余公告时间附近的 Google 上相关信息的搜索量，研究发现，在盈余公告之前的两周，网络搜索量显著增加，在盈余公告当天，达到峰值，之后会持续一段时间的高搜索量。

(5)Internet 治理与资本市场的投资者情绪。Beer 等(2013)采用基于 Google Trends 在法国的搜索量所代表的法国投资者情绪指数，研究发现投资者情绪会影响开放式基金的投资者的行为，投资者情绪指数的升高会导致短期回报的反转。Joseph 等(2011)通过 Google Trends 的搜索指数构建市场危机情绪指数，研究发现在金融危机期间，市场危机情绪指数能够显著预测保险公司的股票市场表现。Bollen 等(2011)研究发现公众在 Twitter 上的情绪能够更加精准预测道琼斯指数。Porshnev 等(2013)通过分析 Twitter 内容中的诸如"担心""害怕"等富有情感性的词语，发现这些情感信息较传统模型更能预测股价。Yang 和 Rim(2014)通过分析 Twitter 中的情绪网络特征，发现 Twitter 中的金融社区中的主要用户能够充分反映社会情绪与股票市场的变动，并且这些用户较传统的情感模型更具预测力。

(6)Internet 治理与微观企业的绩效。Goel 等(2010)采用 Google 搜索指数预测消费者在未来数天和数周内的消费行为，研究发现 Google 搜索指数具有良好的预测能力。Choi 和 Varian(2012)通过采用季度自回归与固定效应模型，研究发现 Google Trends 中的关键词的搜索量能够很好地预测家电的销售额和汽车的销售额以及旅游的收入，他们还发现，在某些案例中，其预测能力能够提高12%以上。冯明和刘淳(2013)通过互联网搜索量频率数据设计并构建了中国汽车需求先导景气指数"GCAI"，并据此对中国汽车消费者的购前调研行为进行了研究，实证研究发现该先导指数有较强的预测力，不仅可以提高预测精度，还可以增强预测的时效性；同时发现搜索量可以度量消费者的"关注度"，而且汽车行业消费者的购前网上调研行为是分阶段的，有明显的"U型"规律。Carrière-Swallow等(2013)、Goel 等(2010)、Lindberg(2011)及 Vosen 和 Schmidt(2011)研究也发现，网络搜索量能够预测零售行业的需求预测。Wu 和 Brynjolfsson(2009)研究发现，网络搜索量能够预测房地产的销售量与价格。Azar(2009)通过把电动车的 Google 搜索量作为购买电动车意向的代理变量，通过分析购买电动车意向与油价的变动关系，研究发现，购买电动车的意向的变化会预示油价的变化。Artola 和 Galán(2012)发现 Google Trends 的搜索指数能够提前一个月预测前往西班牙旅游的英国游客数量。冯明和刘淳(2013)与廖成林和史小娜(2012)分析了消费者在互联网上的搜索行为对购买决策的影响，在传统购物环境中，通常将产品分为日用品、选购品和特殊产品；但是在网络购物环境中，通常将产品分为搜索产品、体验产品和信任产品(张茉和陈毅文，2006)。曾建光等(2013)将 Google 搜索引擎上关注"拆迁"作为投资者保护诉求的代理变量，研究发现关注度越高的地区，该地区的上市公司的应计盈余质量越好。冯明和刘淳(2013)发现 Google 汽车搜索指数有较强的预测力，同时发现搜索量可以度量消费者的"关注度"，而且汽车行业消费者的购前网上调研行为有明显的"U型"规律。

(7)Internet 治理的经济后果：微观企业行为对宏观经济的传导机制。Preis 等(2012)研究发现，在人均 GDP 越高的国家，其互联网用户比往年更关心未来的经济走势情况。Mondria 等(2010)的研究表明，网络上的点击量能够反映这个国家的投资量，Internet 的搜索量能够部分解释投资的本土偏好。Penna 和 Huang(2010)则利用 Google 数据构建"消费者情绪指数"，并实证证明了该指数与传统文献中通常使用的密歇根大学"消费者情绪指数"、世界大型企业联合会"消费者信心指数"高度相关。Ettredge 等(2005)研究发现，在 2001~2003 年期间，搜索引擎使用最频繁的前 300 个关键词的使用频次与美国劳工统计局统计的失业人数总量存在显著正相关。Choi 和 Varian(2009a)通过考察 Google Trends 中关于失业的关键词的搜索量与美国失业率的时间序列关系，研究发现与失业相关的关键词的搜索量能够很好地预测首次申请失业救济的人数。Askitas 和 Zimmermann(2009)采用在 Google Trends 中与失业相关的关键词在德国的搜索量，也发现了同样的结论。Fondeur 和 Karame(2013)发现 Google Trends 的搜索量有助于预测法国年轻人的失业情况。Suhoy(2009)通过考察以色列 2004.1~2009.2 期间的 Google 搜索指数与以色列中央统计局发布的工业生产、商业部门的招聘情况、贸易与服务收入、服务出口、消费品进口、商品房销售量等的变化率之间的关系，研究发现在官方统计数据发布之前，Google 搜索指数在以下方面能够很好地预测真实的经济形势：人力资源(招聘和雇员)、家电、旅游、不动产、食品饮料、美容和保健。Bughin(2015)采用 Google Trends 的搜索量预测比利时的宏观经济指标：零售商品指数与失业率，研究发现 Google 搜索指数具有 16%～46%的解释力。Baker 和 Fradkin(2017)通过 Google Trends 的搜索指数构建特定地区的求职活动指数，以研究失业保险与求职活动指数的关系，研究发现接受了失业保险的求职活动指数显著低于处于失业且没有接受失业保险的求职活动指数。Vosen 和 Schmidt(2011)采用 Google Trends 的搜索指数构建德国个人月度消费指数，研究发现，该指数较经调研得到的欧盟消费者信息指数和欧盟零售业信心指数的预测能力更强。Tkacz(2013)发现 Google Trends 搜索指数能够提前三个月预测经济衰退的到来。Vosen 和 Schmidt(2011)发现 Google Trends 的搜索指数能够提升旧车换现金法案的预测能力。Moat 等(2013)研究发现，Wikipedia 的浏览量与即将爆发的金融危机存在显著正相关。梁志峰(2010)利用 Google 搜索量数据对湘潭地区的网络关注度进行了分析，发现这些指标能够很好地预测湘潭地区的经济发展情况。张崇等(2012)的研究发现，Google 网络搜索数据与我国 CPI 之间存在协整关系，而且其构建的指数可以作为 CPI 的先导指标，时效性比国家统计局的数据发布提前一个月左右。

(8)Internet 治理与公司治理的互动。Solove(2013)认为，YouTube、Facebook、MySpace、Wikipedia、Google 等网络的存在，对个人隐私和公司的商业秘密(声誉)提出了新的挑战。Kaupins 和 Park(2011)认为，诸如 Facebook、Twitter 社交网络的存在，公司员工使用微博可能会泄露公司的商业秘密。Drake 等(2012)通过考察在公司总部附近是否存在信息泄露而导致内幕交易的问题，研究发现，当公司总部所在地特定的公司财务信息的 Google 搜索达到高峰的几天内，公司内幕交易与搜索量呈正相关关系。Custin 等(2014)认为通过 Twitter 可以协调好雇员与雇主之间的关系。曾建光等(2013)认为，Internet 治理能够对现有的公司治理发挥补充和(或)替代作用。曾建光和王立彦(2015)认为，Internet 治理能够给予管理层压力，迫使管理层减少个人机会主义，也即 Internet 治理能够减少企业的代理成本，发挥治理作用。

(9)Internet 治理与信息披露的应用。Gomez 和 Chalmeta(2013)通过分析在 Facebook、Twitter 社交网络上的披露企业社会责任信息的 50 家公司，发现采用这种形式披露企业社会责任信息，有助于企业在社交网络上更好地展现企业的社会责任内容以及与企业的利益相关者进行交互，同时也提供了另一种交流企业社会责任的渠道。Saxton(2012)认为 Facebook、Twitter 等新媒体的出现，为解读企业披露的信息提供了增量信息，有利于更好地解读企业披露的信息以及企业未披露的信息。Giannini 等(2017)通过考察 2009～2011 年间两千多人在 Twitter 上发布的涉及 1819 家美国公司的 216 266 条消息，研究发现，这些信息中更多的是涉及本地公司的信息，相比本地投资者而言，外地投资者则过多地依赖于分析师意见，这一研究结果表明，本地优势有助于增加投资者的私有信息，也能够降低投资者的投资行为偏误。Giannini 等(2019)通过考察投资者在 Twitter 上发布关于盈余公告信息的反应，研究发现，观点越趋于一致，盈余公告的回报越低，反之，观点越不一致，该盈余公告的超额回报率越高。Bhagwat 和 Burch(2013)发现被 Twitter 广泛讨论的公司，有更强的盈余公告后价格漂移现象。Chen 等(2013)通过考察标普 500 开通了 Twitter 的公司 CEO/CFO，研究发现，他们在 Twitter 上发布的内容有助于预测这些公司的超额回报。Tumasjan 等(2010)采用计算语言学对 Twitter 中涉及股票的信息进行了分析，发现 Twitter 中的情绪与股票的超额回报相关，消息量与第二天的交易量相关。

从以上梳理的国内外文献来看，Internet 治理能够为资本市场提供增量信息，根据这些信息，一方面，能够优化投资者的决策，在一定程度上降低投资者与微观主体之间的代理成本；另一方面，Internet 治理通过资本市场能够影响微观企业的行为；Internet 治理能够很好地反映微观企业行为的结果以及微观企业行为向宏观经济的传导结果。此外，Internet 治理还具有其他的社会治理的作用，如 Shelton 等(2014)通过 Twitter 讨论飓风桑迪到来之前的活跃度，绘制关于桑迪的用户地理信息，这种用户信息比普通的只有经度与纬度空间拓扑信息更有信息量。Reed(2013)通过调研 2012 年美国总统选举投票情况，发现个人政见深受 Twitter 中社会关系网络的影响。Hong 和 Nadler(2012)也发现 Twitter 改变了美国 2012 年总统选举的方式，这种影响是深远的。Jiang 等(2015)认为在中国出现的诸如新浪微博平台，有助于公众表达个人意见，在一定程度上也能够促进社会进步，改善企业的信息披露情况。

(10)对现有 Internet 治理的简要述评。虽然 Internet 治理的相关问题已成为国内外不少学者关注的重要领域，研究文献与研究成果也较为丰富，但是，在研究视角、研究内容与研究方法上，现有文献仍然存在一些明显的缺陷与不足，特别是在中国特定的新闻管制的制度背景之下，现有的研究都有待进一步深化。

在研究视角上，目前国内外对 Internet 治理的研究主要集中于数据创新所带来的经济后果，对 Internet 治理还没有进行系统全面的研究，更没有上升到理论的高度。而且这些研究大都集中于发达市场，在不同的市场上，特别是我国这样正处于转轨的新兴市场，数字鸿沟、政府政策、制度质量、制度实施质量、市场分割以及公司治理水平等内外部环境都与发达市场存在较大的差异。相应地，Internet 治理对微观企业主体的信息披露决策和行为的目标、机制及其效率都可能会产生显著的影响。现实和理论都说明，处于不同内外部环境中的微观企业主体的信息披露决策及其行为也会表现出不同的差异。因此，有必要针对我国特殊的环境，结合发达市场的经验，对 Internet 治理影响微观企业信息披露策略进行系统深入的分析，以拓展和深化已有的研究。

在研究内容上，已有研究主要集中在 Internet 治理对微观企业行为影响的可能性、有效性以及与资本市场的影响上，而对 Internet 治理对于微观企业信息披露策略的决策及其行为的更深层次的作用机理缺乏深入和系统的研究。虽然 Choi 和 Varian(Google 首席经济学家)(2009a)大力疾呼关注搜索引擎对于微观企业决策及其行为的可能影响，但是，整体上看，现有的研究大多只关注 Internet 治理与企业行为的结果之间的关系，缺乏对 Internet 治理对微观企业信息披露策略行为影响的作用路径、影响机理及其过程的深入考察。

在研究方法上，已有文献要么是单纯考察 Internet 治理对微观企业行为影响的有效与否，要么是对微观企业行为结果（企业绩效）的影响，这些研究大都采用静态比较分析方法，没有从动态的视角探究 Internet 治理对微观企业信息披露策略影响的变化与互动。由于微观企业主体的信息披露策略是基于理性的风险控制以及与其他企业利益相关者相互动态博弈的过程，静态分析很难真正厘清 Internet 治理与微观企业主体的信息披露策略决策及其行为之间的相互关系及其作用机理等理论问题。

1.1.4　Internet 治理：公司治理的一个新架构

本书拟以互联网得到广泛普及为背景，利用互联网上的各种应用，如百度、Google 等搜索引擎，BBS、微博等社交网络的相关数据，通过构建理论模型与实证模型，系统研究 Internet 治理影响微观企业公司治理策略的内在机理、效率决定和优化路径。研究具体分五步推进：第一步，构建理论模型及其分析框架，系统剖析 Internet 治理的运行机制，特别是在中国制度背景之下，Internet 治理与媒体治理和现有的公司治理之间的相互关系，互联网公司与传统公司在治理机制与治理结构方面的异同需要重点研究；第二步，实证考察不同的互联网应用所形成的 Internet 治理影响微观企业公司治理策略制定及其实施的关键因素、主要表征以及行为的效率变化，梳理出 Internet 治理影响微观企业公司治理策略的基本逻辑与作用路径；第三步，实证考察和剖析 Internet 治理影响不同微观企业公司治理策略的效率差异、背后因素及其作用机理和经济后果；第四步，探究 Internet 治理优化微观企业公司治理策略决策及其行为效率的基本途径和主要措施；第五步，构建 Internet 治理的评价体系及相应的政策建议。按照上述逻辑，本项目具体研究内容分为如下三个方面。

（1）Internet 治理影响企业公司治理策略的机制：理论分析框架与模型构建

本部分主要研究 Internet 治理的基本理论，以构建 Internet 治理影响微观企业行为的理论框架和相关模型，特别是在中国制度背景之下，Internet 治理影响企业公司治理策略的相关理论构架。本部分将从理论上回答以下问题：Internet 治理形成的基础有哪些，主要要素包括哪些，这些要素之间是如何对微观企业公司治理策略发生作用的？与传统的微观企业环境相比，在存在 Internet 治理影响的微观企业环境之下，微观企业的决策及其行为会出现哪些系统性差异，形成这些差异的原因是什么？在存在 Internet 治理影响的微观企业环境之下，微观企业的治理机制会发生怎样的创新？在中国制度背景之下，Internet 治理是如何与媒体治理和网络治理互动，它们的异同何在？ Internet 治理影响微观企业的公司治理策略决策效率和行为结果效率的关键因素有哪些，这些因素是如何发挥作用的，其作用路径有哪些？如何构建 Internet 治理影响微观企业公司治理行为的效率决定模型？

在分析 Internet 治理的形成机制时，我们将基于国内外已有的互联网应用研究与实践成果，特别是在中国制度背景之下形成的特有的治理机制和治理结构，归纳和总结可能的 Internet 用户信息分享行为及其模式特征以及互联网用户社会网络形成的机理及对企业公司治理的影响。全面考察目前中国的社会经济受互联网影响与发达国家社会经济受互联网影响的差异性与特殊性，深入分析在中国制度背景之下的中国 Internet 用户的信息分析规律和社会网络等特征，对 Internet 治理的理论框架可能涉及的要素进行逐一剖析，确定 Internet 治理的内涵和外延。接下来对 Internet 治理的理论框架的构成要素的内在逻辑关系及其相互作用关系进行梳理，以厘清各种构成要素的作用路径及其可能产生的积极经济后果与可能的消极经济后果，构建 Internet 治理的理论架构及其相关理论模型。

在分析这些理论时，我们特别考察在中国制度背景下的中国互联网公司的蓬勃发展对于中国公司治理理论的发展及评价所提供的新的极富理论创新意义的研究意义。中国本土的互联网公司与传统公司在治理机制与治理结构方面的异同是我们在构建 Internet 治理的理论框架时必须要着重研究的问题，对其的研究将极大丰富现有的公司治理理论，比如，阿里巴巴公司的合伙人制度的治理机制，在进行研究时，我们将充分结合互联网行业的特点，进行系统的研究和梳理，以期发现 Internet 治理的中国特色。

在分析 Internet 治理与传统环境之下的微观企业公司治理策略的差异时，我们将以"Internet 治理→企业利益相关者搜集和鉴定信息的成本变化&社会网络的加强→微观企业公司治理策略调整→微观企业公司治理行为变化→微观企业公司治理行为结果的效率变化"的逻辑链条逐步展开。例如，Internet 治理形成的企业利益相关者社会网络会促使企业的利益相关者更加团结并在社会网络之间共享信息，由此减少了信息的不对称性，同时，他们也会形成合力给微观企业的管理层造成更大的压力，影响管理层的声誉。另外，Internet 治理促进了企业信息流通和传播的更加广泛，在一定程度上抑制了控股股东的"掏空"行为，这些都会迫使管理层减少个人机会主义行为和控股股东的私利行为，更加努力地为企业利益相关者的利益服务工作，提升公司治理策略的决策效率和更好地提升企业行为结果的效率。

在分析 Internet 治理影响微观企业公司治理策略的决策效率和行为结果效率的关键因素时，我们将基于互联网应用的现状和已有的相关理论与实践基础，归纳并总结影响微观企业公司治理策略的决策效率和行为结果效率的可能的主要因素。具体而言，我们将从以下几个方面进行梳理：一是，国内外互联网及其应用环境以及微观企业所处的公司治理外部环境的异同(如披露企业信息的百度和 Google 的搜索特征、各个地区的网络普及率、各个地方网络用户的关注内容、市场分割情况、各个地区的市场化水平等)；二是，微观企业行为的影响因素(如公司治理成本与收益、地区法律指数、产权性质、公司治理、媒体治理、内部控制、声誉机制等)；三是，Internet 治理的作用机制与特点(如投资者信息搜集的方式、投资者信息搜集的成本、企业利益相关者社会网络等)。

笔者认为，Internet 治理影响微观企业公司治理策略的结果效率，存在如下两种主要情景：一是，企业利益相关者通过相关的互联网应用进行信息分享，如百度搜索、股吧、微信群、QQ 群、微博等，使得他们拥有了更多关于上市公司运营的信息，有效降低企业利益相关者搜集和鉴定信息的成本，促使他们更理性地投资，即 Internet 治理能够促使市场的制度机制发挥更有效的作用，此外，在这些信息传播中，可能存在一些被误导的信息，Internet 治理如何对这些信息进行甄别，市场如何反应也是我们需要重点讨论的问题；二是，企业利益相关者通过 Internet 平台进行相互沟通形成企业利益相关者的社会网络，企业利益相关者之间就能凝聚起来形成力量，特别是小股东的团结对于投资者保护的重要性，也就能够联合起来通过影响公司政策制定者的声誉等，对公司政策的制定和实施施加影响，即 Internet 治理能够给微观企业的管理层施加压力，迫使管理层调整甚至改变现有的公司治理策略以及财务决策等。故在构建 Internet 治理影响微观企业公司治理行为的效率决定模型时，将充分考虑以上两种情景下的 Internet 治理的效率影响。为了更有效地观察到这些效率的动态变化，我们将从三个视角进行设计：一是，有无 Internet 治理，微观企业公司治理决策效率和行为结果效率的变化及其影响因素分析，我们采用式(1-1)的变化值模型进行分析；二是，在 Internet 治理发挥作用的情景下，不同特征的微观企业之间的公司治理决策效率和行为结果效率的差异及其影响因素分析，我们采用式(1-2)的水平值模型进行分析；三是，综合上述两种情况，采用式(1-3)DID 模型，更有效地考察 Internet 治理发挥作用的前后变化。

$$\Delta Efficiency = F(x_1, x_2, x_3, \cdots) \tag{1-1}$$

$$Efficiency = G(y_1, y_2, y_3, \cdots) \tag{1-2}$$

$$Efficiency2 = H(x_1, x_2, x_3, \cdots, y_1, y_2, y_3, \cdots) \tag{1-3}$$

在上述三个模型中，$\Delta Efficiency$ 表示有无 Internet 治理的微观企业公司治理行为效率的变化；$Efficiency$ 表示 Internet 治理发挥作用的情景之下，微观企业公司治理行为效率的变化；$Efficiency2$ 表示 Internet 治理发挥治理效用的前后，对于不同公司特征的企业公司治理策略的影响。需要特别说明的是，我们还将充分考虑到互联网技术及其相关应用的革新对 Internet 治理的冲击效应，并将这种冲击纳入到我们的模型之中，以充分适应不断变化着的现实，这不但有利于考察 Internet 治理与微观企业主体公司治理决策及其行为的互动关系，而且也有利于我们考察在不同互联网应用所产生的不同的 Internet 治理效应之下，各种效率影响因素对公司治理的作用机理。

Internet 技术的不断进步为公司治理机制的设计与运行提供了非常大的发展空间，比如网络投票系统的实施，使得中小股东拥有了一个相对可靠并且低交易成本的保护投资者自身利益的工具，这对于解决中国公司治理实务中大股东对中小股东利益侵害问题无疑是十分有帮助的。因此，本部分将通过案例分析和实证研究考察如下问题：Internet 技术的发展日新月异，经常会有新的不同的互联网应用的出现，因此，面对这些不同的互联网应用，企业的利益相关者的信息交流与分享的方式和构建社会网络的方式也会随之发生变化，这些变化对于微观企业管理层的公司治理的决策及其行为会产生怎样的影响，不同类型的微观企业采取的公司治理策略存在何种差异？微观企业在公司治理内部控制、代理成本、资本结构、会计政策等方面会发生哪些关键性变化？微观企业的管理层不同的公司治理策略所导致的行为结果的效率(如绩效、并购、融资成本、投资效率等)又会发生怎样的改变？不同类型的微观企业之间在上述变化上存在哪些显著性差异？等等。

考察和测度 Internet 治理影响微观企业公司治理策略的决策及其行为的程度，不仅有利于考察 Internet 治理与微观企业主体公司治理策略决策及其行为的互动关系，也为后续回归方法的运用以及深入剖析 Internet 治理效率的影响因素及其作用机理奠定了重要的基础。

本研究为本项目的重点所在，笔者将通过典型案例研究与统计计量分析拟回答以下主要问题：Internet 治理影响了现有公司的哪些治理机制和治理效率？Internet 治理影响微观企业公司治理策略的决策效率及其行为效率发生变化的内在原因是什么？不同类型的微观企业之间的公司治理策略决策效率及其行为效率差异的背后因素及其作用机理是什么？其中，Internet 治理影响程度、制度实施质量、内部控制、信息披露、产权性质、会计政策、行业特征、公司治理等因素扮演了怎样的角色？Internet 治理与公司治理、媒体治理、内部控制等之间究竟存在怎样的内在联系？等等。

在测度 Internet 治理时，我们的基本思路是：其一，对于有第三方量化的数据，如百度搜索指数、Google 搜索热度指数、网站的访问量、地区互联网普及率、移动互联网用户的手机流量等则是采用手工直接搜索下载，直接使用；其二，对于没有第三方量化的数据，如微博内容、博客内容、微博公众平台、BBS 内容、股吧内容、普通网页内容、企业的网络广告等采用自行开发设计的计算机爬虫软件进行自动搜索与下载，对下载的内容采用计算机自然语言处理技术进行分析，获取这些内容中的宏观经济判断(如 CPI 涨幅、货币政策预期、GDP 增量等)、情感信息(如乐观、悲观、愤怒等)、关注内容信息(如股价、产品质量、治理质量、投资情况)等并进行相应的量化，如对于某一企业的关注中，有多少比例是乐观的，有多少比例是悲观的，有多少比例是愤怒等。总之，所有的量化都是采用客观的量化指标，不采用主观性的判断量化，如专家赋权重等。

在测度有无 Internet 治理的微观企业公司治理策略的决策效率及其行为效率的变化时，我们的基本思路是：采用投资敏感性分析法和利润敏感性分析法针对每个微观企业进行测度无 Internet 治理的企业行为结果效率(Efficiency_p)和有 Internet 治理的企业行为结果效率(Efficiency_q)以及二者的效率变化($\Delta\text{Efficiency} = \text{Efficiency}_q - \text{Efficiency}_p$)。$\Delta\text{Efficiency}$ 的结果包括了效率提升、效率不变和效率降低三种类型。

研究和考察微观企业公司治理行为效率变化的影响因素及其作用机理的基本模型如下：
$$\Delta\text{Efficiency}=\alpha+\beta_1\text{Internet}+\beta_2\text{Internet}\times\text{State}+\beta_3\text{State}+\beta_4\Delta\text{Net}+\beta_5\Delta\text{Governance}+\beta_6\Delta\text{Internet}$$
$$+\beta_7\Delta\text{Law}+\beta_8\Delta\text{EM}+\sum\beta_{9i}\Delta\text{Control}+\sum\text{Year}+\sum\text{Industry}+\varepsilon$$
$$(1\text{-}4)$$

研究和考察存在 Internet 治理的微观企业公司治理行为效率的影响因素及其作用机理的基本模型如下：
$$\text{Efficiency}=\alpha+\beta_1\text{SKI}+\beta_2\text{SKI}\times\text{State}+\beta_3\text{State}+\beta_4\text{Net}+\beta_5\text{Governance}+\beta_6\text{Internet}$$
$$+\beta_7\text{Law}+\beta_8\text{EM}+\sum\beta_{9i}\text{Control}+\sum\text{Year}+\sum\text{Industry}+\varepsilon$$
$$(1\text{-}5)$$

为了更有效地考察 Internet 治理的微观企业公司治理行为效率的影响因素及其作用机理，我们采用的 DID 模型如下：

$$
\begin{aligned}
\text{Efficiency2} =\ & \alpha+\beta_1\text{SKI}+\beta_2\text{SKI}\times\text{Post0}+\beta_3\text{Post0} \\
& +\beta_4\text{SKI}\times\text{Post1}+\beta_5\text{Post1}+\beta_6\text{SKI}\times\text{Post2}+\beta_7\text{Post2} \\
& +\beta_8\text{SKI}\times\text{Post3}+\beta_9\text{Post3}+\beta_{10}\text{SKI}\times\text{Post0}+\beta_{11}\text{Post3} \\
& +\beta_{12}\text{State}+\beta_{13}\text{Net}+\beta_{14}\text{Governance}+\beta_{15}\text{Internet}+\beta_{16}\text{Law} \\
& +\beta_{17}\text{EM}+\sum\beta_{9i}\text{Control}+\sum\text{Year}+\sum\text{Industry}+\varepsilon
\end{aligned}
\tag{1-6}
$$

模型(1-4)表示变化值模型，模型(1-5)表示水平值模型，模型(1-6)表示 DID 模型。在以上模型中，Internet 表示有无 Internet 治理，有为 1，否则为 0；SKI 表示 Internet 治理的影响程度，采用前述 Internet 治理的度量方法；Net 为企业注册或办公所在省份互联网普及率；State 表示微观企业的最终控制人的属性(国有与非国有，不同层级的国有企业)；Governance 表示企业的公司治理水平(包括：两职合一情况，管理层持股比例，机构持股比例，第一大股东持股比例等)；Law 表示微观企业注册或办公所在省份的市场化指数，该数据来自于樊纲等(2011)；EM 表示盈余管理水平(应计盈余水平，真实盈余操纵)；Year 和 Industry 分别表示年度和行业控制变量；Post 表示受 Internet 治理影响之后的哑变量；Post0 表示受 Internet 治理影响的当年为 1，否则为 0，其他的以此类推；Control 表示除了上述控制变量之外的其他控制变量。在接下来研究的实际过程中，我们会根据具体情况拓展并深化相关因素的系统考察。

研究和考察 Internet 治理对于不同微观企业决策效率及其行为结果效率之间的差异的背后因素与内在机理时，采用如下多分类 Logistic 模型：

$$
\begin{aligned}
\text{UP} =\ & \alpha+\beta_1\text{SKI}+\beta_2\text{SKI}\times\text{State}+\beta_3\text{State}+\beta_4\text{Net}+\beta_5\text{Governance}+\beta_6\text{Internet} \\
& +\beta_7\text{Law}+\beta_8\text{EM}+\sum\beta_{9i}\text{Control}+\sum\text{Year}+\sum\text{Industry}+\varepsilon
\end{aligned}
\tag{1-7}
$$

模型(1-7)中的 UP 表示微观企业公司治理行为结果效率相对前一期的效率变化，如果提升则为 1，不变为 0，下降为-1。该模型考察的是 Internet 治理对于不同微观企业公司治理的效率差异的影响因素及其作用机理。

另外，我们还将采用分位数回归和分组回归等方法进一步检验，在不同 Internet 治理影响程度之下，Internet 治理对于不同企业公司治理策略决策效率及其行为效率的影响机理，以更深入地观察 Internet 治理对于哪些微观企业的作用效率更加明显，进而深化相关的研究。为了获得更有利的证据，我们将采用 SNS 分析方法对企业利益相关者的社会网络结构进行量化，以更有效地观察到企业的外部压力。

此外，我们还将采用分位数回归方法进一步检验，不同 Internet 治理影响程度之下，Internet 治理对于不同企业公司治理策略决策效率及其行为效率的影响机理，以更深入地观察 Internet 治理对于哪些微观企业的公司治理策略作用效率更加明显，进而深化相关研究。

(2)Internet 治理影响下的企业公司治理策略优化研究

本部分将在前面研究的基础之上，对相关的成果进行梳理和提炼，并回答如下问题：

在 Internet 治理冲击之下，管理层与企业利益相关者在企业公司治理策略的博弈过程中，受到哪些因素影响？Internet 治理影响企业公司治理策略决策及其行为的诸多因素之中，哪些因素是不可控的，哪些因素又是可控的？在可控因素中，哪些因素需要监管层监管？Internet 治理如何影响宏观经济政策的微观传导机制？微观企业的利益相关者在哪些方面能够有所作为，政策制定者又能从哪些方面改善微观企业发展的外部环境及其相关条件以优化企业现有的公司治理策略？在微观企业的公司治理实践中，如何有效实现上述优化路径，具体的具有可操作性的措施又有哪些？等等。

我们希望通过本项目的研究寻求 Internet 治理影响微观企业公司治理策略以及 Internet 治理影响宏观经济政策的微观传导机制的一般性规律，力图为深化认识 Internet 治理对于微观企业公司治理行为影响的基本机理并拓展现有企业理论、公司治理等，丰富公司治理理论等方面研究贡献学术价值。

(3) Internet 治理之下的企业公司治理策略的评价体系及政策建议

本部分将综合以上研究内容，系统、全面地考察 Internet 治理框架下的微观企业公司治理策略的决策及其行为效率，并回答如下问题：如何客观有效地评价不同的互联网应用，如博客、微博、微信公众平台、BBS 等，所产生的 Internet 治理效应？又该如何客观有效地评价这些不同的互联网应用的 Internet 治理效应对企业公司治理策略的决策及其行为的影响？相关的互联网主管政府部门该如何有效引导互联网舆论，以有效地发挥其治理作用？相关的互联网应用开发商和分销商又该如何通过信息技术手段筛除恶意言论，防止网络谣言的蔓延？政策制定者又需要在哪些方面对现有的政策进行调整和(或)增补？政府在促进信息消费的同时，该如何有效提升互联网基础设施及其相关的配套设施？等等。同时，我们希望以此为视角构建 Internet 治理的综合评价模型与综合评价体系，力图对 Internet 治理的创新意义与社会经济价值进行评价，并给出相应的政策建议，拓展我们对互联网应用的价值规律的认识，并延展相关的理论研究及其相应的学术价值。

1.2 Internet 治理与制度红利

1.2.1 从互联网女皇的报告看中国互联网技术进步

2019 年 6 月 12 日，互联网女皇玛丽·米克尔发布了 2019 年的互联网趋势报告[1]，这是她第 24 年公布互联网报告。这份报告涵盖了电子商务、科技公司以及城市服务等多方面涉及互联网的内容，是各科技巨头和互联网爱好者每年必会关注的焦点，不仅详细总结了全球互联网在过去一年的发展状况，同时也为报告使用者挑选出更具价值和潜力的互联网公司或国家地区。

中国的互联网技术不断崛起，深受米克尔的关注和看好。2017 年，她的互联网报告提出"中国互联网已经进入在线娱乐和共享出行的黄金时代"，2018 年，她认为"中国和美

---

① 2019 年互联网女皇趋势报告公布！http://tech.sina.com.cn/zt_d/hulianwang/

国在人工智能领域将在未来五年内并驾齐驱"，直到 2019 年，米克尔更是强调"中国的创新产品和商业模式正在引领全球"。2019 年的报告中，中国互联网发展情况可以在报告前部分的全球部分中看到，另外，报告最后部分也单独设立了中国互联网发展的内容。

从全球范围来看，其一，全球互联网用户与 2018 年一样，达到 50% 的渗透率后增速有所减缓。在互联网用户数量方面，亚太地区更为领先，潜力较大，其中，全球互联网用户排名前三的国家分别是中国(21%)、印度(12%)、美国(8%)。但就中国而言，中国移动互联网用户规模和移动互联网数据流量仍在加速。其二，互联网公司表现尤为突出。报告显示(见表 1-1)，全球市值最高的 10 家公司中，有 7 家是科技公司，其中包括腾讯、阿里巴巴两家中国公司。如表 1-1 所示，在全球前 30 大互联网公司中，美国排名第一，占 18 家，而中国跟随其后，占 7 家。

表 1-1 2019 年全球互联网公司市值 Top 30

排名	公司名称	国家	公司市值/百万美元		增长率
			2019-6-7	2016-6-7	
1	Microsoft	美国	1007	410	+146%
2	Amazon	美国	888	343	+159%
3	Apple	美国	875	540	+62%
4	Alphabet	美国	741	497	+49%
5	Facebook	美国	495	340	+46%
6	阿里巴巴	中国	402	195	+106%
7	腾讯	中国	398	206	+93%
8	Netflix	美国	158	43	+266%
9	Adobe	美国	136	50	+174%
10	PayPal	美国	134	46	+190%
11	Salesforce	美国	125	56	+123%
12	Booking.com	美国	77	67	+15%
13	Uber	美国	75	—	—
14	Recruit Holdings	日本	52	20	+167%
15	ServiceNow	美国	51	12	+316%
16	Workday	美国	48	16	+197%
17	美团点评	中国	44	—	—
18	京东	中国	39	32	+22%
19	百度	中国	38	60	−36%
20	Activision Blizzard	美国	35	28	+25%
21	Shopify	加拿大	34	2	+1297%
22	网易	中国	33	23	+44%
23	eBay	美国	33	28	+19%
24	Atlassian	澳大利亚	32	5	+509%

续表

排名	公司名称	国家	公司市值/百万美元		增长率
			2019-6-7	2016-6-7	
25	MercadoLibre	阿根廷	30	6	+388%
26	Twitter	美国	29	11	+173%
27	Square	美国	29	3	+808%
28	Electronic Arts	美国	29	23	+25%
29	小米	中国	28	—	—
30	Spotify	瑞典	25	—	—

数据来源：2019 互联网女皇报告全文，http://slide.tech.sina.com.cn/internet/slide_5_18966_128044.html#p=13

由此可以看出，一方面，互联网技术发展迅速，互联网企业已在市场占据重要地位；另一方面，互联网行业的竞争十分激烈。由互联网报告可知，与 2018 年的互联网报告相比，2018 年，全球互联网公司市值前 20 有 9 家为中国企业，与美国的 11 家极为接近，而到 2019 年，前 20 家的互联网公司中仅有 5 家中国企业，这也从一定程度上体现出美国互联网技术仍不容小觑，中国企业在国际市场上竞争激烈。

与之前的互联网报告一样，在 2019 年的报告中，米克尔也专门设立一章阐述了中国的互联网技术。在这份报告中，2019 年，中国的互联网趋势可以概括为"创新产品+商业模式领跑全球"。具体从以下几个方面的技术创新进步进行详细阐述。

1. 短视频兴起

报告指出，中国短视频 App（Application，应用程序）引领了用户数量和时长，成为用户平均使用时长最大的功能。凭借其"短、精、趣"的特点（李昕怡，2016），短视频越来越受到互联网用户的喜爱，从 2016 年下半年起，用户使用短视频的日均使用时长就迅速上升，抖音、快手成为最受欢迎的短视频 App。短视频的兴起离不开它所特有的优势，一方面，与文字、图片、音频等传播方式相比，短视频弥补了其形式单一、内容缺失的问题，以动态的方式给予用户更为直观的感受；另一方面，与长视频相比，短视频不会过多占用观看者的时间和移动终端的内存，方便信息传递和接收，因此，互联网用户也能更好地利用碎片化时间。短视频最初并非兴起于中国，而是近几年在国内广泛兴起，普及率和使用程度逐渐加深。

2. 微信小程序

微信小程序是基于微信系统的一种轻型 App，其服务功能和传播功能简单且多样，具有极高的价值（田志友等，2018）。微信小程序最初源于 2017 年"跳一跳"小游戏的产生，之后逐步结合到快递、公交、医疗、教育等各行各业，促使着商业模式和移动互联网的新型发展。与传统的应用软件或微信公众号相比，微信小程序的获得不需要下载或关注，用户可以通过文字搜索、二维码扫描等方式直接获取并使用小程序，在很大程度上节省了用户的数据流量费用、手机空间和时间成本。因此，虽然小程序在本质上和网站并没有区别，但是却极大程度地提升了用户体验，它昭示着中国互联网即将进入新的互联网时代——超级 App 内置应用 Web 化时代(杨启和张丽萍，2017)。微信从原本的聊天功能带动小程序和支付的这一策略也被海外各互联网公司所采纳，如韩国的 Kakao、日本的 Line 以及 Instagram 等都开始加入交易功能，可见，中国的互联网技术和创新策略已经影响并改变着全球的互联网公司。

3. 超级 App

2019 年互联网女皇报告中国部分的亮点之一就是美团、支付宝两大超级 App。美团是从最初的团购 App 发展成为一个聚合了 30 种以上本地交易服务的超级 App，这一个 App 就涵盖了美国数十种 App 所拥有功能集合，为用户解决了吃饭、住宿、游玩等多种生活服务问题；支付宝则是从最初的电子钱包 App 进化成为用户数量达到 10 亿的超级 App，更是被人们称为新中国"四大发明"之一，它不仅实现了"无现金化"支付，同时也能让用户更加简便快速地享受各类金融服务。其中，支付宝的蚂蚁森林游戏小程序既提升了用户活跃度，又为环境保护做出贡献而广受好评。美团、支付宝等软件将传统与互联网相结合，实现"互联网+支付""互联网+销售"等多项技术，使互联网技术更广泛地交织于各个领域。此外，中国超级 App 的产生也对其他国家的互联网发展产生了推动效用，如东南亚的 Grab 将出行、外卖、支付、快递等功能聚为一体，Uber 将打车、外卖、自行车、货运等功能聚为一体，在原有功能上逐步扩展，向着中国超级 App 的模式改进。

4. 零售创新

近年来，随着大数据、云计算等新兴技术的兴起，传统的零售商业模式也发生着改变或重构(漆礼根，2017)，中国互联网技术的进步将互联网思维越来越深入地引入到零售行业中，促进零售行业实现线下、线上和全渠道创新，其创新的商业模式也领跑全球，带动全球零售行业商业模式在互联网时代实现新一轮转变。在互联网技术的支撑下，零售行业走向了线上线下协同发展的道路(李冰，2015)，线下实体和线上电商也更加紧密结合。报告显示，线上零售创新如淘宝、快手等通过网络直播与消费者进行更加直观的互动，实现交易转化率的大幅提升；线下零售创新如永辉超市的送货到家服务和客户微信群建立，简化了顾客购买流程，提升了客户的活跃度和忠诚度。除了企业本身的线上、线下延伸或交织，互联网技术也促使整个价值链上的各个组织的关系更加紧密，如供应商、物流仓储、销售商可以通过互联网信息系统以更低的交易合作成本和更及时有效的配送服务实现产品的销售，从而满足价值链上各方合作共赢，获得更高的利润。

5. 教育创新和政务数字化

"互联网+教育"是互联网技术在教育领域的一大创新，利用互联网技术，教育方式逐渐从线下蔓延到线上，形成线上线下一体化的教育模式。以学而思网校为例，学生可以利用手机、电脑等移动终端随时随地在网校学习课程，同时，学而思也配有线下的教室和辅导老师对学生进行面对面辅导。互联网教育平台将全球的各类教育资源更好地整合起来，实现随时随地共享。

政务数字化则通过微信小程序、支付宝或其他平台向用户提供数字化政务服务，如线上缴纳水电煤费用，办理电子版社会保障卡、交通出行卡，公积金查询和提取预约。数字化政务服务一方面减少了用户在办理业务上所花费的时间和精力，例如，居民缴纳水电费的排队等待时长从政务数字化之前的 1 个小时缩减到了现在的 1 分钟，效果显而易见；另一方面也减轻了业务工作人员的负担，线上办理程序更加简捷清晰，工作人员可以更加快捷地处理或保持相关工作。

结合最近两年的互联网女皇的报告可知，中国的互联网技术发展离不开其宏观环境的背景，首先，中国的宏观经济虽然在短期内存在一些波动，但从整体和长期来看仍是稳定的，这为互联网技术的进步提供了良好的经济环境，有助于科技公司和科技从业者更专注地投身于互联网技术的研发探究；其次，中国的互联网用户数量和用户使用互联网的深度与广度都比较大，庞大的互联网用户数量为互联网技术的发展奠定了一定的基础，而互联网的进步也必将给社会带来积极作用。从上述五个具体的互联网创新方面可见，中国的互联网技术在近年的发展速度和取得成效都较为显著。特别值得注意的便是"微信小程序"这一轻便型 App 的产生，带动了聊天软件的多功能融合，也创造了小程序营销的这一创新性的销售模式，此外，"超级 App"的产生也引领了互联网时代下商业模式的转型，这两大创新产品不仅为国内社会带来了极大的积极影响，更是吸引着海外各国的科技公司竞相模仿学习。

当然，中国互联网技术的进步必将影响着国内外事务。对于国内事务而言，中国在互联网技术领域所取得的发展和成就已经对各行各业都产生极大的影响，从衣食住行到金融经济，无一不渗透着互联网技术，可以说，互联网技术发展对中国经济和社会发展具有重要战略贡献（戴德宝等，2016）。而从国际环境来看，Charles（2005）认为，由于科学和技术对国际事务，特别是信息和通信技术的影响尤其普遍，互联网技术的发展也必将加强中国的国家能力和国家合作地位。正如互联网女皇在报告中写的那样，基于互联网技术，中国的创新产品和商业模式已经领跑全球。

1.2.2　Internet 治理促成制度红利的机理

1. 研究源起

中国经济在过去的三十多年里获得了飞速发展，保持了较高的经济增长速度。而与之相对应的我国制度设计与制度实施质量一直受到西方主流经济学家的诟病。现有的主流西方经济学理论无法很好地解释这种制度发展滞后与经济高速发展的现象，于是，西方经济学家称之为"中国之谜"。"中国之谜"的提出为我们重新审视中国经济的发展提供了一个宏观经济学的视角。中国经济高速发展的动力基础是微观企业的健康发展。作为宏观经济细胞的微观企业，在面对这种制度设计与制度实施质量存在缺损的情景之下，其微观经济行为也需要符合微观经济学的逻辑。按照现有的主流微观经济学的逻辑，企业的发展离不开资本市场。中国经济发展的良好态势，促进更多的企业需要通过资本市场融资，尤其是在我国社会主义市场经济的条件下，确保国有企业的健康发展显得更为突出，"利用资本市场做优做强国有企业"几乎成为一种共识[①]。中国资本市场的发展，"促进了国民经济的增长，对中国经济和社会发展的影响日益增强"[②]。但是，在我国特有的制度环境之下，作为确保资本市场健康发展的相关的制度却一直受到不少诟病，如上市资源过于向国有企业倾斜。

　　我国资本市场建立的初衷之一是为国有企业融资服务，由于大多数上市的国有企业都是从原来的国有企业改制而成，遗留了过多的计划经济时代的制度缺陷，容易形成内部人控制(青木昌彦和钱颖一，1995)，导致政策制定者和监管层在设计制度时，需要顾虑这些企业的一些实际情况，由此造成我国资本市场整体的制度质量，特别是实施质量的问题。为了规避可能存在的影响我国资本市场发展的问题，政策制定者费尽心思设计了一整套的相关制度，其中具有重要影响之一的制度就是 ST 制度。ST 制度始于 1998 年，深沪两市旨在通过 ST 制度提醒广大投资者对这些公司需要特别注意；ST 制度设计的初衷是为了更好地保护投资者利益(宁向东和张海文，2001)。ST 制度的实施，可能会导致稀缺的上市资源的丧失，给上市公司的管理层的考核带来不可低估的损失，对于国有企业的管理层而言，可能意味着政治前途的黯淡。国有企业在 ST 制度面前并没有享受到特殊的待遇，也一样受到这种制度的制约。虽然如此，国有企业总可以通过各种手段规避 ST 制度的制约，如关联交易、盈余操纵等。为了避免企业管理层采用这种非合规的手段，政策制定者和监管层要求企业建立完善的公司治理。理论上而言，公司治理结构在良好的投资者法律保护下才能有效监督和遏制管理层的机会主义行为(La Porta et al.，2000)。

　　但是，我国法律规定和法律实施的质量改进缓慢(Pistor and Xu，2005)，投资者保护处于弱保护状态，另外，各地经济和文化差异、特有的城乡二元化结构以及政府政绩考核的锦标赛特征等(周黎安和陶婧，2011)，都导致了我国公司治理的整体水平偏低，制度实施的交易成本上升。吴联生等(2007)通过比较我国上市公司与非上市公司的盈余管理程度后，发现非上市公司盈余管理程度在时间序列的分布上比较平稳，而上市公司盈余管理的幅度与频度则在时间序列上不断增大，王亚平等(2005)认为是资本市场提高了公司的盈余管理程度。这些都与我国资本市场得到迅猛发展的现实看似相悖。La Porta 等(1998，1999，2000)就大胆推测，在投资者保护较弱的国家(地区)可能存在某些投资者保护的替代机制。

① 白天亮，2013-04-18，方向篇——新国企新起点之四：国企改革，坚定方向稳步推进. 人民网-人民日报
　　http://theory.people.com.cn/n/2013/0418/c49155-21180538.html
② 《中国资本市场发展报告》第四节　资本市场与中国经济和社会发展
　　http://www.csrc.gov.cn/pub/newsite/yjzx/cbwxz/ebook/zgfzbg01_04.htm

曾建光等(2013)受这个思路启发,认为造成这种相悖假象的原因是忽视了在 Internet 普及下的 Internet 治理对于公司治理的补充和(或)替代作用。曾建光等(2013)证明了 Internet 治理的存在和对我国资本市场治理的有效性,但没有给出 Internet 治理发生效用的制度红利的直接证据。在弱投资者保护的中国资本市场,作为现有公司治理的有益补充和(或)替代机制的 Internet 治理,需要通过释放制度红利触发市场机制在经济发展中的作用。

基于此,遵循曾建光等(2013)的思路,从 Internet 治理对于我国资本市场上现有制度的完善作用的视角,考察 Internet 治理能否通过突破现有制度的某些障碍,释放出一定的制度红利。为了有效观察制度红利,我们设定在中国资本市场中,国有企业,特别是国有企业在面对可能被 ST 的情况下,Internet 治理对于其盈余操纵的行为特征。为了有效观察到 Internet 治理的治理效应,利用上市公司上一年发生亏损的自然实验,在可能即将被 ST 的情景中,我们观察 Internet 治理对于上市公司盈余管理的变化影响,从而有效捕获到 Internet 治理对于 ST 制度的制度红利。

根据以上分析,考察在我国资本市场统一的 ST 制度之下,在各地迥异的制度实施过程中,在搜索引擎上对拆迁问题的关注度形成的 Internet 治理,可能影响国有上市公司,特别是在可能被 ST 的情景下的盈余管理行为变化。通过研究 Internet 治理与上市公司应计盈余的关系,发现 Internet 治理越好的地区,可能被 ST 的上市公司进行正向盈余管理的上调幅度较低,而进行负向盈余管理的国有公司其调低利润的幅度更大,尤其是可能被 ST 的公司,其下调利润的幅度更甚。研究表明,Internet 技术的发展和普及,尤其是搜索引擎的广泛应用,在一定程度上扫除了我国现有制度设计中存在的障碍,释放了较大的制度红利,为完善我国资本市场的制度建设和制度实施质量提供了有益的帮助。

主要的可能贡献在于:第一,按照西方主流经济学的理论逻辑,在弱投资者保护之下且制度设计和制度实施存在缺陷的中国不可能获得现有的经济成就,但中国却取得了持续的经济增长,这种不一致的局面被美国经济学家罗纳德·麦金农、美国哈佛大学教授韦茨曼、英国剑桥大学经济学家彼得·诺兰和诺贝尔经济学奖得主布坎南等称为"中国之谜"。"中国之谜"从宏观经济的视角对主流经济学在阐释中国新兴市场的能力时提出了一定的质疑,而从微观经济的视角出发,研究发现,由于 Internet 治理的作用,从宏观层面形成的舆情压力迫使微观层面的企业管理层更好地遵守制度规定,更具契约精神,更好地发挥企业家精神,减少机会主义行为,改善企业的盈余质量。也即,研究为解释"中国之谜"提供了一个微观层面的实证证据,在一定程度上破解了"中国之谜"。第二,首次为 Internet 治理对于释放新兴资本市场制度红利提供了一个实证证据,为曾建光等(2013)补充了一个更直接的实证证据和理论分析。第三,考察了 Internet 治理对于 ST 制度、国有企业在盈余操纵方面的影响,丰富了 ST 制度之下以及国有企业占比较高的新兴市场的盈余管理方面的文献,对于解读 Internet 治理在中国资本市场的信息含量,提供了一种新的分析视角。第四,也从信息技术引发的技术进步的侧面,从微观经济学的视角验证了 Lucas(1988)技术溢出效应的存在性。研究结果也表明,由信息技术引发的技术进步为政策的制定者更好地制定适合我国国情的政策以及更好地为监管当局有效监管提供了一种补充作用和(或)一种替代作用，Internet 治理有助于减少制度实施的交易成本。

接下来的部分安排如下：第二部分是理论分析及文献回顾；第三部分是研究假设与模型设定；第四部分是样本选择与研究结果；第五部分是进一步分析与稳健性检验；第六部分是研究结论与进一步讨论。

2. 文献综述

ST 制度作为我国资本市场上特有的一项制度，可追溯到《中华人民共和国公司法》。1993 年 12 月 29 日发布，1994 年 7 月 1 日正式实施的《中华人民共和国公司法》中，第一百五十七条规定"上市公司有下列情形之一的，由国务院证券管理部门决定暂停其股票上市：(一)公司股本总额、股权分布等发生变化不再具备上市条件；(二)公司不按规定公开其财务状况，或者对财务会计报告作虚假记载；(三)公司有重大违法行为；(四)公司最近三年连续亏损。"第一百五十八条规定"上市公司有前条第(二)项、第(三)项所列情形之一经查实后果严重的，或者有前条第(一)项、第(四)项所列情形之一，在限期内未能消除，不具备上市条件的，由国务院证券管理部门决定终止其股票上市。"之后，《中华人民共和国公司法》历经两次修改：1999 年 12 月 25 日发布了修正的《中华人民共和国公司法》，2004 年 8 月 28 日再次发布了修正的《中华人民共和国公司法》。在这两次修正的《中华人民共和国公司法》中，对于以上内部未做任何修订。而在 2005 年 10 月 27 日发布的第三次修正的《中华人民共和国公司法》中，把以上内容完全删除。

我国资本市场在设计之初，由于制度设计的缺陷导致了我国上市公司"壳资源"的高价值性，摘牌成为高交易费用的退出办法；企业可以利用"壳资源"的高附加值改善业绩导致中国资本市场上重组消息频发，投资者对监管当局的摘牌决心深表怀疑，导致了我国资本市场上的过度投机行为，因此，诞生了 ST 制度(宁向东和张海文，2001)。1998 年 3月 16 日，中国证监会发布了《关于上市公司状况异常期间的股票特别处理方式的通知》，强调"证券交易所应在发给会员的行情数据中，于特别处理的股票前加'ST'(special treatment 的缩写)标记，要求会员据此标记将行情公布给投资者，并要求有条件的会员使用'ST'标记的股票行情闪烁显示或另屏显示。"中国证监会 2001 年 11 月发布的《亏损上市公司暂停上市和终止上市实施办法(修订)》规定："公司出现最近三年连续亏损的情形，证券交易所应自公司公布年度报告之日起十个工作日内做出暂停其股票上市的决定。"1998 年 4 月 22 日，上海和深圳证券交易所开始实施 ST 制度，将对上市公司的财务状况或其他状况出现异常的股票名称之前冠以"ST"字样，以警示投资者注意投资风险。虽然《上海证券交易所股票上市规则》和《深圳证券交易所股票上市规则》几经修改，但是，对于 ST 制度并没有进行实质性修改。虽然在《中华人民共和国公司法》(2005 年修正)中，剔除了"公司最近三年连续亏损"而暂停上市的规定，但是，深沪两大交易所，包括中国证监会并没有因此而对 ST 制度进行实质性修订。尽管根据以上规定，判断一个上市公司是否会被"ST"存在多种情况，但是，其中导致大部分公司被"ST"处理的直接原因是"最近两个会计年度的审计结果显示的净利润均为负值"（姜国华和王汉生，2005）。上市公司一旦被"ST"将给企业利益相关者带来不同程度的经济损失，因此，为了避免被 ST，上市公司有动机进行盈余管理(陆建桥，1999；陈晓和戴翠玉，2004；Ding et al.，2007)，导致上市公司的盈余质量受到质疑(姜国华和王汉生，2010)。吴联生等(2007)也指出，我国资本市场上严格的会计信息披露制度和较为完善的公司治理未能有效抑制资本市场上的盈余管理动机。吴联生等(2007)认为，上市公司避免亏损导致其有强烈动机进行盈余管理(张昕和杨再惠，2007)，造成这个问题的原因是监管效能存在不足和我国资本市场特殊的退市制度(李远鹏和牛建军，2007)。我国资本市场这种特有的制度设计，导致我国上市公司盈余管理的动机更复杂，而 ST 制度的实施，是导致上市公司盈余管理的主要动机之一(吴联生等，2007)。

我国资本市场是伴随着政府主导而逐渐形成的，一方面，政府通过限制配额和审批等制度控制企业上市过程，使得相对较好的企业(主要是国有企业)才能获得上市资格；另一方面，政策制定者和监管层设置 ST 制度，通过这个制度来警醒表现欠佳的上市公司，促使其提高业绩，保护投资者利益(杜巨澜和黄曼丽，2013)。一旦上市公司被 ST，就意味着这家公司有可能失去上市资格的宝贵资源，同时也意味着管理层的能力在资本市场上受到了一定程度的质疑。根据激励理论，管理层可能由此会蒙受一些损失，自然也就不愿意接受这种被质疑。对于国有企业的管理层而言，由于受到上级主管部门的考核，担心不理想的考核结果严重影响其未来的政治前途，自然也更不愿意看到这种现象，因此，管理层有动机去规避 ST 制度。此外，由于我国存在政府政绩考核的锦标赛特征(周黎安和陶婧，2011)，稀缺的上市资格的丧失，意味着会影响当地政府的政绩，故当地政府不会等闲视之，会通过各种手段对上市公司进行扶持和补贴。因此，当地政府也有动机去帮助企业规避 ST 制度。另外，一旦被 ST 之后，企业在资本市场上的融资受到限制，这种融资受限，对于管理层和当地政府而言，也可能是致命的。综合以上分析，我们可知，对于上市公司的利益相关者而言，摘牌成为交易成本较高的退出办法(宁向东和张海文，2001)，在此情况下，面对 ST 制度，当地政府和管理层都有动机进行规避，也都有动机进行各种机会主义行为，如虚增收入，虚减费用，变更会计政策与会计估计，利用非经常性损益(陈红和徐融，2005)，这也就是导致我国上市公司自从实施 ST 制度以来，退市公司数量过少的原因之一。ST 制度实施质量不太令人满意，导致资本市场资源配置效率的能力下降，引发了投资者对于 ST 制度实施质量的质疑。

ST 制度能够给上市公司带来积极的治理作用。宁向东和张海文(2001)认为，从理论上而言，ST 制度的治理作用体现在以下三个方面：第一，影响管理层在经理人市场上的评价；第二，股东的"用脚投票"，给管理层形成压力；第三，引起接管者的注意，容易成为被收购的对象；但是，作者通过案例分析，却发现 ST 制度的治理作用较弱。吴溪(2006)指出，ST 监管的制度化能够有效减少监管不完备对市场所引发的干扰，因此，ST 制度化能够制约信息使用者，包括公司和监管层。孟焰等(2008)认为，监管层通过实施 ST 制度，实现了明确限制上市公司确认非经常性利得的行为，这种监管的制度化通过校正制度化前不完备监管行为引发的市场扰动，从而能够有效降低市场的波动性。陈静(1999)、陈晓和陈治鸿(2000)、唐齐鸣和黄素心(2006)、张建华等(2006)以及张海燕和陈晓(2008)等也认为，ST 制度能够发挥重要的风险警示作用，能够发挥一定的治理作用。Zhu 和 Yang(2012)认为，ST 制度的采用，有利于提升上市公司的治理水平，但是，当地政府的介入会降低这种治理效果。

　　ST 制度无法给上市公司带来积极的治理作用。宁向东和张海文(2001)认为，对包装上市的公司，某些国有无上市之实的公司，为母公司圈钱的上市公司而言，ST 制度没能发挥应有的治理作用，停牌前警告性的威慑作用也甚微。王震和刘力(2003)发现上市公司是否被 ST，其股价都与退出清算价值不存在显著相关性；这表明，在我国上市公司退出机制的制度设计和实施尚不健全的背景之下，上市公司的股东，尤其是小股东无法有效行使清算权，对投资者而言，退出清算价值意义不大。陈红和徐融(2005)指出，ST 制度的缺陷包括：亏损指标规定存在争议性；规定 2 年时间限定标准缺乏科学性。姜国华和王汉生(2010)认为，我国现行的以公司盈利为判断标准的 ST 制度，认为连续亏损的公司会损害投资者利益，这个判断标准是 ST 制度设计本身的缺陷所在；现行 ST 制度的设计可能无法正确甄别优秀的上市公司，导致盈余操纵和内幕交易等违规行为盛行，因此，建议取消 ST 制度。

　　以上文献从不同 ST 制度文本本身以及该制度实施之后的经济后果等视角，分析了我国特有的 ST 制度对于我国上市公司治理效果的影响。公司治理只有在良好的投资者法律保护之下，才能够充分发挥其监督和约束管理者机会主义行为的作用(La Porta et al.，2000)。一项制度安排能否真正有效发挥其作用，取决于制度设计的质量问题，即制度文本本身的质量(La Porta et al.，1997，1998；Levine，1999)以及制度的贯彻与实施质量(Glaeser et al.，2001；Djankov et al.，2003)。现有的关于 ST 制度对于我国资本市场影响的文献都忽视了一个更重要的问题：在弱投资者保护的我国资本市场制度环境之下，虽然 ST 制度有其固有的缺陷，但是，直到目前为止，该项制度还是作为我国资本市场上重要的一项制度影响着我国资本市场的运行，于是，如何有效确保该项制度的实施质量可能是更为重要的问题。

　　La Porta 等(1998，1999，2000)就指出：在投资者保护较弱的国家(地区)可能存在某些投资者保护的替代机制。那么，在弱投资者保护的我国资本市场制度环境之下，作为我国不完善的资本市场环境下产物的 ST 制度是否也存在某些替代机制，能够弥补该项制度可能造成的负面效应？随着 IT 技术特别是 Internet 的普及，Internet 的显性或隐性社会作用具有公司治理的功效(曾建光等，2013)，我们自然提出一个问题：在现有的制度环境之下，Internet 治理能否有效对我国资本市场弱投资者保护下的公司治理起到补充或(和)替代的作用呢？

　　我国各个地方经济和文化的差异、特有的城乡二元化结构以及政府政绩考核的锦标赛特征等(周黎安和陶婧，2011)，导致了在全国范围内制定的统一的 ST 制度，具体到每一个当地政府，其实施的质量存在一定差异。这种制度的实施质量往往很难度量，只有在特定的事件发生时，我们才能观察到这种实施质量的影响与差异。

　　而上市公司上一年度发生亏损为考察 ST 制度的实施质量、投资者保护及其引发的投资者保护诉求提供了一个良好的自然实验环境。在这种自然实验环境之下，为我们观察外在的制度环境的实施质量对于上一年度已经发生亏损的公司的盈余管理行为提供了一个绝佳的视角，也为我们观察 ST 制度的 Internet 治理效应提供了一个绝佳的视角。由于上一年度已经发生亏损的公司，被 ST 的风险陡然增加，此时，上市公司进行盈余管理的动机非常强烈，因此，我们能够很好地观察到由于 Internet 治理增益了投资者保护，能够有效提升公司治理水平，释放 ST 制度的制度红利。

　　中国互联网络信息中心(China Internet Network Information Center，CNNIC)2013 年 7 月 17 日发布的第 32 次《中国互联网络发展状况统计报告》(2013 年 7 月)显示：截止到 2013 年 6 月底，我国网民规模已经达到 5.91 亿，互联网普及率达 44.1%，其中，搜索引擎网民规模为 4.70 亿，网民使用率 79.6%，搜索引擎是 Internet 用户最受欢迎的应用之一[①]。现有的研究主要考察搜索引擎在一个国家关于某一主题的搜索量占该搜索引擎在该国的整个搜索量的比例与现实经济活动之间的关系。Ettredge 等(2005)研究发现，在 2001～2003 年期间，搜索引擎使用最频繁的前 300 个关键词的使用频次与美国劳工统计局(Bureau of Labor Statistics)统计的失业人数显著正相关。Choi 和 Varian(2009a)通过采用季度自回归和固定效应模型，研究发现 Google Trends 中的关键词的搜索量能够很好地预测家电的销售量和汽车的销售量以及旅游的收入，他们还发现，在某些案例中，其预测能力能够提高 12%以上。Choi 和 Varian(2009b)通过考察 Google Trends 中关于失业的关键词的搜索量与美国失业率的时间序列关系，研究发现，失业的关键词的搜索量能够很好地预测首次申请失业救济的人数(initial claims for unemployment benefits)。Askitas 和 Zimmermann(2009)采用 Google Trends 中关于失业的关键词在德国的搜索量，也发现了同样的结论。Suhoy(2009)通过考察以色列 2004.1～2009.2 期间的 Google 搜索指数与以色列中央统计局(Central Bureau of Statistics)发布的工业生产、商业部门的招聘情况、贸易与服务收入、服务出口、消费品进口、商品房销售量等的变化率之间的预测能力(nowcasting)，研究发现，在官方统计数据发布之前，Google 搜索指数在以下方面能够很好地预测真实的经济形势：人力资源(招聘和雇员)、家电、旅游、不动产、食品饮料、美容和保健。Goel 等(2010)采用 Google 搜索指数预测消费者在未来数天和数周内的消费行为，研究发现通过 Google 搜索指数进行的预测非常精准。Joseph 等(2011)通过考察标普 500 的公司在 2005～2008 年间的 Google 搜索指数，研究发现，Google 搜索指数能够可靠地预测超额回报以及交易量，此外，他们研究还发现，某只股票的 Google

---

① 中国互联网络信息中心(CNNIC)，第 32 次《中国互联网络发展状况统计报告》，2013 年 7 月 17 日
http://www.cnnic.cn/hlwfzyj/hlwxzbg/hlwtjbg/201307/P020130717505343100851.pdf

搜索指数与该股票被套利的难度呈正相关。

以上研究表明，搜索引擎在一个国家关于某一主题的搜索量占该搜索引擎在该国的整个搜索量的比例能够很好地反映现实经济活动。根据以上文献的研究结论，我们可以推断：我国 Internet 用户使用搜索引擎搜索信息，也能够很好地反映现实中发生的经济活动。这些发生的搜索活动更深层次的制度经济学机理是：在新兴和转轨型资本市场上，制度的安排及其实施质量如何保护投资者利益？投资者的搜索行为能够很好地回答这个制度经济学问题。

现有的文献对制度实施之后投资者的反应几乎都是采用度量制度文本和制度实施作为代理变量以考察投资者保护的经济后果；采用相关的新闻媒体的报道（或者把网站上的内容作为新闻报道的一种扩展）等作为代理变量，以考察投资者保护诉求的经济后果。导致这个问题的原因在于这些真实的投资者诉求无法直接观察到。而这些年来Internet 的迅猛发展，特别是搜索引擎的普及，为我们观察投资者的直接诉求提供了一个绝佳的途径。

综上所述，已有的研究表明，ST 制度本身、ST 制度的实施质量是影响资本市场发展的重要制度因素之一，但是，现有文献大都停留在资本市场范围内考察该制度的经济后果；资本市场本身不是一个封闭的系统，它是一个开放的系统，受到来自整个国家系统内的制度环境整体的制度质量和实施质量的影响，以及来自信息技术特别是基于信息技术而构成的虚拟社区的影响，因此，从这个意义讲，ST 制度是资本市场内生的制度，它也必然受到来自外部的影响。基于这个分析，理性的投资者希望通过 Internet 这个虚拟平台去对现有制度安排和实施质量进行替代和（或）补充，以尽可能消除可能的制度障碍，释放该制度的红利，从而有效保护投资者利益。信息技术的进步以及 Internet 的普及，特别是搜索引擎的持续改进，使得这个平台成为可能，变成现实。这个平台就是 Internet，基于这个平台的虚拟社区对企业管理层形成的治理效应就构成了 Internet 治理，Internet 治理的形成，能够在一定程度上消除制度本身以及制度实施的缺陷，进而释放制度红利。基于此，从Internet 治理所引发的 ST 制度的制度红利的角度，考察 Internet 治理对于上市公司应计盈余质量的影响，以检验在我国弱投资者保护之下的资本市场上，Internet 治理能够引发的制度红利的影响。

1.2.3　Internet 治理影响制度红利的实证证据

1. 研究假设与研究设计

1）研究假设

契约框架（Jensen and Meckling，1976）和剩余索取权框架（Grossman and Hart，1986；Hart and Moore，1990）认为，市场机制是保护投资者利益的重要机制。但是，市场机制的发挥有赖于保障契约有效履行的法律制度的健全和有效执行情况（La Porta et al.，1997）。

对于像我国这种处于转轨期的国家而言，缺乏足够确保投资者保护制度有效运转所需要的制度资源(计小青和曹啸，2008)。投资者保护程度较高国家的企业，其盈余管理行为较少，盈余质量也较高(La Porta et al.，1998；Ball et al.，2000；Francis et al.，2003；Leuz et al.，2003；Francis and Wang，2008；蒋义宏等，2010)。同理，由于我国地区间的治理环境存在差异，因而会影响一个地区的投资者保护状况(辛宇和徐莉萍，2007)。公司所在地区的制度环境越好，投资者保护越好，其公司治理水平也越高(夏立军和方轶强，2005；Li et al.，2008)。作为对现有制度实施质量具有治理作用的 Internet 治理(曾建光等，2013)，也应该对我国资本市场的 ST 制度具有治理作用，能够提升 ST 制度在我国资本市场上的实施质量，因此能够降低管理层的盈余操纵的动机，释放 ST 制度的制度红利。

由于盈余管理存在两个方向：以调高利润为目的的正向盈余管理和以调低利润为目的的负向盈余管理。不同方向的应计盈余管理程度，所导致的投资者利益保护程度存在差异，由此带给管理层被关注的压力也存在差异。投资者对好消息的反应更大，而对坏消息的反应更弱(Hayn，1995)；投资者也较少因为坏消息而改变投资决策(徐浩萍，2004)。据此推断，当上市公司上一年度发生亏损，上市公司被 ST 的风险陡增，此时的上市公司盈余管理的动机最强，在传统的治理模式下，上市公司正向盈余管理程度也越大。

但是，随着 Internet 的普及，Internet 治理效应也越来越强大，能够有效弥补传统公司治理的不足，管理层受到来自外界的压力也更大，即在被 ST 的风险较高的情况之下，管理层进行正向盈余管理的程度也会有所收敛，而进行负向应计盈余操纵的增幅则无显著变化。由此，总体而言，Internet 治理有利于提升弱投资者保护之下的我国资本市场 ST 制度的实施质量，减少了应计盈余操纵，释放了 ST 制度的制度红利。故提出假设 H1a 和 H1b 如下：

H1a：在上市公司可能被"ST"的情况下，Internet 治理越好的地区的上市公司，其正向应计盈余管理调幅较小。

H1b：在上市公司可能被"ST"的情况下，Internet 治理越好的地区的上市公司，其负向应计盈余管理调幅无变化。

国有企业占比较高一直是我国资本市场的主要制度安排之一，从一开始的为国有企业改革与脱困提供融资服务，到现在的为国有企业做大做强服务，国有企业一直在我国资本市场上扮有重要作用。国有企业的高管由其主管部门任命和考核，其工资和待遇按照相关的考核标准进行。刘运国等(2011)认为，由于国有企业高管的考核在现实中引入了多重指标，尽管存在被 ST 的负面信息，但是，由于业绩信息的异质性，高管不会受到薪酬处罚。但是，由于国有企业的特殊性，薪酬激励并不是国有企业高管的主要激励手段，在职消费以及未来可能的政治前途是更为主要的激励手段。此外，国有企业一旦发生亏损，Internet 治理往往会把亏损的国有企业推向风口浪尖，如 2012 会计年度被 ST 的中远集团，其董事长魏家福就备受舆论的压力，其甚至对 ST 制度表示是否有存在的必要性；一旦发生亏损，在有可能被 ST 的情况下，国有企业的高管层的在职消费也需要收敛；另外，发生亏损就意味着在考核中，其无法获得一个好的排名。总之，对于国有企业的高管层而言，一旦上一年发生亏损，被 ST 的概率显著提升，此时的国有企业高管也存在盈余管理的动机。在正向盈余管理上，由于国有企业可以动用与政府的政治关联，通过获得更多的政府项目等投资机会以改善亏损状况，避免被 ST，虽然国有企业受到投资软约束，但是，由于 Internet 治理的存在，使得国有企业高管层在盈余操纵上也不敢过于没有节度，而会更倾向于适可而止，否则，国有企业高管层会受到投资者的质疑。在负向盈余管理上，由于投资者对坏消息的反应偏弱(Hayn，1995)，Shaw 和 Zhang(2008)认为公司高管不会因为差的市场回报受到薪酬惩罚，Firth 等(2006)就指出：国有企业的代理问题很少通过薪酬去激励高管提高业绩。因此，在负向盈余管理时，由于 Internet 治理的存在，国有企业高管可以通过做大亏损而去成全其他的考核指标，同时，可以做实其他考核指标，比如提升营业收入，这样国有企业的高管既可以向主管考核部门交代，同时，也可以安抚投资者。因此，我们认为，Internet 治理的存在，有助于减少在 ST 制度之下的国有企业在正向盈余操纵上的过激行为，此外，在 ST 制度之下的国有企业在负向盈余操纵上的过激行为上，Internet 治理有助于国有企业同时兼顾其他方面，缓解过度负向盈余操纵的负面效应，也即，Internet 治理的存在有助于释放 ST 制度对于前一年亏损公司的制度红利。基于以上分析，我们提出假设 H2a 和 H2b 如下：

H2a：在上市公司可能被"ST"的情况下，Internet 治理越好的地区的国有上市公司，其正向应计盈余管理调幅无变化。

H2b：在上市公司可能被"ST"的情况下，Internet 治理越好的地区的国有上市公司，其负向应计盈余管理调幅较大。

2) 研究设计

为了测度 Internet 治理，采用曾建光等(2013b)的做法，采用中国式拆迁的关注度作为代理变量。根据他们的做法，采用 https://www.google.com/insights/search/上的 Google 搜索指数作为测度变量(本书中涉及 Google 搜索的，数据期间为 2004~2010 年)。采用在中国使用 Google 搜索引擎搜索"拆迁"关键词的 Google 搜索指数。

为了检验上述假设，通过估计企业可操控性的总应计利润，得到衡量企业应计盈余管理水平的指标。借鉴 Barth 等(2008)、Cohen 等(2008)、刘启亮等(2010)和曾建光等(2013b)的做法，设定行业、年度固定效应模型如下：

$$
\begin{aligned}
absDTAC = {} & \alpha + \beta_1 pSKI + \beta_2 pSKI \times State + \beta_3 pSKI \times Loss \\
& + \beta_4 pSKI \times State \times Loss + \beta_5 State + \beta_6 Loss + \beta_7 MholdRate \\
& + \beta_8 Agency + \beta_9 DebtRate + \beta_{10} IssueRate + \beta_{11} CFO \\
& + \beta_{12} Big4 + \beta_{13} Leverage + \beta_{14} Growth + \beta_{15} ROA \\
& + \beta_{16} Lnsize + \sum Year + \sum Industry + \varepsilon
\end{aligned}
\tag{1-8}
$$

模型(1-8)中的变量的定义如表 1-2 所示。

表 1-2　模型(1-8)中的变量定义表

变量	变量说明
absDTAC	超额应计，非预期应计利润的绝对值，通过修正的 Jones(1991) 模型计算得到
pSKI	Internet 治理，公司注册所在地的省份的 Google 搜索指数/1000
MholdRate	管理层持股比例
Agency	代理成本，经年度行业中位数调整的管理费用与销售总额之比
Big4	公司审计事务所是否为"四大"事务所，是为 1，否为 0
State	上市公司是否为国有企业，是为 1，否为 0
ROA	资产回报率，等于净利润与总资产之比
Loss	前一年度公司是否亏损，是为 1，否为 0
Lnsize	上市公司的规模，等于总资产的自然对数
Growth	上市公司的成长性，营业总收入的增长率
Leverage	财务杠杆，等于总负债与总资产之比
CFO	经营活动现金流，经营活动产生的现金流量净额与总资产之比
DebtRate	负债总额的变动比
IssueRate	发行的股票数变动比
Year	年度哑变量
Industry	行业哑变量，其中，制造业采用两位制造业代码

2. 样本选择与回归结果

1) 样本选择

　　数据来自于 2004~2010 年国泰安 CSMAR 数据库，之所以选择 2004~2010 年，是因为 Google 搜索指数始于 2004 年，并且从 2011 年开始，Google 公司变更了 Google 搜索指数的算法。公司注册地数据来自于 wind 数据库，缺失的数据通过手工搜集，上市公司是否为国有控股公司来自于 CCER。Internet 治理的数据来自于 http://www.google.com/trends 中搜索与"拆迁"相关的关键词的 Google 指数信息。对数据进行了如下方面的处理：①剔除金融行业、中小板和创业板的数据；②剔除年度观测值低于 20 个的行业；③剔除 IPO 当年的观测值以及相关变量缺失的观测值；④为了消除异常值的影响，对连续变量进行 1%~99%水平的 winsorize 处理。最后得到 7603 个有效观测值。其描述统计如表 1-3 所示。

表 1-3　样本的描述统计

变量	均值	中位数	标准差	最大值	最小值
absDTAC	0.083	0.050	0.107	0.693	0.001
pSKI	0.049	0.049	0.027	0.100	0.000
State	0.661	1.000	0.473	1.000	0.000
Loss	0.142	0.000	0.349	1.000	0.000
MholdRate	0.000	0.000	0.000	0.002	0.000

续表

变量	均值	中位数	标准差	最大值	最小值
Agency	0.064	0.000	0.289	2.278	−0.144
DebtRate	0.217	0.101	0.566	3.632	−0.655
IssueRate	0.266	0.094	0.404	2.120	0.000
CFO	0.051	0.050	0.085	0.283	−0.230
Big4	0.027	0.000	0.161	1.000	0.000
Leverage	0.573	0.542	0.360	3.019	0.079
Growth	0.245	0.140	0.716	5.286	−0.830
ROA	0.019	0.027	0.092	0.226	−0.495
Lnsize	21.432	21.394	1.108	24.459	18.630

从表 1-3 的描述统计，我们可知，超额应计利润的绝对值(absDTAC)的均值为 0.083，而中位数为 0.050，最大值和最小值分别为 0.693 和 0.001，总体上来说，各个公司的盈余管理程度差异过大。Lnsize 的平均值和中位数分别为 21.432 和 21.394，最大值和最小值分别为 24.459 和 18.630，这表明上市公司的规模存在较大的差异。Leverage 的平均值和中位数分别为 0.573 和 0.542，最大值和最小值分别为 3.019 和 0.079，表明上市公司的负债率存在较大差异，部分上市公司可能存在资不抵债的情况。

2) 实证检验结果

表 1-4 报告了模型(1-8)的全样本的超额应计利润(应计盈余管理)的绝对值的回归结果，采用超额应计利润的绝对值作为因变量；表 1-5 和表 1-6 分别报告了超额应计利润大于零(正向应计盈余管理)和小于零(负向应计盈余管理)的绝对值的回归结果。

在表 1-4 中，模型 1 考察的是 Internet 治理(pSKI)对应计盈余管理程度的影响。在模型 1 中，Internet 治理(pSKI)的系数为正，但不显著。表明，Internet 治理对公司的应计盈余管理程度整体上没有显著影响。但是，这并不能说，Internet 治理对上市公司的盈余管理不存在显著影响。因为在我国资本市场下的 ST 制度，上市公司存在正向盈余管理和负向盈余管理的动机。基于此，我们分别在表 1-5 和表 1-6 报告了正向和负向盈余管理的回归结果。

表 1-4 的模型 2 考察的是 Internet 治理与国有企业(State)的交乘项(pSKI×State)对盈余管理程度的影响。模型 2 中的交乘项的系数为负，但不显著。表明，Internet 治理对国有企业的应计盈余管理程度没有显著影响。这表明，Internet 治理在没有考虑 ST 制度的情况下，不会对国有企业的盈余管理产生显著影响，也就不存在制度红利。

表 1-4 的模型 3 考察的是 Internet 治理与存在被 ST 的情况下(上一年发生亏损)(Loss)的交乘项(pSKI×Loss)对应计盈余管理程度的影响。模型 3 中的交乘项的系数为负，但不显著。表明，整体而言，没有考虑中国特殊的 ST 制度背景下的盈余管理会发生方向性变化，我们观察不到 Internet 治理对于上市公司盈余管理的影响，也就观察不到 Internet 治

理产生的制度红利。

    表 1-4 的模型 4 是综合模型 2 和模型 3,发现模型 2 和模型 3 的结果不受影响。表 1-4 的模型 5 则是考察了在 ST 风险增大的情况下,Internet 治理对亏损国有企业(pSKI×State ×Loss)的影响,该交乘项的系数为正,但不显著。

表 1-4　应计盈余管理的回归结果

变量	模型 1	模型 2	模型 3	模型 4	模型 5
Intercept	0.203***	0.202***	0.203***	0.201***	0.201***
	(7.40)	(7.37)	(7.41)	(7.38)	(7.38)
pSKI	0.027	0.073	0.034	0.082	0.097
	(0.74)	(1.09)	(0.92)	(1.23)	(1.41)
pSKI×State		-0.069		-0.072	-0.093
		(-0.85)		(-0.88)	(-1.10)
pSKI×Loss			-0.046	-0.051	-0.159
			(-0.41)	(-0.46)	(-1.13)
pSKI×State×Loss					0.181
					(1.29)
State	-0.005**	-0.002	-0.005**	-0.002	-0.002
	(-2.24)	(-0.44)	(-2.25)	(-0.42)	(-0.46)
Loss	0.009*	0.009*	0.011	0.011	0.011
	(1.88)	(1.88)	(1.55)	(1.60)	(1.50)
MholdRate	-2.061	-2.079	-2.007	-2.018	-2.082
	(-0.42)	(-0.42)	(-0.41)	(-0.41)	(-0.42)
Agency	0.050***	0.050***	0.050***	0.050***	0.050***
	(6.67)	(6.63)	(6.67)	(6.64)	(6.72)
DebtRate	0.036***	0.036***	0.036***	0.036***	0.036***
	(8.62)	(8.62)	(8.62)	(8.62)	(8.64)
IssueRate	0.007**	0.007**	0.007**	0.007**	0.007**
	(2.42)	(2.42)	(2.41)	(2.41)	(2.40)
CFO	-0.073***	-0.073***	-0.073***	-0.073***	-0.072**
	(-2.61)	(-2.61)	(-2.61)	(-2.61)	(-2.59)
Big4	-0.003	-0.003	-0.003	-0.003	-0.003
	(-0.52)	(-0.48)	(-0.52)	(-0.48)	(-0.49)
Leverage	0.035***	0.035***	0.035***	0.035***	0.035***
	(5.66)	(5.65)	(5.66)	(5.65)	(5.66)
Growth	0.009***	0.009***	0.009***	0.009***	0.009***
	(2.89)	(2.89)	(2.89)	(2.90)	(2.89)
ROA	-0.025	-0.025	-0.024	-0.024	-0.027
	(-0.8)	(-0.8)	(-0.78)	(-0.77)	(-0.86)
Lnsize	-0.007***	-0.007***	-0.007***	-0.007***	-0.007***

续表

变量	模型 1	模型 2	模型 3	模型 4	模型 5
	(−5.55)	(−5.55)	(−5.55)	(−5.55)	(−5.54)
Year	controlled	controlled	controlled	controlled	controlled
Industry	controlled	controlled	controlled	controlled	controlled
F 值	29.96***	30.03***	29.10***	29.17***	28.45***
Adj R-Square	0.1876	0.1877	0.1876	0.1877	0.1879
N	7603	7603	7603	7603	7603

注：***，**，*分别表示在 1%，5%和 10%水平下显著；括号内的数值为双尾 t 值，下同。

表 1-5 报告了模型(1-8)的正向超额应计利润(正向应计盈余管理)的绝对值的回归结果。在模型 1 中，Internet 治理(pSKI)的系数显著为负。表明，公司所在地的 Internet 治理越好，公司的正向应计盈余管理程度显著降低。这表明，公司注册地的 Internet 治理越好，公司的高管层受到的来自外界的压力越大，从而在以调高利润为目的的正向应计盈余管理上，表现得更为谨慎，以避免被投资者过于关注。这表明，Internet 治理在正向盈余管理上具有治理效应。

表 1-5 的模型 2 考察的是 Internet 治理与国有企业的交乘项(pSKI×State)对正向盈余管理程度的影响。模型 2 中的 pSKI×State 的系数为负，但不显著。表明，在正向盈余操纵中，Internet 治理对国有企业的正向应计盈余管理程度没有显著影响。

表 1-5 的模型 3 考察的是 Internet 治理与存在被 ST 的情况下(上一年发生亏损)(Loss)的交乘项(pSKI×Loss)对正向盈余管理程度的影响。模型 3 中的交乘项的系数显著为负。表明，当上市公司存在可能被 ST 的风险之时，Internet 治理对上市公司的正向应计盈余管理程度具有显著降低效应。这也进一步验证了表 1-4 的模型 3 的结果。假设 H1a 得到了检验。

表 1-5 的模型 4 融合了模型 2 和模型 3，从相应的系数的显著性和符号来看，支持了模型 2 和模型 3 的结论，表明，Internet 治理对可能被 ST 的上市公司具有治理效应，能够有效降低 ST 制度可能诱发的企业正向盈余操纵的风险，有利于发挥 ST 制度应有的作用，释放出了 ST 制度的制度红利。表 1-5 的模型 5 则是考察了在 ST 风险增大的情况下，Internet 治理对亏损国有企业(pSKI×State×Loss)的影响，该交乘项的系数为正，但不显著。假设 H2a 得到了检验。

表 1-5　正向应计盈余管理的回归结果

变量	模型 1	模型 2	模型 3	模型 4	模型 5
Intercept	0.227***	0.223***	0.226***	0.222***	0.222***
	(4.80)	(4.75)	(4.80)	(4.75)	(4.76)
pSKI	−0.087*	0.047	−0.059	0.079	0.079
	(−1.76)	(0.47)	(−1.15)	(0.76)	(0.76)
pSKI×State		−0.198		−0.203	−0.204
		(−1.62)		(−1.65)	(−1.61)

续表

变量	模型 1	模型 2	模型 3	模型 4	模型 5
pSKI×Loss			−0.394*	−0.402*	−0.410
			(−1.78)	(−1.81)	(−1.57)
pSKI×State×Loss					0.014
					(0.07)
State	−0.005	0.005	−0.005	0.005	0.005
	(−1.37)	(0.77)	(−1.42)	(0.77)	(0.77)
Loss	0.032***	0.032***	0.051***	0.051***	0.051***
	(5.21)	(5.16)	(3.64)	(3.64)	(3.64)
MholdRate	−8.550	−8.563	−8.183	−8.189	−8.190
	(−1.48)	(−1.48)	(−1.42)	(−1.42)	(−1.42)
Agency	0.013	0.013	0.013	0.013	0.013
	(0.94)	(0.91)	(0.95)	(0.92)	(0.93)
DebtRate	0.042***	0.042***	0.042***	0.042***	0.042***
	(9.02)	(9.01)	(8.99)	(8.99)	(9.00)
IssueRate	0.004	0.004	0.004	0.003	0.003
	(1.09)	(1.08)	(1.05)	(1.05)	(1.05)
CFO	−0.776***	−0.776***	−0.775***	−0.775***	−0.775***
	(−16.45)	(−16.43)	(−16.42)	(−16.41)	(−16.40)
Big4	−0.006	−0.005	−0.006	−0.006	−0.006
	(−1.04)	(−0.94)	(−1.10)	(−0.99)	(−0.99)
Leverage	0.012	0.012	0.011	0.012	0.012
	(0.90)	(0.93)	(0.89)	(0.93)	(0.93)
Growth	−0.003	−0.003	−0.003	−0.003	−0.003
	(−0.63)	(−0.64)	(−0.63)	(−0.63)	(−0.63)
ROA	0.853***	0.852***	0.855***	0.855***	0.854***
	(14.10)	(14.08)	(14.24)	(14.22)	(14.25)
Lnsize	−0.008***	−0.008***	−0.008***	−0.008***	−0.008***
	(−3.60)	(−3.62)	(−3.61)	(−3.63)	(−3.65)
Year	controlled	controlled	controlled	controlled	controlled
Industry	controlled	controlled	controlled	controlled	controlled
F 值	45.71***	45.52***	43.83***	43.71***	42.58***
Adj R-Square	0.3872	0.3876	0.3877	0.3881	0.3881
N	3873	3873	3873	3873	3873

表 1-6 报告了模型(1-8)的负向超额应计利润(负向应计盈余管理)的绝对值为因变量的回归结果。模型 1 考察的是 Internet 治理(pSKI)对负向应计盈余管理程度的影响。在模型 1 中,Internet 治理(pSKI)的系数显著为正。表明,Internet 治理越好的地区,上市公司的负向应计盈余管理程度越大。这表明,公司注册地的 Internet 治理越好,公司的高管层受到的来自外界的压力越大,从而在以调低利润为目的的负向应计盈余管理上,表现得更为谨慎,以避免被投资者过于关注。

表 1-6　负向应计盈余管理的回归结果

变量	模型 1	模型 2	模型 3	模型 4	模型 5
Intercept	0.081***	0.086***	0.082***	0.087***	0.087***
	(2.84)	(3.02)	(2.85)	(3.05)	(3.09)
pSKI	0.069*	−0.058	0.053	−0.081	−0.042
	(1.71)	(−0.82)	(1.26)	(−1.21)	(−0.62)
pSKI×State		0.193**		0.199**	0.145*
		(2.31)		(2.41)	(1.76)
pSKI×Loss			0.069	0.087	−0.117
			(0.65)	(0.83)	(−0.88)
pSKI×State×Loss					0.332***
					(2.87)
State	0.002	−0.008	0.002	−0.008	−0.009*
	(0.66)	(−1.57)	(0.66)	(−1.63)	(−1.78)
Loss	0.011**	0.011**	0.008	0.007	0.005
	(2.56)	(2.51)	(1.35)	(1.18)	(0.92)
MholdRate	−1.795	−1.721	−1.905	−1.858	−1.991
	(−0.38)	(−0.37)	(−0.40)	(−0.39)	(−0.42)
Agency	0.036***	0.037***	0.036***	0.037***	0.038***
	(4.69)	(4.75)	(4.69)	(4.74)	(4.89)
DebtRate	0.020***	0.020***	0.020***	0.020***	0.020***
	(4.16)	(4.19)	(4.16)	(4.19)	(4.23)
IssueRate	−0.008***	−0.008***	−0.008***	−0.008***	−0.008***
	(−2.67)	(−2.66)	(−2.65)	(−2.64)	(−2.65)
CFO	0.695***	0.696***	0.695***	0.696***	0.698***
	(20.51)	(20.55)	(20.53)	(20.57)	(20.75)
Big4	−0.013***	−0.013***	−0.013***	−0.013***	−0.014***
	(−2.83)	(−2.89)	(−2.83)	(−2.89)	(−2.96)
Leverage	0.047***	0.047***	0.047***	0.046***	0.047***
	(6.78)	(6.79)	(6.77)	(6.77)	(6.82)
Growth	0.015***	0.015***	0.015***	0.015***	0.015***
	(3.70)	(3.68)	(3.69)	(3.67)	(3.69)
ROA	−0.382***	−0.383***	−0.382***	−0.383***	−0.390***
	(−10.24)	(−10.26)	(−10.26)	(−10.29)	(−10.5)
Lnsize	−0.005***	−0.005***	−0.005***	−0.005***	−0.005***
	(−3.76)	(−3.74)	(−3.75)	(−3.72)	(−3.75)
Year	controlled	controlled	controlled	controlled	controlled
Industry	controlled	controlled	controlled	controlled	controlled
F 值	37.12***	36.24***	36.34***	35.60***	35.31***
Adj R-Square	0.4994	0.5	0.4994	0.5002	0.5015
N	3730	3730	3730	3730	3730

　　表 1-6 的模型 2 考察的是 Internet 治理与国有企业的交乘项(pSKI×State)对于负向盈余管理程度的影响。模型 2 中的 pSKI×State 的系数显著为正。表明，在负向盈余管理时，Internet 治理对国有上市公司的负向应计盈余管理程度具有正显著影响，也即：在负向盈余管理中，Internet 治理给国有上市公司高管造成了一定的压力，迫使其在 ST 制度面前进行"戴帽"与未来"摘帽"之间的平衡，这也证明了 Internet 治理的存在具有治理效应，能够释放出 ST 制度的制度红利。

　　表 1-6 的模型 3 考察的是 Internet 治理与存在被 ST 的情况下(上一年发生亏损)(Loss)的交乘项(pSKI×Loss)对负向应计盈余管理程度的影响。模型 3 中的交乘项的系数为正，但不显著。表明，当上市公司可能被"ST"的情况下，Internet 治理越好的地区的上市公司，其负向应计盈余管理调幅没有显著变化。假设 H1b 得到了检验。

　　表 1-6 的模型 4 融合了模型 2 和模型 3，从相应的系数的显著性和符号来看，支持了模型 2 和模型 3 的结论，表明，Internet 治理对于国有上市公司具有治理效应，能够有效促使国有上市公司管理层在使用会计准则、制定会计制度时，敬畏市场的力量，保持更为谨慎的态度，在会计处理中，更多地发扬谨慎性原则，不但有利于国有企业高管层减轻舆论的压力，更专心于公司的日常运营与治理，而且有利于提升国有企业盈余质量的稳健性，释放出会计制度的制度红利。表 1-6 的模型 5 则是考察了在 ST 风险增大的情况下，Internet 治理对亏损国有企业(pSKI×State×Loss)的影响，该交乘项的系数显著为正，表明，当国有企业前一年发生亏损、面临 ST 风险时，它将在努力"脱帽"的过程中更为谨慎地应用会计制度。这也表明，Internet 治理的存在有助于国有企业释放会计制度和 ST 制度的制度红利。假设 H2b 得到了检验。

　　3) 稳健性检验

　　(1)为了更好地捕获中国市场上的盈余管理行为，我们根据修正的 Jones(1991)模型按照年度和行业计算每个公司非操控性的总应计利润回归模型的系数时，采用了以下三种处理方法：①带截距项的固定资产总额；②带截距项的固定资产净额；③不带截距项的固定资产净额。然后，根据修正的 Jones(1991)模型得到了新的三种非预期应计利润，按照模型(1-8)重新进行回归，回归得到的结果与表 1-4～表 1-6 的研究结论基本一致。

　　(2)为了更好地考察 Internet 治理释放 ST 制度的制度红利功效，为了避免已经被 ST 或"洗大澡"的行为，我们把前两年发生亏损的公司剔除，按照模型(1-8)重新进行回归，回归得到的结果与表 1-4～表 1-6 的研究结论基本一致。

　　(3)Jensen 和 Meckling(1976)认为，管理者持股比例越高，其个人财富与公司的营运状况越紧密相关，若管理者支出造成企业财富的损失，其个人也将承担部分损失，因此，管理者的行为会变得越来越理性。为了考察代理问题可能造成的管理层盈余管理行为的差异，我们参照 Ang 等(2000)、田利辉(2005)、李寿喜(2007)以及罗炜和朱春艳(2010)的做法，对以下两种代理成本的代理变量进行稳健性检验：①采用行业年度中位数调整的总资产周转率；②自由现金流经销售额标准化后，若高于行业年度中位数，且销售增长率低于行业年度中位数，为 1；否则为 0。按照这两种代理变量分别代替模型(1-8)中的代理成本(Agency)，分析得到的结果与表 1-4～表 1-6 的研究结论基本一致。

(4)按照上市公司所在城市的 Google 搜索指数作为 Internet 治理的代理变量，我们对表 1-4～表 1-6 重新进行了相应的回归，发现所有表格的结论基本一致。

(5)2006 年 1 月 1 日起施行修订的《中华人民共和国公司法》和《中华人民共和国证券法》，2006 年 2 月 15 日发布 2007 年 1 月 1 日开始实施修订的《企业会计准则——基本准则》(事先对公司 2006 年的年度报告产生影响)，为了避免这些新的会计制度对管理层操纵盈余质量产生影响，我们剔除 2004～2005 年的样本，采用省份的 Google 搜索指数以及城市的 Google 搜索指数作为 Internet 治理的代理变量，分别对表 1-4～表 1-6 重新进行了相应的回归，发现所有表格的结论基本一致。

(6)"银广夏"等事件的爆发直接导致 2002 年 1 月 15 日最高人民法院颁布实施《最高人民法院关于受理证券市场因虚假陈述引发的民事侵权纠纷案件有关问题的通知》。2003 年 1 月 9 日最高人民法院发布了自 2003 年 2 月 1 日起施行的司法解释——《最高人民法院关于审理证券市场因虚假陈述引发的民事赔偿案件的若干规定》。这项法律的出台，要求法院受理和审理因虚假陈述引发的证券市场上的民事侵权纠纷案件，在一定程度上，对审计师的不作为具有较大的威慑力。2007 年 6 月 15 日，最高人民法院又颁布实施了专门针对审计师的司法解释——《关于审理涉及会计师事务所在审计业务活动中民事侵权赔偿案件的若干规定》。为了避免该司法解释对审计师的诉讼风险的增大(伍利娜等，2010)，审计师会增加努力程度而降低盈余操纵行为。我们剔除 2004～2006 年的样本，采用省份的 Google 搜索指数以及城市的 Google 搜索指数作为 Internet 治理的代理变量，分别重新进行了相应的回归，发现所有表格的结论基本一致。

(7)Ge 和 McVay(2005)研究发现，披露了内部控制存在实质性缺陷的公司最普遍的会计问题在于可操控性应计方面。Doyle 等(2007a)研究也发现，按照 SOX 法案 302 条款，披露了内部控制实质性缺陷的公司相对于其他公司的盈余质量更差。在我国，2008 年 5 月 22 日，财政部、证监会、审计署、银监会和保监会五部委联合制定并发布了《企业内部控制基本规范》。为了避免《企业内部控制基本规范》的出台可能会迫使管理层加强内部控制，导致管理层提高盈余质量产生影响，我们剔除 2004～2007 年的样本，采用省份的 Google 搜索指数以及城市的 Google 搜索指数作为 Internet 治理的代理变量，分别重新进行了相应的回归，发现所有表格的结论基本一致。

(8)Cohen 等(2008)指出，宏观经济环境变量对盈余质量可能会产生影响，为了避免宏观经济的影响，我们采用年份与基年(2004 年)之差作为控制变量加入到模型中，采用省份的 Google 搜索指数以及城市的 Google 搜索指数作为 Internet 治理的代理变量，分别重新进行了相应的回归，发现所有表格的结论基本一致。

以上稳健性检验表明，以上研究结论具有较好的稳健性。

1.2.4 Internet 治理影响制度红利的结论与启示

中国经济自从改革开放以来，获得了迅猛发展，一直保持了较高的增长速度。而与之相对应的我国制度设计与制度实施质量一直受到西方主流经济学家的诟病，于是被称为"中国之谜"。"中国之谜"的提出为宏观经济的理论发展提供了很好的发展空间。作为宏观经济的细胞的中国企业在这种饱受诟病的大制度环境之下，却依然前行，获得了较好的发展。资本市场作为微观企业发展的重要融资来源，也是由一系列的制度设计构成的，如会计制度、ST 制度等。我国资本市场的这些制度同样也受到我国大的制度环境的影响。因此，"中国之谜"看似在微观层面也获得了支持，而现有的文献鲜有从微观经济学，特别是会计学的视角提供理论和实证支撑。曾建光等(2013b)认为，在我国新闻管制的大环境之下以及我国弱投资者保护的条件之下，Internet 获得了极大的普及，成为包括投资者在内的广大民众寻求利益保护的虚拟平台，形成了 Internet 治理。以上的研究发现为我们从微观经济学的视角破解"中国之谜"提供了一个理论基础和全新的视角。

基于此，从 Internet 治理的视角，考察了 Internet 治理对我国资本市场上 ST 制度的影响。研究发现，Internet 治理较好的地区，可能被 ST 的上市公司进行正向盈余管理的上调幅度较小，而进行负向盈余管理的国有公司其调低利润的幅度更大，尤其是可能被 ST 的公司，其下调利润的幅度更甚。研究表明，Internet 技术的发展和普及，尤其是搜索引擎的广泛应用，在一定程度上扫除了我国现有制度设计和制度实施中存在的障碍，释放了较大的制度红利，为完善我国资本市场的制度建设和制度实施质量，更为弱投资者保护下的投资者利益保护提供了有益的帮助。

研究发现，Internet 治理能够弥补我国制度设计和制度实施中的缺损，能够释放出制度红利，也即，Internet 治理的形成和存在能够在一定程度上优化现有制度，这不但验证了 La Porta 等(1998，1999，2000b)的猜测：在投资者保护较弱的国家(地区)可能存在某些投资者保护的替代机制，而且在一定程度上破解了"中国之谜"，也即，虽然我国制度实施的质量很低，有法不依，执法不严的现象比较严重(Allen et al.，2005)，但是，投资者是理性人，会去努力寻找一种更优的替代(补充)机制，这种机制就是通过 Internet 平台形成 Internet 治理，释放制度红利。

以上的研究发现表明，政策的制定者和监管当局，在评估 ST 制度对于我国资本市场的影响时，需要考虑现有投资者保护机制之外的替代(补充)机制的影响因素，特别是投资者对于 ST 制度的实施质量以及对于这种实施质量的一种自我保护机制的形成所产生的市场力量。研究发现为这种市场力量，即 Internet 治理在中国资本市场的信息含量，提供了一个新的分析视角和解读，并为之提供了一个实证证据。同时，研究发现表明，制度的制定者和监管当局不但需要关注和加强制度建设与制度实施质量，而且还需要关注投资者自我学习与自我成长的能力对于制度建设与制度实施质量的影响。

以上的研究发现也表明，投资者和政策的制定者，特别是监管当局，不仅仅需要关注传统媒体的舆情涨落，也需要关注 Internet 用户自发形成的虚拟社区所折射出来的投资者利益保护诉求对于资本市场的影响和管理层行为的影响。此外，也从信息技术进步的侧面，从微观的视角验证了 Lucas（1988）的技术溢出效应的存在性。研究结果也表明，要想真正建立一个健全有效的资本市场，不仅仅需要加强对资本市场的管理，还需要关注广大投资者的积极参与和 Internet 舆情涨落。研究进一步表明，由信息技术引发的技术进步为政策的制定者更好地制定适合我国资本市场实际情况的政策以及为监管当局更好地提升监管效能提供了一种补充作用和（或）一种替代作用，总之，Internet 治理有助于减少制度实施的交易成本，有助于释放制度红利。

2012 年 7 月 27 日，上交所发布《上海证券交易所风险警示股票交易实施细则（征求意见稿）》，拟创立风险警示板，对垃圾股的炒作给予强有力的遏制。受此消息影响，周一 ST 板块集体跌停[1]。姜国华和王汉生（2005）认为 ST 制度没有存在的必要。中远集团董事长魏家福在 2013 年博鳌论坛期间也表示，A 股的 ST 制度存在缺陷，他曾建议政府取消[2]。如果因为 ST 制度本身有缺陷而废除的话，那么如何确保新的退市政策的完备性，特别是有效实施？在制度环境没有发生质的进步的条件下，新的违规行为很有可能再次改头换面出现。因此，我们认为，加强制度实施质量的建设，也许比过于强调制度本身建设可能更有助于推进我国资本市场的发展。

2012 年上交所发布了《关于完善上海证券交易所上市公司退市制度的方案》，深交所发布了《关于完善深交所主板中小板退市制度方案的通知》，实施新的基于 ST 制度的退市制度。但是，退市作为一项新的制度，同样也存在制度实施质量的问题。Internet 治理是否对退市新政也有治理效应，有待我们进一步研究。

---

[1] 上交所拟设风险警示板 倒逼 ST 板块加速重组步伐，2012 年 07 月 31 日，证券日报
http://business.sohu.com/20120731/n349434557.shtml
[2] 魏家福：建议取消 ST 制度但被拒绝 中央了解中远，2013 年 04 月 07 日，证券市场周刊
http://stock.hexun.com/2013-04-07/152870885.html

上篇　ERP 系统篇

第2章 ERP系统的实施与代理成本[①]

2.1 ERP系统的实施

2.1.1 影响企业实施ERP系统的因素

信息技术的发展为企业的生产管理带来了巨大的影响,其中,ERP系统的实施也进一步提高了企业的管理效率和管理水平。为了规范企业内部的管理流程、提高生产水平、避免信息漏洞风险,ERP系统的引入成为许多企业在信息时代的选择,然而,企业ERP系统的实施效果以及实施结果都受到各种因素的影响。这些影响因素包括企业内部的因素和外部环境的因素。

从企业内部来看,企业现行模式下,数据信息的准确性和完整性、上下级之间信息交流的时效性和流畅性、高层领导对信息技术的重视程度等现状,都影响着企业对ERP系统的需求有无或大小,这在很大程度上决定了企业ERP系统的实施与否。此外,在企业引入ERP系统之后,往往需要进行业务流程再造,这时,业务流程再造的合适程度、技术路线的制度以及企业对内部员工的技术知识培训与否也会影响到ERP实施的效果(张相斌等,2006)。

除了组织内部环境的因素,组织之外的外部环境也会影响到ERP系统的实施,包括独立于企业之外的系统编码语言、社会整体技术创新背景、供应商等环境(张喆等,2005)。特别是对于中国企业而言,中国的大多数企业所采用的ERP系统其供应商为国外企业,因此,这也进一步要求ERP供应商所提供的支持服务能够符合中国企业的情况,提供最适合企业特性的技术系统,这对企业有效实施ERP系统具有重大影响作用。

2.1.2 中国企业实施ERP系统的特征

本章考察ERP系统的实施对于上市公司的代理成本的影响。计世资讯(CCW Research)2010年4月发布的《2010年中国生产制造ERP软件市场发展趋势研究报告》显示,2009年中国生产制造ERP市场规模达到45亿元,比2008年同比增长19%。这份报告从一个侧面反映了在我国投资ERP系统得到越来越多的企业的认同,它们以期通过增加IT投资来促进企业改善管理水平,进一步提高企业绩效及其竞争力(马永红等,2004)。

然而,中国企业实施ERP系统与西方企业实施ERP系统存在一定的差异。一方面,

[①] 这部分内容已发表:曾建光,王立彦,徐海乐. 2012. ERP系统的实施与代理成本——基于中国ERP导入期的证据[J]. 南开管理评论,3:131-138.

中国企业的 ERP 系统起步较晚，大多采用国外系统，因此，国外 ERP 系统能否较好地契合我国企业的制度体系和文化背景很大程度上影响了企业实施 ERP 的效果；另一方面，在我国特有的制度背景下，企业实施 ERP 系统也具备新的特征，即企业实施 ERP 系统的原因可能并非为了提升生产管理效率，而是基于政策导向或时代趋势。例如，一些大型国有企业，它们在实施 ERP 系统时很可能是考虑到由此带来的社会效益或员工认可度，并没有基于企业自身情况采取适宜的业务流程再造，而是盲目跟从。

2.2　ERP 系统影响下的企业代理成本

2.2.1　中国企业的代理成本的测度

当企业的管理者不是企业的完全所有者时，导致所有者与管理层之间存在信息不对称，从而管理层在制定决策时，更多地以个人利益最大化为目标。所有者为了监督和约束与管理层之间的利益冲突，就需要设计、安排与管理层之间的契约，从而出现了代理问题（Jensen and Meckling，1976）。这种信息不对称产生了两种代理问题：一个是事前的逆向选择问题，另一个是事后的道德风险问题。事后的道德风险又可分为隐藏行动的道德风险和隐藏信息的道德风险两类代理模型，前者是指代理人的行为结果具有可观测性但却无法验证该结果的行为动机；后者是指代理人对所委托之事具有相对的信息优势，从而可能导致代理人的机会主义行为，这种行为的结果是可观测的也是可以检验的（Arrow，1985）。

根据 Jensen 和 Meckling（1976）对于代理问题的定义，Ang 等（2000）指出，要测度代理成本，可以比较一个有代理问题的公司发生的费用与完全没有代理问题的类似的公司发生的费用之间的差异，按照这种思路，他们采用两种方式度量代理成本，一是，运营费用与销售额之比；二是，通过总资产周转率来考察管理者有效利用资产的程度，如果一个公司的管理费用占销售额的比例越高或者总资产周转率越低，那表明该公司的代理成本越高。我们借鉴罗炜和朱春艳（2010）的做法，对管理费用率和总资产周转率经年度行业中位数调整后，作为代理成本的测度。

2.2.2　中国企业实施 ERP 系统影响企业代理成本的路径

为了减少甚至消除由于信息不对称性所导致的道德风险问题，必须增加委托人拥有的信息，可以采用两种方法，一是，拥有私有信息的一方通过发送信号给拥有公共信息的一方；二是，不拥有私人信息的一方有办法使拥有私人信息的一方主动披露其私有信息（Spence and Zeckhauser，1971）。这两种增加信息的方法的前提是，代理人必须拥有足够的、全面的企业运营信息，否则，代理人也会沦为"巧妇难为无米之炊"的窘境，这样也无济于代理问题的解决。为了使得代理人拥有或者说代理人能够较容易地获得企业的运营信息，在现代企业中，信息技术的采用就是最重要的手段之一。信息技术在现代企业中获得迅速普及,特别是在信息技术中嵌入管理思想,内部控制的原则方法等也已被广泛融入企业的日常运营之中,其中最具代表性的莫过于 ERP 系统。企业通过实施 ERP 系统,可以实现:第一,代理人可以充分及时地获得或拥有企业运营信息,从而降低了企业管理层与普通员工之间的代理成本;第二,管理层若需要向所有者发送企业运营的信息也变得更为简单快捷,这样,所有者可以及时获得企业的运营信息并可以及时调整与管理层之间的契约,进而降低了代理成本;第三,由于 ERP 系统保存了企业的运营信息,委托人可以方便地通过一定的方式,如不定期地通过 ERP 提供的应用子系统获得企业运营信息,从而减少了所有者计量、控制管理层行为的监督成本,也即降低了代理成本;第四,由于 ERP 系统是以技术的形态呈现出来,而且较为复杂和庞大,因此,管理层进行诸如操纵财务数据等机会主义的行为变得越来越困难,也就减少了隐藏信息的道德风险;第五,由于 ERP 系统的实施可以达到以上四个优点,故 ERP 系统的实施就具有信号(signal)作用,即代理人通过实施 ERP 系统向委托人表明试图提升公司效率的决心,此外,ERP 系统的实施也方便了委托人进行企业运营信息的搜寻(seeking),减少了搜寻成本,因此,实施 ERP 系统能够减少由于逆向选择所导致的代理成本。

总之,通过 ERP 系统的实施,企业的运营更加透明化,也就意味着越来越多的与企业运营相关的信息,比如财务信息、内部控制信息等,都通过 ERP 进行处理和优化,这样不但可以减少管理层与普通员工之间的代理成本,而且也可以降低所有者计量、控制管理层行为的监督成本,进而可以进一步优化代理成本,也即,可以进一步最小化代理成本。

基于以上分析,我们自然要问,ERP 系统的实施对于我国上市公司的代理问题有何影响以及影响的程度有多大? ERP 系统的采用是否意味着代理成本的降低? 如果代理成本真的降低了,是不是意味着通过 ERP 系统的实施可以减少现代企业存在的一些弊端? 如果 ERP 系统的采用并没有减少代理成本,这意味着投资者以及政策的制定者需要重新审视信息技术带来的负面影响。

为了更好地回答以上问题,本章通过考察在我国“以信息化带动工业化”战略指导的情景下,研究了在我国 ERP 导入期的 ERP 系统的实施对于我国上市公司代理成本的影响。本章之所以选择我国 ERP 导入期作为样本,是因为若在导入期的 ERP 系统实施都能达到理想效果,那么在 ERP 导入期之后的 ERP 系统的实施应该更有利于我国资本市场的发展。基于此,本章研究结果表明,实施了 ERP 系统的公司,其代理成本显著降低;但是,实施了 ERP 系统的国有控股公司相对于非国有控股公司而言,其代理成本下降的幅度较小。

本章的主要贡献在于:第一,从信息技术的视角,考察了代理成本的影响因素,丰富了代理成本的文献,为研究 ERP 系统在中国资本市场的信息含量,提供了一种新的分析视角和解读;第二,本章的研究发现,为投资者对于公司 ERP 系统的选型以及 ERP 系统的升级改造,提供了一个参考;第三,为提高审计质量或者监管政策的制定提供了一个实证证据。对于外部审计师来说,在对实施了 ERP 系统的企业进行审计时,需要考虑到通过 ERP 系统导致的代理成本的潜在问题。

本章接下来的部分安排如下：第二部分是理论分析与文献回顾；第三部分是研究假设与模型设定；第四部分是样本选择与描述统计；第五部分是研究结果；第六部分是研究结论与不足。

2.3　ERP 系统影响企业代理成本的实证证据

2.3.1　文献综述与研究假设的提出

1. 文献综述

根据 Jensen 和 Meckling（1976）、Arrow（1985）以及 Spence 和 Zeckhauser（1971）的研究结论，代理成本是描述委托代理关系中的由于信息不对称性（AsymmetricInformation）导致的利益冲突的函数。由于现代企业几乎都采用所有权与营运权的分离模式进行运营，再者，为了确保企业的日常运营，经理人需要雇佣员工以保证其合同的有效实施，因此，存在两种委托代理关系：一种是企业所有者与企业的管理层之间的委托代理关系所产生的代理成本（Agency1），另一种是企业的管理层与普通员工之间的委托代理关系所产生的代理成本（Agency2），故一个企业的代理成本是这两种代理成本之和。

此外，Jensen 和 Meckling（1976）、Arrow（1985）以及 Spence 和 Zeckhauser（1971）的研究认为，信息不对称性又导致了事前的逆向选择（Adverse）和事后的道德风险（Moral），其中道德风险又可分为隐藏行动（HiddenBehavior）的道德风险和隐藏信息（HiddenInformation）的道德风险。由此我们提出模型(2-1)如下：

$$
\begin{aligned}
\text{Agency} &= \text{Agency1} + \text{Agency2} \\
&= f(\text{AsymmetricInformation}) \\
&= f(\text{Adverse, Moral}) \\
&= f(\text{Adverse, HiddenBehavior, HiddenInformation})
\end{aligned} \tag{2-1}
$$

ERP 系统的实施对于模型(2-1)的影响途径如下：第一，ERP 系统的实施使得企业的所有日常运营数据以及企业的运营效率和成果信息都完整地保存在相应的数据库中，这些企业运营的相关信息的保存对于管理层而言有两种效应：一是，这些保存的信息具有一种隐性的压力，迫使管理层在与所有者进行沟通和谈判的过程中，不敢过于造次。二是，这些保存的信息，企业的所有者可以直接或者间接地进行查询，有利于所有者掌握企业的运营信息。因此，这也迫使管理层不敢在与所有者的合同中，过于使用不真实的企业信息。总之，ERP 系统保存的企业运营信息，有利于第一种代理成本（Agency1）的降低。第二，ERP 系统的实施使得企业的日常运行以及管理更具效率，通过 ERP 相关的软件操作，管理层可以更便捷地了解企业的真实运行状态，因此，降低了企业的第二种代理成本（Agency2）。第三，ERP 系统的实施具有信号(signal)的作用，也减少了委托人搜寻(seeking)企业运营信息的搜寻成本，因此，实施 ERP 系统能够影响模型(2-1)中的逆向选择（Adverse），也即 ERP 系统的实施是逆向选择（Adverse）的函数。第四，通过 ERP 系统的实施，能够完整保留企业运营的每一项作业及其信息流的来龙去脉，这样，包括管理层的决策行为以及普通员工在内的工作流程等信息都有据可查，因此，可以在一定程度上避免"结果可观测但不可证实"的隐藏行动的道德风险，也即，ERP 系统的实施是隐藏行动的道德风险的函数。第五，委托人可以方便地获得 ERP 系统保存的企业运营信息，从而减少了所有者计量、控制管理层行为的监督成本以及 ERP 系统增加了管理层进行机会主义行为的难度，因此，能够影响隐藏信息的道德风险，也即 ERP 系统的实施是隐藏信息的道德风险的函数。

基于以上分析，我们可以对模型(2-1)进行简化，得到模型(2-2)如下：

$$
\begin{aligned}
Agency &= Agency1 + Agency2 \\
&= f(ERP, Others)
\end{aligned}
\tag{2-2}
$$

模型(2-2)是模型(2-1)在 ERP 系统实施的情景下的代理成本函数，其中的 ERP 表示是否实施了 ERP 系统，Others 是影响代理成本的其他因素，如股权结构等。如果没有实施 ERP 系统，那么，模型(2-2)完全等价于模型(2-1)。在本章中，主要关心 ERP 系统的实施情况，因此，采用模型(2-2)作为分析基础。

20 世纪 90 年代末以来，信息技术的迅猛发展为管理层实施监督行为提供了极大的便利性，特别是 ERP 系统的实施和采用。首先，ERP 的实施使得企业的运营更加透明化，意味着越来越多的与企业运营相关的信息，比如财务信息和供应链信息，都是通过 ERP 等相关的信息技术进行处理，管理层的监督成本可以进一步最小化，从而管理层与员工的代理成本也可以进一步最小化。早在 20 世纪 90 年代末，70%的财富 1000 强公司都实施了或者正在实施 ERP 系统(Cerullo et al.，2000)。实施 ERP 系统是这些公司在剧烈的竞争中出类拔萃的重要原因之一(Winters，2004)。ERP 系统的实施在资本市场上具有信息含量，资本市场把 ERP 系统的实施与公司提升运营绩效联系起来(Hunton et al.，2002)。Hunton 等(2002)研究发现分析师在获得公司 ERP 系统实施的公告后，会修改已有的盈余预测以提高对公司未来的盈余预测水平。这些文献只是把 ERP 系统的实施作为一种信号机制，并没有去考察 ERP 系统的实施对于信号机制的作用机理。ERP 系统的实施意味着管理层在努力提高或者改善企业现有的管理体系，是管理层向不拥有企业运营信息的所有者发送私人信息，在一定程度上减少了道德风险和代理成本。

Fama 和 Jensen(1983a,b)研究发现，由于经营权和所有权的分离，经理人对公司资产将不再拥有剩余索取权(residual claim)，同时也不用承担经营失败的风险，所以理性的经理人将不再追求公司最大利润化，而是更多地追求个人效用的最大化。Barnea 等(1980)认为，信息不对称是由于管理当局拥有较多投资者没有的企业经营的相关私有信息，导致了双方对于企业营运的认知偏差。这种认知的偏差会随着信息技术的采用得到改善。ERP 系统的实施能够减少企业内部各个部门之间的信息沟通不畅的问题，增加了企业的透明度和信息的流通速度，有助于企业信息的更加透明化。ERP 系统能够及时、有效、准确地收集和传递信息到需要的人手中，方便了管理层及时全面掌握企业的财务状况，从而有效地提高了管理层的决策水准(Davenport，1998)。

Ang 等(2000)认为代理成本会随着不拥有股份的经理人的数量增加而增加。随着股东数量的增加，搭便车的问题会弱化股东实施监督的激励；代理成本和管理者的所有权比重呈负相关；随着非管理者股东的数量增加，代理成本也会上升；银行具有外部监督效应，促使代理成本下降。

ERP 系统的实施，一方面为董事会、监事会、内部审计以及外部审计等机构监督管理层提供了便利的计算机软件工具，通过实施 ERP 系统，整个公司的运营及其相关信息变得更加易获得；另一方面也减少了管理层与下属和员工之间的信息不对称性。两方面的叠加，总体上降低了委托人与管理层之间的信息不对称性，也减少了财务报告的使用者与管理层之间的信息不对称性。信息不对称性的降低导致了委托人与管理层之间的监督成本的降低，从而在公司的财务报表中披露实施 ERP 系统相关的信息能够为公司带来正的超额回报(Hayes et al.，2001)。

综上所述，已有的研究主要集中在把 ERP 系统的实施作为一种信号机制，在资本市场上具有信息含量。但是鲜有文献考察 ERP 系统的实施背后的作用机制，特别是对公司代理成本的影响，特别是在中国特殊的制度背景下，ERP 系统的实施对国有控股公司的代理成本三年之内和三年之后的影响如何？本章从代理成本的角度研究了 ERP 系统的实施对中国上市公司的代理成本的影响。

2. 研究假设的提出

2008 年 5 月 22 日，财政部、证监会、审计署、银监会和保监会五部委联合制定并发布的《企业内部控制基本规范》第七条规定"企业应当运用信息技术加强内部控制，建立与经营管理相适应的信息系统，促进内部控制流程与信息系统的有机结合，实现对业务和事项的自动控制，减少或消除人为操纵因素。"透过这条规定，《企业内部控制基本规范》旨在通过在企业内部利用信息技术处理信息的优势，增加信息的流通速度和透明度，实现加强内部控制的目标。这些法律法规的出台，试图通过某种手段有效确保企业内部信息的真实性和有效流通，从而使得投资者能够有效获取企业内部真实信息，减少管理层与投资者之间的信息不对称性和因此而产生的代理成本。要达到这些目标，目前可用的且较可行的手段就是通过采用信息技术，其中通过实施 ERP 是有效手段之一。因为可以在 ERP 系统中嵌入内部控制。

企业通过实施 ERP 系统使得企业的业务信息与财务信息能够实时对应，与企业相关的运营信息都能够相对容易获取，审计委员会就能较高效地监督公司的内部审计制度和内部控制制度的实施情况，较有效地审核公司的财务信息及其披露情况，方便了内部审计与外部审计之间的沟通，降低了人为操纵因素的干扰，从而使得发布到市场上的信息的真实性和可靠性得到了提升。

因此，实施了 ERP 系统的上市公司，通过 ERP 系统嵌入更适合公司的管理思想和理念，企业的业务流程得到了进一步标准化、集成和优化，同时企业的业务信息流与财务信息流得到及时一致的反映，降低了公司的代理成本，提高了公司的代理效率。

此外，ERP 系统对于一个企业来说，不仅仅是一个长期投资规模较大的项目，而且意味着企业的管理思想的变革。而企业的管理思想的变革对于企业现有的企业文化等是一种扬弃，在这个过程中，企业必然要经历一段适应性的阵痛。这种阵痛的过程就是企业进行自我调整和自我适应的过程，是新的管理理念在公司逐步深入的过程，这个过程中，公司需要对公司的业务流程进行重新规划，为了更加有效地使用公司的资源以及公司的信息，公司的代理效率也得到逐步的改善。同时，管理层为了更加有效地进行管理和监督，在实施 ERP 的过程中需要进行业务重组，增加公司内部业务之间以及公司与外部的供应商和客户等之间的透明度，因此降低了公司的代理成本，提高了代理效率。

根据以上分析，提出假设 H1 如下：

H1：实施了 ERP 系统的公司，其代理成本显著下降。

1995 年 9 月 28 日中国共产党第十四届中央委员会第五次全体会议通过的《中共中央关于制定国民经济和社会发展"九五"计划和 2010 年远景目标的建议》提出，"重点改造国有大中型企业，加快国民经济信息化进程"。2000 年 10 月 11 日中国共产党第十五届中央委员会第五次全体会议通过的《中共中央关于制定国民经济和社会发展第十个五年计划的建议》提出，"大力推进国民经济和社会信息化，是覆盖现代化建设全局的战略举措。以信息化带动工业化，发挥后发优势，实现社会生产力的跨越式发展。"之后，2001年 6 月科技部启动了国家制造业信息化工程，以落实"以信息化带动工业化"，并集中了科技攻关计划和 863 计划两大资源，共出资 8 亿元，加上地方配套资金和企业自筹资金，该项工程总经费超过 100 亿元。2002 年召开的中国共产党第十六次全国代表大会又明确提出了"以信息化带动工业化，以工业化促进信息化"的战略指导。综合上面这些信息，基本思路没有太大的差异，都是要实现"以信息化带动工业化"这一战略目标。为了实现这个战略目标，各个省份都积极出台相关政策，几乎都成立了 ERP 应用示范企业。其中，最受益的当属国有企业。

而在"以信息化带动工业化"作为国家战略任务提出时，并且在政府专门的机构的大力宣传和鼓舞下，作为国家控股的国有企业必然是实现这一战略的首选，实现这一战略也成为国有企业的一项必须执行的政治任务，信息化也成为实现国有企业改革的一种方式。在这种主要由外在力量、外在利益补贴的诱惑以及外在信息化考核等的综合作用下的国有企业，其推进 ERP 的实施，存在着较多的盲目性甚至是为了得到补贴和通过考核的需要。在这样的情景下，ERP 的实施就很可能存在着很多问题。为了达到考核的要求甚至是为了在信息化中脱颖而出，以及国有企业的管理层为了自己的政治前途，实施 ERP 成为很多国有企业的政治目标之一。总之，对于国有企业而言，在一开始决策实施 ERP 的动机不纯，并非单纯地想通过 ERP 提高管理水平，很多的时候是脱离实际而仓促上马实施，还有更多的动机是攀比跟风以及更深的不为人知的其他动机。

总之，国有控股上市公司实施 ERP 系统，更多的是基于政策导向的，并非出于其自愿提高企业运营效率的考量。在这种前提下，国有控股上市公司实施 ERP 系统的效果较民营企业的实施效果要差。基于此，我们提出假设 H2 如下：

H2：实施了 ERP 系统的国有控股公司，其代理成本没有显著变化。

2.3.2 研究设计与实证结果

1. 研究设计

根据 Jensen 和 Meckling(1976)对于代理问题的定义，Ang 等(2000)指出，要测度代理成本，可以比较一个有代理问题的公司发生的费用与完全没有代理问题的类似的公司发生的费用之间的差异，按照这种思路，它们采用两种方式度量代理成本，一是，运营费用与销售额之比；二是，通过总资产周转率来考察管理者有效利用资产的程度，如果一个公司的管理费用占销售额的比例越高或者总资产周转率越低，那表明该公司的代理成本越高。我们借鉴罗炜和朱春艳(2010)的做法，对管理费用率和总资产周转率经年度行业中位数调整后，得到了两个代理成本的测度指标(MfeeRatio 和 TurnOverRate)。

由于 ERP 的实施只影响经济体中的一部分企业，而没有影响另一部分企业，我们就可以将其视为一个近似的科学实验，用来区分 ERP 的实施对不同经济体的影响，而这两个组群之间的差异则表现出 ERP 实施的效果[①]。从时间序列上看，实施 ERP 采取了"分批逐步推进"方式，这种方式导致了两种效应：一是，同一公司实施 ERP 前后的变化；二是，同一时点上实施 ERP 的公司和未实施 ERP 的公司之间的变化，因而表现为近似的"自然实验"，把实施了 ERP 的公司作为处理组(Treatment Group)，把没有实施 ERP 的公司作为控制组(Control Group)。因此本章采用双重差分法(DID)，通过比较处理组和控制组，来考察实施 ERP 的效应。为了检验上述假设，根据模型(2-1)和模型(2-2)的思想，本章采用如下模型(2-3)进行检验：

$$
\begin{aligned}
\text{Agency} = {} & \beta_0 + \beta_1 \text{ERP} + \delta_1 \sum_{i=0}^{3} \text{Post}i + \delta_2 \sum_{i=0}^{3} \text{Post}i \times \text{State} + \beta_3 \text{State} \\
& + \beta_4 \text{AuditCommitte} + \beta_5 \text{Two21} + \beta_6 \text{DirectorSize} \\
& + \beta_7 \text{InsideRatio} + \beta_8 \text{Leverage} + \beta_9 \text{Lnsize} \\
& + \beta_{10} \text{ROA} + \beta_{11} \text{Balance} + \beta_{12} \text{CR5Index} + \beta_{13} \text{Zindex} \\
& + \beta_{14} \text{LongDebtRatio} + \beta_{15} \text{Growth} + \beta_{16} \text{IndepRatio} + \varepsilon
\end{aligned}
\tag{2-3}
$$

模型(2-3)中各个变量的定义如表 2-1 所示。其中，Agency 是衡量公司代理成本的指标，包括：经年度行业中位数调整的管理费用率(MfeeRatio)即代理成本和经年度行业中位数调整的总资产周转率(TurnOverRate)即代理效率，ERP=1 为处理组，ERP=0 为参照组。

---

① 这种用对两个群体影响差异来度量实施效果的方法被称为双重差分估计(differences- in- differences，DID)(周黎安和陈烨，2005)。

模型(2-3)中其他变量的定义如表 2-1 所示。

表 2-1　模型(2-3)中的变量定义表

变量名称	变量描述
MfeeRatio	代理成本(管理费用率),管理费用与营业总收入之比,并经年度行业中位数进行调整
TurnOverRate	代理效率(总资产周转率),营业总收入与总资产之比,并经年度行业中位数进行调整
ERP	是否实施了 ERP 系统,是为1,否为0
Post$i$	实施 ERP 系统后的第 i+1 年,是为1,否为0
AuditCommitte	公司是否设置了审计委员会,是为1,否为0
Two21	董事长和总经理是否由一个人担任,是为1,否为0
State	上市公司第一大股东的最后控股股东是否为国有控股公司,是为1,否为0
DirectorSize	董事会的规模,董事会理事成员的人数
InsideRatio	高管人员持股比例,高管人员所持有的股票总数占总股本的比例
IndepRatio	独立董事占比,独立董事总数与董事总人数之比
Balance	股权制衡度,第二大股东至第五大股东持股比例之和与第一大股东持股之比
CR5Index	CR5 指数,公司前 5 位大股东持股比例之和
Zindex	Z 指数,第一大股东与第二大股东持股比例的比值
LongDebtRatio	长期负债比率,长期负债与总资产之比
Lnsize	公司规模,总资产的自然对数
Growth	成长性,公司当年销售收入的增长率
ROA	总资产回报率,净利润与总资产之比
Leverage	财务杠杆,负债合计与总资产之比

2. 样本选择与描述统计

本章的财务数据来自于 1998~2009 年国泰安 CSMAR 数据库,治理结构数据来自于 Sinofin 数据库。ERP 系统的实施情况来自于手工搜集 2006 年之前的中国所有上市公司的对外公开财务报表。计世资讯(CCW Research)2010 年 4 月发布的《2010 年中国生产制造 ERP 软件市场发展趋势研究报告》显示,我国生产制造 ERP 软件市场 2005 年之前基本为我国企业 ERP 系统的导入阶段。但是由于生产制造业为最早开始实施 ERP 软件的行业,为了更好地全面考察我国 ERP 软件的情况,实施了 ERP 的公司的样本采用时间区间为 2006 年之前实施 ERP 的 A 股主板上市公司。这一样本区间包含了同一公司实施 ERP 前后的数据,以及同一时点上已实施 ERP 和未实施 ERP 的样本数据。本章对数据进行了如下方面的处理:①剔除所有金融行业的数据;②剔除缺失值的样本;③为了消除异常值的影响,按照 1%对连续变量进行 winsorize 处理。最后得到 12 553 个有效观测值。

表 2-2 报告了样本的描述统计。总资产周转率(TurnOverRate)经过年度行业调整后的均值为 0.097,中位数为 0.000,最大值和最小值分别为 1.984 和-0.680,总体上来说,样

本公司的代理效率不高,并且各个公司的代理效率差异过大。管理费用率(MfeeRatio)经过年度行业调整后的均值为0.070,中位数为0.000,最大值和最小值分别为2.371和−0.094,总体上来说,样本公司的代理成本较高,并且各个公司的代理成本差异较大。样本公司的长期负债率(LongDebtRatio)均值为0.066,最大值和最小值分别为0.431和0.000,表明样本公司的长期负债率存在较大差异。同理,样本公司的成长性(Growth)的均值为0.218,最大值和最小值分别为4.297和−0.825,表明样本公司在成长性方面也存在较大差异。样本公司的第一大股东与第二大股东持股比例的比值(Zindex)的均值为33.488,中位数为6.000,最大值和最小值分别为514.870和1.023,表明样本公司在股权结构中存在较大的差异,这也充分表明部分企业的股权结构存在一定程度的不合理性。

表 2-2 描述统计

变量	均值	中位数	标准差	最大值	最小值
TurnOverRate	0.097	0.000	0.448	1.984	−0.680
MfeeRatio	0.070	0.000	0.309	2.371	−0.094
ERP	0.167	0.000	0.373	1.000	0.000
AuditCommitte	0.514	1.000	0.500	1.000	0.000
Two21	0.103	0.000	0.304	1.000	0.000
State	0.727	1.000	0.445	1.000	0.000
DirectorSize	7.028	6.000	2.257	15.000	3.000
InsideRatio	0.004	0.000	0.027	0.248	0.000
IndepRatio	0.426	0.500	0.259	1.200	0.000
Balance	0.527	0.330	0.534	2.295	0.006
CR5Index	0.206	0.168	0.139	0.591	0.016
Zindex	33.488	6.000	78.862	514.870	1.023
LongDebtRatio	0.066	0.027	0.091	0.431	0.000
Lnsize	21.267	21.160	1.072	24.577	18.798
Growth	0.218	0.127	0.627	4.297	−0.825
Leverage	0.598	0.552	0.355	2.621	0.079
ROA	0.030	0.033	0.084	0.282	−0.347

3. 实证结果

1)回归结果

为了更好地考察企业实施ERP的效果,本章采用DID方法对实施ERP的效果进行分析。表 2-3 和表 2-4 分别报告了模型(2-3)的衡量代理成本的两个变量:管理费用率(MfeeRatio)和总资产周转率(TurnOverRate)的回归结果。

表 2-3 报告了管理费用率(MfeeRatio)作为代理成本的代理变量的实施 ERP 的效果的回归结果。从因变量为代理成本的模型来看,在模型 1 中,样本公司是否实施了 ERP(ERP)的系数显著为负,表明实施了 ERP 的上市公司,其代理成本更低,也即上市公司实施 ERP

有助于代理成本的降低，H1 得到了检验。在模型 2 中，样本公司实施 ERP 的当年(Post0)，实施 ERP 的第二年(Post1)，实施 ERP 的第三年(Post2)，实施 ERP 的第四年(Post3)的系数都显著为负，表明，实施 ERP 有助于样本公司的代理成本的改善，并且这一效应具有较好的持续性。

表 2-3 的模型 3 和模型 4 报告的是国有企业实施 ERP 的代理成本效应。在模型 3 中，样本公司实施 ERP 的当年(Post0)，实施 ERP 的第二年(Post1)，实施 ERP 的第三年(Post2)，实施 ERP 的第四年(Post3)的系数都显著为负；而对于国有企业而言，实施 ERP 的当年(State*Post0)，实施 ERP 的第四年(State*Post3)的系数都为正，但不显著，实施 ERP 的第二年(State*Post1)，实施 ERP 的第三年(State*Post2)的系数都显著为正。在模型 4 中，样本公司是否实施了 ERP(ERP)的系数显著为负；但对于国有企业而言，实施 ERP 的当年(State*Post0)，实施 ERP 的第二年(State*Post1)，实施 ERP 的第四年(State*Post3)的系数都为负，实施 ERP 的第三年(State*Post2)的系数为正，但都不显著。综合模型 3 和模型 4，实施 ERP 对于国有控股上市公司的代理成本没有产生效应，表明实施了 ERP 的国有控股上市公司的代理成本没有发生显著变化，H2 得到了检验。

表 2-4 报告了总资产周转率(TurnOverRate)作为代理成本的代理变量的实施 ERP 的效果的回归结果。从因变量为总资产周转率(TurnOverRate)的模型来看，在模型 1 中，样本公司是否实施了 ERP(ERP)的系数显著为正，表明实施了 ERP 的上市公司，其代理效率更高，表明上市公司实施 ERP 有助于代理效率的提高，也即实施 ERP 的上市公司，其代理成本显著下降，H1 得到了检验。在模型 2 中，样本公司实施 ERP 的当年(Post0)，实施 ERP 的第二年(Post1)，实施 ERP 的第三年(Post2)，实施 ERP 的第四年(Post3)的系数都显著为正，表明，实施 ERP 有助于样本公司的代理成本的改善，并且这一效应具有较好的持续性。

表 2-4 的模型 3 和模型 4 报告的是国有企业实施 ERP 的代理成本效应。在模型 3 中，样本公司实施 ERP 的当年(Post0)，实施 ERP 的第二年(Post1)，实施 ERP 的第三年(Post2)，实施 ERP 的第四年(Post3)的系数都显著为正；而对于国有企业而言，实施 ERP 的当年(State*Post0)，实施 ERP 的第二年(State*Post1)，实施 ERP 的第三年(State*Post2)的系数都为负，但不显著，而实施 ERP 的第四年(State*Post3)的系数为正，但不显著。在模型 4 中，样本公司是否实施了 ERP(ERP)的系数显著为正；但对于国有企业而言，实施 ERP 的当年(State*Post0)，实施 ERP 的第四年(State*Post3)的系数都为负，但不显著，而实施 ERP 的第二年(State*Post1)和实施 ERP 的第三年(State*Post2)的系数都为正，但不显著。综合模型 3 和模型 4，实施 ERP 对于国有控股上市公司的代理成本没有产生效应，表明实施了 ERP 的国有控股上市公司的代理成本没有发生显著变化，H2 得到了检验。

综合表 2-3 和表 2-4 的 DID 分析效果，我们可知，在我国 ERP 的导入期，实施 ERP 总体上有助于上市公司代理成本的改善，但是这种改善对于国有控股公司而言，效果没有发现。

表 2-3 　ERP 实施的代理成本(管理费用率)效果

	模型 1		模型 2		模型 3		模型 4	
	系数	t 值	系数	t 值	系数	t 值	系数	t 值
Intercept	1.189	22.62***	1.202	23.00***	1.201	22.99***	1.189	22.58***
ERP	-0.025	-3.81***					-0.025	-3.03***
Post0			-0.038	-2.34**	-0.079	-2.31**		
Post1			-0.041	-2.61***	-0.095	-3.01***		
Post2			-0.029	-1.84*	-0.084	-2.67***		
Post3			-0.040	-2.54**	-0.076	-2.40**		
State * Post0					0.053	1.36	-0.003	-0.15
State * Post1					0.072	1.97**	-0.001	-0.03
State * Post2					0.073	2.02**	0.012	0.6
State * Post3					0.048	1.32	-0.006	-0.32
AuditCommitte	-0.002	-0.44	-0.004	-0.76	-0.004	-0.8	-0.002	-0.44
Two21	0.009	1.21	0.009	1.2	0.009	1.11	0.009	1.21
State	-0.044	-7.70***	-0.044	-7.72***	-0.049	-8.29***	-0.044	-7.60***
DirectorSize	0.000	-0.28	0.000	-0.23	0.000	-0.28	0.000	-0.28
InsideRatio	-0.171	-1.94*	-0.171	-1.93*	-0.144	-1.62	-0.171	-1.93*
IndepRatio	0.010	0.76	0.010	0.71	0.008	0.58	0.010	0.75
Balance	0.037	6.83***	0.038	6.93***	0.038	7.02***	0.037	6.83***
CR5Index	0.151	6.54***	0.157	6.76***	0.155	6.72***	0.151	6.52***
Zindex	0.000	-3.87***	0.000	-3.88***	0.000	-3.86***	0.000	-3.86***
LongDebtRatio	-0.016	-0.6	-0.011	-0.38	-0.011	-0.39	-0.017	-0.6
Lnsize	-0.054	-20.70***	-0.055	-21.11***	-0.055	-21.00***	-0.054	-20.64***
Growth	-0.057	-13.94***	-0.057	-13.84***	-0.057	-13.83***	-0.057	-13.94***
Leverage	0.131	18.47***	0.131	18.42***	0.131	18.37	0.131	18.47***
ROA	-1.389	-45.38***	-1.389	-45.39***	-1.389	-45.40***	-1.389	-45.37***
F 值	335.42***		279.91***		229.63***		264.76***	
R-Square	0.2864		0.2867		0.2873		0.2864	
N	12553		12553		12553		12553	

注:***,**,*分别表示在 1%,5%,10%的水平上显著。下同。

表 2-4　ERP 实施的代理成本（总资产周转率）效果

	模型 1		模型 2		模型 3		模型 4	
	系数	t 值	系数	t 值	系数	t 值	系数	t 值
Intercept	−1.676	−20.39***	−1.775	−21.64***	−1.774	−21.63***	−1.675	−20.34***
ERP	0.142	14.08***					0.143	11.26***
Post0			0.124	4.80***	0.177	3.28***		
Post1			0.138	5.54***	0.147	2.97***		
Post2			0.145	5.87***	0.172	3.50***		
Post3			0.123	5.03***	0.120	2.43**		
State * Post0					−0.069	−1.12	−0.025	−0.8
State * Post1					−0.012	−0.21	0.005	0.15
State * Post2					−0.037	−0.65	0.007	0.24
State * Post3					0.004	0.08	−0.001	−0.04
AuditCommitte	−0.004	−0.48	0.004	0.44	0.004	0.45	−0.004	−0.5
Two21	0.003	0.21	0.002	0.17	0.002	0.18	0.002	0.21
State	0.085	9.47***	0.087	9.67***	0.089	9.58***	0.085	9.36***
DirectorSize	0.008	3.77***	0.007	3.44***	0.007	3.45***	0.008	3.77***
InsideRatio	0.261	1.89*	0.295	2.13**	0.285	2.05**	0.260	1.88*
IndepRatio	0.022	1.02	0.031	1.43	0.031	1.46	0.021	1
Balance	0.001	0.17	0.001	0.13	0.001	0.1	0.002	0.18
CR5Index	0.190	5.25***	0.168	4.62***	0.169	4.64***	0.191	5.26***
Zindex	0.000	−0.97	0.000	−0.95	0.000	−0.96	0.000	−0.97
LongDebtRatio	−0.897	−20.82***	−0.939	−21.78***	−0.939	−21.78***	−0.897	−20.80***
Lnsize	0.073	17.80***	0.078	19.16***	0.078	19.12***	0.073	17.74***
Growth	0.096	14.99***	0.094	14.57***	0.094	14.55***	0.096	14.98***
Leverage	0.076	6.86***	0.078	6.94***	0.078	6.96***	0.076	6.87***
ROA	0.875	18.29***	0.878	18.27***	0.878	18.27***	0.876	18.29***
F 值	173.72***		138.59***		113.45***		137.16***	
R-Square	0.1721		0.166		0.1661		0.1721	
N	12553		12553		12553		12553	

2）稳健性经验

计世资讯（CCW Research）2010 年 4 月发布的《2010 年中国生产制造 ERP 软件市场发展趋势研究报告》显示，我国生产制造 ERP 软件市场 2005 年之前基本为我国企业 ERP 系统的导入阶段。据此，删除 2006 年的样本，按照 1% 对连续变量进行 winsorize 处理，进行回归分析，得到的结果和表 2-4 中的结果一致。

对实施 ERP 的样本企业要求保证在 ERP 实施前和实施后五年内的有效数据，按照表 2-3 的做法，按照 1% 对连续变量进行 winsorize 剔除处理。进行回归，结果与表 2-3 中得到的分析结果一致。

不采用 CR5 指数而采用 CR10 指数，经回归后，得到的结果和表 2-4 中的结果一致。

不采用 CR5 指数而采用公司前 5 位大股东持股比例的平方和，经回归后，得到的结果和表 2-4 中的结果一致。

以上稳健性测试表明，表 2-3 中的结果具有较好的稳健性。

2.3.3 研究结论与启示

自从 1976 年 Jensen 和 Meckling 提出代理问题以来，代理问题就一直被学术界和实务界广泛讨论。Jensen 和 Meckling 认为当企业的管理者拥有企业 100%的股权时，代理成本为零。随着企业所有权结构的变化，当所有权与控制权分离后，激励约束的问题变得越来越凸出和越来越重要，据此 Jensen 和 Meckling(1976)提出利益收敛假说(convergence of interest hypothesis)，该假设认为，管理者持股比例越高，其个人财富与公司的营运状况越紧密相关，若管理者支出造成企业财富的损失，其个人也将承担部分损失，因此管理者的行为会变得越来越理性。此后，有大量的文献研究考察了代理问题对投资决策、公司治理结构以及公司价值等的影响，并且得到了比较具有说服力的证明。但是，在信息技术普遍得到运用的今天，现有的文献很少考察信息技术对于代理成本以及由于代理问题所导致的代理效率的影响和冲击。本章通过对企业普遍认同的 ERP 系统进行分析，试图发现实施 ERP 系统对于代理成本的影响，为投资者和政策的制定者，特别是 IT 内控机制的完善，提供一个实证检验。本章也从一个侧面验证了技术溢出效应在微观层面的存在性(Lucas，1988)。

本章以 2001~2006 年所有 A 股上市公司为样本，考察了 1998~2006 年之间实施了 ERP 的样本公司与尚未实施 ERP 的公司，其代理成本的变化。研究结果表明：实施了 ERP 系统的公司，其代理成本显著降低；但是，实施了 ERP 系统的国有控股公司，其代理成本却没有发生显著变化。

本章的研究结果表明，随着信息技术在公司内部的广泛采用，我们在考察实施 ERP 的企业时，不仅仅需要考虑到，实施 ERP 前三年，公司的盈余一般会较差，而在三年之后公司将普遍获得更高的市场回报(Hitt et al.，2002)，而且我们需要考察由于 ERP 系统的采用所导致的代理成本的问题。同时本章的研究结论为投资者和监管机构在评估企业采用新的信息技术时，提供了一个实证证据。

本章的局限性在于，只考察了 ERP 导入期的代理成本的问题，不一定具有普遍性，而且是通过财报得到 ERP 实施信息，可能存在样本偏差。另外，由于财报信息披露的局限性，我们无法考察 ERP 导入期的模块实施详细情况和实施期等，无法更深入地考察 ERP 的实施对企业的代理成本的影响。再者，样本区间过短，没有在一个更长的时间区间内去考察 ERP 的实施对企业的代理成本及其代理效率的影响。针对这些问题，本书之后需要进行进一步的研究。

第3章 ERP 系统的实施、信息技术壁垒与应计及真实盈余管理

3.1 ERP 系统影响企业代理成本之下的管理层行为

3.1.1 代理成本影响企业管理层行为的机理

Jensen 和 Meckling（1976）认为所有者与管理层之间存在信息不对称,这种信息不对称的出现导致了代理问题。其中包括企业所有者与企业的管理层之间的委托代理关系问题,以及企业的管理层与普通员工之间的委托代理关系问题。

为了应对委托代理过程中所产生的代理问题,所有者与管理者之间往往会制定一些合同规章,实现对管理层行为的监督和限制,这一过程产生的费用便是代理成本。罗炜和朱春艳（2010）认为,代理成本主要是通过影响管理层的信息披露选择行为影响到企业管理层的行为。当代理成本较低时,说明管理者和所有者之间的信息不对称很弱,他们的目标是趋于一致的,因此,管理者并不会或很少会隐瞒企业的经营信息,而是采取积极的行为,以期实现管理者自身和所有者的互利共赢,保障企业的可持续发展。相反,当代理成本较高时,说明管理者和所有者之间的信息不对称程度加深,管理者很可能隐瞒信息或减少自愿披露的信息,此时,管理层可能更倾向于利己行为,甚至为了自身的利益而做出损害所有者利益乃至公司长远发展的行为。

3.1.2 ERP 系统影响管理层行为的作用路径

ERP 系统的实施能够提高企业日常经营管理的水平,降低代理成本,影响着管理层的行为。ERP 系统影响管理层行为的作用路径如下:第一,ERP 系统的实施使得企业的所有日常运营数据以及企业的运营效率和成果信息都完整地保存在相应的数据库中,这些企业运营的相关信息的保存对于管理层而言有两种效应,一是,这些保存的信息具有一种隐性的压力,迫使管理层在与所有者进行沟通和谈判的过程中,不敢过于造次;二是,这些保存的信息,企业的所有者可以直接或者间接地进行查询,有利于所有者掌握企业的运营信息,因此,这也迫使管理层不敢在与所有者的合同中,过于使用不真实的企业信息。第二,ERP 系统的实施使得企业的日常运行以及管理更具效率,通过 ERP 相关的软件操作,管理层可以更便捷地了解企业的真实运行状态,因此,管理者的工作效率得以提高。第三,通过 ERP 系统的实施,能够完整保留企业运营的每一项作业及其信息流的来龙去脉,这

样，包括管理层的决策行为以及普通员工在内的工作流程等信息都有据可查，同时，委托人可以方便地获得 ERP 系统保存的企业运营信息，从而减少了所有者计量、控制管理层行为的监督成本以及 ERP 系统增加了管理层进行机会主义行为的难度，约束管理者的不道德行为。

3.2   ERP 系统影响中国企业的应计及真实盈余管理行为

3.2.1   中国企业的应计盈余管理测度

管理层为了有意误导利益相关者了解公司真实业绩状况或者为了影响以盈余报告为基础的合约的履行，有时会通过会计方法或者人为安排真实交易来改变财务报告真实性，进行盈余管理(Healy and Wahlen，1999)。盈余管理又可进一步分为应计盈余管理和真实盈余管理。

应计盈余管理行为是指通过对会计准则政策的选择来掩盖或扭曲企业真实经济表现(Dechow and Skinner，2000)，例如选择固定资产折旧方式、资产减值损失计提方式等。应计盈余管理的测度模型有 Healy 模型、DeAngelo 模型、Jones 模型等，但使用较为广泛的是 Jones 模型和修正后的 Jones 模型，该模型将应计利润分为操纵性和非操纵性两部分。国内学者在度量中国企业的应计盈余管理时主要是基于 Jones 模型，或采用修正 Jones 模型或根据中国企业特征采用补充扩展后的 Jones 模型。如陆建桥(1999)在修正的 Jones 模型的基础之上，增加了无形资产和其他长期资产变量作为自变量，使其更符合中国企业应计盈余管理的测度标准。

为了估计每个公司的应计盈余管理程度，本章采用非预期应计利润模型。该模型将总应计利润划分为：可预期的应计利润和非预期的应计利润，其中，可预期的应计利润是指企业正常的应计利润，而非预期的应计利润则是企业出于某种动机而进行的盈余管理(吴联生和王亚平，2007)。在中国市场上，修正的 Jones(1991)模型能较好地估计超额应计利润(夏立军，2003)。因此，本章运用修正的 Jones(1991)模型(Dechow et al.，1995)按照年度和行业分别估计每个公司的非预期应计利润。

3.2.2   中国企业的真实盈余管理测度

真实盈余操控是指通过对日常业务活动进行操控，旨在误导某些公司利益相关者相信财务报告目标已经实现的利润操纵行为(Roychowdhury，2006)，如对当期费用、生产成本进行调控。如上所述，国内外关于应计盈余管理测度的模型是比较丰富且成熟的，然而，关于真实盈余管理的测度却相对较少。但现如今，真实盈余管理越来越受到企业的重视，关于真实盈余管理的测度也愈发重要。对企业真实盈余管理的计量大多是使用 Roychowdhury(2006)的方法，由于企业所使用的真实盈余管理的手段主要包括增加销售、扩大生产、减少可操控性期间费用等，因此，真实盈余管理水平可通过分别计算出企业异常经营活动现金流净额、异常产品成本和可操控性费用来综合衡量。国内学者范经华等（2013）则是仿照 Roychowdhury（2006）和 Cohen 等（2008）的方法测度我国 A 股上市公司的真实盈余管理。

按照 Roychowdhury（2006）、Cohen 等（2008）以及 Cohen 和 Zarowin（2010）的做法，本章采用异常经营活动现金流净额、可操控性费用和异常产品成本三者之和估计每个公司的真实盈余管理。

3.2.3 ERP 系统影响企业内部控制的有效性

为了提高管理水平、防范管理风险，企业往往会采取一系列手段或措施以规范控制企业内部的各项活动，例如企业制定相关规则条例规定公司人员披露信息时应遵循的标准。而这些内部控制措施必将紧密地联系企业的目标和战略，内部控制能够在多大程度上为实现企业目标提高保障水平则反映了内部控制的有效性（陈汉文和张宜霞，2008）。

随着信息技术的发展，越来越多的企业开始将 ERP 系统引入到企业的内部控制体系之中，这也将进一步促进企业内部控制向信息化控制的转变，提升内部控制的有效性。ERP 系统从多个方面影响内部控制有效性。其一，ERP 系统的引入使得企业内部信息交流更加及时准确，这包括上层管理者与下层员工之间的上传下达效率得以提高，不同部门之间的信息沟通更加顺畅，促进信息共享。其二，ERP 系统可帮助企业实现更有效的监督活动，ERP 系统的客观性和规范性避免了传统组织管理中极易滋生的"道德风险"和"逆向选择"问题，提高了内部控制中风险评估和风险应对的能力。其三，通过上述分析也可知，在 ERP 系统下，部门、员工之间的沟通更加顺畅准确，信息获取比传统管理模式下更加容易，管理监督也更加标准化客观化。因此，ERP 系统的引入将从组织层面上改变现有组织的层级结构，促进其趋于扁平化发展，提高内部控制的有效性。

3.3 ERP 系统影响公司治理

3.3.1 中国公司治理现状

从 20 世纪 90 年代中后期开始，受成熟市场上信息技术开始逐渐在企业普及的影响，我国企业也开始了解和认识 ERP。由于 20 世纪 90 年代，信息相对封闭，在相关政府部门（如科技部）的大力推动之下，有些企业也开始尝试实施 ERP。在这些企业的示范带动之下，特别是政府部门的强力推行之下，我国企业开始步入了全面的 ERP 系统的导入期。

1995 年 9 月 28 日，中国共产党第十四届中央委员会第五次全体会议通过的《中共中央关于制定国民经济和社会发展"九五"计划和 2010 年远景目标的建议》就提出："重点改造国有大中型企业，加快国民经济信息化进程"。2000 年 10 月 11 日中国共产党第十五届中央委员会第五次全体会议通过的《中共中央关于制定国民经济和社会发展第十个五年计划的建议》提出了："大力推进国民经济和社会信息化，是覆盖现代化建设全局的战略举措。以信息化带动工业化，发挥后发优势，实现社会生产力的跨越式发展。"2001 年 6 月科技部启动了国家制造业信息化工程，以落实"以信息化带动工业化"，并集中了科技攻关计划和 863 计划两大资源，共出资 8 亿元，加上地方配套资金和企业自筹资金，该项工程总经费超过 100 亿元[①]。2002 年召开的中国共产党第十六次全国代表大会又明确提出了"以信息化带动工业化，以工业化促进信息化"的战略指导。从 1995 年我国首次提出"加快国民经济信息化进程"，到 2002 年的"以信息化带动工业化，以工业化促进信息化"，我国政府在推动国民经济发展的基本思路没有太大的差异，都是希望通过信息化来实现工业化这一战略目标（曾建光等，2012；曾建光和王立彦，2013）。

3.3.2　技术进步与中国公司治理

为了实现这个战略目标，各个省份都积极出台相关政策，几乎都成立了相关的政府职能部门（如生产力促进中心），负责推动 ERP 的应用，其中，成立示范企业是通常的做法。当然最受益的当属国有企业。以新疆为例，成立了自治区制造业信息化应用示范工程协调领导小组以及新疆企业资源计划（ERP）生产力促进中心，并确认了 39 家企业为自治区制造业信息化 ERP 应用示范企业[②]。而截止到 1999 年，江苏省制造业信息化示范工程累计示范项目达到 400 余项，累计投入政府拨款 6600 万元，引导带动了企业、社会总投入资金 11.2 亿元，实现新增工业产值 250 亿元、利税 35 亿元。如金龙汽车（600686）在 1999年的年报中就披露如下内容："公司的 CIMS（计算机集成制造系统）项目通过了国家 863专家组的审查，已成为 863/CIMS 应用示范企业和应用国产软件实施 CIMS 的示范企业"。在这一波上升到提升工业化层次的企业信息化，国有企业作为国家主导的企业，必然是信息化的主要受益者，而其中，实施 ERP 系统是很多国有企业的必然选择之一，同时，加快企业尤其是国有企业的公司化改革，创新企业制度构架，是推进信息化的基本前提。因此，信息化也是实现国有企业改革的一种方式。在这种主要由外在力量、外在利益补贴的诱惑以及外在信息化考核综合作用下的国有企业，其推进的 ERP 系统的实施，存在着较多的盲目性甚至是为了获得相关的信息技术补贴和满足考核需要。在这样的情景下，ERP的实施就很可能存在着很多问题。而为了达到考核要求甚至是为了在信息化评比中脱颖而出，实施 ERP 成为很多国有企业的政治目标（曾建光等，2012；曾建光和王立彦，2013）。

---

① 网易科技报道，2013-03-11，推进两化深度融合　提升制造企业竞争力，
　　http://tech.163.com/13/0311/17/8PMVSD8C00094NCA.html
② 新疆制造业重大项目管理办公室，2005-03-07，新疆制造业信息化示范工程初见成效，
　　https://news.e-works.net.cn/category6/news13847.htm

3.3.3 ERP 系统影响公司治理的路径

这种主要由国家宏观层面推动的 ERP 导入而较少由企业根据市场需要以及自身需要而进行的 ERP 系统的实施，对于企业而言，究竟意味着什么？由于 ERP 系统的实施是一项复杂的工程，对于企业的影响不是短期的，根据 Hitt 等（2002）、Nicolaou（2004）等的研究，企业至少需要 2～3 年，才有较好的财务绩效。那么，在证监会等部门监管和考核下的中国上市公司，在企业实施 ERP 系统之后，其盈余管理水平是否会发生变化？特别是对于国有控股公司来说，在获得国家以及地方政府等的补贴之后，其盈余管理的行为又有什么特征呢？再者，在企业开始实施 ERP 之后的三年之内，企业是否成功实施了 ERP 系统的判断还为时尚早，从这段时间去考察企业的盈余管理行为，可以为我们提供更多的增量信息，特别是发现企业实施 ERP 之后，其盈余管理操纵的未来走向，为将来的投资决策服务提供了一个判断视角。因此，本章就实施 ERP 系统的上市公司，考察在开始实施 ERP 之后，其盈余管理的行为特征，特别是在我国特有的制度背景下，我国国有控股公司在实施了 ERP 系统之后，其盈余管理的行为特征和变化。

盈余管理是指管理层为了有意误导利益相关者了解公司真实业绩状况或者为了影响以盈余报告为基础的合约的履行，通过会计方法或者人为安排真实交易来改变财务报告真实性的一种行为（Healy and Wahlen，1999）。当公司实施 ERP 之后，特别是在实施之后的三年之内，在我国特有的 ERP 导入背景下，企业的盈余管理行为有何特征？

为了更好地回答以上问题，本章考察了在我国 ERP 系统导入期间，ERP 系统的实施对于我国上市公司盈余管理程度的影响，从而考察在企业实务界普遍采用的信息技术及其嵌入的管理理念等，特别是在现代企业中普遍采用的管理软件［如 CRM（customer relationship management，客户关系管理），ERP］等，对于企业应计与真实盈余管理的影响。计世资讯（CCW Research）2010 年 4 月发布的《2010 年中国生产制造 ERP 软件市场发展趋势研究报告》显示，2009 年我国生产制造业的 ERP 市场规模达到 45 亿元，比 2008 年同比增长 19%。这份报告从一个侧面反映了在我国投资 ERP 系统得到越来越多的企业的认同，它们以期通过增加 IT 投资来促进企业改善管理水平，进一步提高企业绩效及其竞争力（马永红等，2004）。

越来越多的企业采用 ERP，意味着越来越多的与企业运营相关的信息，比如业务流信息、财务信息等都通过嵌入了管理理念的 ERP 并以信息技术的形态进行处理，因此通过 ERP 系统，企业能够把零散的、隔离的业务及其流程进行标准化、集成以及优化，从而更好地支撑组织战略（Gulledge，2006），同时也提升了企业的决策效率、适应市场的能力（Zheng et al.，2000）以及企业的财务绩效（Poston and Grabski，2001；Hitt et al.，2002；Hunton et al.，2004；王立彦和张继东，2007；Kallunki et al.，2011）。而 Brazel 和 Dang（2008）研究发现，实施了 ERP 系统的企业，其应计盈余管理程度显著提高。那么，以上研究发现的企业绩效的增加是否是在实施 ERP 后，通过盈余管理而达到的？ERP 的实施对于我国上市公司的盈余质量有何影响呢？ERP 的实施是加剧了盈余管理还是削弱了盈余管理？如果是削弱了盈余管理，那么我们可以认为 ERP 具有积极的信息含量；如果是加剧了盈余管理，那么，这意味着 ERP 系统的实施为现有的盈余手段提供了一种补充或者是一种新的盈余管理的手段，也意味着投资者、监管者以及政策的制定者都需要重新审视在现代企业中，普遍采用的嵌入管理理念的信息技术的负面影响。

基于以上分析，本章研究了在我国 ERP 导入期，ERP 系统的实施所形成的信息技术壁垒对于我国上市公司应计及真实盈余管理行为的影响。研究结果表明：实施 ERP 系统的公司，在开始实施的前三年内，其应计盈余管理程度没有发生显著变化，而真实盈余管理却在 ERP 系统实施两年之后，显著上升；对于国有控股公司而言，在开始实施的前两年内，其盈余管理程度显著提高，但其真实盈余管理却没有发生显著变化。

本章的主要贡献在于：第一，本章通过考察在我国信息化刚刚启蒙的 ERP 导入期，在政府部门的强力推动之下发生的 ERP 实施事件对于企业应计与真实盈余管理的影响，表明这种特有的自然实验在一定程度上解决了盈余质量的不可分解问题和不可观察问题（Dechow et al.，2010；DeFond，2010）；第二，本章首次考察了在信息技术成为一种技术壁垒的情况下，在企业全面实施嵌入了全新管理理念的 ERP 信息系统对于企业应计与真实盈余管理的影响，丰富了盈余管理方面的文献，对研究具有信息技术壁垒和管理理念革新双重特征的 ERP 系统在中国资本市场的信息含量，提供了一种新的分析视角和解读；第三，本章的研究发现为投资者、监管层评价公司 ERP 系统选型、ERP 厂商更换以及 ERP 系统的升级改造等，提供了一个参考；第四，本章的研究为外部审计师在对实施了 ERP 的企业进行审计时，需要考虑到通过 ERP 系统进行盈余管理的潜在威胁提供了一个实证证据。此外，本章的研究为政策制定者在制定相关政策时，需要考虑可能的负面效应提供了一个实证证据。

本章接下来的部分安排如下：第二部分是理论分析及文献回顾；第三部分是研究假设与模型设定；第四部分是样本选择与研究结果；第五部分是研究结论与不足。

3.4　ERP 系统影响企业应计及真实盈余管理的实证证据

3.4.1　文献综述与研究假设的提出

1. 文献综述

Dechow 等（2010）和 DeFond（2010）认为盈余质量是会计系统（accounting system）测度企业基础绩效（fundamental performance）的能力以及会计系统实施情况的联合概率密度函数，表示为

$$EQ = FP \times IM = FP \times (inIM + deIM) = FP \times inIM + FP \times deIM \tag{3-1}$$

其中，EQ 表示盈余质量；FP 表示会计系统测度企业基础绩效的能力；IM 表示会计系统在企业的实施情况。IM 又可以划分为企业无意为之（inIM），如对于会计系统理解的偏误性，和企业有意为之（deIM），如盈余管理。

从模型(3-1)可知，对于企业而言，即使没有进行盈余管理，会计系统测度企业实质绩效的能力以及对于专业判断的偏误性等也可能造成企业盈余质量的下降。而 ERP 系统的成功实施，由于 ERP 实施前期有来自外部专家团队的帮助和咨询，可以很好地解决 FP 和 inIM 可能存在的问题。因此，从理论上说，在其他条件不变的情况下，ERP 的成功实施，可以在很大程度上提高企业的盈余质量。但是，由于 ERP 系统是以软件的形式存在，作为计算机软件，它的最大的优点就是操作及时便捷。如果企业的内部控制不规范，就可能存在越权随意篡改数据的问题，作为软件形式的 ERP 系统就可能沦为管理层操纵盈余的工具，也即，当 ERP 系统成功实施后，虽然能有效控制 FP 和 inIM，但是当企业内部控制存在缺陷时，就可能导致 deIM 部分的问题增大，最终导致盈余质量的下降。此外，ERP 系统的复杂化是由于其是通过计算机软件的形式把企业的日常运营业务数字化，对于企业员工，包括管理员在内，在短时间内要完全熟练掌握 ERP 系统的应用存在较大的挑战性，因此，在 ERP 系统实施时间不长，对 ERP 整个系统掌握不够熟练的情况下，通过 ERP 这种信息工具进行盈余管理具有较大的难度，因为要通过 ERP 系统去操纵盈余信息需要在 ERP 系统的多个模块之间进行不断的切换，而且需要有不同模块的操作权限，另外，这些操纵都会在 ERP 系统中记录下来，为后期的审计和审核留下了不可磨灭的证据。

总之，以软件形式存在的 ERP 系统，由于操作的便利性，大大降低了企业操纵盈余的成本，使得 ERP 可能沦为企业进行盈余操纵的利器，也有可能这种软件的复杂度形成了信息技术壁垒，增加了企业操纵盈余的成本，导致企业无法利用 ERP 系统作为一种盈余管理的工具。当 ERP 系统无法成为企业进行盈余管理的利器时，管理层可以通过构建真实的经营活动，重新走遍所有的 ERP 流程，从而利用真实盈余管理（包括经营活动现金流操纵、产品成本操纵和费用操纵）来实现盈余管理的目标（Roychowdhury，2006）。

而如果企业仅仅采用 ERP 系统中的财务管理系统模块，这个模块的采用则只是解决了模型中的 inIM 部分，而 FP 则没有彻底解决，因为单个的财务系统没有和业务实时连接，也就无法实时反映实质绩效的测度问题，也即财务信息流和业务信息流是割裂的，是分离的。而 ERP 的实施，则可以使企业的业务信息流与财务信息流完全实时对应起来，财务信息得到了及时的反映和处理，从而克服了单个财务系统的问题。但是，在企业开始实施 ERP 之后的三年之内，企业是否成功实施了 ERP 系统的判断还为时尚早，企业还处于与 ERP 系统及其嵌入的管理思想的整合期，从这个期间考察企业的盈余管理行为，可以为我们的投资决策提供一些增量信息。即，企业在开始实施 ERP 之后的三年之内，其盈余管理行为存在两面性。

一方面，在企业开始实施 ERP 之后的三年之内，由于企业员工还处于与 ERP 系统的磨合期，企业相关财务信息的采集和获取由以前的财务专业人员延伸到各个岗位的企业员工，容易导致基础业务数据和财务数据的偏误甚至是错误，另外，在磨合期内，ERP 系统的使用容易导致内部控制的失灵以及信息的失真和越权篡改数据等问题，从而造成财务信息的系统性偏差。也即模型 (3-1) 中的 FP、inIM 和 deIM 都可能发生问题，这些问题主要是在企业实施 ERP 系统之后的前三年中，由于人与 ERP 系统磨合欠佳而造成。因此，在企业实施 ERP 系统的前三年内，盈余管理可能存在。再者，由于"IT 投资黑洞"和"IT 生产力悖论"(IT productivity paradox)(Brynjolfsson，1993) 现象的存在以及 ERP 项目是一项复杂的、投资规模较大且投资周期较长的系统工程，因此，理性的企业管理者对于 ERP 的投资比较谨慎，但是在我国 ERP 导入期，由于政府过多的介入，企业实施 ERP 的行为更多是出于政府的压力，而较少来自于企业自发的需求，特别是国有企业。对于企业的管理者而言，ERP 的成功实施有助于其业绩考核。但是，对于大多数企业而言，在企业实施 ERP 系统的前三年中，企业会处在绩效下降期 (Hitt et al.，2002)，对于实施不成功的企业，公司绩效的下降更是明显和长久。由于企业的投资者一般无法接受 ERP 投资的失败，在公司 ERP 项目实施之后，管理者为了更好地迎合投资者的这种偏好、满足证监会等监管部门每年的监管要求以及获得政府补贴的需要，有动机进行盈余管理。同时，ERP 系统的复杂性，增加了审计师发现这种盈余管理的难度，从而可能导致这种盈余管理的真正发生。

另一方面，由于 ERP 系统的实施，企业的业务流程得到了进一步标准化、集成和优化，同时企业的业务信息流与财务信息流得到及时一致的反映，企业的内部控制也嵌入到 ERP 系统之中，管理层进行盈余操纵的空间变窄。Hitt 等 (2002) 研究发现，在实施 ERP 项目后，随着公司绩效下降期的结束，实施企业普遍将获得更高的市场回报。北京大学网络经济研究中心发布了《ERP 对中国企业绩效影响研究报告》，研究发现实施了 ERP 系统的企业的各项财务绩效均明显高于市场同期平均绩效。这些研究表明，企业虽然由于实施 ERP 系统而需要承受一段时间的业绩下滑，但是长远来看，有更大的绩效增长。作为企业的管理层、投资者等利益相关者能够意识到并在一定程度上容忍 ERP 实施对公司绩效的短期负面影响，而更关注 ERP 的实施对企业绩效的长期积极影响。因此，从这个角度来看，企业管理层没有激励因为 ERP 系统的实施而进行盈余管理。

ERP 系统的实施有助于企业提高财务绩效。早在 20 世纪 90 年代末，70% 的财富 1000 强公司都实施了或者正在实施 ERP 系统 (Cerullo and Cerullo，2000)。实施 ERP 系统是这些公司在激烈的竞争中出类拔萃的重要原因之一 (Winters，2004)。ERP 系统的实施在资本市场上具有信息含量，资本市场把 ERP 系统的实施与公司提升运营绩效关联起来，实施了 ERP 系统的公司较没有实施 ERP 系统的公司，财务绩效有更好的表现 (Hunton et al.，2004)。Hayes 等 (2001) 研究发现，在公司的财务报表中披露实施 ERP 系统相关的信息能够为公司带来正的超额回报。Hunton 等 (2002) 研究发现分析师在获得公司 ERP 实施的公告后，会修改已有的盈余预测以提高对公司未来的盈余预测水平。北京大学网络经济研究中心 2006 年 11 月发布了《ERP 对中国企业绩效影响研究报告》，参照 Hitt 等 (2002) 的研究方法，采用在 2004 年与 2005 年两年中投资 ERP 项目的中国企业数据，研究发现样本企业的各项财务绩效均明显高于市场同期平均绩效。王立彦和张继东(2007)采用中国的上市公司的数据,研究也发现实施了 ERP 系统的公司的财务业绩指标,都优于未实施公司的业绩指标。Kallunki 等(2011)研究发现,ERP 系统的实施有助于企业财务绩效和非财务绩效的提高。

　　ERP 系统的实施降低了企业的会计信息质量。ERP 系统能够及时、有效、准确地收集和传递信息到需要的人手中,方便管理层及时全面掌握企业的财务状况,从而有效地提高管理层的决策水准(Davenport,1998;Sia et al.,2002;Hitt et al.,2002)。ERP 系统的实施能够减少企业内部各个部门之间的信息沟通不畅的问题,减少了管理层与下属之间的代理成本。Doyle 等(2007)研究发现,内部控制和外部审计能够有效控制盈余管理的程度。但是,ERP 系统的实施增加了审计的复杂性,对外部审计师的能力提出了更高的要求,对 ERP 系统进行测试的 IT 审计师的胜任力受到普遍的关注(Bagranoff and Vendrzyk,2000)。Hunton 等(2004)以及 Brazel 和 Agoglia(2007)研究却发现,在实施了 ERP 系统的公司,审计师的风险评估和审计测试无法达到充分性。Wright 和 Wright(2002)按照内部控制的要求,通过与 IT 审计专家半结构化面谈,研究发现,31.8%的被试者承认在实务中,对于实施了 ERP 系统的客户缺乏足够的控制。ERP 系统往往摒弃传统的内部控制做法,如职责分离(SoD,segregation of duties)。根据 2005 年 1 月 11 日 Compliance Week 的报道,SoD 的问题是 2004 年在 SEC 上登记的上市公司中最突出的问题之一。这些表明,ERP 系统的实施对企业的内部控制产生了负面影响。Brazel 和 Dang(2008)研究发现,ERP 系统实施三年之内的公司,其盈余管理的程度显著增加。由于他们采用的样本来自于美国 IT 技术较普及的成熟资本市场,得到的结论不一定适合像中国这样的新兴资本市场,另外他们并没有考察实施 ERP 的不同的企业性质对于盈余管理的影响。陈宋生和赖娇(2013)采用中国上市公司的数据,发现实施 ERP 系统之后,企业更多地会往上进行盈余操纵。但是,陈宋生和赖娇(2013)采用的样本值得商榷,他们采用的只是实施了 ERP 的样本,并没有与未实施 ERP 系统的上市公司进行对比,因此他们的结论值得进一步讨论。

　　投资者关注已报告盈余的质量(Chow,1982;Francis and Wilson,1988)。为了影响股票市场对公司的理解、提高自身的报酬、降低违背贷款合约的可能性以及避免监管部门的干预(白云霞等,2005),作为代理人的管理层往往会有选择性地披露会计信息(Fan and Wong,2002),从而严重影响了外部投资者对公司财务状况的真实评价(Bertrand et al.,2002)。企业通过实施 ERP 系统,整个公司的运营及其相关信息变得更加透明化和更加易获得,减少了管理层与下属和员工之间的信息不对称性,相应地增加了委托人与管理层之间的信息不对称性,也增加了财务报告的使用者与管理层之间的信息不对称性。信息不对称性的增加导致委托人与管理层之间的监督成本增加,从而迫使投资者更加关注已报告盈余的质量。总之,ERP 系统的实施不仅仅提升了管理层的管理水平,同时也提高了管理层为了达到市场的预期和以盈余报告为基础的合约进行盈余管理的能力(Bell and Carcello,2000)。

　　盈余管理包括应计盈余管理和真实盈余管理(Zang,2012)。真实盈余管理是指管理层

为了达到既定的财务目标,采用偏离正常经营活动的真实经营活动来操纵利润的行为
(Roychowdhury,2006)。当公司的应计盈余管理成本增大时,管理层会转而进行真实盈
余管理;反之,当应计盈余管理的成本较低时,管理层会减少采用成本较高的真实盈余管
理,进而采用应计盈余管理(刘启亮等,2011),因此,管理层在操纵企业利润时,会交替
使用应计盈余管理与真实盈余管理(Lin et al.,2006;Zang,2012)。真实盈余管理与应计
盈余管理一样都会对公司未来的业绩产生负面影响(Gunny,2005)。由于市场无法甄别应
计盈余管理与真实盈余管理(Chen et al.,2010),所以,在本章中我们把二者统称为盈余
管理。

综上所述,已有的研究表明 ERP 系统的实施能够提高企业的绩效,但是,鲜有文献
系统地考察在我国 ERP 导入期内,中国资本市场上 ERP 系统的实施对公司盈余质量的影
响,特别是对于真实盈余管理的影响。在中国特殊的制度背景下以及在国家宏观战略推进
信息化的背景下,有必要对 ERP 系统的实施对我国上市公司的影响,特别是国有控股公
司盈余管理的影响进行研究。基于此,本章以我国 ERP 系统导入期为背景,考察在信息
技术壁垒与管理理念革新的双重压力之下,ERP 系统实施对应计盈余管理与真实盈余管理
的影响,以检验 ERP 系统的实施对于我国上市公司的盈余质量的影响,以更系统地观察
我国资本市场上盈余管理的特有特征,更好地理解中国资本市场上的盈余管理行为。

2. 研究假设的提出

在中国 ERP 导入期内,我国政府大力推行"以信息化带动工业化,以工业化促进信
息化"的宏观战略,基于该战略的指导,科技部和各个省份为了实现"以信息化带动工业
化"这一战略任务,设立各种信息化的资助项目和资助基金,积极推动企业实施 ERP 系
统。与此同时,新闻媒体也开始大力宣传 ERP 系统的实施对企业的好处。在相关部门以
及新闻媒体的影响之下,管理层往往忽视 ERP 成功实施所需要的条件,而开始引入 ERP。
即,在这个时期的 ERP 导入,企业更多的是为了实施 ERP 而实施 ERP,而很少把嵌入在
ERP 系统中的管理思想体现在企业的日常经营管理之中,更多的是把 ERP 作为一种应用
软件来看待。因此,我们认为,在中国 ERP 导入期内,企业实施 ERP 系统的总体效果还
没有达到 ERP 应该达到的优化流程等效果。信息技术投资,一旦离开柔性的工作组织、
经理、员工素质培养等因素将无助于提高生产效率(Harrison,1996)。

在 ERP 导入期,包括管理层在内的企业员工,其信息技术普及率偏低,信息技术加
剧了员工转向 ERP 系统的技术壁垒,他们无法在短时间内完全掌握并熟练使用、理解 ERP
系统。此时的 ERP 系统,管理层无法完全掌控,也无法完全按照其意愿轻易地进行操纵。
根据模型(3-1),这种情况下的 ERP 系统不会沦为企业操纵盈余的利器。

由于企业刚刚实施 ERP 系统,普通员工和管理层都无法完全相信 ERP 系统,他们担
心 ERP 系统无法正确有效地处理和保存财务数据,他们依然会坚持采用传统的财务信息
处理。而已实施的 ERP 系统更多的是一种摆设,财务数据还依赖于传统模式。因此,ERP

系统同样也无法成为企业操纵盈余的利器。

此外，在 ERP 导入期，ERP 实施的成功率比较低(Liang et al.，2007)，从系统上线到日常使用之间依然存在很多问题和挑战，也依然有很多因素需要重视(白海青和毛基业，2011)。我们认为，在 ERP 导入期，ERP 系统的实施由于成功率偏低，也就无法实质成为企业财务信息的处理工具。根据模型(3-1)我们认为，在 ERP 导入期，ERP 系统的实施无法实质通过工具性的便利性影响企业的盈余质量。

根据以上分析，我们认为，在 ERP 导入期，企业通过 ERP 系统进行应计盈余管理的交易成本较高，企业也就不会采用 ERP 系统作为企业进行应计盈余操纵的工具。但是，ERP 系统的实施，企业需要投入大量的人力和物力，这些投入无法获得预期的结果，管理层无法向股东交代，而 ERP 系统无法成为有效的应计盈余管理的工具，因此，管理层会转而求助于真实盈余管理，以向股东传递当初引入 ERP 系统的正确性。另外，企业可能获得来自政府部门的 ERP 实施系统资助，采用真实盈余管理，有助于企业向相关部门交代。据此，我们提出假设 H1 如下：

H1：在其他条件相同的情况下，实施 ERP 系统之后，企业的应计盈余管理不会发生变化，而企业的真实盈余管理会相应增加。

在"以信息化带动工业化"作为国家战略提出之后，并且在专门的政府机构的大力宣传和鼓舞下，特别是国有控股公司的直接主管部门的要求之下，作为国家控股的国有企业必然需要把"以信息化带动工业化"战略作为指导企业日常运营的首选战略之一，这一战略在一定程度上也成为国有企业必须执行的一项政治任务，信息化也成为实现国有企业改革的一种方式。2003 年 7 月 11 日国务院国有资产监督管理委员会办公厅颁布实施了《关于做好国资委信息化工作的指导意见》(国资厅办〔2003〕81 号)，该意见要求"利用信息技术，提高国有资产监督管理水平"。相关政府部门为了更好地推进 ERP 系统在企业中的实施，设立了多种激励措施，包括信息化政府补贴、信息化专项基金等，如青岛碱业(600229)在 2001 年的年报中就披露"公司获得 30 万元的 ERP 项目财政补贴款"。同时为了更有效地推进 ERP 系统的实施，相关主管部门设立各种信息化评比并把信息化作为考核国有企业高管的一项指标。如经纬纺机(000666)在 2002 年年报中披露"由国家制造业信息化工程重大项目管理办公室和中国软件测评中心依据《制造业信息化工程 2002 年度应用软件产品测评规范》组织的软件测评中名列第一"。在这种主要由外在力量、外在利益补贴的诱惑以及外在信息化考核等的综合作用下的国有企业，其推进的 ERP 的实施，存在着更多的盲目性甚至是为了得到补贴和获得更好的考核的需要，在这些情景下，ERP 的实施就很可能存在着较多问题。通过实施 ERP，国有企业的管理层能够达到考核标准甚至在信息化中脱颖而出，获得更多的政治资本，因此，ERP 系统在国有企业的实施成为很多国有企业管理层的政治目标之一。

总之，对于国有企业而言，在一开始决策实施 ERP 的动机就不纯，并非单纯地想通过 ERP 提高管理水平，很多的时候是脱离实际而仓促上马实施，还有更多的动机是攀比跟风以及更深的不为人知的其他动机。在这种情况下，ERP 系统的实施具有更多的非功能性的作用。国有企业的管理层为了在考核中脱颖而出，获得更好的政治前途，他们会努力推进 ERP 的实施，但由于 ERP 实施的风险较高(Hitt et al.，2002)，为了规避这种实施风险和可能导致的损失，国有企业的管理层会相应地提升交易成本降低的应计盈余管理幅度以迎合相关主管部门的需求，获得良好的政治声誉。对于国有企业而言，由于在 ERP 导入期进行应计盈余的法律风险和审计风险不高，操纵应计盈余是最简单而直接的方法，应计盈余管理成为低成本的盈余操纵方式；此时，如果采用真实盈余管理，比如需要去构建真实的经营活动，会增加盈余操纵的成本。

基于以上分析，我们认为，国有企业在实施 ERP 系统之后，ERP 成为获得政治资本的工具。相对民营企业而言，国有企业在实施 ERP 系统之后，为了向相关主管部门显示 ERP 系统给企业带来的益处，国有企业的管理层会选择增加低成本操纵的应计盈余管理，而不会去增加高成本的真实盈余管理，因为在 ERP 导入期，法律制度等对于应计盈余的操纵缺乏足够的惩罚机制，因此，应计盈余的操纵成本低；而真实盈余管理由于需要构建真实的经营活动，动用多个部门的资源，甚至需要其他公司的配合，无形中增加了操纵的成本(Cohen and Zarowin，2010)。故我们提出假设 H2 如下：

H2：在其他条件相同的情况下，实施 ERP 系统之后，国有控股企业的应计盈余管理会相应增加，而国有控股企业的真实盈余管理不会发生变化。

3.4.2　研究设计与实证结果

1. 研究设计

为了估计每个公司的应计盈余管理程度，本章采用非预期应计利润模型。该模型将总应计利润划分为：可预期的应计利润和非预期的应计利润，其中，可预期的应计利润是指企业正常的应计利润，而非预期的应计利润则是企业出于某种动机而进行的盈余管理(吴联生和王亚平，2007)。在中国市场上，修正的 Jones(1991)模型能较好地估计超额应计利润(夏立军，2003)。因此，本章运用修正的 Jones(1991)模型(Dechow et al.，1995)按照年度和行业分别估计每个公司的非预期的应计利润。行业分类采用证监会 2001 年发布的《上市公司行业分类指引》中的门类作为分类标准，其中，制造业采用两位编码，其他行业采用一位编码。按照 Roychowdhury(2006)、Cohen 等(2008)以及 Cohen 和 Zarowin(2010)的做法，本章采用异常经营活动现金流净额、可操控性费用和异常产品成本三者之和估计每个公司的真实盈余管理。

为了检验上述假设，我们借鉴申慧慧等(2009)、张会丽(2011)、曾建光等(2012)的做法，构建研究模型(3-2)如下：

$$
\begin{aligned}
EM = &\ \beta_0 + \beta_1 Post0 + \beta_2 Post1 + \beta_3 Post2 + \beta_4 Post3 \\
&+ \beta_5 Post0 \times State + \beta_6 Post1 \times State + \beta_7 Post2 \times State \\
&+ \beta_8 Post3 \times State + \beta_9 State + \beta_{10} Big4 + \beta_{11} M2book \\
&+ \beta_{12} Age + \beta_{13} Loss + \beta_{14} ROA + \beta_{15} Growth + \beta_{16} Leverage \\
&+ \beta_{17} Lnsize + \beta_{18} Right + \beta_{19} Listed + \sum Industry + \sum Year + \varepsilon
\end{aligned} \tag{3-2}
$$

其中，EM 包括应计盈余管理(absDTAC)(超额应计利润)和真实盈余管理(absRealEM)，是衡量上市公司盈余管理程度的指标，其他变量的具体定义见变量表 3-1。

表 3-1　模型(3-2)的变量定义表

变量名称	变量描述
Post0	ERP 系统实施的当年，是为 1，否为 0
Post1	ERP 系统实施的第二年，是为 1，否为 0
Post2	ERP 系统实施的第三年，是为 1，否为 0
Post3	ERP 系统实施的第四年，是为 1，否为 0
State	是否为国有控股公司，是为 1，否为 0
Big4	审计的事务所是否为"四大"，是为 1，否为 0
M2book	市值账面比，总市值与所有者权益之比
Age	上市年限的自然对数
Loss	上一年是否亏损，是为 1，否为 0
ROA	总资产回报率，净利润与总资产之比
Growth	成长性，公司当年销售收入的增长率
Leverage	财务杠杆，负债合计与总资产之比
Lnsize	公司规模，总资产的自然对数
Right	配股达线区间，本年度 6%<ROE≤7%，则为 1，否为 0
Listed	保资格区间，本年度 0<ROE≤2%，则为 1，否为 0
Year	年度控制变量
Industry	行业控制变量，其中，制造业采用两位编码，其他行业采用一位编码

2. 实证结果

1)样本选取

本章的财务数据来自于 1998~2006 年国泰安 CSMAR 数据库。ERP 系统的实施情况来自于手工搜集中国所有上市公司的对外公开的财务报表。计世资讯(CCW Research)2010 年 4 月发布的《2010 年中国生产制造 ERP 软件市场发展趋势研究报告》显示，我国生产制造 ERP 软件市场 2005 年之前基本为我国企业 ERP 系统的导入阶段。但是由于生产制造业为最早开始实施 ERP 软件的行业，为了更好地全面考察我国 ERP 软件的情况,本章把我国 ERP 导入期设定为 2006 年之前(稳健性测试中采用了 2005 年之前的数据)。本章对数据进行了如下方面的处理:①剔除金融行业的数据;②剔除当年观测值低于 10 个的行业;③剔除 IPO(initial public offering,首次公开发行)当年的观测值以及相关变量缺失的观测值;④为了消除异常值的影响,对连续变量进行 1%~99%水平的 winsorize 处理。最后得到 7860 个有效观测值。

表 3-2 报告了样本的描述统计。从描述统计来看,应计盈余管理的绝对值(absDTAC)的均值为 0.070,中位数为 0.046,最大值和最小值分别为 0.445 和 0.001,总体上来说,各个公司的应计盈余管理程度差异过大。真实盈余管理的绝对值(absRealEM)的均值为 0.260,中位数为 0.173,最大值和最小值分别为 1.426 和 0.003,总体上来说,各个公司的真实盈余管理程度差异过大。公司规模(Lnsize)的平均值为 21.112,中位数为 21.049,最大值和最小值分别为 23.746 和 18.932,表明上市公司的规模存在较大差异。

表 3-2　描述统计

变量	均值	中位数	标准差	最大值	最小值
absDTAC	0.070	0.046	0.077	0.445	0.001
absRealEM	0.260	0.173	0.270	1.426	0.003
Post0	0.029	0.000	0.169	1.000	0.000
Post1	0.030	0.000	0.171	1.000	0.000
Post2	0.029	0.000	0.169	1.000	0.000
Post3	0.023	0.000	0.151	1.000	0.000
State	0.748	1.000	0.434	1.000	0.000
Big4	0.040	0.000	0.196	1.000	0.000
M2book	3.478	2.468	3.699	25.187	−4.337
Age	1.895	1.946	0.432	2.639	1.099
Loss	0.153	0.000	0.360	1.000	0.000
Right	0.060	0.000	0.238	1.000	0.000
Listed	0.145	0.000	0.352	1.000	0.000
ROA	0.022	0.030	0.082	0.203	−0.364
Growth	0.315	0.125	1.340	10.696	−0.973
Leverage	0.572	0.544	0.282	1.831	0.088
Lnsize	21.112	21.049	0.931	23.746	18.932

表 3-3 报告了已实施 ERP 和未实施 ERP 的上市公司特征的比较结果。从表 3-3 可以看出,已经实施 ERP 的上市公司与未实施 ERP 的上市公司的应计盈余管理程度和真实盈余管理程度存在较大差异,这也在一定程度上支持了本章的假设。

表 3-3　实施 ERP 与未实施 ERP 的上市公司比较

变量	未实施 ERP 样本量：6978		已实施 ERP 样本量：882		差异性测试	
	(1)	(2)	(3)	(4)	(1)-(3)	(2)-(4)
	均值	中位数	均值	中位数	T 检验	Wilcoxon 检验
absDTAC	0.071	0.047	0.061	0.042	4.28***	3.083***
absRealEM	0.254	0.169	0.302	0.208	-4.59***	-5.301***
State	0.746	1.000	0.764	1.000	-1.19	1.186
Big4	0.037	0.000	0.067	0.000	-3.47***	-4.309***
M2book	0.319	0.117	0.285	0.182	1.03	6.093***
Age	0.572	0.543	0.576	0.552	-0.42	1.215
Loss	21.073	21.018	21.423	21.358	-10.60***	-10.028***
Right	0.059	0.000	0.068	0.000	-1.00	1.058
Listed	0.150	0.000	0.109	0.000	3.62***	3.260***
ROA	3.579	2.529	2.678	2.074	10.67***	7.307***
Growth	1.892	1.946	1.914	1.946	-1.42	1.387
Leverage	0.157	0.000	0.113	0.000	3.82***	3.433***
Lnsize	0.021	0.029	0.033	0.034	-4.64***	4.288***

注：***,**,*分别表示 1%,5%和 10%水平上显著，下同。

2) 检验结果

表 3-4 和表 3-5 报告了模型 (3-2) 的应计盈余管理和真实盈余管理的年度-行业的聚类 (cluster) 双重差分法的回归结果。

在表 3-4 中，模型 1～模型 6 的因变量是应计盈余管理的绝对值。模型 1 考察的是实施了 ERP 系统的公司在实施 ERP 的当年 (Post0)、次年 (Post1)、第三年 (Post2)、第四年 (Post3) 的应计盈余管理程度是否会发生显著变化。在模型 1 中，实施 ERP 的当年 (Post0)、次年 (Post1)、第三年 (Post2)、第四年 (Post3) 都不显著。表明，实施了 ERP 系统的公司在实施 ERP 之后应计盈余管理程度没有因为 ERP 系统的实施而发生显著变化。这表明，在国家"以信息化带动工业化，以工业化促进信息化"的战略指导下，以及科技部和各个省份为了实现"以信息化带动工业化"这一战略任务的背景下的中国 ERP 导入期内，在实施 ERP 之后的三年内，企业更多的是为了实施 ERP 而实施 ERP，而很少把嵌入在 ERP 系统中的管理思想体现在企业的日常经营管理之中，而更多的是把 ERP 作为一种应用软件来看待。由于 ERP 系统较复杂，在信息技术普及率较低的 ERP 导入期，包括管理层在内的员工都无法完全熟练掌控 ERP 系统；此外也可能是由于 ERP 系统实施之后的三年内没有达到理想的预期而成为一种摆设。因此，在中国 ERP 导入期内，企业实施 ERP 系统之后的三年内，一方面，ERP 实施的总体效果还没有达到 ERP 应该达到的优化流程、约束管理层越权等理想效果，形成了管理技术壁垒，而无法成为操纵应计盈余的工具；另一方面，即使 ERP 达到了这些理想的效果，但是由于 ERP 系统的复杂性，形成了信息技术壁垒，管理层无法充分利用这种便利的工具进行应计盈余的操纵。假设 H1 得到了检验。

表 3-4 中的模型 2 考察的是国有控股公司在实施 ERP 系统之后盈余管理程度是否会发生显著变化。对于国有控股公司而言，实施 ERP 的当年(State×Post0)，实施 ERP 的次年(State×Post1)的系数都显著为正；实施 ERP 的第三年(State×Post2)，实施 ERP 的第四年(State×Post3)的系数都为正，但不显著。表明，国有控股公司在实施 ERP 系统的前三年内，其应计盈余管理程度显著增加。这表明，作为国有控股的国有企业是实现"以信息化带动工业化，以工业化促进信息化"这一战略的首选和主力军，实现这一战略目标，国有企业具有不可推卸的责任，实施 ERP 成为一项必须执行的政治任务，信息化也成为实现国有企业改革的必选方式之一。在这种主要由外在力量和外在利益补贴等的综合作用下的国有企业，其推进的 ERP 的实施，存在着较多的盲目性甚至是为了得到补贴和通过考核的需要，在这样的情景下，为了达到考核的要求甚至是为了在信息化中脱颖而出以达到自己的政治前途，实施 ERP 成为很多国有企业的政治目标之一。国有企业的管理层为了急于表明自己实施 ERP 的主动性、准确性和 ERP 确实给企业带来了绩效，有激励为 ERP 的实施进行应计盈余管理。而随着 ERP 实施的进行，ERP 实施的问题暴露得越来越多，在实施 ERP 两年之后，管理层从 ERP 项目实施中得到的个人利益也都差不多，实施 ERP 两年之后，国有控股公司的管理层从 ERP 实施中的私利的边际收益开始递减，因此，国有控股公司的管理层没有过多的为了 ERP 系统而进行应计盈余操纵的动机和激励。如果国有控股公司的实施成功，那么，国有控股公司的管理层前两年的个人收益已经差不多满钵了，由于实施成功，ERP 带来的理想效果开始逐渐显现，管理层没有动机进行应计盈余操纵，又因为 ERP 系统的复杂度和控制权限的能力，管理层即使想进行盈余操纵，他们也是望洋兴叹。如果 ERP 系统实施不理想，ERP 系统实施的前两年管理层个人收益已经入囊，之后 ERP 的实施效果，也就不是管理层过多关心的事情，企业的应计盈余数据依然使用传统模式，因此，ERP 系统不会影响传统模型的应计盈余操纵(由于国有企业获得较多的 ERP 补贴，因此，不会因为 ERP 系统的实施而发生亏损)。假设 H2 得到了检验。

应计盈余管理存在两个方向：以调低利润为目的的负向应计盈余管理和以调高利润为目的的正向应计盈余管理。表 3-4 中的模型 3 和模型 4 考察的是模型 1 和模型 2 在以调低利润为目的的负向应计盈余管理中的变化情况，模型 3 和模型 4 的因变量是以调低利润为目的的负向应计盈余管理的绝对值。其中，模型 3 中实施 ERP 的当年(Post0)、次年(Post1)、第三年(Post2)、第四年(Post3)都不显著，与模型 1 的结论一致，这表明，ERP 系统的实施不会显著影响公司的以调低利润为目的的负向应计盈余管理。模型 4 中实施 ERP 的当年(State×Post0)、实施 ERP 的次年(State×Post1)的系数都显著为正；实施 ERP 的第三年(State×Post2)、实施 ERP 的第四年(State×Post3)的系数都为正，但不显著，与模型 2 的结论一致。国有控股公司在 ERP 系统实施之后，主要是进行负向的应计盈余操纵，由此我们可知，国有企业管理层主要是想通过 ERP 的实施获得相关的补贴以及个人私利，如政治资本，为了让相关主管部门相信 ERP 未来能给公司带来收益，因此，在实施 ERP 的前两年，有向下进行盈余操纵的动机和激励。

表 3-4 中的模型 5 和模型 6 考察的是模型 1 和模型 2 在以调高利润为目的的正向应计盈余管理中的变化情况。模型 5 中实施 ERP 的当年(Post0)、次年(Post1)、第三年(Post2)、第四年(Post3)都不显著，与模型 1 和模型 3 的结论一致，这表明，ERP 系统的实施不会显著影响公司的以调高利润为目的的正向应计盈余管理。模型 6 考察的是国有控股公司实施 ERP 的情况对于正向应计盈余管理的影响。其中，实施 ERP 的当年(State×Post0)、次年(State×Post1)、第三年(State×Post2)、第四年(State×Post3)的系数都不显著，这表明，对于国有控股公司而言，实施 ERP 不会对正向应计盈余操纵产生显著影响，与模型 2 和模型 4 的结论一致。

表 3-4　ERP 的实施对应计盈余管理影响的回归结果

	模型 1	模型 2	模型 3	模型 4	模型 5	模型 6
Intercept	0.237***	0.238***	0.141***	0.143***	0.316***	0.316***
	(<0.0001)	(<0.0001)	(0.0008)	(0.0007)	(<0.0001)	(<0.0001)
Post0	0.000	−0.014**	0.008	−0.015	−0.006*	−0.004
	(0.9373)	(0.0426)	(0.3146)	(0.2078)	(0.0814)	(0.5606)
Post1	0.003	−0.012*	0.004	−0.020*	0.001	−0.005
	(0.4435)	(0.0857)	(0.6125)	(0.0689)	(0.9146)	(0.6073)
Post2	−0.002	−0.008	−0.001	−0.003	−0.004	−0.009
	(0.6998)	(0.4387)	(0.7985)	(0.8266)	(0.4368)	(0.5136)
Post3	−0.001	−0.001	0.002	0.001	−0.006	−0.006
	(0.8765)	(0.8917)	(0.7719)	(0.9503)	(0.1505)	(0.5309)
Post0×State		0.019**		0.029*		−0.003
		(0.0256)		(0.0540)		(0.7351)
Post1×State		0.020**		0.029**		0.008
		(0.0270)		(0.0181)		(0.4946)
Post2×State		0.008		0.001		0.006
		(0.4448)		(0.9101)		(0.6837)
Post3×State		0.001		0.001		−0.001
		(0.9311)		(0.9360)		(0.9570)
State	−0.004**	−0.005***	−0.003	−0.004	−0.001	−0.001
	(0.0370)	(0.0093)	(0.2632)	(0.1022)	(0.6927)	(0.6178)
Big4	0.014***	0.014***	0.012***	0.012***	0.006	0.006
	(0.0003)	(0.0003)	(0.0083)	(0.0085)	(0.3102)	(0.3069)
M2book	0.000	0.000	0.000	0.000	0.000	0.000
	(0.4682)	(0.4826)	(0.7294)	(0.7332)	(0.9672)	(0.9761)
Age	−0.005**	−0.005**	−0.004	−0.004	−0.004*	−0.004*

续表

	模型 1	模型 2	模型 3	模型 4	模型 5	模型 6
	(0.0175)	(0.0169)	(0.1410)	(0.1288)	(0.0762)	(0.0781)
Loss	−0.008*	−0.008*	−0.039***	−0.039***	0.026***	0.026***
	(0.0545)	(0.0547)	(< 0.0001)	(< 0.0001)	(< 0.0001)	(< 0.0001)
ROA	−0.317***	−0.316***	−0.595***	−0.594***	0.352***	0.351***
	(< 0.0001)	(< 0.0001)	(< 0.0001)	(< 0.0001)	(< 0.0001)	(< 0.0001)
Growth	0.001*	0.001*	0.003**	0.003**	0.000	0.000
	(0.0886)	(0.0867)	(0.0383)	(0.0381)	(0.9487)	(0.9468)
Leverage	0.061***	0.061***	0.046***	0.046***	0.069***	0.069***
	(< 0.0001)	(< 0.0001)	(< 0.0001)	(< 0.0001)	(< 0.0001)	(< 0.0001)
Lnsize	−0.009***	−0.009***	−0.004*	−0.004*	−0.014***	−0.014***
	(< 0.0001)	(< 0.0001)	(0.0605)	(0.0578)	(< 0.0001)	(< 0.0001)
Right	−0.011***	−0.011***	−0.013***	−0.013***	0.001	0.001
	(0.0003)	(0.0002)	(0.0005)	(0.0005)	(0.7036)	(0.7130)
Listed	−0.023***	−0.023***	−0.030***	−0.030***	0.002	0.002
	(< 0.0001)	(< 0.0001)	(< 0.0001)	(< 0.0001)	(0.4614)	(0.4680)
Year	控制	控制	控制	控制	控制	控制
Industry	控制	控制	控制	控制	控制	控制
F 值	26.88***	26.03***	41.43***	40.41***	18.49***	18.18***
R-Square	0.2319	0.2325	0.4160	0.4170	0.1929	0.1930
N	7860	7860	3857	3857	4003	4003

注：***,**,*分别表示 1%,5%和 10%水平上显著；括号内的数值为双尾 p 值，下同。

表 3-5 报告了模型(3-2)的真实盈余管理的回归结果。其中，模型 1~模型 6 的因变量是真实盈余管理的绝对值。模型 1 考察的是实施了 ERP 系统的公司在实施 ERP 的当年(Post0)、次年(Post1)、第三年(Post2)、第四年(Post3)的真实盈余管理程度是否会发生显著变化。在模型 1 中，实施 ERP 的当年(Post0)、次年(Post1)的系数不显著；实施 ERP 的第三年(Post2)、第四年(Post3)的系数都显著为正。表明，实施了 ERP 系统的公司在实施 ERP 之后的两年之内真实盈余管理程度因为 ERP 系统的实施而发生显著上升。这表明，在"以信息化带动工业化，以工业化促进信息化"的战略指导之下，在相关补贴政策的诱惑之下，特别是在新闻媒体的大肆宣传之下，管理层往往忽视了企业自身的一些弱项，在普通员工的信息技术普及率较低的情况下，仓促上马 ERP 系统，在 ERP 系统实施两年之内，企业在脱离实际情况之下，ERP 系统实施风险的问题开始逐渐暴露出来。这些风险问题开始挑战管理层的自信。此时，一方面，企业通过 ERP 系统进行应计盈余管理的交易成本较高。另一方面，ERP 系统实施的前两年，企业实施 ERP 获得了股东的支持，企业也就不会采用 ERP 系统作为企业进行应计盈余操纵的工具。而企业实施 ERP 两年之后，如果 ERP 系统实施还没有出现预期的结果，那么股东就会失去耐心，开始怀疑当初 ERP

实施的正确性。管理层为了向股东证明 ERP 实施的效果和获得股东的更多支持，管理层有动机通过真实盈余管理操纵盈余以佐证当初 ERP 系统实施的正确性，而如果采用只是变更会计数字的应计盈余操纵，则说服力大打折扣。因此，管理层在 ERP 系统实施之后，会转而求助于真实盈余管理，以向股东传递当初引入 ERP 系统的正确性和明智性。假设H1 得到了检验。

在模型 2 的国有企业实施 ERP 系统对于其真实盈余操纵的影响中，实施 ERP 的当年（State×Post0）、次年（State×Post1）、第三年（State×Post2）、第四年（State×Post3）的系数都不显著。这表明，在实施 ERP 系统之后，国有控股公司与民营企业在真实盈余管理方面总体而言，没有显著差异。假设 H2 得到了检验。

表 3-5 中的模型 3 和模型 4 考察的是模型 1 和模型 2 在以调低利润为目的的负向真实盈余管理（负向应计盈余管理的绝对值）中的变化情况。其中，模型 3 中实施 ERP 的当年（Post0）、次年（Post1）、第三年（Post2）、第四年（Post3）都不显著，这表明，ERP 系统的实施不会显著影响公司的以调低利润为目的的负向真实盈余管理。模型 4 中实施 ERP 的当年（State×Post0）、次年（State×Post1）、第三年（State×Post2）、第四年（State×Post3）的系数都不显著，与模型 2 的结论一致，这表明，在 ERP 系统实施之后，国有控股公司与民营企业在负向真实盈余管理方面没有显著差异。

表 3-5 中的模型 5 和模型 6 考察的是模型 1 和模型 2 在以调高利润为目的的正向真实盈余管理中的变化情况。模型 5 中实施 ERP 的当年（Post0）、次年（Post1）的系数都不显著；第三年（Post2）、第四年（Post3）的系数都显著为正，与模型 1 的结论一致，这表明，ERP 系统实施两年之后，会显著影响公司的以调高利润为目的的正向真实盈余管理。模型 6 考察的是国有控股公司实施 ERP 的情况对于正向真实盈余管理的影响。其中，实施 ERP 的当年（State×Post0）、次年（State×Post1）、第三年（State×Post2）、第四年（State×Post3）的系数都不显著，这表明，对于国有控股公司而言，实施 ERP 不会对正向应计盈余操纵产生显著影响，与模型 2 和模型 4 的结论一致。

模型 5 和模型 6 的结果表明，企业在 ERP 系统实施两年之后，主要是进行正向的真实盈余操纵。由此我们可知，在实施 ERP 两年之后，迫于股东等的压力，为了证明 ERP 系统实施的正确性，管理层会倾向采用真实盈余操纵，以"实际行动"向股东等交代。

综合表 3-4 和表 3-5 的结果，我们可知，企业在实施 ERP 系统之后，应计盈余操纵没有发生显著变化，而真实盈余管理（以正向真实盈余管理为主）在 ERP 系统实施两年之后，显著上升；对于国有控股公司而言，在实施 ERP 系统的前两年，其负向应计盈余操纵显著提升，但真实盈余操纵却无显著变化。这些研究结果表明，在 ERP 导入期，我国刚刚起步全面实施现代企业制度，企业的管理理念还处在学习阶段，我国信息技术还处于普及率偏低的情形。而对于嵌入了管理理念的 ERP 系统而言，由于具有管理理念革新与信息技术双重壁垒，给刚刚起步企业改革的公司，带来了很多的挑战和风险。管理层为了规避这些风险，不可避免地进行盈余管理。在盈余管理中，在实施 ERP 系统的两年之后，真实盈余管理显著提高，而国有控股公司的应计盈余操纵显著高于民营企业。

表 3-5　ERP 的实施对真实盈余管理影响的回归结果

	模型 1	模型 2	模型 3	模型 4	模型 5	模型 6
Intercept	0.070	0.069	0.041	0.040	0.281*	0.274*
	(0.5390)	(0.5434)	(0.7330)	(0.7408)	(0.0821)	(0.0903)
Post0	0.011	−0.011	0.029	0.058	−0.001	−0.039
	(0.4947)	(0.7345)	(0.3210)	(0.4398)	(0.9366)	(0.1808)
Post1	0.032	0.038	0.008	−0.025	0.041	0.069
	(0.1147)	(0.2845)	(0.7398)	(0.5808)	(0.1343)	(0.1711)
Post2	0.035**	0.068*	0.018	0.018	0.038**	0.078
	(0.0350)	(0.0948)	(0.5624)	(0.7512)	(0.0278)	(0.1291)
Post3	0.041**	0.060	−0.017	−0.025	0.061***	0.108**
	(0.0200)	(0.1616)	(0.5245)	(0.5862)	(0.0072)	(0.0412)
Post0×State		0.028		−0.036		0.049
		(0.4700)		(0.6646)		(0.1965)
Post1×State		−0.008		0.044		−0.036
		(0.8382)		(0.4734)		(0.4924)
Post2×State		−0.044		0.001		−0.052
		(0.3387)		(0.9902)		(0.3752)
Post3×State		−0.025		0.011		−0.062
		(0.6206)		(0.8095)		(0.3655)
State	0.005	0.006	−0.026***	−0.027**	0.024**	0.027**
	(0.4700)	(0.3701)	(0.0090)	(0.0111)	(0.0186)	(0.0155)
Big4	0.073***	0.073***	0.153***	0.153***	0.027	0.027
	(0.0025)	(0.0025)	(<0.0001)	(<0.0001)	(0.4429)	(0.4523)
M2book	0.003**	0.003**	0.004***	0.004***	0.002	0.002
	(0.0194)	(0.0189)	(0.0016)	(0.0016)	(0.3072)	(0.2926)
Age	0.002	0.001	0.022*	0.022*	−0.008	−0.008
	(0.8904)	(0.8927)	(0.0527)	(0.0552)	(0.6185)	(0.6057)
Loss	0.016	0.016	0.037**	0.036**	−0.002	−0.002
	(0.1553)	(0.1571)	(0.0193)	(0.0202)	(0.8945)	(0.8780)
ROA	0.324***	0.324***	0.463***	0.463***	0.246**	0.247**
	(<0.0001)	(<0.0001)	(<0.0001)	(<0.0001)	(0.0129)	(0.0126)
Growth	0.007**	0.007**	0.020***	0.020***	−0.008	−0.008
	(0.0184)	(0.0173)	(<0.0001)	(<0.0001)	(0.1079)	(0.1131)
Leverage	0.154***	0.154***	0.096***	0.096***	0.206***	0.205***
	(<0.0001)	(<0.0001)	(<0.0001)	(<0.0001)	(<0.0001)	(<0.0001)
Lnsize	0.005	0.005	0.004	0.004	−0.004	−0.004

续表

	模型 1	模型 2	模型 3	模型 4	模型 5	模型 6
	(0.3080)	(0.3081)	(0.4594)	(0.4500)	(0.5483)	(0.5758)
Right	−0.013	−0.013	−0.015	−0.015	−0.014	−0.014
	(0.2662)	(0.2636)	(0.2763)	(0.2828)	(0.3569)	(0.3604)
Listed	−0.002	−0.002	−0.012	−0.012	−0.006	−0.006
	(0.7806)	(0.7887)	(0.2484)	(0.2430)	(0.6132)	(0.6011)
Year	控制	控制	控制	控制	控制	控制
Industry	控制	控制	控制	控制	控制	控制
F 值	25.56***	24.96***	21.78***	22.23***	20.18***	23.98***
R-Square	0.1363	0.1365	0.1788	0.1790	0.1385	0.1392
N	7860	7860	3284	3284	4576	4576

3）稳健性经验

（1）真实盈余管理由异常经营活动现金流净额（RealCashFlow）、可操控性费用（RealExpense）和异常产品成本（RealProduct）三者构成，三者各自具有其独立的信息含量，变化方向也存在差异，可能会发生相互弱化抵消的作用，若只是采用三者之和作为真实盈余管理，可能会导致信息的遗漏，因此，我们分别使用这三个独立的指标作为真实盈余管理水平的度量变量（Cohen et al.，2008）。借鉴 Cohen 等（2008）和刘启亮等（2011）的做法，根据模型(3-2)对表 3-5 重新进行回归，结果如下：

①当因变量为异常经营活动现金流净额（RealCashFlow）时，实施 ERP 的当年（Post0）、次年（Post1）、第三年（Post2）、第四年（Post3）的系数都不显著；而国有控股公司实施 ERP 的当年（State×Post0）、次年（State×Post1）、第三年（State×Post2）、第四年（State×Post3）的系数都不显著，这表明，企业在实施 ERP 之后，异常经营活动现金流净额没有发生显著变化。

②当因变量为异常产品成本（RealProduct）时，实施 ERP 的当年（Post0）、次年（Post1）、第三年（Post2）的系数都不显著，而实施 ERP 的第四年（Post3）的系数显著为正，这表明，企业在实施 ERP 之后的第四年，异常产品成本发生了显著上升的变化。而国有控股公司实施 ERP 的当年（State×Post0）、次年（State×Post1）、第三年（State×Post2）、第四年（State×Post3）的系数都不显著，这表明，国有控股公司在实施 ERP 之后的第四年，异常产品成本没有发生显著变化。

③当因变量为可操控性费用（RealExpense）时，实施 ERP 的当年（Post0）、次年（Post1）、第三年（Post2）、第四年（Post3）的系数都不显著；而国有控股公司实施 ERP 的当年（State×Post0）、次年（State×Post1）、第三年（State×Post2）、第四年（State×Post3）的系数都显著为负，这表明，企业在实施 ERP 之后，可操控性费用发生了显著下降的变化。

综合异常经营活动现金流净额（RealCashFlow）、可操控性费用（RealExpense）和异常产品成本（RealProduct）三者各自的回归结果，可知，真实盈余主要采用异常产品成本实现。

这也进一步表明，实施 ERP 系统所形成的管理理念与信息技术的双重技术壁垒，诱发了这些公司进行真实盈余管理。

(2) 根据 Cohen 等(2008)和刘启亮等(2011)的发现，真实盈余管理与应计盈余管理存在此消彼长的现象。本章在回归真实盈余管理时，在模型(3-2)中增加应计盈余管理的绝对值作为控制变量，得到的结果和以上的研究结论一致。

(3) 由于我国在 2000 年开始采用不同于以往的会计准则，根据刘启亮等(2011)等的研究发现，会计制度的变更对企业的应计盈余管理和真实盈余管理都具有显著影响。本章剔除 1998、1999 年两年的样本，采用 2000~2006 年的样本按照模型(3-2)对表 3-4 和表 3-5 重新回归，得到的结果和以上的研究结论一致。

(4) 计世资讯(CCW Research)2010 年 4 月发布的《2010 年中国生产制造 ERP 软件市场发展趋势研究报告》显示，我国生产制造 ERP 软件市场 2005 年之前基本为我国企业 ERP 系统的导入阶段。据此，删除 2006 年的样本，进行回归，得到的结果和以上的研究结论一致。

(5) 借鉴张会丽(2011)的做法，在模型(3-2)的基础上增加审计意见(非标意见为 0，否则为 1)，进行回归，得到的结果和以上的研究结论一致。

(6) 盈余持续性是衡量盈余质量的重要指标之一，其原因在于超额应计是人为操纵的结果，它的存在会降低当期盈余的持续性(Xie, 2001)。据此，根据模型(3-2)设定模型(3-3)如下：

$$
\begin{aligned}
\mathrm{ROA}_{it+1} = {} & \beta_0 + \beta_{01}\mathrm{ROA}_{it} + \beta_{02}\mathrm{Post0}_{it} \times \mathrm{ROA}_{it} + \beta_{03}\mathrm{Post1}_{it} \times \mathrm{ROA}_{it} \\
& + \beta_{04}\mathrm{Post2}_{it} \times \mathrm{ROA}_{it} + \beta_{05}\mathrm{Post3}_{it} \times \mathrm{ROA}_{it} \\
& + \beta_{06}\mathrm{Post0}_{it} \times \mathrm{State}_{it} \times \mathrm{ROA}_{it} + \beta_{07}\mathrm{Post1}_{it} \times \mathrm{State}_{it} \times \mathrm{ROA}_{it} \quad\quad (3\text{-}3) \\
& + \beta_{08}\mathrm{Post2}_{it} \times \mathrm{State}_{it} \times \mathrm{ROA}_{it} + \beta_{09}\mathrm{Post3}_{it} \times \mathrm{State}_{it} \times \mathrm{ROA}_{it} \\
& + \sum \mathrm{Control} \times \mathrm{ROA}_{it} + \sum \mathrm{Control} + \varepsilon_{it}
\end{aligned}
$$

其中，ROA 为总资产收益率，等于公司当年净利润与年初总资产之比，控制变量全部来自模型(3-2)。对模型(3-3)的所有连续变量按照 1%~99%进行 winsorize 处理后，采用年度和行业聚类回归分析(由于篇幅限制，没有列示回归结果)。研究结果显示，实施 ERP 的当年(ROA×Post0)、次年(ROA×Post1)、第三年(ROA×Post2)、第四年(ROA×Post3)的盈余持续性系数都不显著；而国有控股公司实施 ERP 的当年(ROA×State×Post0)、次年(ROA×State×Post1)、第三年(ROA×State×Post2)、第四年(ROA×State×Post3)的盈余持续性系数都不显著，这表明，在 ERP 导入期，实施 ERP 不会对企业的盈余持续性产生显著影响，这从另一个侧面支持了假设 H1 和 H2。这表明，国有控股公司在实施 ERP 的前三年之内，进行的盈余管理与已有研究的盈余管理有特殊之处。这个特殊性在于，第一，国有控股公司实施 ERP 的目的不在于进行盈余管理，而是试图通过盈余管理迎合政府主管部门的"以信息化带动工业化"的战略目标。也就是说，对于我们观察到的国有控股公司在实施 ERP 的前三年之内的盈余管理需要进行进一步的分解，识别出由于某一项国家战略的需要而进行的盈余管理。第二，这种盈余管理最主要的目的是，营造良好的战略实施氛围以得到更多的相关补贴和通过实施 ERP 完成国有控股公司的高管及其直接主管部门领导层的政治形象的华丽转身。第三，之所以没有发现显著性，很有可能在于国有控股公司的高管借实现国家战略之美誉通过各种方式的政治游说，而直接主管部门也迫切需要企业的支撑，因此，国有控股公司得到了相应的中央和地方的相关补贴，并且这些补贴与虚高的盈余大体持平。

(7) 盈余反应系数是从市场反应的视角来考察企业盈余质量高低的指标之一。企业的盈余反应系数越大，说明企业的盈余向市场传递的增量信息的可靠性越强，也表明企业的盈余质量越高。基于此，我们构建了模型 (3-4) 如下：

$$
\begin{aligned}
\mathrm{CAR}_{it} =& \beta_0 + \beta_{01}\mathrm{UE}_{it} + \beta_{01}\mathrm{Post0}_{it} \times \mathrm{UE}_{it} + \beta_{02}\mathrm{Post1}_{it} \times \mathrm{UE}_{it} + \beta_{03}\mathrm{Post2}_{it} \times \mathrm{UE}_{it} \\
&+ \beta_{04}\mathrm{Post3}_{it} \times \mathrm{UE}_{it} + \beta_{002}\mathrm{Post0}_{it} \times \mathrm{State}_{it} \times \mathrm{UE}_{it} + \beta_{003}\mathrm{Post1}_{it} \times \mathrm{State}_{it} \times \mathrm{UE}_{it} \\
&+ \beta_{004}\mathrm{Post2}_{it} \times \mathrm{State}_{it} \times \mathrm{UE}_{it} + \beta_{005}\mathrm{Post3}_{it} \times \mathrm{State}_{it} \times \mathrm{UE}_{it} \\
&+ \sum \mathrm{Control} \times \mathrm{UE}_{it} + \sum \mathrm{Control} + \varepsilon_{it}
\end{aligned} \tag{3-4}
$$

其中，CAR 表示上一年度 5 月至本年度 4 月的等权平均的累计超额回报；UE 表示未预期盈余，经总资产标准化的本年度净利润与上年度净利润之差；其他变量定义同上。对模型 (3-4) 剔除缺失值并对所有连续变量按照 1%～99% 进行 winsorize 处理后，采用年度和行业聚类回归分析 (由于篇幅限制，没有列示回归结果)。研究结果显示，实施 ERP 的当年 (UE×Post0)、次年 (UE×Post1)、第三年 (UE×Post2)、第四年 (UE×Post3) 的盈余反应系数都不显著；而国有控股公司实施 ERP 的当年 (UE×State×Post0)、次年 (UE×State×Post1)、第三年 (UE×State×Post2)、第四年 (UE×State×Post3) 的盈余反应系数都不显著，这表明，在 ERP 导入期，实施 ERP 不会对企业的盈余反应系数产生显著影响，这从另一个侧面支持了假设 H1 和 H2。

综合稳健性测试，我们可知，在 ERP 导入期实施 ERP 系统的上市公司大都没有达到预期的效果。

以上稳健性检验表明，本章的研究结论具有较好的稳健性。

3.4.3　研究结论与启示

盈余管理与投资者保护、市场监管以及会计准则的制定息息相关 (申慧慧等，2009)，一直以来都是学术界和实务界所共同关心的重大问题。现有的盈余管理研究主要集中讨论盈余管理的手段及其经济后果等，产生了丰富的研究文献和成果。但是，随着信息技术在企业的广泛使用，现有的文献很少考察企业在转型过程中采用信息技术之后，对盈余管理的影响和冲击，特别是对于刚刚引入信息技术的公司。中国作为以国有企业为主的新兴资本市场，政府在市场中起到了举足轻重的作用。以建设社会主义市场经济为契机，国家设定了长远的企业改革目标。在此目标之下，国家提出了"以信息化带动工业化"的宏观战略。为了实现这个目标，各级政府和相关部委设定了许多的促进 ERP 实施的优惠政策。在国家宏观"以信息化带动工业化"战略引领下的初期，ERP 系统导入在一定程度上偏离了市场经济的原则，造成了过多的政府行为对于企业运营的干预。在这种全球信息技术冲击下的 ERP 引导期，也是整个国民的信息技术素质有待进一步提升的时期，再加上国有控股公司市场化刚刚起步不久，以政府推动的 ERP 实施究竟对企业会产生什么样的经济后果呢？

基于此，本章考察了在管理理念革新和信息技术双重壁垒之下，我国上市公司，特别是国有控股公司，在 ERP 导入期实施 ERP 系统，其应计与真实盈余管理行为的变化。本章以 1998～2006 年所有 A 股上市公司为样本，分析了 2006 年之前在年报中披露了实施 ERP 的样本公司的盈余管理行为，研究结果表明：实施 ERP 系统的公司，在开始实施的前三年内，其应计盈余管理程度没有发生显著变化，而真实盈余管理却在 ERP 系统实施两年之后，显著上升；对于国有控股公司而言，在开始实施的前两年内，其盈余管理程度显著提高，但其真实盈余管理却没有发生显著变化。

本章的发现为投资者和政策的制定者，特别是 IT 内控机制的完善，提供了一个实证检验。本章从一个侧面，从微观的视角验证了 Lucas(1988)的技术溢出效应的存在性。本章的研究结果表明，要想真正建立一个健全有效的资本市场，需要加强公司内部管理，特别是内部 IT 管理和控制；同时本章的研究结论还有助于为外部审计师和监管机构的监管提供依据，特别有助于投资者评估公司进行 ERP 的选型和 ERP 的升级等的投资决策。

本章的局限性在于，第一，本章的样本是通过各个公司披露的财报得到的 ERP 实施信息，可能存在一定程度的样本遗漏；第二，由于各个公司信息披露的不完全性，我们无法获知各个公司在导入期的 ERP 模块采用数量、实施期等情况，导致本章无法进行更深入的盈余管理分析；第三，从各个公司披露的信息来看，我们无法从年报中获知企业实施 ERP 是否成功，企业是否完全摆脱了传统的日常运营模式。后续研究将围绕这些问题进行进一步研究探讨。

第4章　ERP系统的实施、信息透明度与投资效率[①]

4.1　企业信息透明度

4.1.1　代理成本视角下的信息透明度

本章考察了 ERP 系统的实施对我国上市公司投资效率的影响。计世资讯(CCW Research)2010 年 4 月发布的《2010 年中国生产制造 ERP 软件市场发展趋势研究报告》显示，2009 年中国生产制造 ERP 市场规模达到 45 亿元，比 2008 年同比增长 19%。这份报告从一个侧面反映了投资 ERP 系统在我国得到越来越多的企业的认同，它们以期通过增加 IT 投资以促进企业改善管理水平，进一步提高企业绩效及其竞争力(马永红等，2004)。

Jensen 和 Meckling(1976)认为当企业的管理者不是企业的完全所有者时，由此导致了所有者与管理层之间存在信息不对称，从而管理层在制定决策时，更多地以个人利益最大化为目标。为了监督和约束与管理层之间存在的利益冲突，所有者就需要设计、安排与管理层之间的契约；所有者设计和监督、约束契约所付出的代价以及履行契约时的成本超过收益的剩余损失构成了代理成本。代理成本的存在既可能导致投资企业的过度投资(Jensen，1986，1993)，也可能导致企业的投资不足(Ross，1973；Hölmstrom and Weiss，1985)。代理成本所导致的这两类投资效率的损失势必造成投资者的利益损失，这与所有者的财富最大化相矛盾。为此，作为委托人的所有者就有动机确保代理成本最低(Hölmstrom，1979)。其中，充分利用信息技术的优势以降低信息不对称性是互联网时代比较普遍采用的主要手段之一。

4.1.2　ERP 系统下的企业信息披露

信息技术的发展极大地影响了企业管理监督的模式和效率，其中，ERP 的采用更是使得企业的内外部相关信息披露发生了新的转变，无论是披露信息数量、质量方面，还是信息披露过程的及时性和可靠性方面，都随着 ERP 系统的实施发生变化。

显然，ERP 系统的实施，有助于提升信息披露的数量和质量。由于传统管理模式下，部门、员工在信息传递过程中，不可避免地会出现信息遗漏、失真等问题，因此，使用者得到的信息往往不够全面，甚至可能得到的是残缺或错误的信息，这样，管理者、投资者在决策时则很容易受到错误信息的误导。但是，在 ERP 系统下，与企业相关的各种运营

---

① 本部分内容已发表：曾建光, 王立彦. 2013. ERP 系统的实施、信息透明度与投资效率——基于中国 ERP 导入期的证据[J]. 管理会计学刊, 01:1-24.

消息，都可以被全面、及时地进行记录，并且准确地提供给内外使用者，有效避免了信息数量不足和信息质量低下导致的问题。

此外，ERP 系统实施所带来的影响不仅仅作用于被披露的信息本身，而且也作用于信息披露的这一过程。ERP 系统下，信息披露的效率得以提升，也就是说，ERP 系统能够缩短财务报告等公开信息对外公布的周期(周元元等，2011)。同时，系统中所有信息都被可靠地记录和传递，信息披露的及时性和可靠性得到提升。而更短的披露周期也使得企业信息的外部使用者及时获得企业当下的生产经营情况，财务信息的相关性便随之增加。

4.1.3　ERP 系统下的企业信息透明度

传统的组织模式偏向集权化，信息沟通层级多，信息披露周期长，各个利益相关者很难获取企业较为全面的信息，特别是对于企业底层员工和投资者而言，希望实现对企业的经营财务等信息的即时跟踪监督难度很大。因此，在传统的组织模式下，内部员工之间、管理层和所有者之间的信息不对称是比较严重的，信息透明度较低。

随着信息技术的应用，ERP 系统促使企业转变管理模式，很大程度上提高了公司信息的透明度(曾建光等，2012)。一方面，通过分析 ERP 系统下企业的信息披露情况可知，ERP 的实施丰富并改善了企业传统信息披露的状况，使得信息使用者得以获取更多样、全面、可靠的企业信息，进而有效提高企业信息透明度；另一方面，实施 ERP 系统之后，信息技术的支持帮助企业内部各部门之间沟通耗时得以降低，同时，各项数据信息受到管理层、员工、所有者的共同监督，数据使用者能够随时查看相关信息，企业信息更加透明可视，进而有助于管理层和投资者更有效地决策。

4.2　ERP 系统影响中国企业的投资效率

4.2.1　中国企业的投资效率测度

投资决策是企业经营过程中对投资有关问题的重要判断，包括决定投资对象、投资金额、投资方式等，对企业具有重要作用。如何衡量企业的投资效率也是财务分析的重点，不同学者对投资效率的度量也构建出了不同的模型。

中国学者在度量投资效率时，大多是利用以下方式进行度量的。其一，使用 Fazzari 模型，该模型以信息不对称理论和代理问题理论为基础，考虑融资效率和代理问题对企业投资的影响(何金耿和丁加华，2001；梅丹，2005)。而由于中国企业与美国企业并不相同，完全照搬国外学者的投资效率测度模型并不一定符合中国企业的特性，因此，连玉君和程建(2007)在融资效率和代理问题的基础上，进一步引入经营效率，对该模型进行了补充。其二，使用 Richardson 模型，该方法是建立一个衡量企业非效率投资的模型，我国许多学者如辛清泉等(2007)等均是利用该模型研究企业的投资效率测度。其三，使用 Risberg 模型，该模型以公司边际 TobinQ 值与最优边际 TobinQ 值之间的差异来衡量企业的投资效率，如谢佩洪和汪春霞(2017)则是利用该方式度量我国制造业的投资效率。

　　而本章对投资效率的度量是借鉴 Wang(2003)、Bushman 等(2004)、辛清泉等(2007)以及魏明海和柳建华(2007)等的做法，使用 Richardson(2006)的模型来估计我国上市公司正常的投资水平。

4.2.2　ERP 系统影响下的投资效率

　　从 20 世纪 90 年代末以来，信息技术的迅猛发展为管理层实施监督行为提供了极大的便利性，特别是 ERP 的采用。一般认为，ERP 的实施使得企业的运营信息对于外部投资者和管理层更加透明，意味着越来越多的与企业运营相关的信息，比如财务信息、供应链信息、是否发生亏损和自由现金流信息等，都能通过 ERP 及与其相关的信息技术进行处理，管理层的监督成本可以进一步最小化，从而管理层与员工的代理成本也可以进一步减少(曾建光等，2012)。而代理成本的降低，也就能在一定程度上提高投资的效率(Jensen，1986，1993)。其次，管理层将通过 ERP 系统中自带的或嵌入的，诸如具有诊断能力、分析能力和商务智能等功能的软件工具或功能(有些公司可能只购买某些模块，如只购买了 ERP 中的财务模块，虽然财务模块中主要是实现与财务相关的功能，但是，为了满足企业客户对于财务及其相关的管理功能，ERP 厂商不可能只是实现财务的电算化，一般都会在财务模块中增加财务分析、财务风险控制等功能，如用友公司的 U8 ERP 软件的财务模块)，更好地做出正确的投资决策，减少投资决策的盲目性，从而提高管理层的投资效率。最后，ERP 的实施使企业的业务流程及其操作得到了进一步标准化、集成化和优化，同时企业的业务信息流与财务信息流得到及时一致的反映，使得企业的业务信息流与财务信息流完全实时对应起来，企业各个部门或各个子公司的财务信息得到了及时的反映和处理，管理层能够根据这些信息，科学配置内部资本资源，进而有助于提高企业内部资本市场的效率，在一定程度上减少企业的融资约束，从而改善企业的投资效率。此外，ERP 的实施，能够很好地把企业的内部控制集成到每个员工的日常工作中，从而使得内部控制得到很好的贯彻，能够有效监控内部控制的实施情况，企业的内部控制质量得到了提升，因此，企业的会计质量也得到了提升(Masli et al.，2010)，进而提升了企业的投资效率。

　　但是，以上这些关于 ERP 能够提升投资效率的研究结论，默认为企业的管理层只是被动地接受信息透明度所导致的经济后果。作为企业的经理人无论是否采用信息技术，都不能改变其构建企业帝国的冲动(Murphy，1985)，当经理人面对其经营信息更多地被外部投资者知晓的事实之后，他不会被动地放弃其机会主义行为，更不会就此而放弃构建企业帝国的梦想，在这种情景之下，一是，经理人会选择更多的投资项目以向外部投资者明示其在努力工作，寻求更多的投资机会；二是，经理人掌握了更多的企业内部信息，管理层变得更加自信，导致管理层低估成本和高估销售的倾向(Statman and Tyebjee，1985)，进而具有更强的投资冲动(Malmendier and Tate,2005)。基于此,本章考察 ERP 的实施对于企业投资效率的影响。

本章以 1998～2006 年间 A 股上市公司为样本,考察 1998～2006 年期间 ERP 系统的实施对于企业投资效率的影响。研究结果表明:第一,在 ERP 系统开始实施的当年,上市公司的投资效率显著下降,而对于亏损公司而言,在实施 ERP 系统当年和 ERP 正式采用之后,其投资效率显著下降;第二,实施了 ERP 系统的上市公司,在实施当年其过度投资有显著提升;第三,对于亏损公司而言,在 ERP 正式采用之后,其投资不足显著恶化;第四,按照自由现金流的高低进行分组之后,在高自由现金流组中,实施了 ERP 系统的上市公司,其投资效率在第二年之后显著下降,而在低自由现金流组中,实施了 ERP 系统的上市公司,其投资效率没有发生显著变化。

本章的主要贡献在于:第一,本章从企业采用信息技术的视角,考察了 ERP 对于投资效率的影响,丰富了 IT 治理和投资效率方面的文献。第二,本章研究发现,对于亏损公司以及处在高自由现金流组中的上市公司而言,在 ERP 实施两年之后,其投资不足更为严重。本章的这一发现,为研究 ERP 系统在中国资本市场的信息含量,提供了一个实证证据和一个新的分析视角和解读方式。第三,本章研究认为,当企业信息透明度增加时,对于经理人而言,其会变得更加努力或者(和)更加自信,为了实现其构建企业帝国的梦想,他们会倾向于进行更多的低效投资。本章的这一研究发现,为我们重新审视信息技术对于经理人的过度自信或者(和)努力程度的影响,提供了一个实证证据,同时也丰富了经理人过度自信方面的文献,特别是为经理人过度自信的来源提供了一个实证证据。

本章接下来的部分安排如下:第二部分是文献回顾与研究假设;第三部分是研究设计;第四部分是样本选择与描述统计;第五部分是研究结果;第六部分是研究结论与不足。

4.3   ERP 系统影响投资效率的实证检验

4.3.1   文献综述与研究假设的提出

Modigliani 和 Miller(1958)认为,在完全竞争市场和完全有效市场里,企业的投资项目决策仅取决于该项目的净现值大小而与其他因素无关。然而,现实世界的市场存在诸如融资约束(Fazzari et al.,1988)、市场套利和交易成本等因素,导致市场的有效程度往往并不高,从而影响公司的投资效率。Stein(2003)研究发现,信息和代理成本是影响企业投资决策的主要因素。

Kanodia 和 Lee(1998)研究发现,市场上对于投资项目盈利能力的私有信息的缺乏是导致投资效率低下的原因之一。Bushman 和 Smith(2001)以及 Healy 和 Palepu(2001)研究发现,高质量会计信息能通过减少代理问题,从而提高企业的投资效率。Wang(2003)研究发现,在美国市场上,会计信息质量越高,行业和公司层次的投资效率也越高。Durnev

等(2004)研究发现，含有上市公司特质信息越多的股价，该公司投资效率也越高。Biddle和 Hilary(2006)根据会计信息质量的综合指数，采用国际比较的方法，研究发现跨国间及每个国家的会计信息质量都与公司投资效率显著正相关。Biddle 等(2008)研究发现，在美国市场上，高质量的会计信息有益于公司减少投资不足和过度投资的行为。曾颖和陆正飞(2006)研究发现，在中国市场上，信息披露质量较高的样本公司，其边际权益融资成本也较低，从而间接地提高了投资效率。潘敏和金岩(2003)研究发现，在我国特有的股权结构的制度安排之下，由信息不对称性所导致的过度投资现象更为严重。

以上文献表明，作为代理人的经理层，其提供给市场的信息越多，质量越高，投资效率也越高。经理层为了给市场提供数量更多、质量更好的信息，他们必须准确掌握公司的营运信息。也就是说，信息对于投资决策的影响首先在于管理层对于公司内部信息的完全准确把握。要达到准确把握，对于现代企业来说，信息技术的采用是其最佳选择之一。

当管理层拥有公司内部足够的信息后，其是否有激励进行有效的投资，则取决于经理人在进行投资前后的成本与收益的权衡。Bertrand 和 Mullainathan(2003)及 Aggarwal 和 Samwick(2006)认为，经理人进行投资需要付出个人的努力，对于经理人来说也就是存在着投资的个人成本。而经理人进行投资的个人收益在于从控制资源中获取的个人利益，包括心理满足感、占有欲、在职消费和构建商业帝国的倾向(Murphy，1985；Jensen，1993)。如果经理人认为进行投资其所付出的个人成本大于其从投资决策中获得的个人收益，那么，经理人就很有可能会放弃净现值为正的投资项目，从而出现投资不足的现象。如果经理人认为进行投资决策的个人收益大于其在投资中付出的个人成本，那么，经理人就很有可能投资净现值为负的投资项目，从而出现过度投资的现象(Jensen，1986，1993)。投资不足或者过度投资的程度越大，企业的投资效率越低。投资效率的低下是由于现代企业经营权和所有权的分离，经理人对公司资产将不再拥有剩余索取权(residual claim)，同时也不用承担经营失败的风险，所以理性的经理人将不再追求公司利润的最大化，而是更多地追求个人效用的最大化(Fama and Jensen，1983)。这也就是代理成本对于投资决策的负面影响。代理成本的存在导致了投资决策的效率损失，进而造成了股东等投资者利益的损失。

信息技术的采用，特别是 ERP 的实施有助于提高公司信息的透明度，能够减少经理人投资的盲目性，以及降低由于代理成本导致的经理人的自利行为发生的概率(Poston and Grabski，2001；曾建光等，2012)。

早在 20 世纪 90 年代末，70%的财富 1000 强公司已实施了或者正在实施 ERP 系统(Cerullo and Cerullo，2000)。ERP 系统的实施是这些公司在激烈的竞争中出类拔萃的主要原因之一(Winters，2004)。ERP 系统的实施在资本市场上具有信息含量，资本市场认为 ERP 系统的实施是公司未来运营绩效提升的一个信号(Hunton et al.，2002)。Hunton 等(2002)研究发现，分析师在获得公司 ERP 实施的公告后，会提高已有的盈余预测水平。这些文献认为 ERP 的实施意味着管理层在试图努力提高或者改善企业现有的管理体系，是管理层向不拥有企业运营信息的所有者发送私有信息，是管理层在向委托人示好，在一定程度上减少了代理成本,有助于改善公司的投资效率。

Barnea 等(1980)认为,信息不对称是由于管理当局拥有较多投资者没有的企业经营的相关私有信息,导致了双方对于企业营运产生认知偏差,这种认知的偏差会随着信息技术的采用得到改善。ERP 系统的实施能够减少企业内部各个部门之间的信息沟通不畅的问题,增加了企业的透明度和信息的流通速度,有助于企业信息的更加透明化。ERP 系统能够及时、有效、准确地收集和传递信息到需要的人手中,方便了管理层及时全面掌握企业的运营状况,从而有效地提高了管理层的决策水准(Davenport,1998)。

以上这些关于 ERP 能够提升投资效率的研究结论,都默认为企业的管理层只是被动地接受信息透明度所导致的经济后果。管理层的决策和支持是是否采用 ERP(特别是在ERP 早期)的关键影响因素(Davila et al.,2009,叶强等,2010)。因此,作为企业的经理人无论是否采用信息技术,都不能改变其内在的构建企业帝国的冲动(Murphy,1985)。管理层在决定是否采用 ERP 时,其必然知道 ERP 能够带来的优势和对其机会主义行为可能造成的影响。当经理人预期面对其经营信息更多地被外部投资者知晓的事实之后,他不会被动地放弃其机会主义行为,更不会就此而放弃构建企业帝国的梦想,在这种情景之下,一是,经理人会选择更多的投资项目以向外部投资者明示其在努力工作,寻求更多的投资机会;二是,经理人掌握了更多的企业内部信息,管理层变得更加自信,导致管理层低估成本和高估销售的倾向(Statman and Tyebjee,1985),进而具有更强的投资冲动(Malmendier and Tate,2005)。

而在刚开始实施的当年,尤其是在中国 ERP 导入期,管理层往往对阻碍 ERP 成功实施的组织环境、用户环境、系统环境以及 ERP 供应商环境等因素(DeLone and McLean,1992;Jarvenpaa and Ives,1991;张喆等,2005)认识不足,却更多地期待通过 ERP 这一"舶来品"更快捷地实现其企业帝国的梦想。基于此,我们认为,当管理层真正开始决定正式实施 ERP 系统之后,在正式实施 ERP 系统当年,管理层会趋向于加大投资力度。

此外,在中国 ERP 导入期,新闻媒体也在大力宣传 ERP 实施带来的好处以及政府为了实现"以信息化带动工业化"这一战略目标之下,实施了一系列信息化的优惠政策和相关的政策扶持,如 2001 年 6 月科技部启动了国家制造业信息化工程以落实"以信息化带动工业化",并集中了"科技攻关"计划和"863"计划两大资源,共出资 8 亿元,加上地方配套资金和企业自筹资金,该项工程总经费超过 100 亿元[①]。因此,政府的大力推进以及相关的政策鼓励,激发了管理层实施 ERP 的积极性,同时,也增加了管理层对于成功实施 ERP 的预期和过度自信,在这种情景下,在正式实施 ERP 系统当年,管理层也就会趋向于加大投资力度。

基于以上分析,笔者认为,在中国 ERP 导入期,当管理层真正开始决定正式实施 ERP 系统之后,在正式实施 ERP 系统当年,在外部对 ERP 过于偏重其优点的宣传以及国家政

---

① 科学时报,2003-01-20,信息化提升中国制造 科技部谈五大运作问题
　　http://www.china.com.cn/zhuanti2005/txt/2003-01/20/content_5264560.htm

策等的激励之下，管理层对成功实施 ERP 系统充满信心，同时，对于 ERP 系统能够带来的效应也充满期待，因此，ERP 系统的实施在实施当年激发了管理层的过度自信，也就导致了实施当年的过度投资行为。

Merrow 等(1981)研究发现，在美国的能源行业，管理层普遍存在着低估设备投资成本的现象。Statman 等(1985)通过调查研究，发现管理层存在低估成本和高估销售的倾向。Cooper 等(1995)和 Landier 等(2009)研究发现，企业的管理层较普通大众过度自信程度更高。Russo 和 Schoemaker(1992)研究发现，99%以上的管理人员都存在高估自己的经营能力和企业的盈利水平。Camerer 和 Lovallo(1999)的研究表明，企业 CEO 普遍认为自己比竞争对手的能力更强。Shefrin(2001)和 Hackbarth(2008)研究表明，过度自信容易导致管理层采取激进的负债行为而更倾向于发行债券而较少采用股权融资。Heaton(2002)的研究发现，在不同的自由现金流下，管理者过度自信会导致过度投资。Nofsinger(2005)也指出，过度自信容易导致管理层采用过多的债务融资进行过度投资。Malmendier 和 Tate(2005)实证研究发现，过度自信的 CEO 的投资对现金流敏感度较高，具有更强的投资冲动。余明桂等(2006)采用中国资本市场的数据，研究发现，在中国，管理者过度自信与资产短期负债率和债务期限结构显著正相关。

以上研究表明，管理层的过度自信导致了过度投资行为。又由于 ERP 系统实施当年，管理层的自信获得了更多的强化和增进，因此，我们认为 ERP 系统实施当年，企业存在过度投资行为，故提出假设 H1 如下：

H1：在 ERP 系统实施当年，企业存在过度投资行为。

随着 ERP 系统的正式实施，ERP 系统开始逐渐影响到企业的业务流程、组织文化等各个方面，ERP 系统实施的问题也日益凸现，特别是在我国 ERP 导入期，由于市场经济的发展刚刚起步不久，ERP 的实施意味着组织的变革，员工感觉到其自身利益受到侵犯与威胁，由此产生抵触情绪(叶强等，2010)；内部员工的抵制可能会造成 ERP 系统实施的失败或者对 ERP 实施的预期产生偏离(Cooper and Markus，1995)。为了避免这些可能影响 ERP 系统成功实施的问题，管理层，特别是高管层(Fichman and Kemerer，1997；孙元等，2007)，需要实际参与到项目之中，亲自实施监督(Jarvenpaa and Ives，1991)。因此，从系统开始实施到 ERP 系统能够真正发挥作用大体需要两年左右(Hitt et al.，2002)。如果在实施 ERP 两年之后，企业处于亏损状态，由于此时 ERP 开始发挥作用，信息透明度开始显现，管理层对于企业内部运营信息掌握也较全面，外部投资者对于企业扭亏为盈也有很多期待，外部投资者的监督更加严格，在这种情况下，管理层构建企业帝国的梦想得到了极大的限制。

在 ERP 系统实施 2～3 年之后，且公司处于亏损状态，对于管理层的过度自信都是一种打击，与初始的对于 ERP 系统的期望形成了较鲜明的对照。在中国 ERP 系统导入期，出现这种情况，更容易导致管理层的过度自信受到打击。此外，在这种情景下，外部投资者也容易把企业的亏损归因为 ERP 系统的实施，给管理层造成较大的压力，同时，也会利用 ERP 提供的透明度，加大对管理层的监督。因此，当 ERP 系统实施 2~3 年之后，并且企业正好处于亏损状态，管理层对于投资项目会变得越发谨慎，投资不足就显得更为明显。故提出假设 H2 如下：

H2：在 ERP 系统实施 2~3 年之后，当年处于亏损的公司存在投资不足的现象。

Jensen(1986)提出了自由现金流量理论，该理论认为由于经理人的效用函数是最大化其个人利益，当市场上不存在好的投资机会时，经理人往往会将企业过去投资所获得的现金流投资于净现值为负的项目上，而不是将其分配给股东。Alti(2003)从股票市场的股价的表现研究表明，市场对于企业采用自由现金流进行投资反应为负向，也即，市场并不看好经理人动用自由现金流进行投资。Richardson(2006)指出，过度投资主要发生在自由现金流较高的企业之中。

而在中国这种新兴市场，管理不规范，管理层对于企业真实的运营信息掌握不够全面和彻底。当企业的自由现金流较多时，在 ERP 系统实施 2~3 年之后，ERP 开始在企业产生作用，企业经过 ERP 的实施，梳理了企业内部的信息，企业的信息透明度也随之增加。企业信息透明度的提升会产生两个效应，一是，更多的外部投资者会获知企业的自由现金流较多；二是，经理人对于企业的自由现金流较多的这一信息具有更多的掌握，增加了经理人的过度自信。

因此，当企业的自由现金流较多时，在 ERP 系统实施 2~3 年之后，经理人对企业拥有的自由现金流信息掌握得更加全面。经理人的过度自信得到了进一步的提升，另外，为了更好地满足其私利，同时也为了避免过多的自由现金流信息被外部投资者所获知而被要求分配给股东，经理人会选择过度投资行为，进而导致企业的投资效率下降。基于此，我们提出假设 H3 如下：

H3：ERP 系统实施 2~3 年之后，高自由现金流的上市公司的投资效率更低。

4.3.2　研究设计与实证结果

1. 研究设计

为了检验上述假设，本章的研究设计首先是需要度量出投资效率。本章借鉴 Wang(2003)、Bushman 等(2001)、辛清泉等(2007)以及魏明海和柳建华(2007)等的做法，使用 Richardson(2006)的模型来估计我国上市公司正常的投资水平。再根据估计出的正常的投资水平与实际的投资水平的残差计算出我国上市公司的过度投资与投资不足程度。最后，把计算出来的过度投资与投资不足作为解释变量,把影响投资效率的因素进行控制后，考察 ERP 的实施对我国上市公司投资效率的影响。根据 Richardson(2006)的模型，我国上市公司正常的投资水平估计模型如下：

$$NormalInvest = \beta_0 + \beta_1 TobinQ + \beta_2 preCash + \beta_3 preAge$$
$$+ \beta_4 preAbnormalReturn + \beta_5 preNormalInvest$$
$$+ \beta_6 preLnsize + \beta_7 preLeverage + \sum Industry + \sum Year + \varepsilon$$

(4-1)

模型(4-1)中的变量定义如表 4-1 所示。

表 4-1　模型(4-1)的变量定义表

变量名称	变量描述
NormalInvest	正常投资水平的增加额,等于固定资产、长期投资和无形资产的净值增加额之和与平均总资产(期初总资产与期末总资产的均值)之比
preAge	上市年限
TobinQ	成长机会
preCash	现金的期末余额,等于现金余额与总资产之比
preAbnormalReturn	超额回报率,经市场回报率调整后的第 t 年 5 月至第 $t+1$ 年 4 月,以月度计算的股票年度回报率
preNormalInvest	前一期的正常投资水平的增加额
preLnsize	公司规模,等于公司年末总资产的自然对数
preLeverage	资产负债率,等于负债与平均总资产之比
Industry	行业虚拟变量,证监会《中国上市公司分类指引》(2001)中的一级分类(A-M)
Year	年度虚拟变量

　　为了检验上述假设,根据模型(4-1)计算得到残差的绝对值,该值即为投资效率的度量变量。如果根据模型(4-1)计算得到的残差值大于等于零,我们称之为过度投资,否则为投资不足。为了比较的一致性,当残差值小于零时,取绝对值作为投资不足的测度。由于代理成本是影响企业投资决策的主要因素(Stein,2003),根据 Richardson(2006)、Ang 等(2000)、魏明海和柳建华(2007)、Biddle 等(2009)、姜国华和岳衡(2005)以及 Jiang(2010)的研究结论,本章采用自由现金流量、管理费用率、是否是国有控股公司、是否亏损、大股东占款、行业和年度作为控制变量。为了避免可能存在的内生性问题,本章参照周黎安和陈烨(2005)以及曾建光等(2012)的做法,采用双重差分法模型(differences-in-differences,DID),设定模型(4-2)如下:

$$InvestEfficiency = \beta_0 + \delta_1 Post0 + \delta_2 Post0 \times Loss + \delta_3 Post1 + \delta_4 Post1 \times Loss$$
$$+ \delta_5 Post2 + \delta_6 Post2 \times Loss + \delta_7 Post3 + \delta_8 Post3 \times Loss$$
$$+ \beta_1 MfeeRatio + \beta_2 FCF + \beta_3 State + \beta_4 Loss + \beta_5 TakeOver$$
$$+ \beta_6 Lnsize + \beta_7 Leverage + \beta_8 ROA + \sum Industry + \sum Year + \xi$$

(4-2)

　　模型(4-2)中的 InvestEfficiency 为模型(4-1)计算的残差的绝对值(AbsAbInvest),包括过度投资水平(OverInvest)和投资不足水平(UnderInvest)。过度投资水平是模型(4-1)计算的残差大于 0,而投资不足水平是模型(4-1)计算的残差小于 0。各个变量的定义如表 4-2 所示。

表 4-2　模型(4-2)的变量定义表

变量名称	变量描述
InvestEfficiency	投资效率，模型(4-1)计算得到的残差的绝对值，包括过度投资(≥0)和投资不足(<0)
Post0	是否是实施 ERP 系统的当年，是为 1，否为 0
Post1	是否是实施 ERP 系统的第二年，是为 1，否为 0
Post2	是否是实施 ERP 系统的第三年，是为 1，否为 0
Post3	是否是实施 ERP 系统的第四年，是为 1，否为 0
Lnsize	公司规模，总资产的自然对数
Leverage	财务杠杆，负债合计与总资产之比
ROA	总资产回报率，净利润与总资产之比
MfeeRatio	管理费用率，管理费用与营业总收入之比
FCF	自由现金流，等于息前税后净利＋折旧和摊销－营运资本增加－资本支出
State	是否为国有企业，是为 1，否为 0
Loss	是否亏损，是为 1，否为 0
TakeOver	大股东占款，其他应付款与总资产标准之比，经中位数调整
Industry	行业虚拟变量，证监会《中国上市公司分类指引》(2001)中的一级分类(A-M)
Year	年度虚拟变量

2. 实证结果

1) 样本选择与描述统计

本章的财务数据来自于 1998～2006 年国泰安 CSMAR 数据库，是否为国有企业的数据来自于 Sinofin 数据库，ERP 系统的实施数据通过手工搜集 1998～2006 年中国上市公司对外公开的年度财务报表。之所以选择这一期间作为样本区间，一是，因为中国上市公司自 1998 年才开始提供现金流量表，二是，计世资讯(CCW Research)2010 年 4 月发布的《2010 年中国生产制造 ERP 软件市场发展趋势研究报告》显示，我国生产制造业在 2005 年之前基本完成了 ERP 系统的导入，但是由于生产制造业为最早开始实施 ERP 系统的行业，为了更好地全面考察我国 ERP 软件的情况，实施了 ERP 的公司的样本采用时间区间为 2007 年之前，考察这一段期间 ERP 的实施，对于我们评价之后的 ERP 的实施具有重要的参考价值。本章对数据进行了如下方面的处理：①由于金融行业的特殊性，剔除了所有金融行业的数据；②为了消除样本偏差的影响，将连续变量按照 1%进行 winsorize 处理；③剔除缺失样本。最后得到有效观测值为 6095 个，其描述统计如表 4-3 所示。

表 4-3 报告的是描述性统计。从表 4-3 可知，投资效率(InvestEfficiency)的均值为 0.083，中位数为 0.056，最大值为 0.514，最小值为 0.001；中位数与均值的相差较大，最

大值与最小值也相差较大,这表明,在我国上市公司中,投资效率存在较大的差异性,也即,各个公司之间的投资效率具有较大的不一致性。管理费用率(MfeeRatio)的均值为 0.129,中位数为 0.094,最大值为 0.981,最小值为 0.009;管理费用率的中位数与均值相差较大,管理费用率的最大值与最小值也相差较大,这表明,样本公司的管理费用率存在较大的差异性。自由现金流(FCF)的均值为-0.040,中位数为-0.014,最大值为 0.301,最小值为-0.692;自由现金流的中位数与均值相差较大,自由现金流的最大值与最小值也相差较大,这表明,样本公司的自由现金流存在较大的差异性。大股东占款(TakeOver)的均值为0.052,中位数为 0.036,最大值为 0.317,最小值为 0.002;大股东占款的中位数与均值相差较大,大股东占款的最大值与最小值也相差较大,这表明,样本公司的自由现金流存在较大的差异性。总资产回报率(ROA)的均值为 0.031,中位数为 0.032,最大值为 0.203,最小值为-0.273;总资产回报率的中位数与均值相差较大,总资产回报率的最大值与最小值也相差较大,这表明,样本公司的总资产回报率存在较大的差异性。

表 4-3　描述性统计表

变量	均值	中位数	标准差	最大值	最小值
InvestEfficiency	0.083	0.056	0.088	0.514	0.001
Post0	0.029	0.000	0.167	1.000	0.000
Post1	0.032	0.000	0.176	1.000	0.000
Post2	0.031	0.000	0.174	1.000	0.000
Post3	0.024	0.000	0.154	1.000	0.000
State	0.755	1.000	0.430	1.000	0.000
Loss	0.118	0.000	0.323	1.000	0.000
MfeeRatio	0.129	0.094	0.138	0.981	0.009
FCF	−0.040	−0.014	0.156	0.301	−0.692
TakeOver	0.052	0.036	0.053	0.317	0.002
Lnsize	21.230	21.135	0.896	23.819	19.256
ROA	0.031	0.032	0.067	0.203	−0.273
Leverage	0.568	0.545	0.264	1.669	0.086

2) 回归结果

众所周知,ERP 的理念来自于西方。在 ERP 导入期,中国企业实施 ERP 受到政府的大力推进和相关的政策扶持。1995 年 9 月 28 日中国共产党第十四届中央委员会第五次全体会议通过的《中共中央关于制定国民经济和社会发展"九五"计划和 2010 年远景目标的建议》提出了:"重点改造国有大中型企业,加快国民经济信息化进程"。2000 年 10月 11 日中国共产党第十五届中央委员会第五次全体会议通过的《中共中央关于制定国民经济和社会发展第十个五年计划的建议》提出了:"大力推进国民经济和社会信息化,是覆盖现代化建设全局的战略举措。以信息化带动工业化,发挥后发优势,实现社会生产力的跨越式发展。"之后,2001 年 6 月科技部启动了国家制造业信息化工程以落实"以信息化带动工业化",并集中了科技攻关计划和 863 计划两大资源,共出资 8 亿元,加上地方配套资金和企业自筹资金,该项工程总经费超过 100 亿元[①]。2002 年召开的中国共产党第十六次全国代表大会又明确提出了"以信息化带动工业化,以工业化促进信息化"的战略指导。综合上面这些信息,就是要实现"以信息化带动工业化"这一战略目标。为了实现这个战略目标,各个省份都积极出台相关政策,几乎都成立了 ERP 应用示范企业。以新疆为例,成立了自治区制造业信息化应用示范工程协调领导小组以及新疆企业资源计划(ERP)生产力促进中心,并确认了 39 家企业为自治区制造业信息化 ERP 应用示范企业[②]。而截止到 1999 年,江苏省制造业信息化示范工程累计示范项目达到 400 余项,累计投入政府拨款 6600 万元,引导带动了企业、社会总投入资金 11.2 亿元,实现新增工业产值 250 亿元、利税 35 亿元。

因此,我们认为,在中国 ERP 导入期,ERP 的实施更多的是受到政府"以信息化带动工业化"的战略思想的影响和相关的政策扶持,所以,在中国 ERP 导入期,ERP 的实施是外生的。

表 4-4 和表 4-5 报告了模型(4-2)DID 的回归结果,表 4-4 和表 4-5 中的模型 1~模型 4 的因变量都是通过模型(4-1)计算得到的残差值(投资效率),采用的都是投资效率的绝对值,也即在控制了所有的行业和年度因素后,考察的是对投资效率或者过度投资或投资不足的程度。其中模型 1 报告的是全样本的回归结果;模型 2 报告的是过度投资的回归结果;模型 3 报告的是投资不足的回归结果;模型 4 报告的是在低自由现金流组(自由现金流低于中位数)中的投资效率的回归结果;模型 5 报告的是在高自由现金流组(自由现金流高于中位数)中的投资效率的回归结果。

在表 4-4 的全样本模型 1 中,样本公司在开始实施 ERP 系统的当年(Post0)的系数显著为正,表明在开始实施 ERP 系统的当年的上市公司,其投资效率偏离正常投资水平的程度较大,也即其投资效率较低,这表明在实施 ERP 系统当年,实施了 ERP 的上市公司的投资效率较其他未实施 ERP 系统的公司的投资效率低,上市公司 ERP 实施当年不利于投资效率的提高,H1 得到了检验。

在表 4-4 的过度投资的模型 2 中,样本公司在开始实施 ERP 系统的当年(Post0)的系数显著为正,表明在开始实施 ERP 系统的当年的上市公司,其过度投资水平偏离正常投资水平的程度较大,也即其过度投资较大,这表明在实施 ERP 系统当年,实施了 ERP 的上市公司的过度投资水平较其他未实施 ERP 系统的公司的过度投资更高,上市公司 ERP 实施当年的过度投资水平更高,H1 得到了验证。

[①] 中国制造业信息化门户网站,制造业信息化,继往开来的大文章,https://articles.e-works.net.cn/Category13/Article12799.htm
[②] 新疆制造业重大项目管理办公室,2003-03-07,新疆制造业信息化示范工程初见成效
https://news.e-works.net.cn/category6/news13847.htm

表 4-4　投资效率的回归结果(1)

自变量	模型 1 (全样本)		模型 2 (过度投资)		模型 3 (投资不足)		模型 4 (低自由现金流)		模型 5 (高自由现金流)	
	系数	t 值	系数	t 值	系数	t 值	系数	t 值	系数	t 值
Intercept	0.088	3.16***	−0.099	−2.06**	0.180	6.50***	0.095	1.97**	0.091	1.83*
Post0	0.012	2.04**	0.019	1.95*	0.002	0.23	0.013	1.5	0.012	1.26
Post1	−0.001	−0.14	−0.003	−0.31	0.004	0.61	0.000	−0.06	0.005	0.56
Post2	0.003	0.44	0.002	0.19	0.003	0.53	−0.007	−0.8	0.014	1.80*
Post3	0.008	1.23	0.006	0.54	0.003	0.37	0.000	0.04	0.018	1.82*
State	−0.006	−2.62***	−0.005	−1.1	−0.006	−2.48**	−0.004	−1.01	−0.005	−1.44
Loss	0.011	2.46**	−0.008	−1	0.002	0.52	0.016	2.16**	0.001	0.21
MfeeRatio	0.042	5.09***	0.071	4.33***	0.011	1.34	0.058	4.48***	0.024	1.90*
FCF	−0.002	−0.23	0.024	2.06**	−0.058	−7.61***	−0.073	−5.68***	0.183	8.83***
TakeOver	0.100	4.58***	0.209	5.74***	0.013	0.53	0.145	4.05***	0.065	2.08**
Lnsize	−0.002	−1.89*	0.006	2.52**	−0.004	−3.53***	−0.002	−1.04	−0.001	−0.69
ROA	0.169	7.73***	0.203	7.85***	−0.069	−4.22***	0.178	4.98***	0.120	3.74***
Leverage	0.050	10.24***	0.045	9.43***	−0.015	−3.96***	0.029	3.90***	0.064	8.65***
Industry	控制		控制		控制		控制		控制	
Year	控制		控制		控制		控制		控制	
F 值	28.22***		15.58***		21.30***		14.57***		20.78***	
R-Square	0.1373		0.1669		0.1713		0.1349		0.1852	
N	6672		2840		3832		3047		3048	

注:***,**,*分别表示在 1%,5%,10%水平上的显著性,下同。

从表 4-4 的全样本模型 1 和过度投资的模型 2 可知,样本公司在开始实施 ERP 系统的当年存在过度投资的现象,这是因为在 ERP 导入期的我国上市公司,在开始实施 ERP 时,经理人对于 ERP 可能带来的优势都表现得比较自信,都在期待着 ERP 给企业带来应有的回报,因此,在 ERP 实施的当年,管理层普遍存在过度自信的现象。在管理层变得更加自信的情景下,他们就具有更强的投资冲动(Malmendier and Tate,2005),导致过度投资。

从表 4-4 的全样本模型 1 和过度投资的模型 2 中,我们可知,样本公司在开始实施 ERP 系统的次年(Post1)的系数为负但不显著,第三年(Post2)和第四年(Post3)的系数为正但不显著,这表明总体而言,样本公司从开始实施 ERP 系统第二年开始,上市公司的投资效率和过度投资的水平都没有发生显著变化,这也从一个侧面表明,在我国 ERP 系统导入期,ERP 系统对于上市公司的投资效率没有显著影响。

从表 4-4 的投资不足模型 3 和低自由现金流模型 4 中,我们可知,样本公司在开始实施 ERP 系统的当年(Post0)的系数为正但不显著,次年(Post1)的系数不显著,第三年(Post2)和第四年(Post3)的系数为正但不显著,这表明,总体而言,ERP 系统的实施对于投资不足没有显著影响，同样，对于低自由现金流的样本公司而言，实施 ERP 系统对于其投资效率没有显著影响。

在表 4-4 的高自由现金流模型 5 中，样本公司在开始实施 ERP 系统的当年(Post0)和次年(Post1)的系数为正但不显著，第三年(Post2)和第四年(Post3)的系数显著为正，表明，当样本公司的自由现金流较多时，ERP 系统在正式实施之后的第三年开始，其投资效率开始显著下降，假设 H3 得到了验证。

总之，综合表 4-4 的 5 个模型，我们可知，在我国 ERP 系统导入期，在 ERP 系统实施的当年，管理层对于 ERP 存在较多的好的预期，比较自信，由此导致了管理层过度投资的现象；而对于自由现金流较多的公司而言，在 ERP 系统实施两年之后，其投资效率开始显著下降。这一研究表明，在我国 ERP 系统导入期实施 ERP 系统的公司，其整体的实施效果较差。

表 4-5　投资效率的回归结果(2)

自变量	模型 1 (全样本)		模型 2 (过度投资)		模型 3 (投资不足)		模型 4 (低自由现金流)		模型 5 (高自由现金流)	
	系数	t 值	系数	t 值	系数	t 值	系数	t 值	系数	t 值
Intercept	0.089	3.20***	−0.100	−2.09**	0.181	6.53***	0.094	1.94*	0.096	1.93*
Post0	0.009	1.46	0.015	1.48	0.000	0.06	0.010	1.06	0.010	1.05
Post1	−0.003	−0.55	−0.003	−0.27	0.000	−0.01	−0.002	−0.26	0.001	0.13
Post2	0.004	0.58	0.002	0.21	0.006	0.99	−0.004	−0.46	0.013	1.57
Post3	0.002	0.26	0.003	0.22	−0.005	−0.68	−0.003	−0.26	0.008	0.8
Post0*Loss	0.037	1.71*	0.083	1.89*	0.009	0.42	0.033	1.16	0.022	0.62
Post1*Loss	0.024	1.28	−0.026	−0.38	0.023	1.48	0.018	0.63	0.028	1.11
Post2*Loss	−0.010	−0.55	−0.010	−0.22	−0.021	−1.31	−0.025	−0.89	0.009	0.35
Post3*Loss	0.068	3.02***	0.045	1.00	0.071	3.24***	0.039	1.07	0.089	2.83***
State	−0.006	−2.61***	−0.005	−1.07	−0.006	−2.49**	−0.004	−1.04	−0.005	−1.4
Loss	0.008	1.85*	−0.011	−1.34	0.000	0.07	0.014	1.87*	−0.002	−0.31
MfeeRatio	0.043	5.23***	0.073	4.40***	0.012	1.45	0.059	4.54***	0.025	2.02**
FCF	−0.001	−0.16	0.024	2.07**	−0.058	−7.58***	−0.072	−5.63***	0.182	8.80***
TakeOver	0.100	4.56***	0.209	5.74***	0.012	0.53	0.145	4.03***	0.063	2.01**
Lnsize	−0.002	−1.93*	0.006	2.56**	−0.004	−3.53***	−0.002	−1	−0.001	−0.82
ROA	0.171	7.79***	0.201	7.73***	−0.069	−4.23***	0.179	5.01***	0.120	3.74***
Leverage	0.050	10.34***	0.045	9.46***	−0.015	−3.91***	0.030	3.95***	0.065	8.74***
Industry	控制		控制		控制		控制		控制	
Year	控制		控制		控制		控制		控制	
F 值	25.95***		14.25***		19.72***		13.17***		18.93***	
R-Square	0.1385		0.1671		0.1736		0.1349		0.1866	
N	6672		2840		3832		3047		3048	

　　表 4-5 报告的是在样本公司处于亏损的情景下，ERP 系统的实施对于管理层投资行为的影响。在表 4-5 的全样本模型 1 中，处于亏损的样本公司，在开始实施 ERP 系统的当年(Post0*Loss)的系数显著为正，表明在开始实施 ERP 系统的当年且处于亏损的上市公司，其投资效率较低，这表明在实施 ERP 系统当年，实施了 ERP 的亏损上市公司的投资效率较其他未实施 ERP 系统的公司的投资效率低，处于亏损的上市公司，为了扭转亏损状态，尤其是为了避免被 ST，上市公司管理层期待通过实施 ERP 提升管理水平，实现扭亏，因此，管理层对于 ERP 能够帮助其实现提升公司的盈利能力抱有较大的希望，对于 ERP 能够实现扭亏的能力非常自信，于是，增加更多的投资，由此，导致了更严重的投资效率低下，H2 得到了检验。此外，实施 ERP 系统的第四年且处于亏损状态(Post3*Loss)的系数显著为正，表明，在 ERP 正式采用之后，处于亏损的已实施 ERP 的公司，其投资效率也显著下降。

　　在表 4-5 的过度投资的模型 2 中，样本公司在开始实施 ERP 系统的当年处于亏损状态(Post0*Loss)的系数显著为正，表明在开始实施 ERP 系统的当年且处于亏损的上市公司，其过度投资水平偏离正常投资水平的程度较大，这表明在实施 ERP 系统当年，实施了 ERP 的亏损上市公司的过度投资水平更高，H2 得到了验证。

　　从表 4-5 的全样本模型 1 和过度投资的模型 2 中，我们可知，样本公司在开始实施 ERP 系统的次年且处于亏损状态(Post1*Loss)的系数为负但不显著和实施 ERP 系统的第三年且处于亏损状态(Post2*Loss)的系数为负但不显著，这表明总体而言，亏损样本公司从开始实施 ERP 系统的第二年开始，亏损上市公司的投资效率和过度投资的水平都没有发生显著变化。

　　从表 4-5 的投资不足模型 3 可知，样本公司在开始实施 ERP 系统的第四年且处于亏损状态(Post3*Loss)的系数显著为正，这表明，当样本公司的 ERP 系统正式采用之后，处于亏损的公司，其投资不足更为严重。

　　综合表 4-5 的模型 1～模型 3，我们可知，亏损公司在 ERP 实施当年的投资效率低下，表现为实施 ERP 当年的过度投资；而亏损公司在 ERP 正式采用之后的投资效率低下，则表现为投资不足，也即，当亏损公司在正式开始使用 ERP 系统之后，由于 ERP 导入期 ERP 系统实施的成功率不高，经过 ERP 系统的实施过程之后，亏损公司的管理层的自信受到了一定程度的打击，此外，外部投资者发现在 ERP 正式实施之后，公司还处于亏损，他们对于管理层的投资行为也开始产生怀疑，开始加强监督，在这种情景之下，管理层的投资激励不强，导致了投资不足的现象。

　　从表 4-5 的低自由现金流模型 4 可知，样本公司在开始实施 ERP 系统的当年(Post0*Loss)，次年(Post1*Loss)，第四年(Post3*Loss)的系数为正但不显著，第三年(Post2*Loss)的系数为负但不显著，这表明，对于低自由现金流且亏损的样本公司而言，实施 ERP 系统对于其投资效率没有显著影响。

　　在表 4-5 的高自由现金流模型 5 中，样本公司在开始实施 ERP 系统的当年处于亏损状态(Post0*Loss)、次年处于亏损状态(Post1*Loss)和第三年处于亏损状态(Post2*Loss)的系数为正但不显著，第四年处于亏损状态(Post3*Loss)的系数显著为正，表明，当亏损样本公司的自由现金流较多时，ERP 系统在正式实施之后的第三年开始，其投资效率开始显著下降，假设 H3 得到了验证。

总之，综合表 4-5 的 5 个模型，我们可知，在我国 ERP 系统导入期，在 ERP 系统实施的当年，亏损公司的管理层寄希望于借助 ERP 系统的实施，实现公司的扭亏目标，管理层的自信得到了进一步的提升，由此导致了管理层过度投资的现象；而对于自由现金流较多的亏损公司而言，由于公司自由现金流较多，尽管公司处于亏损状态，但是，管理层认为这些自由现金流足以摆脱亏损，ERP 系统的实施更多的是去业务流程重组，所以在 ERP 系统实施的前 2～3 年，ERP 系统的实施对于其投资效率没有显著影响；而在 ERP 系统实施 2～3 年之后，ERP 系统基本能够正式使用，公司的内部信息也变得更加透明，此时的亏损公司的管理层在 ERP 系统的激励之下，其过度自信得到了提升，其投资效率开始显著下降。

从控制变量的回归结果来看，在表 4-4 和表 4-5 中的投资不足的模型 3 中，最终控制人为国有企业(State)的回归系数显著为负，表明最终控制人为国有控股的上市公司较少存在投资不足的现象。而在表 4-4 和表 4-5 中的全样本模型 1 中，最终控制人为国有企业(State)的回归系数也显著为负，表明国有控股的上市公司整体上较少存在投资效率不足的现象，这也表明 ERP 的实施促进了国有控股的上市公司的投资效率，特别在制造业显著提高了国有控股上市公司的投资效率。

管理费用率(MfeeRatio)在表 4-4 和表 4-5 中全样本的模型 1 中都显著为正，表明管理费用率越高，投资效率越差。这与辛清泉等(2007)的研究结论一致。

自由现金流(FCF)在表 4-4 和表 4-5 中投资不足模型 3 中的回归系数显著为负，表明自由现金流越多，投资不足越少发生。这与辛清泉等(2007)的研究结论一致。

3) 稳健性经验

根据辛清泉等(2007)的做法，不控制大股东占款(TakeOver)，经回归后，得到的结果和以上的结果一致。

根据 Richardson(2006)的做法，采用权益的账面市值比、TobinQ 和盈余与股价之比等分别作为度量成长性的变量，对模型(4-1)重新进行回归，得到模型(4-1)的残差。然后重新进行回归，回归得到的结果和以上的结果一致。

对连续变量按照 1%进行 winsorize 处理。回归得到的结果和以上的结果一致。

4.3.3　研究结论与启示

自从 1976 年 Jensen 和 Meckling 提出代理问题以来，代理问题就一直是学术界和实务界的热点话题。现有的文献研究考察了代理问题对投资决策、公司治理结构以及公司价值等的影响，并且得到了比较具有说服力的证明。但是，在今天，企业内部的信息技术得到了极大的普及，现有的文献却很少考察信息技术对于经理人投资行为以及由此所导致的对投资效率的影响。本章通过分析 ERP 导入期的企业实施 ERP 系统的情况，试图发现实施 ERP 系统对于投资效率的影响。

本章以 1998～2006 年间 A 股上市公司为样本，考察 1998～2006 年期间 ERP 系统的实施对于企业投资效率的影响。研究结果表明：第一，在 ERP 系统开始实施的当年，上市公司的投资效率显著下降，而对于亏损公司而言，在实施 ERP 系统当年和 ERP 正式采用之后，其投资效率显著下降；第二，实施了 ERP 系统的上市公司，在实施当年其过度投资有显著提升；第三，对于亏损公司而言，在 ERP 正式采用之后，其投资不足显著恶化；第四，按照自由现金流的高低进行分组之后，在高自由现金流组中，实施了 ERP 系统的上市公司，其投资效率在第二年之后显著下降；而在低自由现金流组中，实施了 ERP 系统的上市公司，其投资效率没有发生显著变化。

本章的研究结果表明，随着信息技术在公司内部的广泛采用，特别是在 ERP 导入期的中国市场，由于国有企业的改革开始启动，在"以信息化带动工业化"的国家战略之下，上市公司的管理层往往高估 ERP 系统的成功实施，尤其是对 ERP 带来的变革所造成的阻力估计不足，而对 ERP 的功效期望过高，由此导致了实施 ERP 系统出现了影响投资效率的问题。本章研究发现，在 ERP 系统开始实施的当年，实施 ERP 系统的公司的过度投资显著提升，而之后的 2～3 年内，其投资效率没有发生显著变化。本章的这一研究结论有助于为投资者评价企业实施 ERP 系统的投资决策，也为投资者对实施 ERP 系统公司的投资决策的评估提供了一个实证证据，同时也为监管机构观察企业的投资行为提供了一个新的视角和实证证据。

本章的局限性在于，第一，只考察了 ERP 导入期的投资效率的问题，具有一定的局限性；第二，本章的样本是通过搜索财报得到的 ERP 实施信息，可能存在样本偏差的问题；第三，由于在财报中披露的信息具有较大的局限性，我们无法考察 ERP 导入期的模块实施详细情况，以及实施期等情况，无法更深入地考察 ERP 的实施对上市公司的投资效率的影响；第四，样本区间仅仅考察的是在我国 ERP 的导入期，没有在一个更长的时间区间去考察 ERP 的实施对企业的投资效率的影响。这些问题是本章之后需要进行进一步研究的问题。

中篇　互联网大数据篇

第5章　互联网大数据与企业代理成本[①]

5.1　互联网大数据

5.1.1　大数据概述

随着互联网、网络通信技术的不断发展更新，越来越多的数据信息充斥在人们工作与生活周围，现代社会已经实现了由传统社会向信息社会的转变。在信息社会中，数据信息也呈现出新的形态，例如数据数量急剧增加、数据形式新颖多样、数据传播快速广泛等。针对这些海量数据的收集和处理显得十分困难，而这类无法在一定时间内用传统数据库软件工具对其内容进行采集、存储、管理和分析的数据集合则被麦肯锡定义为大数据(李国杰和程学旗，2012)。众所周知，大数据具有极高的价值，大数据时代企业的竞争能力也包括利用互联网技术收集、处理、分析大数据的能力，因此，如何利用大数据技术从大量数据中攫取高价值的信息，对企业至关重要。

IBM 对大数据的特征进行了凝练概括，认为大数据具有 5V 特征，即 Volume(数据量大)、Velocity(高速)、Variety(数据多样)、Value(低价值密度)、Veracity(真实性)。第一，消费者在生活与工作中的活动不断增多，产生了沟通交流数据、生产经营数据、知识技能数据等，同时，网络技术的发展促进了网络空间的数据收集、存储、传递和处理能力提高，这使得人们接触到的数据数量急剧上升。第二，通信技术的发展也促进数据传递和处理的速度不断提高，大数据从产生到最终处理分析的整个过程，都可以在极短的时间内完成，具有极高的时效性和极小的延迟性。第三，数据源类型包括结构化数据、半结构化数据和非结构化数据。而在当今的大数据环境下，互联网普及率越来越高，图片、语音、视频等非结构化数据占所有数据的比例越来越大，这些非结构化数据一方面增加了数据的多样性，另一方面也增大了数据提取和处理的难度，要求更加智能化的数据处理软件或工具。第四，随着海量数据的增加，每一单位数据所涵盖的价值也可能就相对较少。第五，大数据所传递出的信息是来源于真实世界的，能够真实地反映数据产生者的偏好、活动等现状，例如，淘宝网通过搜集消费者的网购行为，构建消费者大数据，挖掘消费者的喜好和购买力，以有针对性地向消费者推荐其可能购买的商品，实现更多销售收入(王元卓等，2013)。

[①] 本章主体部分已发表：曾建光，王立彦. 2015. Internet 治理与代理成本——基于 Google 大数据的证据[J]. 经济科学,1: 112-125.

5.1.2　大数据与微观经济行为观察

大数据所具有的高价值使其受到各行各业的重视,而大数据的影响也不仅仅存在于计算机领域,而且延伸到所有行业,促使着企业的微观经济行为发生转变。首先,大数据时代下,企业最为明显的变化便是信息获取能力增强,包括从内部管理信息和外部市场信息获得更多维度的数据。从内部来看,企业日常运营中产生的管理信息、会计信息、供应链信息等多种内部数据获得更多关注;从外部来看,企业能够通过大数据获得更多的消费者信息、竞争者信息以及宏观政策等信息。因此,决策者将更了解企业的内部现状和外部市场环境,进而做出更为全面和有效的判断。其次,企业愈发重视大数据技术的学习和应用。大数据时代下,数据信息成为企业竞争发展的重要资产,掌握更具价值的信息才能提高企业自身的竞争力。因此,企业必须不断学习新的大数据相关的信息技术,提高数据获取、处理能力和数据分析能力,提高企业信息收集的数量、正确性和时效性,同时,也促进大数据与企业的运营相结合。最后,大数据也能帮助企业进一步提高风险应对能力。由于企业可利用的信息增多,通过大数据中的人工智能技术对数据进行处理,提高信息的准确性、及时性以及适用性,因此,相对于传统时代,企业管理层可以更及时地发现内部控制缺陷或外部经济风险。同时,也能更加准确地预测到未来一段时间内,企业可能遇到的威胁,从而提早做出风险应对措施。

5.1.3　中国特色大数据:拆迁大数据

近些年来,随着我国经济的迅猛发展,我国城镇化进程也获得了飞速发展,导致了由部分地方政府作为主要参与人之一的拆迁及其相关问题变得日益突出(冯玉军,2007),暴力拆迁事件,甚至非法拆迁事件也时有发生。这些事件给投资者的财产安全造成了极坏的影响。由于法律法规执行效率低下以及新闻媒体的审查制度,投资者转而求助于 Internet,通过 Internet 平台,这些拆迁事件在网络上迅速传播蔓延,极大地吸引了广大 Internet 用户,特别是搜索引擎用户的密切关注。这种拆迁折射出具有中国特色的制度安排和这种制度安排下的投资者保护以及制度实施执行的现状。而越来越多与拆迁相关的数据信息也就构成了大数据:拆迁大数据。

5.2　互联网大数据影响下的企业代理成本

5.2.1　技术进步与企业代理成本的演变

自从人类发明了股份制以来,"与信用事业一起发展的股份企业,一般地说也有一种趋势，就是使这种管理劳动作为一种职能越来越同自有资本或借入资本的所有权相分离"[①]。这种所有权与管理权的分离，导致了资本的所有者与企业的管理者之间存在基于合同的一种协作关系，资本的所有者作为委托人委托管理者代为运营企业。这种双方之间基于契约的合作，资本的所有者(委托人)与管理者(代理人)之间就存在企业经营风险的分担问题(Arrow，1964)。所有权和控制权的分离构成了委托人与代理人之间的委托代理关系(Alchian and Demsetz，1972；Berle and Means，1932；Fama and Jensen，1983)。一般而言，委托人能够通过投资组合分散这种风险，而代理人却无法做到(Eisenhardt，1989)。因此，委托人与代理人对于风险的态度和行为存在较大差异，由此，产生了代理问题。亚当•斯密在《国富论》(*The Wealth of Nations*)中就对这一问题进行了阐述："在钱财的处理上，股份公司的董事为他人尽力，而私人合伙公司的伙员，则纯是为自己打算。所以，要想股份公司的董事们监视钱财用途，像私人合伙公司伙员那样用意周到，那是很难做到的。……疏忽和浪费，常为股份公司业务经营上多少难免的弊窦。"[②]为了有效遏制可能存在的代理问题，确保委托人的利益获得有效保障，委托人设置了一系列公司治理的相关制度以减缓可能存在的代理问题。

5.2.2　互联网大数据影响企业代理成本的机理

由于制度是由人来设计的，难免存在缺陷和漏洞，此外，制度具有相对的滞后性和固化特征，受到文化等因素的影响，导致公司治理在公司日常运营中总是存在一些问题。特别是，我国法律规定和法律实施进展较慢(Pistor and Xu，2005)，投资者保护处于弱保护状态；各个地方的经济和文化的较大差异、特有的城乡二元化结构以及地方政府政绩考核的锦标赛特征等(周黎安和陶婧，2011)，都导致我国公司治理整体水平偏低。

这些与我国资本市场得到迅猛发展的事实看似相悖。La Porta 等(1998，1999，2000a)为这种相悖提出了一种解释：在投资者保护较弱的国家可能存在某些投资者保护的替代机制。基于这个思路，曾建光等(2013)认为造成这种相悖假象的原因是忽视了在 Internet 广为普及之下的 Internet 治理对于公司治理的补充和(或)替代作用。曾建光等(2013)证明了 Internet 治理的存在和有效性，但没有给出 Internet 治理对于公司治理作用的直接证据。尚处于发展中的中国资本市场，作为现有公司治理的有益补充机制的 Internet 治理，在市场机制尚无法充分发挥作用的现实情况下，需要通过 Internet 治理触发公司治理在公司日常运营中的真正作用。

基于以上分析，本章遵循曾建光等(2013)的思路，从 Internet 治理对于我国上市公司现有公司治理的改善和强化作用的视角，考察 Internet 治理能否通过降低代理成本，进而达到公司治理较为理想的目标。本章研究发现，Internet 治理越好的地区，上市公司的代

---

① 马克思：《资本论》第 3 卷，第 436 页，人民出版社，1975 年版。
② 亚当•斯密：《国民财富的性质和原因的研究(下卷)》，商务印书馆，1974 年中译本，第 303 页。

理成本越低，而对于具有较强的负债治理的公司而言，Internet 治理越好的地区，上市公司的代理成本降幅越小。研究表明，Internet 技术在我国的发展和普及，尤其是搜索引擎的广泛应用，为企业的利益相关者之间，尤其是企业的所有者之间及时的信息沟通和信息共享提供了极低的交易成本，形成了有效的 Internet 治理，对现有的公司治理形成了较好的补充或(和)替代作用，为完善我国公司治理提供了有益的帮助。

本章的主要贡献在于：第一，公司治理作为确保现代企业健康发展的重要制度和措施之一，如何确保公司治理在公司的日常运营中获得理想的效果以有效降低代理问题一直是学术界和事务界关注的重点话题，但是，现有的文献鲜有考察企业的股东通过 Internet 自我的学习和沟通形成的 Internet 治理而产生的外在压力对于现有公司治理的完善和强化效应，而本章从代理成本的视角，研究发现，由于 Internet 治理的作用，企业管理层更好地遵守制度，降低机会主义行为，减少代理问题。本章的研究拓展和丰富了现有的委托代理理论。第二，本章首次为 Internet 治理减少委托人与代理人之间存在的代理问题提供了一个实证证据，也为曾建光等(2013)补充了一个更为直接的实证证据，充实和完善了曾建光等(2013)的理论证据。第三，本章首次考察了 Internet 治理对于代理成本的影响，对于解读 Internet 治理在我国资本市场的信息含量，提供了一种更为直接的分析路径。本章的研究结果也表明，由信息技术引发的技术进步为监管当局有效监管提供了一种补充作用或(和)替代作用，Internet 治理有助于减少委托人与代理人之间信息沟通的交易成本。

本章接下来的部分安排如下：第二部分是理论分析及文献回顾；第三部分是研究假设与模型设定；第四部分是样本选择与研究结果；第五部分是进一步分析与稳健性检验；第六部分是研究结论。

5.3　互联网大数据影响企业代理成本的实证证据

5.3.1　文献综述与研究假设的提出

1. 文献综述

代理理论(agency theory)研究委托人与代理人之间由于协作而产生的契约关系，即一方(委托人)如何使另一方(代理人)按照双方签署的契约去选择有利于委托人的方式行事，但又能有效激励代理人(Jensen and Meckling, 1976)。代理理论分析的基础是委托人与代理人之间订立的契约，代理理论关心的焦点是如何决定二者之间最有效的契约形式，隐含的假设包括三方面：人(自私自利的、有限理性的、风险厌恶的)、组织(成员之间的目标存在差异)以及信息(信息是可以购买的商品)。因此，代理理论关心的是如何解决委托人-代理人关系中存在的两类问题，一类是委托人与代理人行为目标存在差异以及委托人难以(或代价太大)监督代理人的行为而导致的代理问题(agency problem)，另一类是委托人与代理人由于对于风险的态度不同而导致的风险分担的问题(problem of risk sharing)(Eisenhardt，1989)。委托人-代理人关系的存在，会导致代理问题和风险分担问题(以下统称代理问题)，这些问题的严重程度，就是企业的代理成本［包括代理人的监督成本(monitoring expenditures)、代理人的担保成本(bonding expenditures)以及剩余损失(the residual loss)］(Jensen and Meckling，1976)。

张维迎(1995)认为委托代理理论存在两个假设前提，一是，产出是由代理人直接贡献的，而委托人对随机的产出没有直接的贡献；二是，委托人难以直接观察到代理人的行为，构成了信息的不对称性。但信息能够在社会资源配置中起到积极的作用(尤其是逆向选择和道德风险导致的市场失效问题)(Stiglitz and Weiss，1981)，所以，信息是缓解代理问题的有效机制之一。

由于委托人与代理人之间信息不对称性的存在(Grossman and Hart，1983)以及代理人存在道德风险的可能(Hölmstrom，1979，1982)，委托人需要通过设置一定的控制机制对代理人进行监督、控制与约束以尽量降低代理成本。为了实现代理成本的最小化，需要降低信息不对称性，委托人需要观察(获得)到一定量的信息，但是，信息的获取具有一定的交易成本(Eisenhardt，1989；Hölmstrom，1979)。如果这种交易成本过大，则委托人没有激励去搜寻这种信息，就可能加重了代理成本。现有的文献都隐含假设，不同的委托人都是独立地去获取信息，各自形成封闭的、孤立的信息孤岛，不存在信息共享和信息交互。但是，随着 Internet 普及率的逐年上升，越来越多的委托人依赖于 Internet 的应用——搜索引擎获得更多的信息，并通过 Internet 其他应用，如博客、微博、BBS、社交网络等分享个人所拥有的信息，从而打破并连通了传统的信息孤岛，使得拥有不同信息的委托人能够获得增量信息。由于 Internet 使用的廉价性以及信息传输的及时性等特征，不同的委托人之间信息共享的交易成本近乎为零。因此，在 Internet 普及率较高的情景下，委托人能够观察到的信息较传统模式更多、更全面，而且委托人之间的合作更具可能性。结合传统委托代理框架和 Internet 带来的信息交易成本降低的能力，我们构建了委托人与代理人的博弈分析矩阵，如图 5-1 所示。

	委托人：可观察	委托人：不可观察
代理人：努力	A（可观察的，努力）	B（不可观察的，努力）
代理人：不努力	C（可观察的，不努力）	D（不可观察的，不努力）

图 5-1　委托人与代理人之间的代理问题矩阵图

根据传统的委托代理框架，代理人是自利的、风险厌恶的，因此，即使与委托人订立了契约，由于契约具有不完全性的特征和信息不对称性的存在，代理人能够选择努力工作还是不努力工作，而作为企业所有者的委托人由于没有实际运营企业，对于代理人的工作努力情况, 只能是部分观察到。由此, 构成了 2×2 的博弈矩阵。在 A 区, 代理人的努力是可观察的, 在这种情况下, 不存在代理问题, Internet 治理对代理人的这部分努力的激励效果有限。在 B 区, 代理人的努力, 委托人是观察不到的, 存在信息不对称性, 由于代理人的努力没有得到合理的定价, 可能会导致代理问题的存在。委托人能够通过Internet, 如社交网络, 低成本地搜集到代理人的努力信息。不同的委托人可以把自己获得的信息与其他委托人进行分享。由于 Internet 信息分享的及时性和低成本性, 信息得以迅速传播, 委托人能够获得代理人的努力信息, 进而对代理人的努力给以一定的激励, 促进代理人更加努力工作。在 C 区, 代理人的不努力能够被委托人观察到, 但可能由于委托人激励的成本过高而导致代理问题的存在。企业的其他股东会给予代理人更多的压力, 在多方压力之下, 代理人为了在经理人市场得到更好的定价不至于损害其个人的短期利益和长期利益, 其必然会努力为委托人的利益努力工作。在 D 区, 委托人无法观察到代理人的不努力, 这是代理问题最严重的部分之一。Internet 治理的存在, 在一定程度上解决这部分的代理问题具有得天独厚的优势, 在传统的信息交流和信息共享模式下, 这部分代理问题一直是公司治理试图解决的重点所在。Internet 的普及, 使得代理人为委托人努力工作的信息, 能够及时通过 Internet 传播。委托人能够通过 Internet 的应用, 如搜索引擎、BBS、社交网站等获得这些信息, 以很少的成本就能够获得代理人的努力信息。总之, 根据代理问题博弈矩阵的分析, 对于在不同区中可能存在的代理问题, Internet 治理都会引起不同的委托人拥有的有限信息及时地、低成本地得到互相交换与分享, 形成信息的叠加效应, 最终导致委托人的信息量增加, 减少了委托人与代理人之间的信息不对称性(Spence and Zeckhauser, 1971), 对代理人形成压力, 迫使代理人更加努力地为公司创造价值。

根据以上分析, 我们可知: Internet 治理的形成对于处于弱投资者保护下的我国上市公司而言, 具有积极的治理作用。但是, 现有的文献主要还是基于传统的信息交流模式下的公司治理的研究, 鲜有文献考察 Internet 深入影响委托人与代理人之间及时和低交易成本的信息沟通与信息分享的背景之下, Internet 治理对于代理成本的影响。

委托人与代理人之间的信息不对称是由于代理人拥有较多的与企业运营相关的私有信息, 导致了双方对企业营运产生认知偏差(Barnea et al., 1980), 由此产生了代理问题。根据企业所有权结构的差异, 代理问题可分为所有人与经理人之间的代理问题(Jensen and Meckling, 1976, 第一类代理问题)和大股东与小股东之间的代理问题(La Porta et al., 1999, 第二类代理问题)两类。第一类代理问题描述的是: 负责企业日常运营与管理的经理人不拥有企业全部的剩余收益, 也无法独享其努力的成果, 所以理性的经理人有强烈的最大化个人效用的自利动机, 比如在职消费等。第二类代理问题描述的是: 控股股东能够通过一定的方式攫取中小股东的利益(La Porta et al., 1999; Claessens et al., 2000; Faccio and Lang, 2002), 同时将风险外部化(Bebchuk et al., 1999)并降低了控股股东的风险和成本(Johnson et al., 2000)。这两类代理问题在我国也普遍存在(张华等, 2004; 汪昌云和孙艳梅, 2010)。公司治理是有效遏制这两类代理问题的必要手段之一(Chung et al., 2010; Jensen and

Meckling，1976；Goh et al.，2008；Kanagaretnam et al.，2007）。其中，外部董事制度一直被认为是解决股东与经理人之间存在的代理问题的重要机制之一（Fama，1980；Fama and Jensen，1983）。但是，由于外部董事聘请的机制以及不参与公司的日常运营等活动，独立董事能否真正发挥监督作用受到不少学者的质疑（Mace，1986；Jensen，1993；叶康涛等，2011）。这些文献只是从公司的特征以及（或）独立董事的特征进行考察，虽然这些文献都没有考虑来自外在的压力对于独立董事发挥监督作用的影响，出于独立董事自身的声誉考量（Fama and Jensen，1983），Internet 治理会迫使独立董事更好地尽力去监督管理层行为。此外，研究发现，信息技术的实施，也有助于代理成本的降低（Yoon et al.，2011；Kim et al.，2012；曾建光等，2012；曾建光等，2013）。但是，作为信息技术重要组成部分的 Internet 及其应用对于公司治理的影响的文献，作者却没有发现。

La Porta 等（2000）却认为，以上这些公司治理效应有赖于投资者保护状态。公司治理只有在良好的投资者法律保护之下，才能够充分监督和约束管理者的机会主义行为（La Porta et al.，2000）。而一项制度安排能否真正有效发挥其作用取决于制度设计的质量问题，即制度文本本身的质量（La Porta et al.，1997，1998；Levine，1999）以及制度的贯彻与实施质量（Glaeser et al.，2001；Djankov et al.，2003）。

La Porta 等（1998，1999，2000）就指出：在投资者保护较弱的国家（地区）可能存在某些投资者保护的替代机制。那么，在弱投资者保护的我国资本市场制度环境之下，存在法律实施质量欠佳的现象（邵颖波，2001；Allen et al.，2005）。此外，我国各个地方由于其经济和文化的差异、特有的城乡二元化结构以及政府政绩考核的锦标赛特征等（周黎安和陶婧，2011），导致了在全国范围内制定的统一的上市公司的公司治理制度，具体到每一个地方，其实施的质量存在一定差异。我国上市公司的公司治理是否也存在某些替代机制能够弥补由于弱投资者保护可能造成的负面效应？随着 IT 技术特别是 Internet 的普及，Internet 的显性或隐性社会作用具有公司治理的功效（曾建光等，2013），我们自然提出一个问题：在现有的制度环境之下，Internet 治理能够有效对我国资本市场弱投资者保护下的公司治理起到补充或（和）替代的作用，那么，其发生作用的直接路径是如何发生作用的？也即 Internet 治理是否能减少企业的代理成本？

在目前中国特有的制度背景下，虽然我国资本市场获得了跳跃式的发展，但是，与我国投资者保护相关的法律基础还比较薄弱（杜巨澜和黄曼丽，2013），投资者保护制度的实施质量也不够理想（Pistor and Xu，2005）。我国上市公司时有丑闻发生，投资者期望有更多途径获取公司信息，而传统的方式越来越难以胜任（Zhang，2004）；另一方面，丑闻又影响资本市场的健康发展，导致投资者对证监会的监管表示质疑（陈冬华等，2008）。因此，为了更好地发展我国资本市场，如何有效考察公司治理及其实施质量对于代理成本的影响也就显得特别重要。此外，作为理性经济人且熟知相关公司治理制度的投资者在面对公司治理实施存在质量问题的投资者保护现状之下，由于无法采用"用脚投票"逃离整个制度（对于绝大多数的投资者而言），他必然会去寻求一个平台聚集更多的力量以制衡或者缓解目前公司治理实施质量中存在的代理成本的问题，也即，投资者希望通过一个平台对现有公司治理及其实施质量进行替代和（或）补充以缓解代理问题。信息技术的进步以及Internet 的普及，特别是搜索引擎的持续改进，使得这个平台成为了可能，变成了现实。这个平台就是 Internet，搜索引擎是获取海量 Internet 信息最方便、简单、快捷的工具之一。在制度的实施质量面前，他们把目光投向了 Internet，并借助搜索引擎进入到 Internet 平台。基于此，本章从 Internet 治理的角度考察代理成本，以检验 Internet 治理对代理成本的影响，以期更好地考察在 Internet 影响无处不在的今天，我国上市公司的代理成本的变化。

2. 研究假设的提出

由于所有权与经营权的分离，上市公司的管理层几乎都没有持有公司的全部股份，由此产生了管理层和股东之间的信息不对称并导致了代理问题。管理层在决策时就不再以股东利益最大化为目标，而是更多地考虑个人私利最大化的实现（Jensen and Meckling，1976）。为了减少这种代理问题，提升资源配置效率和促进我国资本市场的健康发展，我国上市公司也借鉴成熟市场的做法，制定了公司法以及一系列公司治理制度，包括董事会制度、独立董事制度等，以确保公司价值最大化（Field et al.，2007）。这些制度能否贯彻实施取决于制度的实施质量（La Porta et al.，1997，1998，2000a）。而实施质量是否存在问题却很难观察到。

随着 Internet 普及率的上升，Internet 的影响无处不在。一方面，上市公司的外部董事、董事会成员、监管层以及上市公司的股东自然会受到 Internet 上的投资者保护诉求的感染，作为不直接参与企业日常运营的股东，通过 Internet 获取到更多管理层行为信息，减少了股东与代理人之间存在的信息不对称性，对管理层的监督也更加具有针对性，进而会更加努力地去监督上市公司的管理层机会主义行为。另一方面，关于管理层的行为信息通过Internet 平台的传播，企业的利益相关者，特别是不直接参与企业日常运营的股东能够把各自掌握的信息进行共享，使得每个人拥有的信息量都获得了增加与长进，减少了委托人与代理人之间的信息不对称。也即 Internet 治理的显性或隐性社会作用具有公司治理的功效（曾建光等，2013）。此外，根据图 5-1 中的委托人与代理人之间的代理问题矩阵图可知，在 B 区、C 区和 D 区，Internet 治理的出现，都能够降低委托人与代理人之间的信息不对称性。另外，我国各个地方由于其经济和文化的差异、特有的城乡二元化结构以及政府政绩考核的锦标赛特征等（周黎安和陶婧，2011），导致了在全国范围内制定的统一的上市公司的公司治理制度，具体到每一个地方，其实施的质量存在一定差异。

根据以上分析，我们认为，Internet 治理越好的地区，不但表明投资者保护诉求越高，管理层受到的外界压力也更大（曾建光等，2013），而且股东能够通过 Internet 获得更多的管理层行为的信息，降低了股东与管理层之间的信息不对称性，也能够更有效地监督管理层行为，因此，Internet 治理越好地区的上市公司的管理层受到的外在压力越大，受到股东的有效监督也越强。由此，我们认为，Internet 治理越好的地区的上市公司，其代理成本也越低。故提出假设 H1 和 H1a 如下：

H1：Internet 治理越好的地区的上市公司，其代理成本越低。

H1a：相对于非国有控股公司，Internet 治理对国有控股公司代理成本的治理效应影响较小。

Jensen 和 Meckling（1976）指出，在代理问题中，包括债权人与管理层之间的利益冲突问题，管理层能够通过过度投资来实现个人利益的最大化（D'Mello and Miranda，2010）。为了避免股东可能的风险转移，债权人会在合同中明确规定资金的使用（Jensen and Meckling，1976；Aghion and Bolton，1992），因此，负债是抑制过度投资的强有力的手段之一（Myers，1977；Jensen，1986；Stulz，1990），负债的这种缓解过度投资的能力在新兴市场更为有效（Harvey et al.，2004）。负债会影响一个公司的流动性，客观上也就存在一定的治理效应（李世辉和雷新途，2008），现有的实证研究也表明债权存在治理效应，能够很好地抑制代理成本（Coughlan and Schmidt，1985；Williams，1987；Weisbach，1988；Gilson，1989）。根据图 5-1 可知，由于 Internet 治理的存在，关注资金安全的债权人，会更努力地去搜集更多的管理层行为信息。而在我国投资者保护相关的法律基础还比较薄弱（杜巨澜和黄曼丽，2013），投资者保护制度的实施质量也不够理想（Pistor and Xu，2005），在破产法无法提供额外保护的情况下，债权人会要求更多的控制权（Brockman and Unlu，2009；Nini et al.，2009；Roberts and Sufi，2009），甚至直接修改合同条款或者间接给管理层施压（Chava and Roberts，2008；Nini et al.，2012），另外，债权人不易观察到管理层的投资行为且获知这些信息的成本较高（Smith and Warner，1979），因此，债权人对于管理层的行为信息会特别关注，有强烈的获知欲（Townsend，1979），而 Internet 普及率的提高，使债权人能够低成本且比较及时地获取管理层行为的信息。

结合假设 H1，我们认为，当负债的治理效应较高时，Internet 治理对于企业代理成本的治理效应就会弱化一些。基于以上分析，我们提出假设 H2 和 H2a 如下：

H2：债权治理越好且所在地区的 Internet 治理也越好的上市公司，其代理成本降幅较小。

H2a：相对于非国有控股公司，Internet 治理对债权治理较好的国有控股公司代理成本的治理效应影响较小。

5.3.2　研究设计与实证结果

1. 研究设计

为了检验上述假设的正确性，设定研究模型（5-1）如下：

$$
\begin{aligned}
\text{Agency} = {} & \alpha + \beta_1 \text{SKI} + \beta_2 \text{SKI} \times \text{State} \\
& + \beta_3 \text{SKI} \times \text{LongDebtRatio} + \beta_4 \text{SKI} \times \text{State} \times \text{LongDebtRatio} \\
& + \beta_5 \text{State} + \beta_6 \text{Loss} + \beta_7 \text{Two2one} + \beta_8 \text{DirectSize} + \beta_9 \text{FourMeet} \\
& + \beta_{10} \text{InsideRatio} + \beta_{11} \text{IndRatio} + \beta_{12} \text{Monitor} + \beta_{13} \text{Balance} \\
& + \beta_{14} \text{CR5Index} + \beta_{15} \text{Holders} + \beta_{16} \text{CashperControl} \\
& + \beta_{17} \text{FreeFlow} + \beta_{18} \text{LongDebtRatio} + \beta_{19} \text{Age} + \beta_{20} \text{ROA} \\
& + \beta_{21} \text{Growth} + \beta_{22} \text{Leverage} + \beta_{23} \text{Lnsize} + \sum \text{Year} + \sum \text{Industry} + \varepsilon
\end{aligned}
\tag{5-1}
$$

模型(5-1)中变量的定义如表 5-1 所示。本章借鉴 Ang 等(2000)、Singh 和 Davidson III(2003)等的做法，采用两个指标来度量代理成本：一个指标是反映管理层在使用公司资源时决策情况的管理费用与营业总收入之比(销售费用率，Agency1)，该指标越大，表明代理成本越高；另一个指标是反映管理层利用公司资源时效率情况的总资产周转率(Agency2)，该指标越大，表明代理成本越低。

表 5-1　模型(5-1)中的变量定义表

变量名	变量说明
Agency	代理成本，分别采用 Agency1 和 Agency2 度量
SKI	Internet 治理的代理变量，公司注册所在地省(自治区、直辖市)Google 搜索指数加一的自然对数
State	上市公司是否为国有控股公司，是为 1，否为 0
Loss	是否亏损，如果前一年度公司亏损，则等于 1，否则等于 0
LongDebtRatio	长期负债率，期初长期负债与总资产之比
Two2one	董事长与总经理是否为同一人，是为 1，否为 0
DirectSize	董事会规模，董事会成员的人数的自然对数
FourMeet	四大委员会的个数的自然对数
InsideRatio	内部高管的持股比例
IndRatio	独立董事占比
Monitor	监事会的人数的自然对数
Balance	第一大股东与第二大股东的持股比例之比
CR5Index	前五大股东的持股比例之和
Holders	股东人数的自然对数
CashperControl	现金流权与控制权之比
FreeFlow	自由现金流与总资产之比
Age	上市年限加一的自然对数
ROA	资产回报率，等于净利润与总资产之比
Lnsize	上市公司的规模，等于总资产的自然对数
Growth	上市公司的成长性，营业总收入的增长率
Leverage	财务杠杆(资产负债率)，等于总负债与总资产之比
Year	年度哑变量
Industry	行业哑变量，其中，制造业采用两位制造业代码

本章仿照曾建光等(2013)的做法,采用 Google 搜索引擎中的拆迁的网络关注度作为 Internet 治理(SKI)的测度变量。为了测度中国式拆迁的关注度,本章采用 https://www.google.com/trends/上的与拆迁相关的 Google 搜索指数作为测度变量[①]。在搜索引擎上对拆迁的关注,反映了广大 Internet 用户对于财产权保护的诉求,也在一定程度上反映出投资者对权益保护的诉求。Internet 治理是对我国投资者保护较差的制度环境的一种补充和(或)替代,在一定程度上能够提高资本市场的效率,具有治理作用(曾建光等,2013)。因此,我们认为,采用曾建光等(2013)的做法对 Internet 治理进行测度是合理的、可信的。

2. 实证结果

1)样本选择

本章选取的公司治理、财务数据样本均来自于 2004~2012 年国泰安 CSMAR 数据库,Internet 治理的数据来自 Google 搜索引擎的 Google 趋势(http://www.google.com/trends/)。之所以选择 2004~2012 年的数据,是因为 Google 搜索指数始于 2004 年。本章选取的样本数据为我国 A 股上市公司,并对数据进行了如下方面的处理:①由于金融行业与其他行业的会计准则具有较大差异,故本章遵循研究惯例,剔除了金融行业的上市公司数据;②剔除管理费用等于和高于营业总收入的观测值;③剔除相关变量缺失的观测值;④为了消除异常值的影响,对连续变量进行 1%~99%水平的 winsorize 处理。最后得到 9264 个有效观测值。其描述统计如表 5-2 所示。

从表 5-2 的 Panel A 的描述统计,我们可知,销售费用率(Agency1)的均值和中位数分别为 0.023 和 0.000,最大值和最小值分别为 0.544 和-0.134,说明各个公司的销售费用率差异较大。总资产周转率(Agency2)的均值和中位数分别为 0.104 和 0.000,最大值和最小值分别为 2.474 和-1.083,说明各个上市公司的总资产周转率存在较大差异。Internet 治理(SKI)的均值和中位数分别为 3.587 和 3.951,最大值和最小值分别为 4.615 和 0.000,说明各个地方的 Internet 治理效应存在较大差异。资产规模(Lnsize)的平均值和中位数分别为 21.609 和 21.542,最大值和最小值分别为 24.778 和 18.895,这表明上市公司的规模存在较大的差异。资产负债率(Leverage)的平均值和中位数分别为 0.538 和 0.536,最大值和最小值分别为 1.561 和 0.077,表明上市公司的资产负债率存在较大差异。

表 5-2 中的 Panel B 描述的是 Internet 治理(SKI)2004~2012 年间的描述统计。从该描述统计可以看出,各个省(自治区、直辖市)之间的 Internet 治理情况存在较大的差异。

表 5-2 中的 Panel C 描述的是 Internet 治理(SKI)与中国市场化指数的相关系数的情况

---

① "Google 搜索指数表示的是在某一个地区所有的上网用户中,使用 Google 的用户中有多少比例的用户搜索了与某个关键词相关的内容,然后采用搜索用户比例最高的地区作为标杆,对各个地区的搜索指数进行标准化,标准化后的数值即为搜索指数。本章具体采用在中国(港澳台除外)使用 Google 搜索引擎搜索与"拆迁"相关内容的搜索指数,作为投资者诉求的代理变量,这些指数包括 31 个省(自治区、直辖市)的 Google 搜索指数和城市 Google 搜索指数。"(曾建光等,2013)。需要特别注意的是:本章采用的是通过 Google 搜索引擎进行主动关注的行为。

（由于中国市场化指数最新只到 2009 年，所以，我们的相关系数只是报告了 2004～2009 年的相关系数）。根据 La Porta 等（1997）的研究，加强法律对投资者保护是各国改善公司治理和促进金融发展最为根本的途径之一，也即法律制度的质量提高有助于提升公司治理的质量及其在公司日常运营中发挥更有效的作用，是对现有的公司治理的有益补充和增益（曾建光等，2013）。此外，影响公司治理的非法律制度（extra-legal institutions）主要包括：公众舆论压力、产品市场竞争、道德规范的内在约束、文化、工会压力以及税务机制的监督等（Dyck and Zingales，2004）。在当今时代，Internet 成为形成公众舆论压力的主要平台之一，因此，我们对 Internet 治理（SKI）与中国市场化指数的相关系数进行描述，结果见表 5-2 中的 Panel C（右上角表示的是 Pearson 相关系数，左下角表示的是 Spearman 相关系数）。从表 5-2 的 Panel C 可知，各个省（自治区、直辖市）的 Internet 治理（SKI）与各个省（自治区、直辖市）的市场化指数高度相关，这从一个侧面表明，Internet 治理（SKI）与现有的各个省（自治区、直辖市）的投资环境或治理环境具有较强的相关性。

    Internet 治理（SKI）与传统的公司治理的度量变量的关系如表 5-3 所示。Internet 治理（SKI）与两职合一（Two2one）和董事会规模（DirectSize）的相关系数为负，但不显著；与四大委员会的个数的自然对数（FourMeet）、内部高管的持股比例（InsideRatio）、独立董事占比（IndRatio）和股东人数的自然对数（Holders）都显著正相关；与监事会的人数的自然对数（Monitor）、第一大股东与第二大股东的持股比例之比（Balance）和前五大股东的持股比例之和（CR5Index）都显著负相关。这一系列的相关系数表明，Internet 治理（SKI）能够起到一定程度的公司治理补充的作用。此外，从表 5-3 的 Pearson 相关系数表可以看出，Internet 治理（SKI）与销售费用率（Agency1）的相关系数显著为负，而与总资产周转率（Agency2）的系数显著为正；这表明，Internet 治理有助于降低代理成本。

表 5-2　描述统计

Panel A 样本的描述统计				
变量	均值	中位数	标准偏差	最大值	最小值
Agency1	0.023	0.000	0.090	0.544	−0.134
Agency2	0.104	0.000	0.480	2.474	−1.083
SKI	3.587	3.951	1.230	4.615	0.000
State	0.656	1.000	0.475	1.000	0.000
Loss	0.123	0.000	0.328	1.000	0.000
Two2one	0.123	0.000	0.328	1.000	0.000
DirectSize	2.287	2.303	0.298	2.773	0.000
FourMeet	0.837	1.000	0.357	1.000	0.000
InsideRatio	0.016	0.000	0.091	0.732	0.000
IndRatio	0.354	0.333	0.062	0.556	0.000
Monitor	1.565	1.386	0.290	2.303	0.000
Balance	0.622	0.415	0.600	2.794	0.017

续表

Panel A 样本的描述统计					
变量	均值	中位数	标准偏差	最大值	最小值
CR5Index	0.541	0.550	0.149	0.861	0.194
Holders	10.529	10.504	0.828	12.668	8.630
CashperControl	0.805	1.000	0.255	1.000	0.152
FreeFlow	0.044	0.057	0.138	0.358	−0.532
LongDebtRatio	0.085	0.041	0.108	0.490	0.000
Age	2.202	2.303	0.597	3.135	0.000
ROA	0.028	0.028	0.067	0.209	−0.284
Growth	0.510	0.386	0.579	4.892	0.021
Leverage	0.538	0.536	0.228	1.561	0.077
Lnsize	21.609	21.542	1.156	24.778	18.895

Panel B Internet 治理的描述统计					
省(自治区、直辖市)	均值	中位数	标准差	最大值	最小值
安徽	4.257	4.205	0.174	4.500	3.932
北京	4.312	4.317	0.180	4.615	4.043
福建	3.942	3.932	0.173	4.290	3.714
甘肃	2.469	3.434	1.868	4.111	0.000
广东	3.262	3.296	0.137	3.497	3.091
广西	3.565	3.434	0.267	4.111	3.258
贵州	2.515	3.526	1.899	4.143	0.000
海南	0.798	0.000	1.585	3.689	0.000
河北	3.931	3.970	0.312	4.344	3.497
河南	3.589	3.689	0.374	4.190	3.135
黑龙江	2.870	3.584	1.643	4.094	0.000
湖北	3.976	4.078	0.230	4.277	3.664
湖南	3.819	3.829	0.130	4.060	3.611
吉林	2.991	3.807	1.708	4.127	0.000
江苏	4.608	4.615	0.020	4.615	4.554
江西	3.318	3.664	1.260	4.007	0.000
辽宁	3.843	3.850	0.176	4.190	3.611
内蒙古	2.717	3.912	2.045	4.407	0.000
宁夏	0.441	0.000	1.323	3.970	0.000
青海	0.000	0.000	0.000	0.000	0.000
山东	4.135	4.078	0.153	4.317	3.892
山西	2.421	3.332	1.838	4.043	0.000
陕西	3.306	3.611	1.297	4.357	0.000
上海	4.235	4.277	0.176	4.407	3.951

Panel B Internet 治理的描述统计					
省(自治区、直辖市)	均值	中位数	标准差	最大值	最小值
四川	3.974	3.951	0.099	4.127	3.829
天津	4.426	4.466	0.122	4.615	4.248
西藏	0.000	0.000	0.000	0.000	0.000
新疆	1.299	0.000	1.949	3.951	0.000
云南	2.461	3.611	1.859	3.989	0.000
浙江	3.982	3.989	0.107	4.143	3.829
重庆	4.143	4.078	0.221	4.466	3.714

Panel C Internet 治理指数与中国市场化指数(樊纲等，2011)的相关系数表(Pearson 和 Spearman)		
	SKI	legal
SKI	1.000	0.681
legal	0.744	1.000

3. 检验结果

表 5-4 和表 5-5 分别报告了模型(5-1)以销售费用率(Agency1)和总资产周转率(Agency2)为因变量的回归结果。

在表 5-4 中，模型 1 考察的是 Internet 治理(SKI)对以销售费用率度量的代理成本的影响。在模型 1 中，Internet 治理(SKI)的系数显著为负。这表明，Internet 治理越好的地区，上市公司的管理层受到的监督越多，管理层的机会主义行为会有所收敛，也即上市公司所在地的 Internet 治理对上市公司以销售费用率度量的代理成本具有显著抑制作用。假设 H1 得到了检验。

表 5-4 的模型 2 考察的是 Internet 治理与国有控股公司(State)的交乘项(SKI×State)对于以销售费用率度量的代理成本的影响。模型 2 中的 SKI×State 的系数为正，但不显著。这表明，Internet 治理具有广泛性，无论是否是国有控股公司，Internet 治理都具有较强的监督等治理作用，也即 Internet 治理对于以销售费用率度量的代理成本的治理效应，国有企业与非国有企业没有显著差异影响。

表 5-4 的模型 3 考察的是 Internet 治理与长期负债率(LongDebtRatio)的交乘项(SKI×LongDebtRatio)对以销售费用率度量的代理成本的影响。模型 3 中的交乘项 SKI×LongDebtRatio 的系数显著为正。表明，对于长期负债较高的公司而言，由于负债治理效应较强，关注资金安全的债权人，会更努力地去搜集更多的管理层行为信息，上市公司所在地的 Internet 治理对这些公司的治理效应就稍弱一些，也即 Internet 治理对负债治理效应较强的上市公司的以销售费用率度量的代理成本缓解程度较低。假设 H2 得到了检验。

表 5-3 主要变量的 Pearson 相关系数表

变量	Agency1	Agency2	SKI	State	Loss	Two2one	DirectSize	FourMeet	InsideRatio	IndRatio	Monitor	Balance	CR5Index	Holders
Agency1	1.000													
Agency2	-0.384*** <0.0001	1.000												
SKI	-0.103*** <0.0001	0.096*** <0.0001	1.000											
State	-0.117*** <0.0001	0.117*** <0.0001	0.020* 0.052	1.000										
Loss	0.321*** <0.0001	-0.087*** <0.0001	-0.062*** <0.0001	-0.028*** 0.006	1.000									
Two2one	0.083*** <0.0001	-0.038*** 0.000	-0.003 0.759	-0.120*** <0.0001	0.029*** 0.005	1.000								
DirectSize	-0.083*** <0.0001	0.055*** <0.0001	-0.002 0.863	0.111*** <0.0001	-0.055*** <0.0001	-0.075*** <0.0001	1.000							
FourMeet	-0.031*** 0.003	-0.003 0.744	0.104*** <0.0001	-0.003 0.762	-0.031*** <0.0001	0.015 0.144	0.016 0.114	1.000						
InsideRatio	-0.004 0.705	0.008 0.434	0.026** 0.012	-0.213*** <0.0001	-0.013 0.197	0.076*** <0.0001	-0.001 0.909	0.014 0.181	1.000					
IndRatio	-0.008 0.446	-0.026** 0.013	0.054*** <0.0001	-0.076*** <0.0001	-0.023** 0.026	0.037*** <0.0001	0.305*** <0.0001	0.080*** <0.0001	0.039*** 0.000	1.000				
Monitor	-0.076*** <0.0001	0.063*** <0.0001	-0.020* 0.057	0.166*** <0.0001	-0.027*** 0.010	-0.072*** <0.0001	0.593*** <0.0001	0.014 0.170	-0.065*** <0.0001	0.244*** <0.0001	1.000			
Balance	0.105*** <0.0001	-0.036*** 0.001	-0.068*** <0.0001	-0.232*** <0.0001	0.045*** <0.0001	0.074*** <0.0001	0.009 0.371	-0.010 0.357	0.239*** <0.0001	-0.027** 0.011	-0.049*** <0.0001	1		
CR5Index	-0.128*** <0.0001	0.087*** <0.0001	-0.022** 0.034	0.172*** <0.0001	-0.103*** <0.0001	-0.085*** <0.0001	0.083*** <0.0001	-0.112*** <0.0001	0.038*** <0.0001	-0.047*** <0.0001	0.063*** <0.0001	-0.048*** <0.0001	1	
Holders	-0.118*** <0.0001	0.007 0.519	0.054*** <0.0001	0.128*** <0.0001	-0.040*** 0.000	-0.050*** <0.0001	0.087*** <0.0001	0.073*** <0.0001	-0.085*** <0.0001	0.048*** <0.0001	0.108*** <0.0001	-0.218*** <0.0001	-0.275*** <0.0001	1

　　表 5-4 的模型 4 综合了模型 2 和模型 3，Internet 治理与国有控股公司(State)的交乘项(SKI
×State) 的系数为正，但不显著，Internet 治理与长期负债率(LongDebtRatio)的交乘项(SKI
×LongDebtRatio)的系数显著为正，与模型 2 和模型 3 相对应的系数的显著性保持了较好的
一致性，这表明，Internet 治理对于以销售费用率度量的代理成本的治理效应具有较好的一
致性。

　　表 5-4 的模型 5 考察的是 Internet 治理与国有控股公司 (State) 的长期负债率
(LongDebtRatio)的交乘项(SKI×State×LongDebtRatio)对以销售费用率度量的代理成本
的影响。模型 5 中的交乘项 SKI×State×LongDebtRatio 的系数为正，但不显著。表明，
对于长期负债较高的国有控股公司而言，Internet 治理对于以销售费用率度量的代理成本
的治理效应与非国有控股公司并无显著差异。

表 5-4　以销售费用率(Agency1)为因变量的回归结果

变量	模型 1	模型 2	模型 3	模型 4	模型 5
Intercept	0.518***	0.524***	0.532***	0.529***	0.529***
	(18.68)	(18.59)	(19.29)	(18.71)	(18.72)
SKI	−0.004***	−0.006***	−0.005***	−0.007***	−0.007***
	(−4.78)	(−3.44)	(−4.95)	(−3.74)	(−3.55)
SKI×State		0.003		0.002	0.002
		(1.45)		(1.33)	(1.08)
SKI×LongDebtRatio			0.013**	0.011*	0.007
			(2.10)	(1.85)	(1.01)
SKI×State×LongDebtRatio					0.006
					(1.17)
State	−0.008***	−0.017**	−0.003	−0.016**	−0.016**
	(−3.45)	(−2.34)	(−1.33)	(−2.20)	(−2.21)
Loss	0.040***	0.040***	0.040***	0.040***	0.040***
	(8.46)	(8.44)	(8.47)	(8.44)	(8.42)
Two2one	0.010***	0.010***	0.011***	0.010***	0.010***
	(3.63)	(3.65)	(3.79)	(3.70)	(3.71)
DirectSize	−0.003	−0.003	−0.004	−0.003	−0.003
	(−0.75)	(−0.77)	(−0.91)	(−0.79)	(−0.79)
FourMeet	−0.001	−0.001	−0.001	−0.001	−0.001
	(−0.28)	(−0.22)	(−0.34)	(−0.24)	(−0.24)
InsideRatio	−0.003	−0.003	0.005	−0.002	−0.002
	(−0.27)	(−0.24)	(0.53)	(−0.18)	(−0.22)
IndRatio	0.010	0.010	0.016	0.010	0.010
	(0.58)	(0.56)	(0.93)	(0.61)	(0.61)
Monitor	−0.002	−0.002	−0.002	−0.001	−0.001

续表

变量	模型 1	模型 2	模型 3	模型 4	模型 5
	(−0.48)	(−0.46)	(−0.60)	(−0.43)	(−0.44)
Balance	0.007***	0.007***	0.008***	0.007***	0.007***
	(4.19)	(4.17)	(4.46)	(4.16)	(4.15)
CR5Index	0.022***	0.022***	0.020***	0.021***	0.021***
	(2.97)	(2.87)	(2.72)	(2.80)	(2.83)
Holders	0.008***	0.008***	0.008***	0.008***	0.008***
	(4.52)	(4.50)	(4.48)	(4.45)	(4.47)
CashperControl	0.003	0.003	−0.002	0.003	0.003
	(0.80)	(0.81)	(−0.78)	(0.76)	(0.78)
FreeFlow	0.004	0.004	0.004	0.004	0.004
	(0.44)	(0.46)	(0.41)	(0.46)	(0.46)
LongDebtRatio	0.028***	0.029***	−0.016	−0.010	−0.010
	(2.83)	(2.86)	(−0.67)	(−0.44)	(−0.43)
Age	0.007***	0.007***	0.007***	0.007***	0.007***
	(4.42)	(4.33)	(4.37)	(4.35)	(4.39)
ROA	−0.244***	−0.244***	−0.240***	−0.243***	−0.243***
	(−6.46)	(−6.46)	(−6.34)	(−6.43)	(−6.44)
Growth	0.002	0.002	0.002	0.002	0.002
	(0.83)	(0.86)	(0.89)	(0.83)	(0.84)
Leverage	−0.007	−0.008	−0.007	−0.008	−0.008
	(−0.82)	(−0.84)	(−0.80)	(−0.85)	(−0.86)
Lnsize	−0.026***	−0.026***	−0.027***	−0.026***	−0.026***
	(−15.93)	(−15.91)	(−16.18)	(−15.94)	(−15.95)
Year	控制	控制	控制	控制	控制
Industry	控制	控制	控制	控制	控制
F 值	33.73***	32.98***	32.69***	32.84***	32.19***
Adj R-Square	0.2263	0.2266	0.2257	0.2268	0.2270
N	9264	9264	9264	9264	9264

注：***,**,*分别表示在 1%,5%和 10%水平下显著；括号内的数值为双尾 t 值，下同。

　　在表 5-5 中，模型 1 考察的是 Internet 治理（SKI）对以总资产周转率度量的代理成本的影响。在模型 1 中，Internet 治理（SKI）的系数显著为正。这表明，Internet 治理越强，管理层受到的压力和监督等也越强，管理层会更加努力，总资产周转率也较高，也即上市公司所在地的 Internet 治理对当地的上市公司以总资产周转率度量的代理成本具有显著缓解作用。假设 H1 得到了检验。

　　表 5-5 的模型 2 考察的是 Internet 治理与国有控股公司（State）的交乘项（SKI×State）对以总资产周转率度量的代理成本的影响。模型 2 中的 SKI×State 的系数为正，但不显著。

表明，无论是否是国有控股公司，Internet 治理对于总资产周转率都无显著差异，也即 Internet 治理在对上市公司代理成本的抑制作用方面，都具有较强的监督等治理作用，而与所有权的性质没有显著相关性。我们也可以认为，是否是国有控股企业并不会显著影响 Internet 治理对于以总资产周转率度量的代理成本的治理效应。

表 5-5　以总资产周转率（Agency2）为因变量的回归结果

变量	模型 1	模型 2	模型 3	模型 4	模型 5
Intercept	−0.849***	−0.822***	−1.009***	−0.870***	−0.870***
	(−5.52)	(−5.40)	(−6.56)	(−5.70)	(−5.70)
SKI	0.028***	0.020***	0.039***	0.029***	0.027***
	(6.24)	(3.29)	(7.59)	(4.54)	(4.16)
SKI×State		0.013		0.015*	0.017**
		(1.62)		(1.90)	(2.07)
SKI×LongDebtRatio			−0.115***	−0.110***	−0.090***
			(−4.73)	(−4.50)	(−3.00)
SKI×State×LongDebtRatio					−0.028
					(−1.21)
State	0.123***	0.077**	0.085***	0.067**	0.068**
	(11.39)	(2.52)	(5.26)	(2.22)	(2.23)
Loss	0.023	0.023	0.018	0.023	0.023
	(1.09)	(1.08)	(0.85)	(1.07)	(1.09)
Two2one	−0.027**	−0.026**	−0.033**	−0.028**	−0.028**
	(−1.99)	(−1.97)	(−2.49)	(−2.10)	(−2.10)
DirectSize	0.030	0.029	0.041**	0.030*	0.030*
	(1.62)	(1.60)	(2.23)	(1.66)	(1.66)
FourMeet	−0.019	−0.018	−0.016	−0.018	−0.018
	(−1.19)	(−1.14)	(−1.03)	(−1.10)	(−1.10)
InsideRatio	0.190***	0.192***	0.069	0.186***	0.188***
	(3.80)	(3.85)	(1.33)	(3.70)	(3.76)
IndRatio	−0.249***	−0.250***	−0.340***	−0.258***	−0.258***
	(−3.17)	(−3.20)	(−4.32)	(−3.31)	(−3.30)
Monitor	0.055***	0.055***	0.059***	0.054***	0.054***
	(2.64)	(2.67)	(2.85)	(2.64)	(2.65)
Balance	−0.010	−0.010	−0.017**	−0.010	−0.010
	(−1.37)	(−1.40)	(−2.27)	(−1.38)	(−1.35)
CR5Index	0.112***	0.108**	0.130***	0.114***	0.112***
	(2.60)	(2.52)	(3.01)	(2.64)	(2.61)
Holders	−0.025***	−0.026***	−0.025**	−0.025**	−0.025**
	(−2.61)	(−2.63)	(−2.56)	(−2.52)	(−2.55)

续表

变量	模型 1	模型 2	模型 3	模型 4	模型 5
CashperControl	-0.084***	-0.084***	-0.002	-0.082***	-0.082***
	(-4.10)	(-4.08)	(-0.10)	(-3.99)	(-4.01)
FreeFlow	0.050	0.051	0.055	0.051	0.051
	(1.34)	(1.35)	(1.44)	(1.35)	(1.35)
LongDebtRatio	-1.185***	-1.183***	-0.795***	-0.800***	-0.802***
	(-24.59)	(24.52)	(-8.72)	(-8.61)	(-8.63)
Age	0.000	-0.001	0.001	-0.001	-0.002
	(-0.03)	(-0.10)	(0.12)	(-0.16)	(-0.18)
ROA	1.260***	1.260***	1.208***	1.251***	1.251***
	(9.14)	(9.15)	(8.81)	(9.05)	(9.05)
Growth	-0.096***	-0.096***	-0.098***	-0.095***	-0.095***
	(-9.73)	(-9.73)	(-9.86)	(-9.67)	(-9.67)
Leverage	0.360***	0.359***	0.358***	0.360***	0.360***
	(10.75)	(10.72)	(10.70)	(10.78)	(10.80)
Lnsize	0.046***	0.047***	0.051***	0.047***	0.047***
	(5.13)	(5.16)	(5.49)	(5.15)	(5.16)
Year	控制	控制	控制	控制	控制
Industry	控制	控制	控制	控制	控制
F 值	43.19***	42.91***	43.73***	43.23***	42.92***
R-Square	0.1328	0.1330	0.1337	0.1340	0.1341
N	9264	9264	9264	9264	9264

表 5-5 的模型 3 考察的是 Internet 治理与长期负债率（LongDebtRatio）的交乘项（SKI×LongDebtRatio）对以总资产周转率度量的代理成本的影响。模型 3 中的交乘项 SKI×LongDebtRatio 的系数显著为负。这表明，对于长期负债率较高的公司而言，债权人出于资金的安全性考虑，会更主动对管理层的投资行为进行监督，发挥了一定的治理作用，对于这些上市公司而言，它们自身的代理成本就较低，所以，所在地的 Internet 治理对这些公司的治理效应就稍弱一些，也即 Internet 治理对负债治理效应较强的上市公司的以总资产周转率度量的代理成本缓解程度较低。假设 H2 得到了检验。

表 5-5 的模型 4 综合了模型 2 和模型 3，Internet 治理与国有控股公司（State）的交乘项（SKI×State）的系数显著为正，但很微弱；Internet 治理与长期负债率（LongDebtRatio）的交乘项（SKI×LongDebtRatio）的系数显著为负，与模型 2 和模型 3 相对应的系数的显著性得到了较好的保持，这表明，Internet 治理对于以总资产周转率度量的代理成本的治理效应具有较好的一致性。

表 5-5 的模型 5 考察的是 Internet 治理与国有控股公司（State）的长期负债率（LongDebtRatio）的交乘项（SKI×State×LongDebtRatio）对以总资产周转率度量的代理成

本的影响。模型 5 中的交乘项 SKI×State×LongDebtRatio 的系数为负，但不显著。表明，对于长期负债率较高的国有控股公司而言，Internet 治理对于以总资产周转率度量的代理成本的治理效应与非国有控股公司并无显著差异。

综合表 5-4 和表 5-5 的结果可知，Internet 治理给予了管理层努力的压力，迫使管理层减少私利行为，有助于缓解代理问题，降低代理成本，是对弱投资者保护下的公司治理的一种有益的补充(替代)。

3) 稳健性检验

(1)本章采用总资产周转率和管理费用率作为代理成本的度量变量，为了更有效地度量代理成本，我们借鉴罗炜和朱春艳(2010)的做法，采用总资产周转率和管理费用率经行业中位数(行业均值)调整后作为代理成本的测度。对模型(5-1)重新进行回归，检验的结果与表 5-4 和表 5-5 的结果一致。

(2)我国从 2007 年开始全面采用新的《企业会计准则》，2007 年之前的会计准则把坏账准备与存货跌价准备计入管理费用，而新会计准则则计入资产减值损失账户。基于口径的一致性考虑，我们借鉴申慧慧和吴联生(2012)的做法，对 2004～2006 年的管理费用减去坏账准备与存货跌价准备后计算管理费用率作为代理成本的测度。对模型(5-1)重新进行回归，检验的结果与表 5-4 和表 5-5 的结果一致。

(3)我国从 2007 年开始全面采用新的《企业会计准则》，新会计准则的实施可能会影响模型(5-1)中多个变量的计算口径问题。基于口径的一致性考虑，我们不采用申慧慧和吴联生(2012)的做法，直接删除 2004～2006 年的样本，重新对模型(5-1)进行回归，检验的结果与表 5-4 和表 5-5 的结果一致。

(4)Google 公司从 2011 年开始采用新的 Google 搜索指数的计算算法，为了确保Internet 治理代理变量的计算口径的一致性，我们删除 2011～2012 年的样本，重新对模型(5-1)进行回归，检验的结果与表 5-4 和表 5-5 的结果一致。

(5)为了避免模型(5-1)中长期负债率(LongDebtRatio)与财务杠杆(Leverage)可能存在的共线性问题，我们把财务杠杆(Leverage)从模型(5-1)中删除，对新模型(5-1)进行回归，检验的结果与表 5-4 和表 5-5 的结果一致。

(6)为了更好地控制股权结构对我国上市公司代理问题的影响，我们对 Balance(第一大股东与第二大股东的持股比例之比)采用第一大股东与第二大至第五大股东的持股比例之和之比，CR5Index(前五大股东的持股比例之和)采用前十大股东的持股比例之和代替，对新模型(5-1)重新进行回归，检验的结果与表 5-4 和表 5-5 的结果一致。

以上稳健性检验表明，本章的研究结论具有较好的稳健性。

5.3.3 研究结论与启示

当所有权与控制权发生了分离，管理层与所有者的利益也出现了分歧，由此导致了代理问题的产生(Jensen，1986)。为了避免代理问题给所有者带来损失，公司治理等一系列的制度开始在公众公司实施。为了促进我国资本市场的健康发展，更好地服务我国经济建设，政策制定者和监管层借鉴成熟市场的做法，制定了公司法以及公司治理等相关的制度，包括董事会制度、独立董事制度等，以确保公司价值最大化(Field et al.，2007)。但是，制度文本制定后，这些制度能否贯彻实施受制于整个制度环境下的制度实施质量(Pistor and Wellons，1999；Berkowitz et al.，2003)，对于新兴市场而言，制度实施质量欠佳，直接影响公司治理的水准(La Porta et al.，1997，1998，2000)。更头疼的问题是，这些实施质量是否存在问题却很难观察到，也即管理层在日常运营中是否严格遵循公司治理的原则行事努力提升公司价值，我们不得而知。Internet 的出现并在我国迅速获得普及，为我们观察并抑制管理层机会主义行为提供了一个低交易成本的虚拟平台，形成了 Internet 治理(曾建光等，2013)。Internet 治理的发现，为我们更好地观察在新的技术条件下的经理人行为及其代理问题提供了一个全新的视角。

基于以上分析，本章研究了 Internet 治理对于我国上市公司代理成本的影响。研究发现：Internet 治理越强的地区，上市公司的代理成本越低；而对于负债治理越强的上市公司而言，Internet 治理对于代理成本的治理效应则稍弱一些。本章的研究表明，Internet 治理的出现为我国弱投资者保护制度之下的制度实施和监管提供了一个观察点，Internet 治理在一定程度上能够缓解我国上市公司的代理问题，迫使管理层更加努力为企业创造价值，是对我国弱公司治理的一种补充和(或)替代。

本章的研究发现为投资者、监管层和政策的制定者更好地了解管理层的行为提供了一个实证证据，也为 Internet 治理在中国资本市场具有信息含量的作用路径提供了一个实证证据和一个新的分析视角和解读，补充并完善了曾建光等(2013)的 Internet 治理的作用路径。

本章的研究结果也表明，为了真正把我国资本市场建设成为一个健全而有效的资本市场，不仅仅需要加强对资本市场制度的建设，而且需要完善这些制度的实施质量，同时，更需要引导广大投资者的积极参与和监管，充分发挥现有的 Internet 平台的低交易成本优势，促使经理人更加努力工作，提升企业价值。本章的研究进一步表明，由 Internet 技术引发的技术进步为政策的制定者更好确保制度的实施质量提供了一种有益的补充机制和(或)替代机制。

第6章 基于互联网大数据的投资者 保护诉求与应计盈余效应[①]

6.1 投资者保护诉求

6.1.1 投资者保护诉求概述

投资者保护诉求即投资者对权益保护的诉求。由于委托代理机制,企业管理层和投资者之间存在着信息不对称的问题。为了防止管理层为自身利益而损害股东利益,阻碍企业的长远发展,投资者往往要求企业做出相应的行为以确保自己与公司利益不受损害,例如,投资者会要求企业定期披露财务报表、在公开平台关注或咨询企业的最新动态等。对投资者保护诉求的满足往往是从法律、社会以及市场三个方面共同作用的(谢志华等,2014)。法律作为最权威有力的保护机制很大程度上决定了投资者保护的效果,而社会中的道德规范、文化习俗也进一步不成文地规范了管理层的行为,此外,市场环境通过影响、监管企业的生产经营促使管理层更多地考虑公司长远发展,保护投资者利益。

6.1.2 大数据视角下的投资者保护演化

传统的投资者保护下,投资者诉求的渠道以及投资者保护形式都较为单一,而随着公共媒体、移动网络、大数据技术的发展,投资者保护也不断发展变化,具体而言,可以从投资者对企业的诉求反应以及企业对投资者诉求的接收来看。

一方面,投资者通过网络媒体或线上平台可以更加便捷直接地表达对企业的诉求。而投资者的诉求进一步通过社交平台的快速传播产生广泛影响,相较于传统的投资者保护诉求能够对管理层施加更严重的压力。此外,投资者保护的途径,包括法律、社会、市场三个层面,开始更多地融入了 Internet 的效应,这些保护机制的效果也在大数据技术的支撑下,愈发精准化、定制化。另一方面,大数据时代下,企业所收集到的投资者诉求信息更多,对诉求的反应也更及时。通过整理分析这些收集到的大数据,企业可以更有效地根据投资者的反应对经营管理或投资研发等活动进行调整,以保障投资者利益,同时,企业也能够从投资者处获得更多有益的建议,这也有利于管理层和企业价值的提升。

---

① 本章主体部分已发表:曾建光,伍利娜,王立彦. 2013. 中国式拆迁、投资者保护诉求与应计盈余质量——基于制度经济学与 Internet 治理的证据[J]. 经济研究,7:90-103.

6.1.3　拆迁大数据视角的投资者保护诉求特征

近年来，随着我国经济的迅速发展，特别是我国城市化进程的加速，拆迁及其相关问题，尤其是暴力拆迁事件，时有发生。此外，这些事件通过 Internet 平台在网络上迅速传播蔓延，极大地吸引了广大 Internet 用户，特别是搜索引擎用户的密切关注。这种拆迁折射出具有中国特色的制度(包括法律，下同)安排以及这种制度安排下的投资者保护现状。由于我国上市公司迎合政府监管的动机非常强烈(高洁，2010)，因此，政府监管的制度安排(La Porta et al.，1997，1998；Levine，1999)，特别是这些制度的实施效应，决定了投资者保护的真正状态(Pistor et al.，2000b；Glaeser et al.，2001；Djankov et al.，2003)。此外，与我国迅猛发展的资本市场相比，我国法律规定和法律实施却进展缓慢(Pistor and Xu，2005)。La Porta 等(1998，1999，2000a)在采用法的起源分析投资者保护时提出了一个问题：在投资者保护较差的国家(地区)是否存在一种消除投资者保护较差的替代机制？La Porta 等(1998)提出会计系统可能是一种替代机制。Francis 等(2003)采用实证跨国研究更深入地检验了 La Porta 等(1998)的观点。陈胜蓝和魏明海(2006)根据以上研究思路，提出了对于在我国投资者保护较弱的地区的上市公司，会计系统也具有补偿作用。但是，他们提出的替代机制存在三个问题：第一，对于企业的利益相关者而言，会计系统也是一种投资者保护制度，那么，投资者保护较弱的地区，在会计系统也就可能存在着被管理层轻视而为了自我的私利进行机会主义行为，也就是说，会计系统也存在着替代失灵的可能以及内生性的问题。第二，在会计系统存在着替代失灵的情景下，是否存在其他的非制度的替代机制？非制度的替代机制不具有制度的特征，这样的替代机制更是一种长效的替代(补充)机制，也是一种促使制度日趋完善的机制。第三，随着 IT 技术，特别是 Internet 的普及，Internet 的显性或隐性的社会作用是否具有公司治理的功效，也即 Internet 治理是否存在？如果 Internet 治理存在，那么，Internet 治理就是一种对现有不完善的制度的最好的一种替代(补充)机制。基于此，我们认为，财产权保护作为投资者保护的一种，其现状自然也体现了投资者保护的现状。搜索引擎作为 Internet 最主要和最重要的服务，与拆迁相关的关键词在搜索引擎上的关注度反映了广大 Internet 用户对于财产权保护的诉求，同时也反映了投资者的投资保护诉求，因此，本章研究了中国式拆迁的关注度对于我国上市公司应计盈余质量的影响。

6.2　互联网大数据影响下的企业应计盈余效应

6.2.1　互联网大数据下管理层行为的变化

Healy 和 Wahlen(1999)指出，上市公司的管理层为了影响利益相关者理解公司真实价值或(和)为了影响践行与盈余报告相关的契约，通常会采用应计项目或(和)人为安排真实交易以掩盖真实的财务报告内容。为了尽量避免这种盈余管理行为的发生，监管当局设计了一整套披露制度、公司治理制度以及相关的法律法规等，这些制度安排要求上市公司的管理层按照规定披露真实公允的、经有执业资格并能承担法律责任的注册会计师审计的会计信息(吴联生等，2007)。然而，由于现代企业普遍采用所有权与经营权相分离的经营模式，上市公司的管理者几乎都没有持有公司的全部股份，由此导致了管理者和股东之间的信息不对称以及代理问题(Jensen and Meckling，1976)。因此，在委托代理框架之下的管理层为了其个人私利而进行盈余管理就很容易发生。相应的制度安排是抑制这种盈余管理行为的有效方式之一，也是保护投资者利益，特别是保护中小投资者利益的有效措施之一(La Porta et al.，1997，1998)。这些制度安排能否真正有效发挥作用取决于两个方面：第一，制度安排设计的质量问题，也就是制度文本的质量问题(La Porta et al.，1997，1998；Levine，1999)；第二，对现有制度的贯彻实施质量(Pistor et al.，2000；Glaeser et al.，2001；Djankov et al.，2003)。在我国采用统一的资本市场制度，制度安排设计的质量问题对于我国而言是一个常量，唯一导致制度有效实施的差异在于：各个地区的当地政府贯彻实施现有制度的质量差异。此外，我国政治制度的设计、中央政府对于地方政府的考核制度的设计以及资本市场监管当局对于制度的修订、补充、试验和完善等，导致了各个地方的现有制度的贯彻实施质量具有不稳定性，也就是存在时变性。各个地方由于其经济和文化的差异、特有的城乡二元化结构以及政府政绩考核的锦标赛特征等(周黎安和陶婧，2011)，导致了在全国范围内制定的统一的制度，具体到每一个当地政府，其实施的质量存在一定差异。这种制度的实施质量往往很难度量，只有在特定的事件发生时，我们才能观察到这种实施质量的差异。

然而，在互联网大数据下，各利益相关者能够更有效地发挥现有制度的作用，对企业实施监督和约束，管理层的行为将更加规范可视，进而抑制管理层的盈余管理行为。一方面，通过对海量极具价值的数据的分析，政策制定者可以制定出更符合中国国情的制度，同时，在互联网技术的支撑下确保各项制度的规范实施，而监管者也可以利用新兴智能的互联网、大数据技术对企业进行监管，获取更多有助于威胁评估的信息。另一方面，互联网大数据使得管理层和利益相关者之间的信息不对称极大降低。投资者或企业内部员工可在 Internet 平台随时查看有关企业的各类信息，包括横向的行业比较信息和纵向的企业历史信息，而 Internet 对投资者诉求的放大传播作用又将向管理层施加更强的约束。这样，管理层将处于一个透明的空间里，难以隐蔽地实施不道德不合法的利己行为。

6.2.2　互联网大数据影响公司治理的路径

互联网、大数据等信息技术在现代企业中获得迅速普及，已被广泛融入企业的日常运营之中，促进着企业的公司治理逐步转向 Internet 治理。互联网大数据影响公司治理的路径包括：第一，互联网大数据下，利益相关者可以通过线下线上平台充分全面地了解企业的运营信息，同时，管理层对内对外披露信息也更为简单快捷，披露形式更加多样，很大程度上减轻了信息不对称，降低了代理成本，加强了公司治理效率；第二，互联网技术的支撑下，管理模式趋于客观标准，减少了人为因素的影响，因此，管理层进行诸如操纵财务数据等机会主义的行为变得越来越困难，也就减少了隐藏信息的道德风险，促进公司治理安全；第三，利用大数据技术，管理层能够获取、分析大量企业内外部信息，帮助管理层更加了解企业员工心理、消费者偏好、经济市场动向，通过分析结果实施针对性的应对措施，促进精准治理(李维安，2014)；第四，公司治理的发展是一个不断创新的过程，从最初的集权式治理不断发展趋向扁平化组织模式，而互联网大数据进一步创新企业的组织形式，如战略联盟、无边界组织等组织形式，在 Internet 平台下得到了充分的发展，创新型的组织促使公司治理走向更为智能、灵活的方向。

本章的主要贡献在于：第一，本章首次考察了中国式拆迁所折射出来的制度安排及其实施质量对于新兴资本市场发展的影响；第二，本章首次考察了制度的实施质量所导致的投资者保护诉求，对于盈余质量的影响因素，丰富了盈余管理方面的文献，对解读投资者保护诉求在中国资本市场的信息含量，提供了一种新的分析视角和解读；第三，本章的研究发现，制度的制定者和监管当局不但需要加强制度的建设，同样也需要加强制度的实施，提高制度的实施质量，关注投资者保护诉求，本章的研究为他们加强制度的实施提供了一个实证证据；第四，本章研究发现，投资者和政策的制定者，特别是监管当局，不仅仅需要关注传统媒体的舆情变化，也需要关注 Internet 用户的关注及其舆情变化所折射出来的投资者诉求，对于资本市场和管理层行为的影响。本章也从信息技术进步的侧面，从微观的视角验证了 Lucas(1988)的技术溢出效应的存在性。本章的研究结果也表明，要想真正建立一个健全有效的资本市场，不仅仅需要加强对资本市场的管理，还需要关注广大投资者的积极参与和监管的舆情变化。本章的研究进一步表明，由信息技术引发的技术进步为政策的制定者更好地制定适合我国国情的政策以及更好地为监管当局有效监管提供了一种补充和(或)替代作用，Internet 治理有助于减少制度实施的负面效应。

本章接下来的部分安排如下：第二部分是理论分析及文献回顾；第三部分是研究假设与模型设定；第四部分是样本选择与研究结果；第五部分是进一步分析与稳健性检验；第六部分是研究结论与不足。

6.3　互联网大数据影响企业应计盈余效应的实证证据

6.3.1　文献综述与研究假设的提出

1. 文献综述

Dechow 等(2010)和 DeFond(2010)认为盈余质量是会计系统(accounting system)测度企业基本面绩效(fundamental performance)的能力以及会计系统实施情况的联合函数，表示为模型(6-1)如下：

$$EQ = AS \times IM \tag{6-1}$$

其中，EQ 表示盈余质量；AS 表示会计系统测度企业基本面的真实绩效的能力，也就是与会计相关的一系列制度的设计质量或者说是制度文本的质量；IM 表示会计系统在企业的实施情况，表征的是与会计相关的一系列制度在企业中得到贯彻的情况。在我国，会计系统是统一的，也就是说会计系统是一个常量，尽管会计系统会随着时间的变化而变化，但是对于处在这种统一的会计系统下的上市公司而言，在同一截面上，会计系统也是一个常量。IM 度量的是会计系统在企业得到贯彻实施的情况。引发投资者诉求的实施质量大体主要包括三个方面的内容：一是，监管层甚至是司法体系对于发现的违规行为没有按照制度规定进行惩罚；二是，监管层甚至是司法体系对于发现的违规行为能够严格按照制度的规定进行惩罚，但是政府部门出于其特定的目的，特别是我国当地政府出于其 GDP 考核的需要，往往插手干预监管层的监管甚至是司法的履行；三是，监管层甚至是司法体系对于违规行为视而不见或者没有按照制度的规定而是有区别地对待发现的违规行为，导致制度安排沦为某些人寻租的工具。这些制度实施的质量问题，导致了上市公司的管理层就会为了其个人的私利，对当地现有的制度贯彻实施质量情况进行成本收益分析后铤而走险，由此导致上市公司的盈余质量不高。

我国各个地方由于其经济和文化的差异、特有的城乡二元化结构以及政府政绩考核的锦标赛特征等(周黎安和陶婧，2011)，导致了在全国范围内制定的统一的制度，具体到每一个当地政府，其实施的质量存在一定差异。这种制度的实施质量往往很难度量，只有在特定的事件发生时，我们才能观察到这种实施质量的差异。近年来，随着我国城镇化、城市化进程的加快，我国城市房屋拆迁进入快速发展阶段，这些在我国发生的与拆迁相关的事件为我们考察我国制度的实施质量提供了一个良好的自然实验。与拆迁相关的事件充分反映了我国相关法律法规规定的保护广大投资者权益在各个地方的实施质量，同时也充分反映了这种制度安排之下的监管方、实施方、当地政府行为和当事人的利益保护诉求以及政府在政绩考核下的利益等之间的博弈。也就是说，与拆迁相关的事件的发生能够充分反映我国制度的实施质量问题以及在现有的制度背景下通过制度实施所进行的权力、权利和利益的博弈(冯玉军，2007)，也即，中国式拆迁的关注程度体现了我国现有制度体系安排之下的制度实施质量以及这些实施质量所引发的投资者保护诉求状况。

在这些房屋拆迁纠纷事件中，社会公众，特别是非当事人的卷入使得这些事件对于投资者保护的诉求开始受到社会的普遍关注。由于我国特有的新闻监管机制，报纸的报道往往受到诸多限制，再者报纸的传播时延较大以及报纸的发行量无法判断订阅人是否关心过报道的内容(Da et al.，2011)。但是，Internet 的存在解决了报纸的这些缺陷，并且可以解决当地政府对于报纸媒体的过度干预。一个拆迁事件的发生，可以通过 Internet 迅速在全国传播。这种广泛分散在 Internet 上的拆迁事件容易被淹没在 Internet 上的海量信息之中，Internet 用户为了获得这些拆迁事件的信息，除了在熟悉的网站上获得外，最主要的还是通过搜索引擎获得比较全面的信息。每个搜索引擎用户关注拆迁事件的搜索行为的集合能够充分反映普通大众的关注情况(Rangaswamy et al.，2009)。因此，搜索引擎用户关注拆迁事件的搜索行为的集合充分体现了广大投资者对于不动产在物权法、土地管理法、城市规划法、城市房地产管理法，特别是城市房屋拆迁管理条例等基本法律调整下的保护诉求，这种诉求充分体现了在我国特有的制度安排之下制度实施质量的问题，也体现了在现有制度实施质量存在问题面前，投资者的一种抗争和呼吁以及对于投资者保护的一种期盼和渴望。这些在 Internet 虚拟现实中的诉求，通过各种 Internet 的应用得以广泛传播，进而影响作为 Internet 用户的一部分——包括企业管理层在内的企业利益相关者。企业管理层面对投资者保护诉求的压力，必然会在一定程度上减少其机会主义行为。因此，根据模型(6-1)，我们认为，中国的搜索引擎用户搜索与拆迁相关的行为很好地反映了投资者保护的诉求，投资者保护诉求有助于提升盈余质量；这种投资者保护诉求具有对现有制度安排的实施质量的一种补充或者(和)替代作用。

中国互联网络信息中心(CNNIC)2020 年 9 月发布的第 46 次《中国互联网络发展状况统计报告》显示，截至 2020 年 6 月，我国网民规模达 9.40 亿，较 2020 年 3 月增长 3625万，互联网普及率达 67.0%，较 2020 年 3 月提升 2.5 个百分点[①]。现有的研究主要考察搜索引擎在一个国家关于某一主题的搜索量占该搜索引擎在该国的整个搜索量的比例与现实经济活动之间的关系。Ettredge 等(2005)研究发现，在 2001~2003 年期间，搜索引擎使用最频繁的前 300 个关键词的使用频次与美国劳工统计局(Bureau of Labor Statistics)统计的失业人数显著正相关。Choi 和 Varian(2009a)通过采用季度自回归和固定效应模型，研究发现 Google Trends 中的关键词的搜索量能够很好地预测家电的销售量和汽车的销售量以及旅游的收入，他们还发现，在某些案例中，其预测能力能够提高 12%以上。Choi和 Varian(2009b)通过考察 Google Trends 中关于失业的关键词的搜索量与美国失业率的时间序列关系，研究发现，失业的关键词的搜索量能够很好地预测首次申请失业救济的人数(initial claims for unemployment benefits)。Askitas 和 Zimmermann(2009)采用 Google Trends中关于失业的关键词在德国的搜索量，也得出了同样的结论。Suhoy(2009)通过考察以色列 2004.1~2009.2 期间的 Google 搜索指数与以色列中央统计局(Central Bureau of Statistics)发布的工业生产、商业部门的招聘情况、贸易与服务收入、服务出口、消费品进口、商品房销售量等的变化率之间的预测能力(nowcasting)，研究发现，在官方统计数据发布之前，Google 搜索指数在以下方面能够很好地预测真实的经济形势：人力资源(招聘和雇员)、家电、旅游、不动产、食品饮料、美容和保健。Goel 等(2010)采用 Google 搜索指数预测消费者在未来数天和数周内的消费行为，研究发现通过 Google 搜索指数进行的预测非常精准。Joseph 等(2011)通过考察标普 500 的公司在 2005~2008 年间的 Google搜索指数，研究发现，Google 搜索指数能够可靠地预测超额回报以及交易量，此外，他

---

① 中国互联网络信息中心(CNNIC)，第 46 次《中国互联网络发展状况统计报告》
http://www.gov.cn/xinwen/2020-09/29/5548176/files/1c6b4a2ae06c4ffc8bccb49da353495e.pdf

们研究还发现，某只股票的 Google 搜索指数与该股票被套利的难度正相关。

以上研究表明，搜索引擎在一个国家关于某一主题的搜索量占该搜索引擎在该国的整个搜索量的比例能够很好地反映现实经济活动。根据以上文献的研究结论，我们可以推断：我国 Internet 用户使用搜索引擎搜索与拆迁相关的信息，也能够很好地反映现实中发生的拆迁行为以及投资者保护诉求。这些拆迁发生的更深层次的制度经济学原因是在新兴和转轨型资本市场上，制度的安排及其实施质量如何保护投资者利益。Internet 用户关注拆迁正是因为投资者利益没有在现有的《中华人民共和国宪法》《中华人民共和国民事诉讼法》《中华人民共和国土地管理法》《中华人民共和国城市房地产管理法》等相关法律法规等制度下获得制度规定的保护，他们关心拆迁，更多的是一种投资者保护诉求，是对现有的制度实施的一种控诉。因此，采用在中国与拆迁相关的搜索量可以较好地度量拆迁关注度，这种关注度能够更好地刻画投资者保护诉求，是一个合理的代理变量。

现有的文献对制度实施之后投资者的反应（投资者对于现状的诉求）几乎都是采用度量制度文本和制度实施作为代理变量以考察投资者保护的经济后果；采用相关的新闻媒体的报道（或者把网站上的内容作为新闻报道的一种扩展）等作为代理变量，以考察投资者保护诉求的经济后果。导致这个问题的原因在于这些真实的投资者诉求无法直接观察到。而这些年来 Internet 的迅猛发展，特别是搜索引擎的普及，为我们观察投资者的直接诉求提供了一个绝佳的途径。

现有的文献主要是度量制度的制定者与投资者诉求博弈后的结果——制度文本（La Porta et al. 1997，1998，1999；Pistor et al.，2000；Giannetti，2003；Djankov et al.，2008）、制度实施（Pistor et al.，2000；Glaeser et al.，2001；Djankov et al.，2003）和新闻媒体的报道及其经济后果。而本章采用在中国这种特殊的新兴、转轨资本市场上，发生的拆迁作为自然实验，考察这些事件发生后，投资者对于拆迁导致的投资者保护的关注度，即投资者保护诉求。La Porta 等（1997，1998，1999）、Pistor 等（2000）和 Giannetti（2003）等认为，制度文本的质量影响资本市场的发展。而 Coffee（2001）、Pistor 等（2000）、Glaeser 等（2001）以及 Djankov 等（2003）认为，制度制定后，其实施的质量才是影响资本市场发展的重要因素之一。Trubek 和 Galanter（1974）、Pistor 和 Wellons（1999）以及 Berkowitz 等（2003）却认为，制度的传统及其实施环境的制度实施质量才是影响资本市场发展的重要因素之一。于是，很多文献开始关注新闻报道，这些文献主要体现在媒体关注与公司治理以及投资者保护与盈余管理两个方面。

媒体关注与公司治理。Dyck 和 Zingales（2002）指出新闻媒体的传播造成的舆论压力能够通过影响公司政策制定者的声誉对公司政策发挥作用，因此，能够有效降低投资者获取和鉴定信息的成本，是公司治理不可或缺的重要组成部分；此外，新闻媒体对资本市场上存在的问题或现象的报道（Miller，2006），使得更多的投资者拥有了更多关于上市公司运营的信息，促使投资者更理性地投资，因此媒体的监督构成了市场经济的必要制度机制（陈志武，2005）。之后，很多文献研究开始讨论媒体发挥治理功能的作用，包括媒体报道能够迫使公司改正其不正当行为(Dyck et al.，2013；李培功和沈艺峰，2010)；迫使审计师出具保留意见的概率显著上升(Joe，2003)；提高董事会改善其效率(李培功和沈艺峰，2010；Joe et al.，2009)；改善投资者获取信息的质量以及降低交易风险(Fang and Peress，2009)；约束大股东行为(贺建刚等，2008；贺建刚和魏明海，2012)；提高短期内盈余信息的市场反应，减缓长期内的盈余公告后漂移程度(于忠泊等，2012)；提升盈余质量(于忠泊等，2011；Qi et al.，2013)；平衡管理层与股东利益的治理作用(Liua and McConnell，2013)；改善投资者获得信息的质量，降低交易风险(Fang and Peress，2009)；促使上市公司更好地履行社会责任(徐莉萍等，2011)；促使高管薪酬趋于合理(杨德明和赵璨，2012)；增进股权分置改革效率(徐莉萍和辛宇，2011)。但是，新闻媒体作为一个具有盈利动机的机构，其报道通过制造轰动效应可以增加订阅量，吸引更多的读者以赚取广告费(Miller，2006)，对于报道的记者来说，通过报道轰动新闻能够在新闻市场上获得更多的声誉，更利于其个人的职业发展(Dyck et al.，2010)，因而媒体有强烈的动机，采用煽情的表达方式来制造轰动效应(熊艳等，2011)。新闻媒体的新闻内容也会随着内容提供者的特征和利益诉求而有系统性的差异(Gurun and Butler，2012)。也就是说，新闻媒体作为上市公司的外部监督渠道具有"双刃剑"的作用，一方面，有助于完善资本市场的外部监督环境，另一方面，媒体自身为了制造"轰动效应"，也给资本市场带来了负面效应(熊艳等，2011)。Core 等(2008)也指出，媒体在一定程度上存在"煽情主义"，几乎没有发现证据证明公司会采取调整手段应对媒体的负面报道。这些关于媒体治理的文献，对于媒体的度量存在两个问题：第一，只度量了新闻媒体的报道量，而没有度量出这些新闻媒体有多少读者了解到；第二，关于这些新闻媒体内容的度量，只是按照有限的词库或者人工阅读的方法得到，这些都不可避免地造成重大的偏差。

　　投资者保护与盈余管理。根据 Jensen 和 Meckling(1976)的合约框架以及 Grossman 和 Hart(1986)与 Hart 和 Moore(1990)的剩余索取权框架，市场机制是投资者利益保护的重要机制。但是，市场机制的发挥有赖于保障合约有效履行的法律制度的健全和有效执行情况，也即投资者保护机制来源于法律及其实施质量(La Porta et al.，1997)。对于处于转轨期的国家而言，更是缺乏足够支撑标准的投资者保护制度运转所需要的制度资源(计小青和曹啸，2008)。因此，La Porta 等(1998)认为，由于各国的投资者保护的法律存在显著的差异，因此各国的盈余管理行为也会存在差异。Leuz 等(2003)就发现，投资者保护程度较高国家的企业，其盈余管理行为较少。Ball 等(2000)和 Francis 等(2003)采用实证跨国研究更深入地检验了 La Porta 等(1998)的观点，此外，研究也发现投资者保护越强，该国的财务透明度越高(Bhattacharya et al.，2003；Bushman et al.，2004)。Francis 和 Wang(2008)以及蒋义宏等(2010)研究也发现：投资者保护越强的国家(地区)，其财务报告质量也越高。Houqe 等(2012)通过对 46 个国家强制采用 IFRS 的研究发现，在投资者保护越强的国家，盈余质量也越高。Gong 等(2013)研究发现，弱投资者保护国家的公司，在美国上市之后，其披露的财务质量在美国市场上也较低。但是，以上的文献主要考察的是投资者保护在不同的国家之间的差异而导致的整体资本市场的盈余质量问题，并没有考察一个国家之内，在一个统一的投资者制度保护下，不同的实施质量的地区差异对于在该地区的公司的盈余质量的影响。我国地区间的治理环境是有差异的，而且这些差异也会影响一个地区的公司财务和投资者保护（辛宇和徐莉萍，2007）。公司所处地区的制度环境越好，对投资者保护越有力，其公司治理质量越高（夏立军等，2005；Li et al.，2008）。为了补偿投资者保护较差的负面效应，在我国投资者保护较弱的地区的上市公司，其盈余质量反而越高（陈胜蓝和魏明海，2006）。现有文献都是采用市场化指数作为投资者保护的代理变量，由于这些市场化指数都是通过采用打分制来评价，因此存在较大的主观性和有偏性。

由于我国制度实施的质量较低，会出现有法不依、执法不严的现象（邵颖波，2001；Allen et al.，2005），借用国外的测度投资者保护程度的做法无法真实刻画中国资本市场的投资者保护情况（姜付秀等，2008）。La Porta 等（1998）、沈艺峰等（2004，2005）、Djankov 等（2008）、姜付秀等（2008）和沈艺峰等（2009）通过对相关制度和政策采用打分制来确定投资者保护程度。为了度量法律的执行力，许年行和吴世农（2006）以及王鹏（2008）也采用打分制构建了包括法律执行力在内的投资者保护指数。近年来大多文献采用樊纲等（2011）编制的法律环境指数作为法律对投资者权利保护的代理变量（夏立军和方轶强，2005；郑志刚和邓贺斐，2010；等等）。所有的这些投资者保护指数的测度都存在过多的主观设定，都不尽如人意，导致相关研究存在不一致、甚至冲突乃至矛盾（徐根旺等，2010）。而本章采用拆迁关注度作为一个自然实验来考察制度的实施情况及其所折射出来的投资者保护状况及其诉求具有更好的实践意义和测度的科学性、可信性。此外，鲜有文献考察 Internet 上的投资者保护诉求，也即 Internet 治理对于资本市场发展的补充作用和（或）替代作用。

综上所述，已有的研究表明，制度本身、制度的实施质量以及作为外部监督的新闻媒体是影响资本市场发展的重要因素，但是，现有文献还没有一个指标能够研究在同一时间内不同公司的投资者保护状况及其经济后果（姜付秀等，2008）。在目前中国特有的制度背景下，虽然中国资本市场获得了跳跃式的发展，但是，中国的投资者保护的法律基础依然很薄弱（杜巨澜和黄曼丽，2013），投资者保护制度的实施质量欠佳（Pistor and Xu，2005）。我国上市公司时有丑闻发生，投资者期望有更多途径获取公司信息（Zhang，2004）；另一方面，丑闻又影响资本市场的健康发展，导致投资者要求证监会加强监督（陈冬华等，2008）。为了更好地发展我国资本市场，如何度量这种实施质量以及这种实施质量对于应计盈余质量的影响也就显得特别重要。此外，作为理性经济人且熟知相关制度的投资者在面对存在实施质量问题的投资者保护现状下，对于绝大多数的投资者而言，由于无法逃离整个制度，他无法"用脚投票"，因此，他必然会去寻求一个平台去聚集更多的力量以制衡或者缓解目前的实施质量的问题，也即投资者希望通过一个平台去对现有制度安排和实施质量进行替代和(或)补充。信息技术的进步以及 Internet 的普及，特别是搜索引擎的持续改进，使得这个平台成为可能，变成了现实。这个平台就是 Internet，搜索引擎是进入 Internet 的方便、简单、快捷的工具。由于历史遗留问题以及大规模的城市扩张与旧城改造，整个中国变成了一个"大工地"(冯玉军，2007)，此时的制度实施质量问题暴露无遗。投资者，特别是中小投资者在拆迁的博弈过程中，处于劣势地位。在制度的实施质量面前，他们把目光投向了 Internet，并借助搜索引擎进入到 Internet 平台。因此，投资者在搜索引擎上录入的与拆迁相关的搜索关键词为我们了解投资者保护的制度实施质量现状以及在该实施质量面前投资者的诉求提供了一个绝佳的途径。基于此，本章从中国式拆迁所引发的投资者保护诉求的角度考察应计盈余质量，以检验中国式拆迁的关注度对我国上市公司盈余质量的影响。

2. 研究假设的提出

在我国特有的制度安排之下，"城市房屋拆迁制度是'中国特有'的一项制度"(王克稳，2004)。我们认为在整个拆迁过程中，被拆迁人的效用无法达到最大化，处于劣势，而政府和开发商通过合谋可以达到效用的最大化。这一点可以从拆迁引起的各类信访、上访、起诉以及重大恶性案件不断攀升得到佐证(Evictions，2004)。此外，《城市房屋拆迁管理条例》(2001年)第三章第二十二条规定"拆除违章建筑和超过批准期限的临时建筑，不予补偿；拆除未超过批准期限的临时建筑，应当给予适当补偿。"《城市房屋拆迁管理条例》(2001年)第三章第二十四条规定"货币补偿的金额，根据被拆迁房屋的区位、用途、建筑面积等因素，以房地产市场评估价格确定。具体办法由省、自治区、直辖市人民政府制定。"这两条规定，也使得拆迁的实施有了制度的依据，也在一定程度上助长了当地政府和开发商的合谋，自然就加剧了被拆迁人的劣势地位。因此，处于劣势的被拆迁人必然要努力争取效用的改进，进而要求得到权益的保护，即投资者保护诉求。由于当地政府效用函数的较难改变性以及诸多制度安排的相对固化性，投资者"用脚投票"的方式失效，进而促使 Internet 成为投资者寻求保护的最后一根稻草，他们寄希望于网络的力量去影响制度的制定者和更高一级的监管者。

在 Internet 的影响无处不在的今天，上市公司的管理层、监管层以及上市公司的利益相关者自然会受到这种投资者保护诉求的感染，进而影响上市公司的管理层人为操纵应计利润的行为。操纵性应计利润存在两个方向：以调高利润为目的的正向操纵性应计利润和以调低利润为目的的负向操纵性应计利润。不同方向的应计盈余管理程度，所导致的投资者利益保护程度存在差异，由此带给管理层被关注的压力是不同的。Hayn(1995)认为，企业由于存在被清算的价值底线，投资者对好消息的反应更大，而对坏消息的反应表现得更弱。徐浩萍(2004)认为，投资者较少因为坏消息而改变投资决策。陈胜蓝和魏明海(2006)认为，在我国投资者保护较弱的地区的上市公司，其盈余质量反而越高。据此推断，拆迁关注度越高的地区，投资者保护诉求越高，管理层受到的外界压力也更大，进行盈余管理

的行为更容易被投资者发觉，因此，拆迁关注度越高的地区的上市公司，对于进行正向应
计盈余管理的公司而言，其应计盈余管理程度更小；而对于进行负向应计盈余管理的公司
而言，其调低利润的幅度更大。由此，总体而言，投资者保护诉求有利于应计盈余质量的
提高。故提出假设 H1、H1a 和 H1b 如下：

H1：对以操纵性应计利润为手段的盈余管理行为而言，拆迁关注度越高的地区的上
市公司，其应计盈余管理的程度越低。

H1a：对正向应计盈余管理行为而言，拆迁关注度越高的地区的上市公司，其应计盈
余管理的程度越低。

H1b：对负向应计盈余管理行为而言，拆迁关注度越高的地区的上市公司，其应计盈
余管理的程度越高。

由于现代企业普遍采用所有权与经营权相分离的经营模式，上市公司的管理者几乎
都没有持有公司的全部股份，由此导致了管理者和股东之间的信息不对称以及代理问题
(Jensen and Meckling，1976)。为了减少这种代理问题，提高上市公司的财报和信息披
露质量，我国也借鉴成熟市场的做法，制定了一系列的制度，包括：会计准则、财务报
告制度、独立审计准则及其惩戒等。这些制度能否贯彻实施取决于制度的实施质量。实
施质量是否存在问题很难观察到。但是，我们可以从投资者保护诉求反推实施质量是否
存在问题。

Jensen 和 Meckling(1976)指出，当管理者没有持有公司全部股份时，其在决策时不再
以股东利益最大化为目标，而是更多地考虑个人私利的实现。Dye(1988)和 Schipper(1989)
认为，公司管理层与投资者之间的信息不对称是盈余管理存在的必要条件。因此，在代理
问题越大的企业的管理层为了其个人私利而进行盈余管理的概率越高。根据上面的分析逻
辑，代理问题越大的企业，投资者保护诉求的概率也越高。Leuz 等(2003)发现，投资者
保护程度较高国家的企业，其盈余管理行为较少。根据 Leuz 等(2003)的逻辑以及投资者
诉求在一定程度上可以作为投资者保护的一种替代或是一种补充作用，我们认为，在代理
成本较高的企业，投资者诉求越高，其应计盈余管理程度越低。但是，Warfield 等(1995)
指出管理人员入股或机构股权比例增加可以降低代理成本，从而减少经理人员操纵盈利的
可能性，也就是说，在代理成本较高的企业，需要对其现有的制度安排进行重新设计或者
改革，这些企业的管理层深知，对企业现有的制度进行重新设计无法在短期内妥善解决，
也就是说代理问题无法在短期内解决，因此，这些管理层面对投资者诉求时，仍然我行我
素。基于以上分析，我们提出假设 H2 如下：

H2：管理者和股东之间的代理成本越高的公司，拆迁关注度与应计盈余管理的程度
不存在显著相关性。

此外，Davidson 和 Neu(1993)研究发现，大事务所较小事务所的审计服务质量更高。
Becker 等(1998)研究发现，非"四大"较"四大"更能容忍客户的盈余管理。Deis 和
Giroux(1992)以及 Fuerman(2004)研究发现，"四大"较非"四大"的审计质量更高。张

奇峰(2005)认为,在中国,投资者更加信任国际"四大"的审计质量。"四大"为了自身的声誉,其审计质量是一贯的,不会因投资者保护诉求的不同而有显著影响。因此,我们认为,"四大"有利于减少管理层与投资者之间的信息不对称性,"四大"的客户,其应计盈余质量与投资者诉求不存在显著相关性。Francis 和 Wang(2008)以及 Gul 等(2013)研究发现,在投资者保护程度越高的国家,"四大"审计的公司的盈余质量越高。

基于以上分析,我们提出假设 H3 如下:

H3:由"四大"审计的公司,拆迁关注度与应计盈余管理的程度不存在显著相关性。

6.3.2　研究设计与实证结果

1. 研究设计

为了估计每个公司的盈余管理程度,本章采用非预期应计利润模型。该模型将总应计利润划分为:可预期的应计利润和非预期的应计利润,其中,可预期的应计利润是指企业正常的应计利润,而非预期的应计利润则是企业出于某种动机而进行的盈余管理(吴联生和王亚平,2007)。夏立军(2003)研究发现,在中国市场上,修正的 Jones(1991)模型能较好地估计超额应计利润。因此,本章运用修正的 Jones(1991)模型(Dechow et al.,1995)按照年度和行业分别估计每个公司的非预期的应计利润。行业分类采用证监会 2001 年发布的《上市公司行业分类指引》中的门类作为分类标准。首先,根据净利润与经营活动产生的现金流量净额之差,计算得到总应计利润总额(total accruals,TA);其次,计算得到每个公司按照年度和行业的非操控性的总应计利润(non-discretionary total accruals,NDTA)的回归模型的系数;最后,根据上一步骤得到的回归模型的系数,计算得到每个公司按照年度和行业的可操控性的总应计利润(discretionary total accruals,DTA)。

为了测度中国式拆迁的关注度,本章采用 https://www.google.com/insights/search/上的 Google 搜索指数作为测度变量。Google 搜索指数表示的是在某一个地区所有的上网用户中,其中使用 Google 的用户中,有多少比例的用户搜索了与某个关键词相关的内容,然后,采用搜索用户比例最高的地区作为标杆,对各个地区的搜索指数进行标准化,标准化后的数值即为搜索指数。本章采用在中国使用 Google 搜索引擎搜索与"拆迁"相关的内容的 Google 搜索指数。本章采用 Google 搜索指数作为投资者诉求的代理变量。本章采用的 Google 搜索指数是指所有发生在中国的 Google 上的网页搜索,这些指数包括省(自治区、直辖市)的 Google 搜索指数和城市 Google 搜索指数。

为了检验上述假设,通过估计企业可操控性的总应计利润,得到衡量企业应计盈余管理水平的指标。本章借鉴 Barth 等(2008)、Cohen 等(2008)和刘启亮等(2010)的做法,设定模型(6-2)如下:

$$
\begin{aligned}
\text{absDTAC} = {} & \alpha + \beta_1 \text{citySKI} + \beta_2 \text{Agency} + \beta_{31} \text{citySKI} \times \text{Big4} \\
& + \beta_{32} \text{citySKI} \times \text{Agency} + \beta_{33} \text{citySKI} \times \text{Agency} \times \text{Big4} \\
& + \beta_4 \text{TurnOver} + \beta_5 \text{DebtRate} + \beta_6 \text{IssueRate} + \beta_7 \text{CFO} + \beta_8 \text{State} \qquad (6\text{-}2) \\
& + \beta_9 \text{Big4} + \beta_{10} \text{Loss} + \beta_{11} \text{Leverage} + \beta_{12} \text{Growth} \\
& + \beta_{13} \text{ROA} + \beta_{14} \text{Lnsize} + \sum \text{Year} + \sum \text{Industry} + \varepsilon
\end{aligned}
$$

模型(6-2)中的变量的定义如表 6-1 所示。

表 6-1　模型(6-2)中的变量定义表

变量名	变量说明
absDTAC	非预期应计利润的绝对值,通过修正的 Jones(1991)模型计算得到
citySKI	投资者保护诉求,采用公司注册所在地的城市的 Google 搜索指数
Agency	代理成本,经年度行业中位数调整的管理费用与销售总额之比
Big4	审计事务所是否为"四大"事务所,是为 1,否为 0
State	上市公司是否为国有控股公司,是为 1,否为 0
ROA	资产回报率,等于净利润与总资产之比
Loss	是否亏损,如果前一年度公司亏损,则等于 1,否则等于 0
Lnsize	上市公司的规模,等于总资产的自然对数
Growth	上市公司的成长性,营业总收入的增长率
Leverage	财务杠杆,等于总负债与总资产之比
CFO	经营活动现金流,经营活动产生的现金流量净额与总资产之比
TurnOver	主营业务收入与总资产之比
DebtRate	负债总额的变动比
IssueRate	发行的股票数变动比
Year	年度哑变量
Industry	行业哑变量

2. 实证结果

1)样本选择

本章的财务数据来自于 2004~2010 年国泰安 CSMAR 数据库。公司注册地数据来自于 wind 数据库,缺失的数据通过手工搜集。中国式拆迁关注度的数据来自于 http://www.google.com/trends 中搜索与"拆迁"相关的关键词的 Google 指数信息。本章对数据进行了如下方面的处理:①剔除金融行业的数据;②剔除年度观测值低于 10 个的行业;③剔除 IPO 当年的观测值以及相关变量缺失的观测值;④剔除同时在 B 股或 H 股上市的公司;⑤为了消除异常值的影响,对连续变量进行 1%~99%水平的 winsorize 处理。最后得到 7812 个有效观测值。其描述统计如表 6-2 所示。

表 6-2 中国式拆迁的关注度的描述统计

Panel A:上升搜索的上升速度≥50%的与"拆迁"相关的较前一年有明显增加的关键词

年份	搜索关键词	上升速度	年份	搜索关键词	上升速度	年份	搜索关键词	上升速度
2004	拆迁补偿	170%	2007	钉子户拆迁	400%	2009	大清拆迁	飙升
2004	房屋拆迁管理	120%	2007	物权法	300%	2009	成都拆迁自焚	飙升
2004	拆迁北京	120%	2007	钉子户	800%	2009	拆迁户自焚	飙升
2004	房屋拆迁条例	100%	2007	拆迁钉子户	700%	2009	贵阳暴力拆迁	飙升
2004	拆迁办法	80%	2007	拆迁户	120%	2009	自焚拆迁	550%
2004	拆迁管理	80%	2007	拆迁论坛	90%	2009	拆迁自焚	700%
2004	上海拆迁	70%	2007	重庆拆迁	90%	2010	上饶拆迁血案	飙升
2004	房屋拆迁办法	70%	2007	济南拆迁	80%	2010	大战拆迁队	飙升
2004	拆迁条例	70%	2007	拆迁法	70%	2010	拆迁子弹	飙升
2004	北京拆迁	60%	2007	拆迁公告	50%	2010	江西拆迁自焚	飙升
2005	征地补偿	110%	2008	石家庄拆迁	300%	2010	钉子户大战	飙升
2005	农村拆迁	80%	2008	潍坊拆迁	200%	2010	铁岭拆迁血案	飙升
2005	拆迁安置房	70%	2008	暴力拆迁	180%	2010	拆迁队	550%
2005	上海拆迁政策	60%	2008	成都拆迁	70%	2010	钉子户	850%
2005	无锡拆迁	60%	2008	河北拆迁	60%	2010	江西拆迁	900%
2005	动迁	50%	2008	拆迁安置方案	50%	2010	拆迁新条例	300%
2005	成都拆迁	50%	2006	拆迁补偿政策	60%	2006	厦门拆迁	50%
2005	拆迁公司	50%	2006	苏州拆迁	70%	2006	动迁	50%
2006	经济适用房	180%	2006	拆迁证	60%			

Panel B:热门搜索指数(SKI)≥50 的与"拆迁"相关的最受关注的关键词

年份	搜索关键词	SKI	年份	搜索关键词	SKI	年份	搜索关键词	SKI
2004	房屋拆迁	100	2006	房屋拆迁	100	2010	拆迁补偿	100
2004	拆迁管理	60	2006	拆迁管理	55	2010	房屋拆迁	95
2004	城市拆迁	55	2006	城市拆迁	55	2010	拆迁队	75
2004	城市房屋拆迁	50	2006	拆迁补偿	50	2010	钉子户	75
2004	房屋拆迁管理	50	2007	房屋拆迁	100	2010	钉子户大战	75
2005	房屋拆迁	100	2007	拆迁补偿	70	2010	大战拆迁队	70
2005	拆迁管理	65	2007	城市拆迁	55	2010	拆迁房	65
2005	城市拆迁	60	2008	房屋拆迁	100	2010	拆迁条例	60
2005	拆迁补偿	50	2008	拆迁补偿	75	2010	上饶拆迁血案	50
2005	城市房屋拆迁	50	2008	城市拆迁	50	2009	拆迁条例	75
2009	房屋拆迁	100	2009	拆迁补偿	90	2009	拆迁房	70

续表

		Panel C:样本的描述统计			
变量	均值	中位数	标准差	最大值	最小值
absDTAC	0.083	0.051	0.108	0.691	0.001
citySKI	18.128	0.000	27.787	100	0.000
Agency	0.063	0.000	0.285	2.250	-0.144
TurnOver	0.089	-0.003	0.460	2.408	-1.198
fcfInvest	0.237	0.000	0.426	1.000	0.000
HoldRate	0.000	0.000	0.000	0.002	0.000
DebtRate	0.218	0.102	0.563	3.597	-0.655
IssueRate	0.266	0.093	0.404	2.121	0.000
CFO	0.050	0.049	0.084	0.283	-0.227
State	0.660	1.000	0.474	1.000	0.000
Big4	0.027	0.000	0.162	1.000	0.000
Loss	0.142	0.000	0.349	1.000	0.000
Leverage	0.573	0.542	0.359	3.019	0.079
Growth	0.242	0.141	0.705	5.194	-0.825
ROA	0.019	0.027	0.091	0.226	-0.495
Lnsize	21.432	21.393	1.106	24.444	18.642

　　表 6-2 报告了上升搜索、热门搜索以及样本的描述统计。表 6-2 的 Panel A 报告了上升搜索的上升速度不少于 50%的描述统计,从上升搜索的上升速度有明显增加的搜索关键词,我们可知,第一,这些关键词主要涉及的是与拆迁相关的一些制度(如拆迁的条例、办法、政策等相关内容)、各个地方的拆迁情况(如北京、上海、潍坊等地方)、与拆迁相关的利益诉求(如拆迁自焚、大战拆迁队)以及与拆迁相关的平台(如拆迁论坛);第二,在 2007 年之前,上升搜索最明显的是与拆迁相关的制度及其相关的利益保护;第三,2008 年之后,上升搜索最明显的是与拆迁相关的暴力事件,特别是通过暴力进行的利益诉求;第四,上升搜索的上升速度较快中,关注地方性拆迁达到 20 个,这些地方性涉及各个不同级别、不同发展水平的城市,如北京、石家庄、铁岭、上饶。

　　表 6-2 的 Panel B 报告了热门搜索的搜索指数不少于 50 的描述统计,从热门搜索的搜索指数超过 50 的受关注的搜索关键词,我们可知,第一,2004~2010 年,最受关注的搜索关键词是"房屋拆迁",其次是"拆迁补偿"、"拆迁管理"和"城市拆迁";第二,在 2010 年中,除了以往最受关注的搜索关键词之外,特别受关注的搜索关键词是暴力的利益诉求(如"大战""血案"等)以及"拆迁条例"。"拆迁条例"受到关注,可能是由于国务院法制办公布的新的拆迁条例征求意见稿:2010 年 1 月 29 日全文公布的《国有土地上房屋征收与补偿条例(征求意见稿)》,2010 年 12 月 15 日全文公布的《国有土地上

房屋征收与补偿条例(第二次公开征求意见稿)》。之后，2011 年 1 月 21 日国务院正式颁布实施《国有土地上房屋征收与补偿条例》(国务院令第 590 号)，同时也废止了 2001 年 6 月 13 日国务院公布的《城市房屋拆迁管理条例》(国务院令第 305 号)。

综合表 6-2 的 Panel A 和 Panel B，从上升搜索和热门搜索的搜索关键词，我们可知，第一，拆迁涉及的面较广，从一线城市到欠发达地区的县级市；第二，2007 年 8 月 30 日《中华人民共和国城市房地产管理法》(2007 年修正)在与拆迁相关的搜索中没有受到关注，2007 年 10 月 1 日起施行《中华人民共和国物权法》受到的关注度过低(仅 2007 年)；第三，2004~2010 年，主要关注的是与拆迁相关的制度的实施质量及其问题；第四，2004~2010 年，由于拆迁而导致的暴力行为每年都发生过，但是，从时间趋势上看，搜索引擎用户从关注温和的利益诉求方式转到关注暴力方式的利益诉求。

总之，与拆迁相关的搜索充分体现了在现有制度之下的，与拆迁相关的当事人之间的利益、权力与权利的博弈。在这种博弈之下，更深层次地折射出与拆迁相关的制度实施情况、中国的房屋不动产相关的投资者保护状况以及在这种投资者保护下的个体投资者通过 Internet 平台进行的利益诉求。因此，采用与拆迁相关的搜索关注度来度量投资者保护诉求是一个较好的代理变量。

从表 6-2 的 Panel C 的描述统计，我们可知，非预期应计利润的绝对值(absDTAC)的均值为 0.083，中位数为 0.051，最大值和最小值分别为 0.691 和 0.001，总体上来说，各个公司的盈余管理程度差异过大。Lnsize 的平均值为 21.432，Leverage 的最大值为 3.019，表明部分上市公司可能存在资不抵债的情况。

2)检验结果

表 6-3 报告了模型(6-2)的全样本的超额应计利润的绝对值的 OLS 回归结果，采用超额应计利润的绝对值作为因变量；表 6-4 和表 6-5 分别报告了超额应计利润大于零和小于零的绝对值的 OLS 回归结果。

在表 6-3 中，模型 1 考察的是投资者保护诉求(citySKI)对应计盈余管理程度的影响。在模型 1 中，投资者保护诉求(citySKI)的系数为正，但不显著。表明，公司注册地的投资者保护诉求对公司的应计盈余管理程度没有显著影响。假设 H1 没有得到检验。

表 6-3 的模型 2 考察的是投资者保护诉求与"四大"的交乘项(citySKI*Big4)对盈余管理程度的影响。模型 2 中的 citySKI*Big4 的系数为正，但不显著。这表明，由"四大"审计的公司，公司注册地的投资者保护诉求对公司的应计盈余管理程度没有显著影响。这表明，"四大"为了自身的声誉，其审计质量是一贯的，不会受到客户注册地的投资者保护诉求的显著影响，也进一步佐证了"四大"的审计质量高，不能容忍客户的盈余管理(Becker et al.，1998)。假设 H3 得到了检验。

表 6-3 的模型 3 考察的是投资者保护诉求与代理成本(Agency)的交乘项(citySKI*Agency)对应计盈余管理程度的影响。模型 3 中的交乘项的系数为负，但不显著。这表明，

代理成本较高公司的注册地的投资者保护诉求对公司的应计盈余管理程度没有显著影响。
假设 H2 得到了检验。

表 6-3　应计盈余管理的回归结果

变量	模型 1		模型 2		模型 3	
	系数	t 值	系数	t 值	系数	t 值
Intercept	0.246	9.88***	0.246	9.88***	0.246	9.90***
citySKI	0.00006	1.44	0.00006	1.40	0.00006	1.52
citySKI*Big4			0.00002	0.10		
citySKI*Agency					−0.00009	−0.58
Agency	0.064	14.15***	0.064	14.14***	0.065	12.75***
DebtRate	0.032	15.62***	0.032	15.62***	0.032	15.62***
IssueRate	0.011	3.91***	0.011	3.91***	0.011	3.91***
CFO	−0.064	−4.73***	−0.064	−4.73***	−0.064	−4.72***
State	−0.007	−2.92***	−0.007	−2.92***	−0.007	−2.93***
Big4	0.006	0.95	0.006	0.65	0.006	0.95
Loss	0.006	1.50	0.006	1.50	0.006	1.50
Leverage	0.052	15.09***	0.052	15.09***	0.052	15.10***
Growth	0.014	8.23***	0.014	8.23***	0.014	8.22***
ROA	−0.060	−3.29***	−0.060	−3.29***	−0.059	−3.27***
Lnsize	−0.009	−8.17***	−0.009	−8.17***	−0.009	−8.19***
Year	控制		控制		控制	
Industry	控制		控制		控制	
F 值	96.83***		93.59***		93.61***	
Adj R-Square	0.2624		0.2623		0.2624	
N	7812		7812		7812	

注：***,**,*分别表示 1%,5%和 10%水平上显著，下同。

　　表 6-4 报告了模型(6-2)的正向超额应计利润的绝对值的 OLS 回归结果。在模型 1 中，
投资者保护诉求(citySKI)的系数显著为负。这表明，公司注册地的投资者保护诉求越高，
公司的正向应计盈余管理程度越低。这表明，公司注册地的投资者保护诉求越高，公司的
高管层受到的来自外界的压力越大，从而在以调高利润为目的的正向应计盈余管理上，表
现得更为谨慎以避免被投资者过于关注。假设 H1a 得到了验证。

　　表 6-4 的模型 2 考察的是投资者保护诉求与"四大"的交乘项(citySKI*Big4)对正向
盈余管理程度的影响。模型 2 中的 citySKI*Big4 的系数为正，但不显著。这表明，由"四
大"审计的公司，公司注册地的投资者保护诉求对公司的正向应计盈余管理程度没有显著
影响。这也进一步验证了表 6-3 的模型 2 的结果。假设 H3 得到了检验。

　　表 6-4 的模型 3 考察的是投资者保护诉求与代理成本(Agency)的交乘项
(citySKI*Agency)对应计盈余管理程度的影响。模型 3 中的交乘项的系数为正，但不显著。

这表明,代理成本较高公司的注册地的投资者保护诉求对公司的正向应计盈余管理程度没有显著影响。这也进一步验证了表 6-3 的模型 3 的结果。假设 H2 得到了检验。

表 6-4　正向应计盈余管理的回归结果

变量	模型 1		模型 2		模型 3	
	系数	t 值	系数	t 值	系数	t 值
Intercept	0.199	6.91***	0.200	6.93***	0.199	6.90***
citySKI	−0.00010	−2.19**	−0.00011	−2.31**	−0.00010	−2.26**
citySKI*Big4			0.00021	0.87		
citySKI*Agency					0.00013	0.60
Agency	0.033	5.28***	0.033	5.26***	0.031	4.23***
DebtRate	0.035	14.86***	0.035	14.86***	0.035	14.84***
IssueRate	0.002	0.61	0.002	0.62	0.002	0.61
CFO	−0.824	−41.60***	−0.825	−41.61***	−0.825	−41.59***
State	0.000	−0.09	0.000	−0.09	0.000	−0.08
Big4	0.000	−0.03	−0.005	−0.55	0.000	−0.03
Loss	0.032	5.39***	0.032	5.38***	0.032	5.38***
Leverage	0.032	7.72***	0.032	7.73***	0.032	7.74***
Growth	0.002	0.96	0.002	0.96	0.002	0.96
ROA	0.996	33.80***	0.996	33.79***	0.996	33.78***
Lnsize	−0.008	−6.19***	−0.008	−6.21***	−0.008	−6.18***
Year	控制		控制		控制	
Industry	控制		控制		控制	
F 值	138.22***		133.63***		133.61***	
Adj R-Square	0.4848		0.4848		0.4847	
N	4230		4230		4230	

表 6-5 报告了模型(6-2)的负向超额应计利润的绝对值为因变量的 OLS 回归结果。模型 1 考察的是投资者保护诉求(citySKI)对负向应计盈余管理程度的影响。在模型 1 中,投资者保护诉求(citySKI)的系数为显著正。这表明,公司注册地的投资者保护诉求越高,公司的负向应计盈余管理程度越大。这表明,公司注册地的投资者保护诉求越高,公司的高管层受到的来自外界的压力越大,从而在以调低利润为目的的负向应计盈余管理上,表现得更为谨慎以避免被投资者过于关注。比较表 6-4 和表 6-5 的模型 1 中投资者保护诉求(citySKI)的系数,可以看出表 6-5 的模型 1 的系数的绝对值更大,显著性更强,我们可以大体认为,负向的盈余管理程度较正向盈余管理具有较高的敏感性,这可能是由于负向的盈余管理更容易从会计稳健性的原则上获得合规性和合法性的理由。假设 H1b 得到了验证。

表 6-5 的模型 2 考察的是投资者保护诉求与"四大"的交乘项(citySKI*Big4)对盈余

管理程度的影响。模型 2 中的 citySKI*Big4 的系数为正，但不显著。这表明，由"四大"审计的公司，公司注册地的投资者保护诉求对公司的负向应计盈余管理程度没有显著影响。这也进一步验证了表 6-3 和表 6-4 的模型 2 的结果。假设 H3 得到了检验。

综合表 6-4 和表 6-5 的模型 2 的结论，我们认为，对于"四大"而言，无论在正向盈余管理还是在负向盈余管理的鉴别上，其审计质量是一贯的，这也进一步证伪了独立审计对正向盈余管理鉴别质量较负向盈余管理更高(徐浩萍，2004)。

表 6-5 的模型 3 考察的是投资者保护诉求与代理成本(Agency)的交乘项(citySKI*Agency)对应计盈余管理程度的影响。模型 3 中的交乘项的系数为正，但不显著。这表明，代理成本较高公司的注册地的投资者保护诉求对公司的负向应计盈余管理程度没有显著影响。这也进一步验证了表 6-3 和表 6-4 的模型 3 的结果。假设 H2 得到了检验。

表 6-5　负向应计盈余管理的回归结果

变量	模型 1		模型 2		模型 3	
	系数	t 值	系数	t 值	系数	t 值
Intercept	0.072	2.76***	0.073	2.77***	0.071	2.72***
citySKI	0.00016	3.80***	0.00016	3.70***	0.00015	3.56***
citySKI*Big4			0.00006	0.26		
citySKI*Agency					0.00008	0.60
Agency	0.036	8.91***	0.036	8.91***	0.035	7.75***
DebtRate	0.028	12.48***	0.028	12.47***	0.028	12.48***
IssueRate	0.002	0.72	0.002	0.72	0.002	0.72
CFO	0.821	46.83***	0.821	46.82***	0.821	46.83***
State	−0.003	−1.10	−0.003	−1.10	−0.003	−1.09
Big4	−0.005	−0.67	−0.007	−0.66	−0.005	−0.67
Loss	0.000	−0.04	0.000	−0.05	0.000	−0.04
Leverage	0.047	13.83***	0.047	13.83***	0.047	13.72***
Growth	0.021	12.45***	0.021	12.44***	0.021	12.46***
ROA	−0.618	−35.37***	−0.618	−35.36***	−0.618	−35.32***
Lnsize	−0.005	−4.30***	−0.005	−4.30***	−0.005	−4.24***
Year	控制		控制		控制	
Industry	控制		控制		控制	
F 值	213.51***		206.34***		206.37***	
Adj R-Square	0.6325		0.6324		0.6324	
N	3582		3582		3582	

3)稳健性检验

(1)由于总资产周转率能够度量公司管理层有效利用资产的情况，根据 Ang 等(2000)、田利辉(2005)和李寿喜(2007)等的研究，总资产周转率可以用来作为代理成本的代理变量。Jensen 和 Meckling(1976)提出利益收敛假说(convergence of interest hypothesis)，该假设认为，管理者持股比例越高，其个人财富与公司的营运状况越紧密相关，若管理者支出造成企业财富损失，其个人也将承担部分损失，因此，管理者的行为会变得越来越理性。据此，管理层持股比例也可以作为代理成本的代理变量。Jensen（1986，1989）指出代理成本与自由现金流存在显著正相关关系，此外，Fama 和 Jensen（1983）研究发现，由于经营权和所有权的分离，经理人对公司资产将不再拥有剩余索取权（residual claim），同时也不用承担经营失败的风险，所以理性的经理人将不再追求公司最大利润化，而是更多地追求个人效用的最大化，因此，自由现金流越多的企业，其管理层越容易做出有利于自己的投资，借鉴罗炜和朱春艳（2010）的做法，采用销售增长率作为投资机会的测度。为了考察以上这些代理成本的度量方法，参照罗炜和朱春艳（2010）的做法，我们对以下三种代理成本的代理变量进行稳健性检验：①采用年度行业中位数调整的总资产周转率（TurnOver）；②自由现金流经销售额标准化后，若高于年度行业中位数，且销售增长率低于年度行业中位数，则 fcfInvest= 1；否则 fcfInvest= 0；③管理层持股比例（HoldRate）。按照这三种代理变量分析得到的结果，如表 6-6～表 6-9 所示。

　　从表 6-6～表 6-9 的结果可以看出，分析结果和表 6-3～表 6-5 的结果基本一致，唯一的差异在于：在总体的应计盈余样本中，表 6-6 中模型 3 的投资者保护诉求（citySKI）与总资产周转率（TurnOver）的交乘项（citySKI*TurnOver）的系数显著为负，表 6-7 中模型 3 投资者保护诉求（citySKI）与 fcfInvest 的交乘项（citySKI*fcfInvest）的系数显著为正，这 2 个模型的回归结果表明，在代理成本较高的公司，投资者保护诉求只是折射出投资者保护存在较严重的问题的现状，而没有起到抑制的作用，也即投资者保护诉求在代理成本较高的公司，没有发挥替代或者补充的作用。综合表 6-3、表 6-6 和表 6-7 的结果，在四个代理成本的代理变量中，有两个代理变量与投资者保护诉求的交乘项验证了 H2 的结论，总体而言，还是没有很好地验证 H2。在正向应计盈余样本中，表 6-8 中模型 3 投资者保护诉求（citySKI）与 fcfInvest 的交乘项（citySKI*fcfInvest）的系数也显著为正，也部分验证了 H2 的结论，总体而言，还是没有很好地验证 H2。总之，采用多种代理变量的度量，也较好地验证了表 6-3～表 6-5 的结论。

　　(2)按照公司所在的省（自治区、直辖市），采用省（自治区、直辖市）的 Google 搜索指数作为投资者保护诉求的代理变量，我们对表 6-3～表 6-9 重新进行相应的回归，发现所有表格的结论基本不受影响。

　　(3)2006 年 1 月 1 日起施行修订的《中华人民共和国公司法》和《中华人民共和国证券法》，2006 年 2 月 15 日发布的 2007 年 1 月 1 日开始实施修订的《企业会计准则——基本准则》（事先对公司 2006 年的年度报告产生影响），为了避免这些新的会计制度可能会对管理层操纵盈余质量产生影响，我们剔除 2004～2005 年的样本，采用省（自治区、直辖市）的 Google 搜索指数以及城市的 Google 搜索指数作为投资者保护诉求的代理变量，分别对表 6-3～表 6-9 重新进行相应的回归，发现所有表格的结论基本不受影响。

　　(4)我国在 2007 年 8 月 30 日颁布实施的《中华人民共和国城市房地产管理法》（2007

年修正），在第一章第六条中规定："为了公共利益的需要，国家可以征收国有土地上单位和个人的房屋，并依法给予拆迁补偿，维护被征收人的合法权益；征收个人住宅的，还应当保障被征收人的居住条件。具体办法由国务院规定。"2007 年 10 月 1 日颁布实施的《中华人民共和国物权法》在第四章第四十二条中规定："为了公共利益的需要，依照法律规定的权限和程序可以征收集体所有的土地和单位、个人的房屋及其他不动产……征收单位、个人的房屋及其他不动产，应当依法给予拆迁补偿，维护被征收人的合法权益；征收个人住宅的，还应当保障被征收人的居住条件。"这两部法律的出台，对于拆迁的投资者利益保护在法律文本的层面上有了很大的提升。

此外，"银广夏"等事件的爆发直接导致 2002 年 1 月 15 日最高人民法院颁布实施《最高人民法院关于受理证券市场因虚假陈述引发的民事侵权纠纷案件有关问题的通知》。在 2003 年 1 月 9 日最高人民法院发布，自 2003 年 2 月 1 日起施行的司法解释——《最高人民法院关于审理证券市场因虚假陈述引发的民事赔偿案件的若干规定》，这项法律的出台，要求法院受理和审理因虚假陈述引发的证券市场上的民事侵权纠纷案件，在一定程度上对审计师的不作为具有较大的威慑力。2007 年 6 月 15 日，最高人民法院又颁布实施了专门针对审计师的司法解释——《关于审理涉及会计师事务所在审计业务活动中民事侵权赔偿案件的若干规定》。为了避免《中华人民共和国城市房地产管理法》（2007 年修正）和《中华人民共和国物权法》(2007年)这两部法律制度可能会影响拆迁当事人的行为及其投资者利益保护状态以及《关于审理涉及会计师事务所在审计业务活动中民事侵权赔偿案件的若干规定》对审计师的诉讼风险的增大(伍利娜等，2010)，导致审计师对管理层可能的操纵盈余质量增加审计努力程度而导致报告的盈余质量产生影响，我们剔除 2004～2006 年的样本，采用省(自治区、直辖市)的 Google 搜索指数以及城市的 Google 搜索指数作为投资者保护诉求的代理变量，分别对表 6-3～表 6-9 重新进行相应的回归，发现所有表格的结论基本不受影响。

(5)Ge 和 McVay(2005)研究发现，披露了内部控制存在实质性缺陷的公司最普遍的会计问题就在于可操控性应计方面。Doyle 等(2007)研究也发现，按照 SOX 法案 302 条款披露了内部控制实质性缺陷的公司相对于其他公司的盈余质量更差。在我国，2008 年 5 月 22 日，财政部、证监会、审计署、银监会和保监会五部委联合制定并发布了《企业内部控制基本规范》。为了避免《企业内部控制基本规范》的出台可能会迫使管理层加强内部控制，导致管理层提高盈余质量产生影响，我们剔除 2004～2007 年的样本，采用省(自治区、直辖市)的 Google 搜索指数以及城市的 Google 搜索指数作为投资者保护诉求的代理变量，分别对表 6-3～表 6-9 重新进行相应的回归，发现所有表格的结论基本不受影响。

(6)Cohen 等(2008)指出，宏观经济环境变量对盈余质量可能会产生影响，为了避免宏观经济的影响，我们采用年份与基年(2004)之差作为控制变量加入到模型中，采用省(自治区、直辖市)的 Google 搜索指数以及城市的 Google 搜索指数作为投资者保护诉求的代理变量，分别对表 6-3～表 6-9 重新进行相应的回归，发现所有表格的结论基本不受影响。

以上稳健性检验表明，本章的研究结论具有较好的稳健性。

表 6-6　总资产周转率为代理变量的回归结果

变量	模型 1 系数	模型 1 t值	模型 2 系数	模型 2 t值	模型 3 系数	模型 3 t值	模型 4 系数	模型 4 t值	模型 5 系数	模型 5 t值	模型 6 系数	模型 6 t值	模型 7 系数	模型 7 t值	模型 8 系数	模型 8 t值	模型 9 系数	模型 9 t值
Intercept	0.328	13.22***	0.328	13.23***	0.329	13.26***	0.231	8.15***	0.232	8.18***	0.232	8.19***	0.118	4.46***	0.118	4.47***	0.118	4.47***
citySKI	0.0001	1.35	0.0001	1.26	0.0001	1.90*	0.000	-2.01**	-0.0001	-2.15**	-0.0001	-1.73*	0.000	3.66***	0.0002	3.54***	0.0002	3.60***
citySKI*Big4			0.0001	0.41					0.0002	0.96					0.0001	0.41		
citySKI*TurnOver					-0.0002	-2.34**					-0.0001	-1.17					0.0000	-0.39
TurnOver	0.006	2.66***	0.006	2.66***	0.011	3.53***	-0.004	-1.37	-0.004	-1.36	-0.001	-0.40	0.003	1.35	0.003	1.35	0.004	1.32
DebtRate	0.033	15.61***	0.033	15.61***	0.033	15.55***	0.034	14.41***	0.034	14.42***	0.034	14.34***	0.029	12.85***	0.029	12.84***	0.029	12.86***
IssueRate	0.011	3.78***	0.011	3.78***	0.011	3.77***	0.001	0.47	0.001	0.48	0.001	0.47	0.002	0.71	0.002	0.71	0.002	0.71
CFO	-0.072	-5.26***	-0.072	-5.27***	-0.072	-5.22***	-0.835	-42.20***	-0.835	-42.21***	-0.833	-42.10***	0.820	46.10***	0.820	46.10***	0.820	46.07***
State	-0.009	-3.84***	-0.009	-3.84***	-0.009	-3.88***	0.000	-0.12	0.000	-0.13	0.000	-0.15	-0.004	-1.62	-0.004	-1.62	-0.004	-1.63
Big4	0.010	1.46	0.007	0.83	0.010	1.50	0.001	0.10	-0.005	-0.50	0.001	0.12	-0.002	-0.28	-0.005	-0.49	-0.002	-0.27
Loss	0.008	1.86*	0.008	1.85*	0.008	1.90*	0.035	5.97***	0.035	5.95***	0.036	5.99***	-0.001	-0.26	-0.001	-0.26	-0.001	-0.25
Leverage	0.065	19.51***	0.065	19.52***	0.065	19.56***	0.038	9.44***	0.038	9.45***	0.038	9.46***	0.055	16.67***	0.055	16.67***	0.055	16.67***
Growth	0.011	6.57***	0.011	6.56***	0.011	6.59***	0.001	0.71	0.001	0.71	0.001	0.73	0.019	11.11***	0.019	11.10***	0.019	11.11***
ROA	-0.110	-6.08***	-0.110	-6.08***	-0.111	-6.11***	1.012	34.11***	1.012	34.09***	1.011	34.07***	-0.658	-38.45***	-0.658	-38.43***	-0.658	-38.45***
Lnsize	-0.013	-11.58***	-0.013	-11.59***	-0.013	-11.64***	-0.010	-7.54***	-0.010	-7.56***	-0.010	-7.57***	-0.007	-6.07***	-0.007	-6.08***	-0.007	-6.08***
Year	控制		控制		控制		控制		控制		控制		控制		控制		控制	
Industry	控制		控制		控制		控制		控制		控制		控制		控制		控制	
F 值	88.00***		85.06***		85.30***		136.48***		131.96***		131.99***		206.33***		199.41***		199.41***	
Adj R-Square	0.2441		0.2441		0.2446		0.4816		0.4816		0.4817		0.6245		0.6244		0.6244	
N	7812		7812		7812		4230		4230		4230		3582		3582		3582	

表 6-7 自由现金流、投资机会与管理层持股比例为代理变量的回归结果

变量	模型 1 系数	模型 1 t 值	模型 2 系数	模型 2 t 值	模型 3 系数	模型 3 t 值	模型 4 系数	模型 4 t 值	模型 5 系数	模型 5 t 值	模型 6 系数	模型 6 t 值
Intercept	0.321	12.98***	0.321	12.98***	0.321	13.00***	0.321	13.02***	0.321	13.02***	0.322	13.05***
citySKI	0.0001	1.60	0.0001	1.51	0.0000	0.12	0.0001	1.67*	0.0001	1.58	0.0001	1.86*
citySKI *Big4			0.0001	0.39					0.0001	0.38		
citySKI *fcfInvest					0.0003	2.80***						
fcfInvest	-0.002	-0.56	-0.002	-0.57	-0.006	-1.86*						
citySKI *HoldRate											-0.197	-1.03
HoldRate							4.639	1.02	4.616	1.01	7.476	1.40
DebtRate	0.032	15.42***	0.032	15.42***	0.032	15.39***	0.032	15.43***	0.032	15.43***	0.032	15.44***
IssueRate	0.011	3.78***	0.011	3.79***	0.010	3.75***	0.011	3.80***	0.011	3.80***	0.011	3.80***
CFO	-0.066	-4.51***	-0.066	-4.52***	-0.067	-4.59***	-0.069	-5.03***	-0.069	-5.04***	-0.069	-5.04***
State	-0.009	-3.67***	-0.009	-3.67***	-0.009	-3.69***	-0.009	-3.62***	-0.009	-3.62***	-0.009	-3.64***
Big4	0.008	1.48	0.008	0.85	0.010	1.45	0.010	1.52	0.008	0.89	0.010	1.53
Loss	0.008	1.83*	0.008	1.83*	0.008	1.78*	0.008	1.84*	0.008	1.83*	0.008	1.84*
Leverage	0.066	19.68***	0.066	19.68***	0.066	19.63***	0.066	19.74***	0.066	19.74***	0.066	19.73***
Growth	0.011	6.47***	0.011	6.47***	0.011	6.51***	0.012	6.87***	0.012	6.87***	0.012	6.89***
ROA	-0.107	-5.92***	-0.107	-5.91***	-0.108	-5.95***	-0.107	-5.92***	-0.107	-5.91***	-0.107	-5.92***
Lnsize	-0.013	-11.36***	-0.013	-11.37***	-0.013	-11.33***	-0.013	-11.39***	-0.013	-11.39***	-0.013	-11.42***
Year	控制		控制		控制		控制		控制		控制	
Industry	控制		控制		控制		控制		控制		控制	
F 值	87.69***		84.76***		85.10***		87.72***		84.79***		84.83***	
Adj R-Square	0.2435		0.2434		0.2442		0.2436		0.2435		0.2436	
N	7812		7812		7812		7812		7812		7812	

表 6-8　自由现金流、投资机会与管理层持股比例为代理变量的正向应计盈余管理的回归结果

变量	模型 1 系数	模型 1 t 值	模型 2 系数	模型 2 t 值	模型 3 系数	模型 3 t 值	模型 4 系数	模型 4 t 值	模型 5 系数	模型 5 t 值	模型 6 系数	模型 6 t 值
Intercept	0.225	8.00***	0.226	8.02***	0.226	8.03***	0.235	8.37***	0.236	8.40***	0.236	8.40***
citySKI	−0.0001	−2.00**	−0.0001	−2.13**	−0.0001	−2.88***	−0.0001	−2.13**	−0.0001	−2.26**	−0.0001	−1.88*
citySKI *Big4			0.0002	0.94					0.0002	0.97		
citySKI *fcfInvest					0.0004	2.89***						
fcfInvest	0.015	4.04***	0.015	4.03***	0.009	2.11**						
citySKI *HoldRate											−0.173	−0.83
HoldRate							−1.608	−0.31	−1.662	−0.32	0.899	0.15
DebtRate	0.034	14.58***	0.034	14.59***	0.034	14.56***	0.034	14.61***	0.034	14.61***	0.034	14.61***
IssueRate	0.002	0.55	0.002	0.56	0.002	0.51	0.001	0.49	0.002	0.50	0.002	0.50
CFO	−0.862	−41.28***	−0.862	−41.29***	−0.864	−41.38***	−0.835	−42.19***	−0.835	−42.20***	−0.835	−42.18***
State	0.000	−0.08	0.000	−0.09	0.000	−0.10	−0.001	−0.27	−0.001	−0.27	−0.001	−0.27
Big4	0.001	0.12	−0.005	−0.48	0.000	0.05	0.000	0.06	−0.005	−0.55	0.001	0.07
Loss	0.035	5.92***	0.035	5.90***	0.035	5.90***	0.035	5.95***	0.035	5.94***	0.035	5.96***
Leverage	0.038	9.49***	0.038	9.50***	0.038	9.44***	0.038	9.38***	0.038	9.38***	0.038	9.37***
Growth	0.003	1.37	0.003	1.37	0.003	1.37	0.001	0.59	0.001	0.59	0.001	0.60
ROA	1.011	34.33***	1.010	34.32***	1.009	34.31***	1.008	34.16***	1.007	34.15***	1.008	34.15***
Lnsize	−0.010	−7.50***	−0.010	−7.52***	−0.010	−7.48***	−0.010	−7.72***	−0.010	−7.74***	−0.010	−7.75***
Year	控制		控制		控制		控制		控制		控制	
Industry	控制		控制		控制		控制		控制		控制	
F 值	137.44***		132.89***		133.37***		136.36***		131.84***		131.83***	
Adj R-Square	0.4834		0.4834		0.4843		0.4814		0.4814		0.4813	
N	4230		4230		4230		4230		4230		4230	

表 6-9　自由现金流、投资机会与管理层持股比例为代理变量的负向应计盈余管理的回归结果

变量	模型 1 系数	模型 1 t 值	模型 2 系数	模型 2 t 值	模型 3 系数	模型 3 t 值	模型 4 系数	模型 4 t 值	模型 5 系数	模型 5 t 值	模型 6 系数	模型 6 t 值
Intercept	0.117	4.43***	0.117	4.44***	0.117	4.44***	0.113	4.33***	0.113	4.34***	0.114	4.34***
citySKI	0.0002	3.84***	0.0002	3.72***	0.0001	2.47**	0.0002	3.87***	0.0002	3.74***	0.0002	3.84***
citySKI*Big4			0.0001	0.41	0.0001	1.15			0.0001	0.41		
citySKI*fcfInvest					0.0001							
fcfInvest	-0.003	-1.21	-0.003	-1.21	-0.005	-1.62						
citySKI*HoldRate											-0.068	-0.32
HoldRate							1.181	0.25	1.149	0.24	2.146	0.38
DebtRate	0.029	12.80***	0.029	12.79***	0.028	12.75***	0.029	12.78***	0.029	12.77***	0.029	12.78***
IssueRate	0.002	0.69	0.002	0.69	0.002	0.68	0.002	0.75	0.002	0.75	0.002	0.74
CFO	0.827	45.78***	0.827	45.77***	0.826	45.74***	0.823	46.41***	0.823	46.41***	0.823	46.39***
State	-0.004	-1.59	-0.004	-1.59	-0.004	-1.60	-0.004	-1.55	-0.004	-1.55	-0.004	-1.55
Big4	-0.002	-0.29	-0.005	-0.49	-0.002	-0.28	-0.002	-0.28	-0.005	-0.49	-0.002	-0.28
Loss	-0.001	-0.35	-0.001	-0.35	-0.002	-0.38	-0.001	-0.30	-0.001	-0.31	-0.001	-0.31
Leverage	0.055	16.66***	0.055	16.66***	0.055	16.64***	0.055	16.80***	0.055	16.80***	0.055	16.80***
Growth	0.018	10.35***	0.018	10.34***	0.018	10.38***	0.019	11.31***	0.019	11.30***	0.019	11.32***
ROA	-0.657	-38.45***	-0.657	-38.43***	-0.657	-38.46***	-0.657	-38.43***	-0.657	-38.41***	-0.657	-38.42***
Lnsize	-0.007	-6.02***	-0.007	-6.03***	-0.007	-6.00***	-0.007	-5.95***	-0.007	-5.96***	-0.007	-5.96***
Year	控制		控制		控制		控制		控制		控制	
Industry	控制		控制		控制		控制		控制		控制	
F 值	206.30***		199.38***		199.48***		206.17***		199.25***		199.25***	
Adj R-Square	0.6244		0.6243		0.6245		0.6243		0.6242		0.6242	
N	3582		3582		3582		3582		3582		3582	

6.3.3　研究结论与启示

盈余管理与投资者保护、市场监管以及会计准则的制定息息相关,一直以来都是学术界和实务界所共同关心的重大问题(申慧慧等,2009)。已有的盈余管理研究主要集中在讨论盈余管理的存在性、盈余管理的估计以及对盈余管理的动机和盈余管理手段及其经济后果等的考察,并且得到了比较具有说服力的证明。但是,仅仅改变与会计相关的制度可能无助于提升会计信息质量、减少盈余操纵行为(Leuz et al.,2008),各国的制度环境,如司法体系等也是影响会计信息质量的重要因素(Leuz et al.,2003;Cohen et al.,2008)。Coffee(2001)、Pistor 等(2000)、Glaeser 等(2001)和 Djankov 等(2003)认为,制度文本制定后,其实施的质量才是决定资本市场发展的重要因素之一。Trubek 和 Galanter(1974)、Pistor 和 Wellons(1999)以及 Berkowitz 等(2003)指出,制度的传统及其实施环境的制度实施质量才是决定资本市场发展的重要因素之一。因此,在一个会计准则和司法体系统一的环境之下,制度的实施质量,特别是投资者对于制度的实施质量的反应,即投资者保护诉求分别在提升会计信息质量、抑制盈余操纵行为中究竟扮演了何种角色,目前还没有较为直接的经验证据。中国于 2001 年 6 月 30 日公布并于 2001 年 11 月 1 日开始实施的《城市房屋拆迁管理条例》,为我们研究制度的实施质量,特别是投资者对于制度的实施质量的反应,即投资者保护诉求提供了一个较好的自然实验。

基于以上分析,本章采用 2004～2010 年在 Google 搜索引擎上搜索与“拆迁”相关的关键词指数作为中国式拆迁的关注度的测度变量。本章研究了中国式拆迁在搜索引擎上的关注度对我国上市公司应计盈余质量的影响。研究发现:在正向应计盈余管理方面,拆迁关注度与应计盈余管理的程度负相关;在负向应计盈余管理方面,拆迁关注度与应计盈余管理的程度正相关;由“四大”审计的公司,拆迁关注度与应计盈余管理的程度不存在显著相关性;对于代理成本较高的公司,拆迁关注度与应计盈余管理的程度不存在显著相关性。本章的研究表明,Internet 用户的关注度为制度的实施和监管提供了一个实时观察点,Internet 治理在一定程度上能够促进资本市场的效率,是对我国投资者保护较差的制度环境的一种补充和(或)替代。

本章的发现为投资者和政策的制定者,对于制度的实施质量,特别是投资者对于制度的实施质量的反应,即投资者保护诉求在中国资本市场的信息含量,提供了一个新的分析视角和解读,并为其提供了一个实证证据。同时,本章的研究发现,有利于制度的制定者和监管当局不但需要关注和加强制度的建设,同样也需要加强制度的实施,提高制度的实施质量,并需要关注投资者对于制度的实施质量的反应,即投资者保护诉求对于制度实施的影响,本章的研究为他们加强制度的实施提供了一个实证证据。

本章研究发现,投资者和政策的制定者,特别是监管当局,不仅仅需要关注传统媒体的舆情变化,也需要关注 Internet 用户的关注及其舆情变化所折射出来的投资者诉求,对资本市场和管理层行为的影响。本章也从信息技术进步的侧面，从微观的视角验证了Lucas（1988）的技术溢出效应的存在性。本章的研究结果也表明，要想真正建立一个健全有效的资本市场，不仅仅需要加强对资本市场的管理，还需要关注广大投资者的积极参与和监管的舆情变化。本章的研究进一步表明，由信息技术引发的技术进步为政策的制定者更好地制定适合我国国情的政策以及更好地为监管当局有效监管提供了一种补充和（或）替代作用，Internet 治理有助于减少制度实施的负面效应。

第7章 拆迁大数据视角下的
Internet 治理与企业资本结构

7.1 企业资本结构

7.1.1 企业资本结构概述

资本结构是指企业各项资本的构成状态,由于企业的资本结构决定着企业融资方式的选择以及对各种融资方式的分配比例,因此,很大程度上影响着企业的偿债能力、融资能力,关系到管理者、投资者、关联方等多方利益相关者(吕长江和韩慧博,2001)。

对资本结构的研究最早始于 MM 理论。自从 Modigliani 和 Miller(1958)提出企业资本结构与市场价值不具相关性以来,许多研究公司金融的学者,试图通过改变 MM 理论的假设条件,获得在现实制度环境之下,真正影响公司融资行为及其结果的主要因素。基于成熟资本市场上较为完善的制度环境,研究者们提出了一系列关于公司融资和资本结构的理论,包括权衡理论(Modigliani and Miller,1963;Baxter,1967;Bradley et al.,1984)、代理理论(Jensen and Meckling,1976;Myers,1977)以及融资优序理论(Myers and Majluf,1984;Myers,1984)等。由于现实制度环境的迥异,这些理论在新兴资本市场上并没有得到很好的现实支持。Titman(2001)认为,导致这个问题的原因是在成熟市场上发展起来的上述理论都存在市场完美的隐性假设,因此,需要重视资本市场自身的制度建设及其制度实施问题。Frank 和 Goyal(2009)通过实证研究也证实了这一点。

7.1.2 大数据视角下的企业资本结构调整

我国作为新兴资本市场,虽然政策制定者和监管者一直在加强制度建设,但是,中国的投资者保护的法律基础有待完善;政府的行政性治理却在资本市场发展中扮演着重要的角色(杜巨澜和黄曼丽,2013)。这种特殊的制度背景,使得我国的市场环境与成熟市场的市场环境存在很大的不同,主要体现在两个方面:一是,资本市场建设的初衷是为了满足国有企业融资难的问题,由此衍生出市场准入制等一系列相关的发行管制行为,如发行配额制、ST 制度;二是,政府会根据宏观调控的需要干预市场(王正位等,2011),如暂停 IPO、重启 IPO。这种特殊的资本市场制度环境,使得制度文本规定的内容,在实际的实施和执行过程中,受到了行政的干扰和扭曲,也迫使我国上市公司具有强烈迎合政府监管的动机(高洁，2010)。

在我国资本市场的政府监管的制度安排之下(La Porta et al.，1997，1998；Levine，1999)，这些制度的实施质量决定了投资者保护的真正状态(Glaeser et al.，2001；Djankov et al.，2003)。我国制度实施质量较低，会出现有法不依、执法不严的现象(邵颖波，2001；Allen et al.，2005)，决定了我国资本市场的弱投资者保护现状。此外，与我国迅猛发展资本市场相比，我国法律法规的实施质量却进展缓慢(Pistor and Xu，2005)，这些与中国资本市场获得了跳跃式发展相悖。于是，我们自然提出一个问题：在投资者保护较弱的中国资本市场是否存在一种消除投资者保护较差的替代(补充)机制(La Porta et al.，1998，1999，2000)？如果存在这么一种机制，那么，这种机制对于管理层确定和调整融资行为与资本结构有何影响？

近些年来，随着我国经济的迅猛发展，我国城镇化进程也获得了飞速发展，导致了由部分地方政府作为主要参与人之一的拆迁及其相关问题变得日益突出(冯玉军，2007)，暴力拆迁事件甚至非法拆迁事件也时有发生。这些事件给投资者的财产安全造成了极坏的影响，由于法律法规执行效率低下以及新闻媒体的审查制度，投资者转而求助于 Internet，通过 Internet 平台，这些拆迁事件在网络上迅速传播蔓延，极大地吸引了广大 Internet 用户，特别是搜索引擎用户的密切关注。这种拆迁折射出具有中国特色的制度安排和这种制度安排下的投资者保护以及制度实施执行的现状。由于拆迁的对象是房屋，对于大多数的中国人而言，房屋是其一生最主要的和最重要的投资品，因此，我们认为，一个地区的 Internet 用户通过搜索引擎的拆迁关注度能够很好地反映这个地区投资者保护诉求的状态，也就能够发挥 Internet 治理的功效。

在我国采用统一的资本市场制度，制度安排设计的质量问题对于我国而言是一个常量，唯一导致制度有效实施的差异在于：各个地区的当地政府贯彻实施现有制度的质量差异。此外，我国政治制度的设计、中央政府对于地方政府的考核制度的设计以及资本市场监管当局对于制度的修订、补充、试验和完善等，导致了各个地方的现有制度的贯彻实施质量具有不稳定性，也就是存在时变性。各个地方由于其经济和文化的差异、特有的城乡二元化结构以及政府政绩考核的锦标赛特征等(周黎安和陶婧，2011)，导致了在全国范围内制定的统一的制度，具体到每一个当地政府，其实施的质量存在一定差异。这种制度的实施质量往往很难度量，只有在特定的事件发生时，我们才能观察到这种实施质量的差异。在我国发生的与拆迁相关的事件为我们考察我国制度的实施质量、投资者保护及其引发的投资者保护诉求提供了一个良好的自然实验。基于以上考虑，本章研究在我国统一的法律法规、资本市场制度下，制度的贯彻实施质量对投资者保护的影响，以及在制度贯彻实施过程中，作为制度的保护对象的投资者对这种实施质量的关注情况，也即投资者保护诉求对上市公司资本结构的影响。

7.2　互联网大数据影响下的企业资本结构

7.2.1　互联网大数据下管理层决策信息量

互联网、大数据技术的发展使得管理层的决策过程与传统决策有所不同,包括决策主体、决策权配置、决策思维及决策文化等多方面,都受到了互联网大数据的影响(李忠顺等,2015)。而在所有的影响结果中,最显而易见的便是信息数量的改变。在传统决策过程里,企业获取数据的渠道单一、数据提取手段落后、误差纰漏较多,因此,种种不可避免的因素都致使企业很难获取足够数据以供分析,导致管理层决策信息量小,影响决策的效率效果。随着大数据时代的到来,特别是在互联网不断普及的背景下,越来越多的信息在网络上显现并传播,而企业利用新兴的信息技术后,获得数据的渠道增多,获取方法更加多样,获取数据的速度也更加快捷,进而促使企业获得更大量数据信息以供决策。

虽然,对于管理层来说,信息量较以前有了很大的提高,但其中也涵盖了许多无用甚至是虚假的信息,大数据特有的稀疏性和低价值密度性使得管理层定位高价值信息更为困难,这也对管理者提出了新的挑战(徐宗本等,2014)。一方面,对于中底层管理者,较高层管理者,他们更多地接触到原始信息,因此,必须增强自己甄别信息的能力,提取最具价值的信息;另一方面,高层管理者决策时可供参考的信息量增大,且更加多面和复杂,如何应用这些信息做出最具战略价值的决策需要管理层更高的决策能力。

7.2.2　互联网大数据影响企业资本结构调整的机理

在信息技术获得了极大普及的今天,在我国新闻媒体普遍受到审查,特别是当地政府严格监管的条件下,Internet 成为投资者获取信息和发布信息的重要渠道和平台。Internet形成了一股巨大的力量,为弱投资者保护制度下的投资者寻求投资者保护的一种高效途径,对政策的制定者、市场监管层以及企业管理层构成了较大的压力,也就形成了 Internet治理。

在 Internet 影响无处不在的今天,上市公司的管理层、监管层以及上市公司的利益相关者自然会受到这种投资者保护诉求的感染,构成了 Internet 治理。Internet 治理的存在,提升了我国制度实施的质量(曾建光等,2013),而企业所处的制度环境是影响企业资本结构的决定性因素之一(Oztekin and Flannery,2012;王跃堂等,2010),所以,Internet 治理通过影响企业所处的制度环境达到影响上市公司管理层的融资行为。因此,拆迁关注度越高的地区的上市公司,Internet 治理也越好,对投资者保护形成了一种良好的补充(替代)作用,整体上而言,Internet 治理有助于提升投资者保护,也就迫使管理层降低企业的长期风险,也即降低了长期资产负债率。同时,提升了企业的短期商业信用能力,也即短期资产负债率得到了提升。由此，投资者保护诉求有利于调低长期资本结构，提升短期资本结构。

基于以上分析，本章研究中国式拆迁关注度形成的 Internet 治理对于我国上市公司资本结构的影响。研究结果表明：Internet 治理越好的地区，上市公司的长期资产负债率越低，而短期资产负债率越高；对于国有上市公司而言，长期资产负债率降幅更大；处于亏损的上市公司的长期资产负债率，降幅更小；在无 Internet 治理的地区，上市公司的长期资产负债率不受市场择时的影响。

本章的主要贡献在于：第一，Oztekin 和 Flannery（2012）采用国别比较，研究发现企业所处的制度环境是影响企业资本结构的决定性因素之一。而在一个国家之内，企业所处的制度安排是一致的，但由于各个地方制度实施环境的差异，这些差异对于企业资本结构的影响如何？目前的文献鲜有涉及。而本章则首次考察了中国式拆迁所折射出来的制度安排及其实施质量对于上市公司融资行为的影响。第二，本章首次考察了 Internet 治理对于企业资本结构的影响因素，丰富了资本结构方面的文献，对解读 Internet 治理在中国资本市场的信息含量，提供了一种新的分析视角和解读。第三，本章研究发现，投资者和政策的制定者，特别是监管当局，不仅仅需要关注传统媒体的舆情变化，更需要关注 Internet 用户的关注及其舆情变化所折射出来的投资者诉求，对于资本市场融资行为和管理层融资行为的影响。本章的研究结果也表明，要想真正建立一个健全有效的资本市场，不仅仅需要加强对资本市场制度的建设，还需要及时关注广大投资者在 Internet 虚拟社区上的网络舆情变化。本章的研究进一步表明，由信息技术引发的技术进步为政策的制定者更好地制定适合我国国情的政策以及更好地为监管当局有效监管提供了一种补充（替代）作用，Internet 治理有助于减少新兴资本市场制度实施的负面效应。

本章接下来的部分安排如下：第二部分是理论分析及文献回顾；第三部分是研究假设与模型设定；第四部分是样本选择与研究结果；第五部分是研究结论。

7.3　互联网大数据影响企业资本结构的实证证据

7.3.1　文献综述与研究假设的提出

1. 文献综述

我国各个省级行政区，由于其经济和文化的差异、特有的城乡二元化结构以及政府政绩考核的锦标赛特征等（周黎安和陶婧，2011），导致了在全国范围内制定的统一的制度，具体到每一个当地政府，其实施的质量存在一定差异（曾建光等，2013）。这种制度的实施质量往往很难度量，只有在特定的事件发生时，我们才能观察到这种实施质量的差异。近年来，随着我国城镇化、城市化进程的突飞猛进，我国城镇、城市房屋拆迁进入快速发展阶段，这些在我国发生的与拆迁相关的事件为我们考察我国制度的实施质量提供了一个良好的自然实验，同时，也为我们观察我国制度实施质量的替代（补充）机制发挥作用提供了一个良好的自然实验。与拆迁相关的事件充分反映了我国相关法律法规规定的保护广大投资者权益在各个地方的实施质量,同时也充分反映了这种制度安排之下的各方的利益保护诉求以及政府在政绩考核下的利益等之间的博弈。也就是说,与拆迁相关的事件的发生能够充分反映我国制度的实施质量问题以及在现有的制度背景下通过制度实施所进行的权力、权利和利益的博弈(冯玉军,2007),也即,中国式拆迁的关注程度体现了我国现有制度体系的安排之下的制度实施质量以及这些实施质量所引发的投资者保护诉求状况。

在这些房屋拆迁纠纷事件中,社会公众,特别是非当事人的卷入使得这些事件对于投资者保护的诉求开始受到社会的普遍关注。由于我国特有的新闻监管机制,报纸的报道往往受到诸多限制,再者报纸的传播时延较大以及报纸的发行量无法判断订阅人是否关心过报道的内容(Da et al.,2011)。但是,Internet 的存在弥补了报纸的这些缺陷,并且可以解决当地政府对于报纸媒体的过度干预。一个拆迁事件的发生,可以通过 Internet 迅速在全国传播。这种广泛分散在 Internet 上的拆迁事件容易被淹没在 Internet 上的海量信息之中,Internet 用户为了获得这些拆迁事件的信息,除了在熟悉的网站上获得外,最主要的还是通过搜索引擎获得比较全面的信息。每个搜索引擎用户关注拆迁事件的搜索行为的集合能够充分反映普通大众的关注情况。因此,搜索引擎用户关注拆迁事件的搜索行为的集合充分体现了广大投资者对于不动产在物权法、土地管理法、城市规划法、城市房地产管理法,特别是城市房屋拆迁管理条例等基本法律调整下的保护诉求,这种诉求充分体现了在我国特有的制度安排之下的制度实施质量问题,也体现了在现有制度实施质量存在问题面前,投资者的一种抗争和呼吁以及对于投资者保护的一种期盼和渴望。这些在 Internet 虚拟现实中的诉求,通过各种 Internet 的应用得以广泛传播,进而影响作为 Internet 用户的一部分——包括企业管理层在内的企业利益相关者。企业管理层面对投资者的投资者保护诉求的压力,必然会在一定程度上减少其机会主义行为。我们认为,中国搜索引擎用户搜索与拆迁相关的行为很好地反映了投资者保护的诉求,投资者保护诉求有助于企业管理层降低长期资本结构,降低企业风险;这种投资者保护诉求对现有的制度安排的实施质量起到了一种补充或者(和)替代作用。

中国互联网络信息中心(CNNIC)2020 年 9 月发布的第 46 次《中国互联网络发展状况统计报告》显示,截至 2020 年 6 月,我国网民规模达 9.40 亿,较 2020 年 3 月增长 3625 万,互联网普及率达 67.0%,较 2020 年 3 月提升 2.5 个百分点[①]。现有的研究主要考察搜索引擎在一个国家关于某一主题的搜索量占该搜索引擎在该国的整个搜索量的比例与现实经济活动之间的关系。Ettredge 等(2005)研究发现,在 2001~2003 年期间,搜索引擎使用最频繁的前 300 个关键词的使用频次与美国劳工统计局(Bureau of Labor Statistics)统计的失业人数显著正相关。Choi 和 Varian(2009a)通过采用季度自回归和固定效应模型,研究发现 Google Trends 中的关键词的搜索量能够很好地预测家电的销售量和汽车的销售量以及旅游的收入,

---

① 中国互联网络信息中心(CNNIC),第 46 次《中国互联网络发展状况统计报告》
http://www.gov.cn/xinwen/2020-09/29/5548176/files/1c6b4a2ae06c4ffc8bccb49da353495e.pdf

他们还发现，在某些案例中，其预测能力能够提高 12%以上。Choi 和 Varian(2009b)通过考察 Google Trends 中关于失业的关键词的搜索量与美国失业率的时间序列关系，研究发现，失业的关键词的搜索量能够很好地预测首次申请失业救济的人数(initial claims for unemployment benefits)。Askitas 和 Zimmermann(2010)采用 Google Trends 中关于失业的关键词在德国的搜索量，也发现了同样的结论。Suhoy(2009)通过考察以色列 2004.1~2009.2 期间的 Google 搜索指数与以色列中央统计局(Central Bureau of Statistics)发布的工业生产、商业部门的招聘情况、贸易与服务收入、服务出口、消费品进口、商品房销售量等的变化率之间的预测能力(nowcasting)，研究发现，在官方统计数据发布之前，Google 搜索指数在以下方面能够很好地预测真实的经济形势：人力资源(招聘和雇员)、家电、旅游、不动产、食品饮料、美容和保健。Goel 等(2010)采用 Google 搜索指数预测消费者在未来数天和数周内的消费行为，研究发现通过 Google 搜索指数进行的预测非常精准。

以上研究表明，搜索引擎在一个国家关于某一主题的搜索量占该搜索引擎在该国的整个搜索量的比例能够很好地反映现实经济活动。根据以上文献的研究结论，我们可以推断：我国 Internet 用户使用搜索引擎搜索与拆迁相关的信息，也能够很好地反映现实中发生的拆迁行为以及投资者保护诉求。这些拆迁发生的更深层次的制度经济学原因是：在新兴和转轨型资本市场上，制度的安排及其实施质量如何有效保护投资者利益？Internet 用户关注拆迁正是因为投资者利益没有在现有的《中华人民共和国宪法》《中华人民共和国民事诉讼法》《中华人民共和国土地管理法》《中华人民共和国城市房地产管理法》等相关法律法规等制度下获得制度规定的保护，他们关心拆迁，更多的是一种投资者保护诉求，是对现有的制度实施的一种控诉，这种诉求给当地政府以及管理层都形成了一种压力，迫使他们更好地保护投资者利益。因此，采用中国的与拆迁相关的搜索量可以较好地度量拆迁关注度，这种关注度能够更好地刻画投资者保护诉求，是对我国弱投资者保护制度的一种补充(替代)，是一个合理的代理变量。

现有的文献对制度实施之后投资者的反应(投资者对于现状的诉求)几乎都是采用度量制度文本和制度实施作为代理变量以考察投资者保护的经济后果；采用相关的新闻媒体的报道(或者把网站上的内容作为新闻报道的一种扩展)等作为代理变量，以考察投资者保护诉求的经济后果。导致这个问题的原因在于这些真实的投资者诉求无法直接观察到。而这些年来 Internet 的迅猛发展，特别是搜索引擎的普及，为我们观察投资者的直接诉求提供了一个绝佳的途径。

现有的文献主要通过度量制度的制定者与投资者诉求博弈后的结果——制度文本(La Porta et al. 1997，1998，1999；Giannetti，2003；Djankov et al.，2008)、制度实施(Pistor et al.，2000；Glaeser et al.，2001；Djankov et al.，2003)和新闻媒体的报道等考察经济后果。而本章采用在中国这种特殊的新兴、转轨资本市场上，发生的拆迁作为自然实验，考察这些事件发生后，投资者对于拆迁导致的投资者保护的关注度，即，投资者保护诉求。La Porta 等(1997，1998，1999)、Pistor 等(2000)和 Giannetti(2003)等认为，制度文本的质量影响资本市场的发展。而 Coffee(2001)、Pistor 等(2000)、Glaeser 等(2001)和 Djankov 等(2003)认为，制度文本制定后，其实施的质量才是决定资本市场发展的重要因素之一。Trubek 和 Galanter(1974)、Pistor 和 Wellons(1999)以及 Berkowitz 等(2003)却认为，制度的传统及其实施环境的制度实施质量才是决定资本市场发展的重要因素之一。

制度环境因素对企业资本结构的影响。企业所处的制度环境是影响企业资本结构的决定性因素之一(Bancel and Mittoo，2004；Oztekin and Flannery，2012；王跃堂等，2010)。Jõeveer(2013b)认为，制度因素对企业的资本结构具有大半的解释力，而其余无法解释的部分则可以用无法测度的制度因素来解释。Jong 等(2008)认为，发达市场与欠发达市场中，制度性的差异导致在这些市场中的公司资本结构也存在系统性的差异。市场化程度越高，企业的资本结构调整速度就越快，偏离目标资本结构的程度也就越小(姜付秀和黄继承，2011)。盛明泉等(2012)认为，国有企业由于存在预算软约束(林毅夫和李志赟，2004)，导致其改善资本结构的激励不强，从而阻碍了它们的资本结构调整行为。盛明泉等(2012)的研究忽视了一个问题，也就是国有企业特有的软预算比较固化，没有其他替代(补充)机制改变或改善这种软预算的问题。

投资者保护对企业资本结构的影响。根据 Jensen 和 Meckling(1976)的合约框架以及 Grossman 和 Hart(1986)与 Hart 和 Moore(1990)的剩余索取权框架，市场机制是投资者利益保护的重要机制。但是，市场机制的发挥有赖于保障合约有效履行的法律制度的健全和有效执行情况，也即，投资者保护机制来源于法律及其实施质量(La Porta et al.，1997)。对于处于转轨期的国家而言，更是缺乏足够支撑标准的投资者保护制度运转所需要的制度资源(计小青和曹啸，2008)。Giannetti(2003)采用东欧国家的数据，研究发现，债权投资者保护状况对企业的资本结构具有显著影响。新兴市场之间公司资产负债率的差异比成熟市场公司资产负债率的差异更加明显(Booth et al.，2001)。影响这种现象的重要因素包括财务特征(Smith and Watts，1992；Booth et al.，2001)、公司治理(Harris and Raviv，1988；Stulz，1990；Berger et al.，1999)、法律制度因素(Pagano et al.，1998；Garvey and Hanka，1999；Demirguc-Kunt and Maksimovic，1998；Wald and Long，2007)和执法效率与公平程度(Fan et al.，2012)，而以上因素之所以能够影响管理者的融资行为以及资本结构的原因则在于不同国家在投资者保护上存在差异(La Porta et al.，1997，1998；Shleifer and Wolfenzon，2002；Claessens et al.，2002；Giannetti，2003)。这些文献都是从国别之间的差异来说明公司融资行为与资本结构的差异，而沈艺峰等(2009)则开创性地从同一个国家之内，研究不同公司在执行投资者保护方面的差异所导致的企业融资行为与资本结构的不同。沈艺峰等(2009)通过对上市公司报告的自查报告的各项打分来设计投资者保护执行指数。沈艺峰等(2009)采用的这种方法存在以下不足：第一，从抗董事会权、信息披露和投资者保护实施这三个方面执行较好的公司，其自身的绩效等都可能比较好，可能存在一定的内生性；第二，抗董事会权、信息披露和投资者保护实施这三个方面在中国是否足以代表投资者保护执行质量，存在一定的商榷空间；第三，对自查报告问卷问题的回答设置分值，是为 1，否为 0，这种打分制的方法具有一定的主观性，特

别无法对"同一个答卷问题部分情况为是，部分情况为否"的情形打分。我国地区间的治理
环境是有差异的，而且这些差异也会影响一个地区的投资者保护状况(辛宇和徐莉萍，2007)。
现有文献都是采用市场化指数作为投资者保护的代理变量，由于这些市场化指数大都通过打
分制来评价，存在较大的主观性和有偏性(曾建光等，2013)。

以上这些研究表明，制度本身以及制度的实施质量是影响资本市场发展的重要因素，
但是，现有文献还没有一个指标能够研究在同一时间内不同公司的投资者保护状况及其经
济后果(姜付秀等，2008)。这些研究都或多或少地受到制度环境内生性的影响，此外，这
些文献都没有考虑到制度的实施质量对于企业资本结构的影响，对于我国这种新兴资本市
场而言，制度的实施质量，尤其是投资者保护诉求，对于企业资本结构的影响可能需要特
别关注。现有的大多数文献采用的市场化指数，大都通过打分制等方式计算，存在较大的
人为判断因素，而且对于一个地区而言，可能还存在一定的内生性。

在目前中国特有的制度背景下，虽然中国资本市场获得了跳跃式的发展，但是，中国
的投资者保护的法律基础有待进一步完善(杜巨澜和黄曼丽，2013)，投资者保护制度的实
施质量欠佳(Pistor and Xu，2005)。我国上市公司时有丑闻发生，投资者期望有更多途径
获取公司信息(Zhang，2004)；另一方面，丑闻又影响资本市场的健康发展，导致投资者
要求证监会加强监管。为了更好地发展我国资本市场，如何度量这种实施质量以及这种实
施质量对于企业资本结构的影响也就显得特别重要。

此外，作为理性经济人且熟知相关制度的投资者，绝大多数在面对存在实施质量问题
的投资者保护现状时，由于无法逃离整个制度环境，他无法"用脚投票"。因此，他必然
会去寻求一个平台去聚集更多的力量以制衡或者缓解目前的实施质量的问题，也即，投资
者希望通过一个平台去对现有制度安排和实施质量进行替代和(或)补充。信息技术的进步
以及 Internet 的普及，特别是搜索引擎的持续改进，使得这个平台成为可能，变成了现实。
这个平台就是 Internet，搜索引擎是进入 Internet 的方便、简单、快捷的工具。由于历史遗
留问题以及大规模的城市扩张与旧城改造，整个中国变成了一个"大工地"(冯玉军，2007)，
此时的制度实施质量问题暴露无遗。投资者，特别是中小投资者在拆迁的博弈过程中，处
于劣势地位。在制度的实施质量面前，他们把目光投向了 Internet，并借助搜索引擎进入
到 Internet 平台。因此，投资者在搜索引擎上录入的与拆迁相关的搜索关键词为我们了解
投资者保护的制度实施质量现状以及在该实施质量面前投资者的诉求提供了一个绝佳的
途径。基于此，本章从中国式拆迁所引发的投资者保护诉求的角度考察资本结构的变化，
以检验中国式拆迁的关注度形成的 Internet 治理对于我国上市公司资本结构的影响。

2. 研究假设

在我国特有的制度安排之下，"城市房屋拆迁制度是'中国特有'的一项制度"(王克稳，
2004)。我们认为在整个拆迁过程中，被拆迁人的效用无法达到最大化，而开发商可以达到效
用的最大化。这一点可以从拆迁而引起的各类信访、上访、起诉以及重大恶性案件不断攀升

得到佐证(Evictions, 2004)。此外，《城市房屋拆迁管理条例》(2001 年)第三章第二十二条规定"拆除违章建筑和超过批准期限的临时建筑，不予补偿；拆除未超过批准期限的临时建筑，应当给予适当补偿。"；《城市房屋拆迁管理条例》(2001年)第三章第二十四条规定"货币补偿的金额，根据被拆迁房屋的区位、用途、建筑面积等因素，以房地产市场评估价格确定。具体办法由省、自治区、直辖市人民政府制定。"这两条规定，使得拆迁有了制度的依据，但也在一定程度上助长了当地政府和开发商的合谋，自然就加剧了被拆迁人的劣势地位。处于劣势的被拆迁人必然要努力争取效用的改进，进而要求得到权益的保护，即投资者保护诉求。由于当地政府效用函数的较难改变性以及诸多制度安排的相对固化性，投资者"用脚投票"的方式失效，进而促使 Internet 成为投资者寻求保护的一种有效方法，他们寄希望于网络的力量去影响制度的制定者和更高一级的监管者，由此形成了拆迁关注度。

拆迁关注度是指投资者主动通过搜索引擎去关注与拆迁相关的内容。而拆迁关乎于投资者重要的投资品，甚至是占投资者绝大部分的资产配置比重。对拆迁的关注就是对公民财产的关注，也是对投资者一生中重要的投资品的关注；这自然也就是对投资者保护相关的制度的关注。投资者通过搜索引擎去关注拆迁，这关注的背后，更多地表明投资者在关注财产的保护，投资者越关注，对政策的制定者、市场监管层以及企业管理层的压力也就越大。

在信息技术获得了极大普及的今天，在我国新闻媒体普遍受到审查，特别是当地政府严格监管的条件下，Internet 成为投资者获取信息和发布信息的重要渠道和平台，Internet 形成了一股巨大的力量，为弱投资者保护制度下的投资者寻求投资者保护的一种高效途径，对政策的制定者、市场监管层以及企业管理层构成了较大的压力，也就形成了 Internet 治理。

在 Internet 影响无处不在的今天，上市公司的管理层、监管层以及上市公司的利益相关者自然会受到这种投资者保护诉求的感染，构成了 Internet 治理。Internet 治理的存在，提升了我国制度实施的质量(曾建光等, 2013)，而企业所处的制度环境是影响企业资本结构的决定性因素之一(Oztekin and Flannery, 2012；王跃堂等, 2010)，所以，Internet 治理通过影响企业所处的制度环境达到影响上市公司管理层的融资行为。因此，拆迁关注度越高的地区的上市公司，Internet 治理也越好，对投资者保护形成了一种良好的补充(替代)作用。整体上而言，Internet 治理有助于提升投资者保护，也就迫使管理层降低企业的长期风险，也即，降低了长期资产负债率。同时，提升了企业的短期商业信用能力，也即，短期资产负债率得到了提升。由此，投资者保护诉求有利于调低长期资本结构，提升短期资本结构。基于以上分析，我们提出假设 H1 和 H1a 如下：

H1：Internet 治理越好，上市公司的长期资产负债率越低。

H1a：Internet 治理越好，上市公司的短期资产负债率越高。

对于国有企业而言，由于有政府及其相关政策的支持，国有企业较少受到融资约束，能够获得较多的信贷资源(盛明泉等, 2012)，其长期风险也较低。但是，由于国有企业存在较大的预算软约束(林毅夫和李志赟, 2004)，缺乏适当的激励机制(张敏等, 2010)，导致国有企业代理问题较严重，国有企业管理层优化资本结构的动机也就不强，他们会充分利用这种软约束，获取更多的负债，以达到更多的控制权（Qian et al.，2009；盛明泉等，2012）。但是，在 Internet 治理较好的地区，投资者保护诉求也越强，国有企业管理层受到的外在压力也越大，该地区的投资者保护也就越好（曾建光等，2013）。这些地区的国有企业管理层为了在上级管理部门的考核中获得更好的成绩，他们必然会减少使用这些软预算增加企业负债，降低代理问题，树立更好的形象，获得更佳的声誉，做好保护投资者的模范作用，更加努力地去降低长期风险，降低长期资产负债率。

而对于亏损的上市公司而言，由于面临着 ST，甚至退市的风险，这些公司必须投资更多的项目，尤其是长期项目以向资本市场的投资者传递更多的正面改善公司不利局面的信息，管理层会提升资产负债率水平。但是，Internet 治理越好地区的上市公司，其投资者保护也越好，因此，对于亏损公司而言，其长期资产负债率的降幅会较小。基于以上分析，我们提出假设 H2 和 H2a 如下：

H2：Internet 治理越好，国有上市公司的长期资产负债率降幅越大。

H2a：Internet 治理越好，处于亏损的上市公司的长期资产负债率降幅越小。

各个省市经济发展水平存在较大的差异，导致各个省市的 Internet 普及率也存在较大差异。对于 Internet 普及率较低的地区，Internet 的用户数量也较少。根据梅特卡夫定律（Metcalfe's Law）的网络价值与用户规模的平方成正比，可知，在 Internet 用户数量较少的地区，Internet 的网络外部性也较低，因此，Internet 治理也较难形成。Internet 治理无法对投资者保护起到替代（补充）作用，因此，在这种环境之下，弱投资者保护成为一种常态。在这种非有效市场中，公司管理层能够利用市场的无效性合理安排融资来创造价值（Stein，1996；Baker and Wurgler，2002；Alti，2006），市场时机能够显著影响中长期的资本市场（刘端等，2005；刘端等，2006；王正位等，2007）。刘澜飚和李贡敏（2005）却发现，市场择时在短期内对资本结构具有显著影响，但不具有长期效应。王正位等（2011）根据再融资的上市公司样本，并没有发现市场时机能够显著影响资本结构。这些研究发现并没有得到一致的研究结论，我们认为，这是由于这些研究忽视了投资者保护状态对于企业资本结构的影响。在弱保护且无 Internet 治理作为补充（替代）机制的市场条件下，即使市场条件很好，上市公司仍然无法利用这种市场时机进行长期融资；但是，能够利用这种市场时机获得短期的融资行为，影响其短期资本结构。基于以上分析，我们提出假设 H3 和 H3a 如下：

H3：在无 Internet 治理的地区，上市公司的长期资产负债率不受市场择时的影响。

H3a：在无 Internet 治理的地区，上市公司的短期资产负债率受市场择时的影响。

7.3.2　研究设计与实证结果

1. 研究设计

为了检验上述假设，本章借鉴 Rajan 和 Zingales（1995）、Garvey 和 Hanka（1999）、Booth 等（2001）、沈艺峰等（2009）以及王正位等（2011）的做法，设定模型（7-1）如下：

$$
\begin{aligned}
\text{Structure} = {} & \alpha + \beta_1 \text{SKI} + \beta_2 \text{SKI} \times \text{State} \\
& + \beta_3 \text{SKI} \times \text{Loss} + \beta_4 \text{State} + \beta_5 \text{Loss} + \beta_6 \text{Mortagage} \\
& + \beta_7 \text{MHoldRate} + \beta_8 \text{CFO} + \beta_9 \text{FirstPercent} + \beta_{10} \text{M2B} \\
& + \beta_{11} \text{Growth} + \beta_{12} \text{ROA} + \beta_{13} \text{Lnsize} + \beta_{14} \text{Age} + \beta_{15} \text{StdROA} \\
& + \beta_{16} \text{Depreciation} + \sum \text{Year} + \sum \text{Industry} + \varepsilon
\end{aligned} \tag{7-1}
$$

模型 (7-1) 中的被解释变量是资本结构 (Structure)。本章除了借鉴 Rajan 和 Zingales(1995)、Garvey 和 Hanka(1999)、Booth 等(2001)、沈艺峰等(2009)以及王正位等(2011)的做法采用以下两种度量: 总负债与总资产账面价值之比(Structure1)、总负债与所有者权益合计之比(Structure3)之外, 还采用了长期负债与总资产账面价值之比(Structure4)、短期负债与总资产账面价值之比(Structure6)、长期负债与所有者权益合计之比(Structure11)、短期负债与所有者权益合计之比(Structure12)。我们把长期负债计算的资本结构简称为长期资本结构, 短期负债计算的资本结构简称为短期资本结构。模型 (7-1) 中的其他变量的定义如表 7-1 所示。

表 7-1　模型(7-1)中的变量定义表

变量名	变量说明
SKI	Internet 治理, 公司注册所在地的省(自治区、直辖市)拆迁的 Google 搜索指数/1000
State	上市公司是否为国有控股公司, 是为 1, 否为 0
Loss	是否亏损, 如果前一年度公司亏损, 则等于 1, 否则等于 0
Mortagage	可抵押资产, 固定资产净额与总资产之比
MHoldRate	管理层持股比例
CFO	经营活动现金流, 经营活动产生的现金流量净额与总资产之比
FirstPercent	所有权结构, 第一大股东持股比例
M2B	投资机会, 市场价值与账面价值之比
Growth	上市公司的成长性, 营业总收入的增长率
ROA	资产回报率, 净利润与总资产之比
Lnsize	上市公司的规模, 等于总资产的自然对数
Age	上市年限
StdROA	盈利波动性, 前三年资产回报率的标准差
Depreciation	折旧, 折旧额与总资产之比
Year	年度哑变量
Industry	行业哑变量, 其中, 制造业采用两位制造业代码

为了测度中国式拆迁的关注度, 本章采用 https://www.google.com/insights/search/上的 Google 搜索指数作为测度变量。Google 搜索指数表示的是在某一个地区所有的上网用户中, 其中使用 Google 的用户中, 有多少比例的用户搜索了与某个关键词相关的内容, 然后, 采用搜索用户比例最高的地区作为标杆, 对各个地区的搜索指数进行标准化, 标准化

后的数值即为搜索指数。本章采用在中国使用 Google 搜索引擎搜索与"拆迁"相关的内容的 Google 搜索指数。本章采用 Google 搜索指数作为 Internet 治理的代理变量，本章采用的 Google 搜索指数是指所有发生在中国的 Google 上的网页搜索，这些指数包括省(自治区、直辖市)的 Google 搜索指数和城市 Google 搜索指数(曾建光等，2013)。

2. 实证结果

1)样本选择

本章的数据来自于 2004～2010 年国泰安 CSMAR 数据库。中国式拆迁关注度的数据来自于 http://www.google.com/trends 中搜索与"拆迁"相关的关键词的 Google 搜索指数。由于 Google 搜索指数开始于 2004 年，并且从 2011 年开始，其指数的算法发生了变更，因此，本章的样本期间为 2004～2010 年。本章对数据进行了如下方面的处理：①剔除金融行业，并进一步剔除中小板和创业板的数据；②剔除同时在 B 股、H 股上市的公司；③剔除 IPO 当年的观测值以及相关变量缺失的观测值；④为了消除异常值的影响，对连续变量进行 1%～99%水平的 winsorize 处理。最后得到 7278 个有效观测值。其描述统计如表 7-2 所示。

表 7-2　样本的描述统计

变量	均值	中位数	标准差	最大值	最小值
Structure1	0.523	0.534	0.192	1.068	0.079
Structure3	1.476	1.115	1.558	10.642	-1.998
Structure4	0.077	0.033	0.103	0.469	0.000
Structure6	0.218	0.071	0.346	1.839	0.000
Structure11	0.445	0.439	0.190	1.029	0.069
Structure12	1.253	0.920	1.445	10.167	-1.998
SKI	0.049	0.050	0.027	0.100	0.000
State	0.131	0.000	0.338	1.000	0.000
Loss	0.133	0.000	0.340	1.000	0.000
Mortagage	0.297	0.270	0.188	0.788	0.003
MHoldRate	0.000	0.000	0.000	0.002	0.000
CFO	0.051	0.050	0.083	0.273	-0.218
FirstPercent	0.373	0.349	0.157	0.750	0.094
M2B	3.305	2.298	3.078	20.812	0.742
Growth	0.217	0.144	0.522	3.305	-0.737
ROA	0.021	0.027	0.076	0.183	-0.378
Lnsize	21.507	21.442	1.046	24.462	19.124
Age	8.997	9.000	3.602	17.000	2.000
StdROA	0.038	0.019	0.051	0.319	0.001
Depreciation	0.025	0.022	0.017	0.082	0.001

从表 7-2 的描述统计，我们可知，六种资本结构(Structure1，Structure3，Structure4，

Structure6，Structure11，Structure12)的均值、中位数和标准差都存在较大的差异，总体上来说，六种资本结构的度量变量具有不同的测度侧重点。上市公司规模(Lnsize)的平均值和中位数分别为 21.507 和 21.442，最大值和最小值分别为 24.462 和 19.124，这表明上市公司的规模存在较大的差异。资产回报率(ROA)的平均值和中位数分别为 0.021 和 0.027，最大值和最小值分别为 0.183 和-0.378，表明上市公司的盈利能力存在较大的差异，对于资本结构的影响也有较大差异。

2) 检验结果

表 7-3 报告了模型(7-1)的被解释变量为总负债与总资产以及总负债与所有者权益的回归结果；表 7-4 和表 7-5 分别报告了长期资本结构和短期资本结构模型的回归结果；表 7-6 报告的是不存在 Internet 治理情景下的，资本结构与市场时机的回归结果。

表 7-3　长期资本结构+短期资本结构为因变量的回归结果

变量	模型 1	模型 2	模型 3	模型 4	模型 5	模型 6	模型 7	模型 8
Intercept	-1.169***	-1.172***	-1.169***	-1.172***	-8.695***	-8.717***	-8.693***	-8.715***
	(-18.03)	(-18.10)	(-18.01)	(-18.08)	(-16.28)	(-16.33)	(-16.26)	(-16.31)
SKI	0.010	0.081	-0.001	0.073	0.153	0.660	-0.081	0.445
	(0.15)	(1.070)	(-0.02)	(0.960)	(0.24)	(0.95)	(-0.15)	(0.77)
SKI×State		-0.553***		-0.550***		-3.968**		-3.881**
		(-3.08)		(-3.07)		(-2.22)		(-2.17)
SKI×Loss			0.084	0.053			1.689	1.468
			(0.33)	(0.21)			(0.52)	(0.45)
State	-0.005	0.023**	-0.005	0.023**	-0.016	0.185*	-0.016	0.181*
	(-1.00)	(2.34)	(-1.00)	(2.32)	(-0.34)	(1.69)	(-0.34)	(1.65)
Loss	-0.038***	-0.038***	-0.042***	-0.041***	0.397***	0.398***	0.317*	0.329*
	(-4.48)	(-4.45)	(-2.87)	(-2.75)	(3.90)	(3.92)	(1.73)	(1.79)
Mortagage	0.097***	0.096***	0.097***	0.097***	0.488***	0.487***	0.490***	0.489***
	(5.68)	(5.67)	(5.68)	(5.67)	(2.96)	(2.95)	(2.97)	(2.96)
MHoldRate	2.817	2.179	2.731	2.129	-14.748	-19.324	-16.458	-20.710
	(0.450)	(0.35)	(0.44)	(0.34)	(-0.28)	(-0.36)	(-0.31)	(-0.39)
CFO	-0.007	-0.007	-0.007	-0.007	-0.621**	-0.617**	-0.621**	-0.617**
	(-0.290)	(-0.270)	(-0.29)	(-0.27)	(-2.18)	(-2.17)	(-2.18)	(-2.17)
FirstPercent	-0.069***	-0.068***	-0.069***	-0.068***	-0.519***	-0.515***	-0.516***	-0.513***
	(-5.63)	(-5.60)	(-5.63)	(-5.59)	(-4.97)	(-4.94)	(-4.97)	(-4.94)
M2B	0.019***	0.019***	0.019***	0.019***	0.152***	0.153***	0.152***	0.152***
	(20.35)	(20.40)	(20.31)	(20.36)	(8.35)	(8.36)	(8.35)	(8.36)
Growth	0.030***	0.030***	0.030***	0.030***	0.195***	0.196***	0.195***	0.195***
	(7.35)	(7.35)	(7.34)	(7.35)	(4.83)	(4.84)	(4.83)	(4.83)
ROA	-1.436***	-1.434***	-1.437***	-1.435***	-4.982***	-4.969***	-5.000***	-4.984***
	(-30.89)	(-30.84)	(-30.67)	(-30.61)	(-7.28)	(-7.26)	(-7.29)	(-7.27)
Lnsize	0.074***	0.074***	0.074***	0.074***	0.433***	0.433***	0.434***	0.433***

变量	模型 1	模型 2	模型 3	模型 4	模型 5	模型 6	模型 7	模型 8
	(36.64)	(36.63)	(36.66)	(36.64)	(21.22)	(21.23)	(21.24)	(21.24)
Age	0.001	0.001	0.001	0.001	0.002	0.003	0.002	0.003
	(0.97)	(1.08)	(0.96)	(1.07)	(0.42)	(0.51)	(0.39)	(0.48)
StdROA	−0.017	−0.017	−0.017	−0.016	−1.558**	−1.553**	−1.547**	−1.544**
	(−0.31)	(−0.30)	(−0.30)	(−0.30)	(−2.21)	(−2.20)	(−2.19)	(−2.19)
Depreciation	−1.159***	−1.159***	−1.161***	−1.160***	−9.016***	−9.012***	−9.047***	−9.039***
	(−6.11)	(−6.10)	(−6.11)	(−6.10)	(−4.80)	(−4.80)	(−4.82)	(−4.81)
Year	控制	控制	控制	控制	控制	控制	控制	控制
Industry	控制	控制	控制	控制	控制	控制	控制	控制
F 值	113.81***	111.34***	111.42***	109.14***	27.07***	26.47***	26.42***	25.84***
Adj R-Square	0.4051	0.4057	0.4051	0.4057	0.1880	0.1885	0.1881	0.1885
N	7278	7278	7278	7278	7278	7278	7278	7278

注：***,**,*分别表示 1%,5%和 10%水平上显著；括号内的数值为双尾 t 值；下同。

表 7-3 中的模型 1~模型 4 的因变量为总负债与总资产账面价值之比（Structure1）；模型 5~模型 8 的因变量为总负债与所有者权益合计之比（Structure3）。模型 1 和模型 5 考察的是 Internet 治理（SKI）对资本结构的影响。在模型 1 和模型 5 中，Internet 治理的系数为正，但不显著。表明，Internet 治理对公司的整体资本结构没有显著影响。

表 7-3 的模型 2 和模型 6 考察的是 Internet 治理（SKI）与国有企业的交乘项（SKI×State）对资本结构的影响。模型 2 和模型 6 中的 SKI×State 的系数显著为负，表明，对于国有控股的上市公司，Internet 治理越好，公司的整体资本结构越低。这表明，整体而言，Internet 治理对于国有企业具有显著效应，假设 H2 得到了检验。

表 7-3 的模型 3 和模型 7 考察的是 Internet 治理（SKI）与亏损公司（Loss）的交乘项（SKI×Loss）对资本结构的影响。模型 3 和模型 7 中的 SKI×Loss 的系数为正，但不显著。表明，对于亏损公司而言，Internet 治理对公司的整体资本结构没有显著影响。

表 7-3 的模型 4 和模型 8 考察了在亏损与国有企业交乘项综合下的回归结果，模型 4 的结论支持了模型 1~模型 3 和模型 5~模型 7 的研究结论。

表 7-4 中的模型 1~模型 4 的因变量为长期负债与总资产账面价值之比（Structure4）；模型 5~模型 8 的因变量为短期负债与总资产账面价值之比（Structure6）。表 7-4 的模型 1 和模型 5 考察的是 Internet 治理（SKI）对长期资本结构的影响。在模型 1 和模型 5 中，Internet 治理的系数显著为负。表明，Internet 治理对公司的长期资本结构具有显著影响，Internet 治理越好的地区，其上市公司的长期资本结构越低，假设 H1 得到了验证。

表 7-4 的模型 2 和模型 6 考察的是 Internet 治理（SKI）与国有企业的交乘项（SKI×State）对资本结构的影响。模型 2 和模型 6 中 SKI×State 的系数显著为负，表明，对于国有控股的上市公司，Internet 治理越好，公司的长期资本结构越低。这表明，Internet 治理对于国有企业的长期资本结构具有显著效应，假设 H2 得到了检验。

表 7-4 的模型 3 和模型 7 考察的是 Internet 治理(SKI)与亏损公司(Loss)的交乘项(SKI×Loss)对资本结构的影响。模型 3 和模型 7 中 SKI×Loss 的系数显著为正。表明,对于亏损公司而言,Internet 治理对公司的长期资本结构具有显著影响,Internet 治理越好的地区,亏损上市公司的长期资本结构降幅越低,假设 H2a 得到了检验。表 7-4 的模型 4 和模型 8 考察了亏损国有企业的回归结果,模型 4 的结论支持了模型 1~模型 3 和模型 5~模型 7 的研究结论。

表 7-4　长期资本结构为因变量的回归结果

变量	模型 1	模型 2	模型 3	模型 4	模型 5	模型 6	模型 7	模型 8
Intercept	−0.524***	−0.527***	−0.524***	−0.526***	−1.999***	−2.006***	−1.998***	−2.005***
	(−12.72)	(−12.78)	(−12.71)	(−12.78)	(−12.61)	(−12.67)	(−12.59)	(−12.65)
SKI	−0.264***	−0.211***	−0.295***	−0.241***	−0.735***	−0.572***	−0.849***	−0.683***
	(−7.02)	(−5.28)	(−7.44)	(−5.67)	(−5.61)	(−4.14)	(−6.45)	(−4.88)
SKI×State		−0.413***		−0.401***		−1.274***		−1.229***
		(−3.80)		(−3.67)		(−3.24)		(−3.12)
SKI×Loss			0.225**	0.202*			0.824*	0.753
			(1.97)	(1.77)			(1.74)	(1.59)
State	−0.007**	0.014**	−0.007**	0.013*	−0.019*	0.045*	−0.019*	0.043*
	(−2.48)	(2.00)	(−2.47)	(1.90)	(−1.80)	(1.81)	(−1.79)	(1.72)
Loss	−0.010**	−0.010**	−0.020***	−0.019***	0.004	0.004	−0.035	−0.032
	(−2.14)	(−2.10)	(−2.96)	(−2.78)	(0.20)	(0.23)	(−1.32)	(−1.17)
Mortagage	0.162***	0.162***	0.162***	0.162***	0.508***	0.508***	0.509***	0.508***
	(15.36)	(15.37)	(15.39)	(15.40)	(13.66)	(13.66)	(13.69)	(13.68)
MHoldRate	6.297	5.821	6.070	5.630	13.425	11.957	12.591	11.245
	(1.43)	(1.32)	(1.38)	(1.28)	(0.98)	(0.88)	(0.92)	(0.82)
CFO	−0.082***	−0.082***	−0.082***	−0.082***	−0.272***	−0.271***	−0.272***	−0.271***
	(−6.22)	(−6.20)	(−6.20)	(−6.18)	(−5.90)	(−5.88)	(−5.89)	(−5.87)
FirstPercent	−0.014**	−0.014*	−0.013*	−0.013*	−0.081***	−0.080***	−0.079***	−0.078***
	(−1.89)	(−1.85)	(−1.85)	(−1.81)	(−3.30)	(−3.25)	(−3.25)	(−3.21)
M2B	0.001*	0.001*	0.001*	0.001*	0.011***	0.011***	0.011***	0.011***
	(1.83)	(1.87)	(1.78)	(1.83)	(4.98)	(5.01)	(4.94)	(4.97)
Growth	0.006***	0.006***	0.006***	0.006***	0.033***	0.033***	0.033***	0.033***
	(2.68)	(2.69)	(2.67)	(2.69)	(3.96)	(3.97)	(3.95)	(3.96)
ROA	−0.140***	−0.139***	−0.142***	−0.141***	−0.716***	−0.711***	−0.724***	−0.719***
	(−6.26)	(−6.23)	(−6.35)	(−6.31)	(−8.02)	(−7.99)	(−8.14)	(−8.11)
Lnsize	0.032***	0.032***	0.032***	0.032***	0.114***	0.114***	0.114***	0.114***
	(28.20)	(28.15)	(28.24)	(28.19)	(27.45)	(27.42)	(27.49)	(27.46)
Age	0.000	0.000	0.000	0.000	−0.001	−0.001	−0.001	−0.001
	(−0.78)	(−0.63)	(−0.84)	(−0.69)	(−1.20)	(−1.07)	(−1.27)	(−1.14)

续表

变量	模型 1	模型 2	模型 3	模型 4	模型 5	模型 6	模型 7	模型 8
StdROA	-0.049*	-0.048*	-0.047*	-0.047*	-0.201*	-0.199*	-0.196*	-0.195*
	(-1.94)	(-1.92)	(-1.88)	(-1.87)	(-1.89)	(-1.88)	(-1.85)	(-1.84)
Depreciation	-0.971***	-0.971***	-0.975***	-0.974***	-3.334***	-3.333***	-3.350***	-3.347***
	(-9.15)	(-9.15)	(-9.20)	(-9.20)	(-8.92)	(-8.92)	(-8.97)	(-8.97)
Year	控制	控制	控制	控制	控制	控制	控制	控制
Industry	控制	控制	控制	控制	控制	控制	控制	控制
F 值	73.05***	71.69***	71.35***	70.04***	47.72***	46.74***	46.61***	45.67***
Adj R-Square	0.3472	0.3485	0.3476	0.3488	0.3041	0.3052	0.3046	0.3056
N	7278	7278	7278	7278	7278	7278	7278	7278

表 7-5 中的模型 1~模型 4 的因变量为长期负债与所有者权益合计之比（Structure11）；模型 5~模型 8 的因变量为短期负债与所有者权益合计之比（Structure12）。表 7-5 的模型 1 和模型 5 考察的是 Internet 治理（SKI）对短期资本结构的影响。在模型 1 和模型 5 中，Internet 治理的系数显著为正。表明，Internet 治理对公司的短期资本结构具有显著影响，Internet 治理越好的地区，其上市公司的短期资本结构越高，假设 H1a 得到了验证。

表 7-5 的模型 2 和模型 6 考察的是 Internet 治理（SKI）与国有企业的交乘项（SKI×State）对短期资本结构的影响。模型 2 和模型 6 中 SKI×State 的系数为负，但不显著，这表明，Internet 治理对于国有企业的短期资本结构不具有显著效应。

表 7-5 的模型 3 和模型 7 考察的是 Internet 治理（SKI）与亏损公司（Loss）的交乘项（SKI×Loss）对资本结构的影响。模型 3 和模型 7 中 SKI×Loss 的系数都不显著。表明，对于亏损公司而言，Internet 治理对公司短期资本结构不具有显著影响。

表 7-5 的模型 4 和模型 8 考察了亏损国有企业的回归结果，模型 4 的结论支持了模型 1~模型 3 和模型 5~模型 7 的研究结论。

表 7-5   短期资本结构为因变量的回归结果

变量	模型 1	模型 2	模型 3	模型 4	模型 5	模型 6	模型 7	模型 8
Intercept	-0.638***	-0.638***	-0.638***	-0.639***	-6.576***	-6.588***	-6.576***	-6.588***
	(-9.26)	(-9.27)	(-9.27)	(-9.28)	(-13.56)	(-13.58)	(-13.56)	(-13.58)
SKI	0.269***	0.285***	0.298***	0.316***	0.932*	1.201*	0.930*	1.215**
	(3.85)	(3.76)	(4.22)	(4.15)	(1.96)	(1.86)	(1.94)	(2.29)
SKI×State		-0.119		-0.132		-2.100		-2.106
		(-0.65)		(-0.72)		(-1.34)		(-1.35)
SKI×Loss			-0.205	-0.213			0.019	-0.101
			(-0.79)	(-0.82)			(0.01)	(-0.03)
State	0.002	0.008	0.002	0.009	-0.009	0.097	-0.009	0.097
	(0.46)	(0.82)	(0.46)	(0.87)	(-0.23)	(1.03)	(-0.23)	(1.03)

续表

变量	模型 1	模型 2	模型 3	模型 4	模型 5	模型 6	模型 7	模型 8
Loss	-0.028***	-0.028***	-0.019	-0.018	0.391***	0.392***	0.391**	0.397**
	(-3.21)	(-3.21)	(-1.25)	(-1.22)	(4.10)	(4.11)	(2.26)	(2.29)
Mortagage	-0.067***	-0.068***	-0.068***	-0.068***	-0.022	-0.023	-0.022	-0.023
	(-4.04)	(-4.04)	(-4.05)	(-4.05)	(-0.15)	(-0.15)	(-0.15)	(-0.15)
MHoldRate	-3.357	-3.495	-3.149	-3.294	-22.374	-24.796	-22.394	-24.701
	(-0.50)	(-0.52)	(-0.47)	(-0.49)	(-0.44)	(-0.49)	(-0.44)	(-0.49)
CFO	0.074***	0.074***	0.074***	0.074***	-0.351	-0.349	-0.351	-0.349
	(2.78)	(2.78)	(2.78)	(2.78)	(-1.31)	(-1.30)	(-1.31)	(-1.30)
FirstPercent	-0.054***	-0.054***	-0.054***	-0.054***	-0.448***	-0.446***	-0.448***	-0.446***
	(-4.39)	(-4.39)	(-4.42)	(-4.41)	(-4.62)	(-4.60)	(-4.65)	(-4.63)
M2B	0.018***	0.018***	0.018***	0.018***	0.142***	0.142***	0.142***	0.142***
	(18.75)	(18.76)	(18.75)	(18.76)	(8.17)	(8.18)	(8.18)	(8.18)
Growth	0.024***	0.024***	0.024***	0.024***	0.156***	0.157***	0.156***	0.157***
	(5.85)	(5.85)	(5.86)	(5.86)	(4.14)	(4.14)	(4.14)	(4.14)
ROA	-1.285***	-1.285***	-1.283***	-1.283***	-4.189***	-4.182***	-4.189***	-4.181***
	(-27.91)	(-27.89)	(-27.74)	(-27.71)	(-6.54)	(-6.53)	(-6.54)	(-6.53)
Lnsize	0.042***	0.042***	0.042***	0.042***	0.313***	0.313***	0.313***	0.313***
	(19.99)	(19.99)	(19.96)	(19.96)	(16.44)	(16.44)	(16.44)	(16.44)
Age	0.001	0.001	0.001	0.001	0.004	0.004	0.004	0.004
	(1.41)	(1.44)	(1.45)	(1.47)	(0.75)	(0.80)	(0.75)	(0.80)
StdROA	0.034	0.034	0.032	0.033	-1.411**	-1.408**	-1.411**	-1.409**
	(0.63)	(0.63)	(0.61)	(0.61)	(-2.13)	(-2.13)	(-2.13)	(-2.13)
Depreciation	-0.154	-0.154	-0.150	-0.150	-5.333***	-5.331***	-5.334***	-5.330***
	(-0.85)	(-0.85)	(-0.82)	(-0.82)	(-3.05)	(-3.05)	(-3.05)	(-3.04)
Year	控制	控制	控制	控制	控制	控制	控制	控制
Industry	控制	控制	控制	控制	控制	控制	控制	控制
F 值	90.68***	88.44***	89.29***	87.13***	23.34***	22.78***	22.77***	22.23***
Adj R-Square	0.3691	0.3691	0.3692	0.3692	0.1682	0.1683	0.1682	0.1683
N	7278	7278	7278	7278	7278	7278	7278	7278

　　表 7-6 报告的是在没有 Internet 治理作为现有弱投资者保护制度的补充(替代)情形下,资本结构的影响因素。在模型 1~模型 6 中投资机会(M2B)的系数中,只有因变量为长期负债与总资产账面价值之比(Structure4)的模型 3 与短期负债与总资产账面价值之比(Structure6)的模型 4 的系数不显著,这表明,在无 Internet 治理的弱投资者保护状态之下,投资机会无法给企业长期资本结构带来显著影响,但能够给企业短期的资本结构造成显著正向影响,假设 H3 和 H3a 得到了验证。

表 7-6　不存在 Internet 治理（SKI=0）的回归结果

变量	模型 1	模型 2	模型 3	模型 4	模型 5	模型 6
Intercept	-1.333***	-10.631***	-0.796***	-3.153***	-0.504***	-7.308***
	(-8.31)	(-5.88)	(-8.51)	(-8.58)	(-2.87)	(-4.48)
State	0.020	0.230	0.006	-0.007	0.014	0.165
	(1.41)	(1.17)	(0.53)	(-0.17)	(0.87)	(0.97)
Loss	-0.067***	-0.391	-0.021	-0.111**	-0.046*	-0.236
	(-2.94)	(-1.43)	(-1.62)	(-2.31)	(-1.95)	(-0.94)
Mortagage	0.265***	1.470**	0.236***	0.813***	0.033	0.823
	(5.47)	(2.36)	(7.60)	(6.85)	(0.65)	(1.43)
MHoldRate	57.246**	773.253**	1.013	82.465	56.088**	742.663**
	(2.31)	(2.13)	(0.06)	(0.91)	(2.24)	(2.34)
CFO	0.016	-0.445	0.010	0.029	0.017	-0.434
	(0.21)	(-0.42)	(0.22)	(0.16)	(0.22)	(-0.47)
FirstPercent	-0.074*	-0.477	-0.089***	-0.261***	0.018	-0.160
	(-1.87)	(-1.11)	(-3.76)	(-3.02)	(0.47)	(-0.43)
M2B	0.018***	0.175***	0.003	0.012	0.014***	0.143**
	(6.70)	(2.88)	(1.53)	(1.46)	(4.25)	(2.58)
Growth	0.026**	0.191	0.012*	0.057**	0.013	0.127
	(2.38)	(1.58)	(1.87)	(2.29)	(1.29)	(1.17)
ROA	-1.278***	-7.884***	-0.144*	-1.099***	-1.138***	-6.574***
	(-11.66)	(-3.90)	(-1.90)	(-3.35)	(-8.84)	(-3.66)
Lnsize	0.080***	0.503***	0.040***	0.150***	0.039***	0.338***
	(11.40)	(6.22)	(9.50)	(9.05)	(5.03)	(4.68)
Age	0.001	0.020	0.001	0.006	0.000	0.020
	(0.47)	(0.69)	(0.96)	(1.18)	(0.10)	(0.75)
StdROA	0.280**	1.954	-0.060	-0.022	0.358**	1.910
	(2.06)	(0.86)	(-0.68)	(-0.06)	(2.49)	(0.90)
Depreciation	-2.314***	-10.998*	-1.464***	-4.507***	-0.826*	-6.804
	(-4.39)	(-1.83)	(-4.84)	(-4.13)	(-1.65)	(-1.25)
Year	控制	控制	控制	控制	控制	控制
Industry	控制	控制	控制	控制	控制	控制
F 值	19.73***	4.74***	15.00***	10.26***	12.05***	3.42***
Adj R-Square	0.4798	0.2494	0.4511	0.3795	0.4278	0.2260
N	777	777	777	777	777	777

3）稳健性检验

（1）将公司所在城市的 Google 搜索指数作为 Internet 治理的代理变量，我们对表 7-3～表 7-6 重新进行了相应的回归，所有表格的结论不受影响。

（2）2006 年 1 月 1 日起施行修订的《中华人民共和国公司法》和《中华人民共和国证券法》，2006 年 2 月 15 日发布了 2007 年 1 月 1 日开始实施修订的《企业会计准则——基本准则》，为了避免这些新的法律法规以及会计制度可能会影响投资者保护状况，进而对管理层融资行为产生影响，我们剔除 2004～2005 年的样本，采用省（自治区、直辖市）的 Google 搜索指数以及城市的 Google 搜索指数作为 Internet 治理的代理变量，分别对表 7-3～表 7-6 重新进行了相应的回归，所有表格的结论不受影响。

（3）我国在 2007 年 8 月 30 日颁布实施的《中华人民共和国城市房地产管理法》（2007 年修正），在第一章第六条中规定："为了公共利益的需要，国家可以征收国有土地上单位和个人的房屋，并依法给予拆迁补偿，维护被征收人的合法权益；征收个人住宅的，还应当保障被征收人的居住条件。具体办法由国务院规定。" 2007 年 10 月 1 日颁布实施的《中华人民共和国物权法》在第四章第四十二条中规定："为了公共利益的需要，依照法律规定的权限和程序可以征收集体所有的土地和单位、个人的房屋及其他不动产……征收单位、个人的房屋及其他不动产，应当依法给予拆迁补偿，维护被征收人的合法权益；征收个人住宅的，还应当保障被征收人的居住条件。"这两部法律的出台，对于拆迁的投资者利益保护在法律文本的层面上有了很大的提升。为了避免这部法律的影响，我们剔除 2004～2006 年的样本，采用省（自治区、直辖市）的 Google 搜索指数以及城市的 Google 搜索指数作为投资者保护诉求的代理变量，分别对表 7-3～表 7-6 重新进行了相应的回归，所有表格的结论基本不受影响。

（4）Hackbarth 等（2006）以及苏冬蔚和曾海舰（2009）等指出，宏观经济环境变量对资本结构会产生影响。为了控制宏观经济可能产生的影响，我们采用年份与基年（2004）之差以及按照苏冬蔚和曾海舰（2009）的做法把 GDP 的自然对数作为控制变量加入到模型中，采用省（自治区、直辖市）的 Google 搜索指数以及城市的 Google 搜索指数作为投资者保护诉求的代理变量，分别对表 7-3～表 7-6 重新进行了相应的回归，所有表格的结论基本不受影响。

以上稳健性检验表明，本章的研究结论具有较好的稳健性。

7.3.3　研究结论与启示

企业的资本结构除了受到公司层面的财务特征的影响之外，还深受投资者保护等因素的影响（沈艺峰等，2009）。由于中国资本市场是一个弱投资者保护的市场，仅仅采用成熟市场的研究范式无法深入刻画中国资本市场上的融资行为，因此，我们认为，需要充分考虑中国资本市场的弱保护现状对资本结构的影响。Coffee（2001）、Pistor 等（2000）、Glaeser

等(2001)以及 Djankov 等(2003)指出，制度文本制定后，其实施的质量才是决定资本市场发展的重要因素之一。已有的关于投资者保护对于资本结构的研究主要对投资者相关的法律制度等进行打分，并且得到了比较具有说服力的证明。但是，在一个会计准则和司法体系一的环境之下，制度的实施质量，特别是投资者对于制度的实施质量的反应，即投资者保护诉求在企业融资行为中究竟扮演了何种角色，目前还没有较为直接的经验证据。中国于 2001 年 6 月 30 日公布并于 2001 年 11 月 1 日开始实施的《城市房屋拆迁管理条例》，为我们研究制度的实施质量，特别是投资者对于制度的实施质量的反应，即投资者保护诉求提供了一个较好的自然实验。

基于以上分析，本章采用 2004～2010 年在 Google 搜索引擎上搜索与"拆迁"相关的关键词指数作为中国式拆迁的关注度的测度变量，以此，作为投资者保护的 Internet 治理的代理变量，研究发现：Internet 治理越好的地区，上市公司的长期资本结构越低；国有上市公司的长期资本结构降幅也越大；处于亏损的上市公司的长期资本结构降幅却更少；但是，Internet 治理越好的地区，上市公司的短期资本结构越高。在无 Internet 治理的地区，上市公司的短期资本结构深受市场择时的影响。本章的研究表明，Internet 用户的关注度为制度的实施和监管提供了一个实时观察点，Internet 治理在一定程度上能够促进资本市场的效率，是对我国弱投资者保护的制度环境的一种补充(替代)。

本章的发现为政策的制定者和监管层解读投资者对于投资者保护制度的实施质量的反应(投资者保护诉求)在中国资本市场的信息含量，提供了一个新的分析视角和解读，并为其提供了一个实证证据。同时，本章的研究发现，有利于制度的制定者和监管当局不但需要关注和加强制度的建设，同样也需要加强制度的实施，提高制度的实施质量，并需要关注投资者对于制度的实施质量的反应，即投资者保护诉求对于制度实施的影响，本章的研究为他们加强制度的实施提供了一个实证证据。

本章的研究发现也表明，政策的制定者，特别是监管当局，不仅仅需要关注传统媒体的舆情变化，也需要关注 Internet 用户的关注及其舆情变化所折射出来的投资者诉求，对于资本市场和管理层行为的影响。本章的研究结果也表明，要想真正建立一个健全有效的资本市场，不仅仅需要加强对资本市场的管理，还需要关注广大投资者的积极参与及其相关的舆情变化所形成的 Internet 治理效应。本章的研究进一步表明，由信息技术引发的技术进步为政策的制定者更好地制定适合我国国情的政策以及更好地为监管当局有效监管提供了一种补充和(或)替代作用，Internet 治理有助于减少制度实施的负面效应。

本章的不足之处在于本章的研究采用的是静态视角，并没有对资本结构的动态调整问题进行研究。关于制度实施因素对于资本结构的动态调整问题的研究，则是我们下一步的研究重点。

第8章 拆迁大数据视角下的 Internet 治理与公司价值[①]

8.1 公 司 价 值

8.1.1 公司价值概述

自从 Modigliani 和 Miller（1958）提出 "MM 理论"以来，企业价值就逐渐受到学者的重视与深入研究，企业也愈发重视公司价值的提升，通过不断优化管理模式、提高社会责任意识等方式提高公司价值，以价值为导向的管理模式受到越来越多国内外企业的追捧（陈基华，2010）。

公司价值又称为企业价值，反映了对企业的一个综合评价，但对于公司价值的具体概念并未得到一致的定义。传统的观点认为公司价值就是公司的账面价值，以历史成本为基础，反映企业过去获得的收益；另一种观点则认为公司价值指公司的市场价值，即以市场的公允价值来衡量企业价值，或者说以企业现有资产的市场价值或股票价值；而使用最为普遍的一种概念则是面向未来的观点，认为公司价值实际上是利益相关者对企业未来收益的预测，公司价值应为公司未来现金流量的折现现值（张显峰，2012）。

公司价值通常使用净资产收益率、总资产收益率、TobinQ 值财务指标来衡量，以及随着公司价值理论不断发展而出现的新的衡量方式，如 EVA 经济附加值。其中，TobinQ 值也是学者度量公司价值较常使用的指标。

8.1.2 代理成本、公司资本结构调整下的公司价值

在企业生产经营过程中，公司的资本结构和代理成本都会影响公司价值。由于管理层会因为利己主义采取不道德的行为，侵害委托人的利益，使得信息不对称问题常有发生，影响到公司价值，因此如何应对代理问题、降低代理成本、提升公司价值一直都广受实务界和学术界的关注。而资本结构的调整则会影响到企业的代理成本和公司价值；资本结构调整即企业资本中的债务资本和权益资本的构成比例发生变化调整，这也就意味着管理层和股东的利益受到了影响，继而影响到企业价值；资本结构调整对公司价值的影响既可以是直接影响，也可以是间接影响（阮素梅等，2015）。从间接角度来看，其一，若公司资本

① 本部分的主体已翻译为英文，发表在：Zeng J G（曾建光），Lu Y Y, Xu Q, et al. 2017. Housing demolition attention, social responsibility pressure of manager and corporate value: Evidence from China[J]. Nankai Business Review International, 8（4）: 424-446.

结构调整为偏向于权益资本的增多,那么适当增多的股权融资则在提升公司价值上发挥作用。如股东持股则有利于控股股东更好地发挥对管理层监督、约束的作用,减少管理层的不道德行为,降低代理成本,以此提高公司价值;管理层持股则有利于激发管理层对企业长久持续发展的责任心,促进管理层做出以公司利益为导向的行为,缓解管理层与委托者的代理问题,进而达到减少代理成本、提高企业价值的目标。其二,若公司资本结构调整为偏向债务资本的增多,那也可以有效地降低代理成本,进而提升公司价值。实际上,债务资本的增多一方面意味着管理者的间接持股增多,这样,管理者与股东的目标则更加趋于一致;另一方面,企业采取更多的债务融资时,企业的可用现金流减少、偿债风险上升,这便能够在一定程度上抑制管理者的盲目投资和不理性行为,减少代理成本,有利于公司价值的提升(张兆国等,2008)。

8.2　互联网大数据影响下的公司价值

8.2.1　互联网大数据下管理层决策信息量

互联网、大数据技术的发展使得管理层的决策过程与传统决策有所不同,包括决策主体、决策权配置、决策思维及决策文化等多方面,都受到了互联网大数据的影响(李忠顺等,2015)。而在所有的影响结果中,最显而易见的便是信息数量的改变。在传统决策过程里,企业获取数据的渠道单一、数据提取手段落后、误差纰漏较多,因此,种种不可避免的因素都致使企业很难获取足够数据以供分析,导致管理层决策信息量小,影响决策的效率效果。随着大数据时代的到来,特别是在互联网不断普及的背景下,越来越多的信息在网络上显现并传播,而企业利用新兴的信息技术后,获得数据的渠道增多,获取方法更加多样,获取数据的速度也更加快捷,进而促使企业获得更大量数据信息以供决策。

虽然,对于管理层来说,信息量较以前有了很大的提高,但其中也涵盖了许多无用,甚至是虚假的信息,大数据特有的稀疏性和低价值密度性使得管理层定位高价值信息更为困难,这也对管理者提出了新的挑战(徐宗本等,2014)。一方面,对于中低层管理者而言,他们较高层管理者有更多机会接触到原始信息,因此,必须增强自己甄别信息的能力,提取最具价值的信息;另一方面,高层管理者决策时供以参考的信息量增大,且更加多面复杂,如何有效利用这些信息做出最具战略价值的决策,对管理层的决策能力提出了更高要求。

8.2.2　互联网大数据影响公司价值的机理

近年来,随着经济和社会的发展,我国城镇化、城市化获得了空前发展,在这过程中,拆迁及其相关问题日益突出,非法拆迁、暴力拆迁甚至流血拆迁也时有发生。拆迁成为中国的一个严重社会问题,它涉及社会的多个方面,影响到众多的人群。新闻管制、法律法规执行不严和我国特有的地方政府 GDP 考核机制，导致这些事件无法在事件发生地得到有效解决。在这些拆迁事件中，自认为利益受到侵害的相关方为了获得更多的舆论支持以保护自身利益，往往会采用上访、写匿名信等手段去寻求政府帮助，但是，由于这些方式都是通过行政途径，容易被当地政府串谋，甚至截访，造成当事人的交易成本过大。而 Internet 的出现，极大地降低了拆迁事件被关注和利益诉求的交易成本，不但成功规避了新闻管制、当地政府部门的截访等，而且在网络上能够迅速传播蔓延。此外，即使自认为利益受到侵害的当事人的真实利益没有得到任何的弥补，但是，他们的心理账户上得到了一定补偿。即使在一个小城镇发生的拆迁事件，通过 Internet 平台，特别是搜索引擎，也能产生巨大的蝴蝶效应，极大地吸引广大 Internet 用户。

孟子曰："恻隐之心，人皆有之。"（《孟子·告子上》）这种由拆迁引发的拆迁关注度，引起了社会的广大关注，一定程度上引起了社会的改变，也引起了社会大众需要改变现有的社会责任体系的诉求，也自然引起了由社会个体组成的企业与整个经济体系的某些变化，比如，企业的利益相关者因关注中国式拆迁，而触发其更多的社会责任意识，进而在企业投资行为决策时，会有意无意地考虑有关社会责任的因素。鉴于企业与社会的依存度较大，社会大众要求在经济发展中维持其自身财富的发展，使得企业外部的社会系统对企业的影响也较大(Keith and Blomstrom，1984)。因此，对中国式拆迁的关注也必然要求企业逐渐由只承担较少社会责任向承担较多社会责任发展(Eells，1960)；对中国式拆迁的关注也在一定程度上影响了中国的地方政府，甚至是中央政府的政府治理理念的改变，迫使其管辖之下的行政部门以及有关联的企业更具社会责任意识(Bowen，1953；Keith and Blomstrom，1984)。如，2009 年 11 月 29 日晚，由于网络视频、图片、文字等而广为知晓的因阻止拆迁而自焚的成都市金牛区居民唐福珍因伤势过重，经抢救无效死亡，迫于网络舆论的压力，区城管执法局局长钟昌林停职接受调查[①]；成都市出台新政，要求"野蛮拆迁"在拆迁单位的年度考核中实施一票否决制，否则，将直接影响其今后的招投标[②]。

现有的文献研究认为，大众媒体的报道会影响企业管理层的行为，特别是对企业的社会责任相关的行为(Fombrun and Shanley，1990；Siegel and Vitaliano，2007；Zyglidopoulos et al.，2012)。由于我国特有的新闻管控机制，报纸的报道往往受到诸多审批限制，报纸的传播时延也较大以及报纸的发行量无法克服订阅人是否关心过该报道的内容等诸多问题(Da et al.，2011)。Internet 的存在解决了报纸的这些缺陷，并且可以解决当地政府对于报纸媒体的过度行政干预。一个拆迁事件的发生，可以通过 Internet 迅速在全国传播，而通过搜索引擎，则可以被广大企业的利益相关者知晓，因此，必然会影响企业的投融资行为中的社会责任因素。McWilliams 和 Siegel(2001)认为企业提高社会责任意识一般是通过以下两种方式：一种是增强已有的社会责任强项；另一种是降低社会责任弱项。不论管理层

---

① 成都"拆迁自焚"事件调查通报，2009 年 12 月 03 日，四川新闻网(成都)
　http://society.people.com.cn/GB/41158/10506824.html
② 唐福珍会不会成为又一个孙志刚？ 2009 年 12 月 01 日，人民网，http://sh.people.com.cn/GB/138654/10486552.html

采用这两者方式中的一种还是都采用，都会影响企业的投融资行为，从而影响企业的价值。简而言之，Internet 平台上的社会责任关注通过影响企业利益相关者社会责任意识，进而影响管理层投融资行为，最终影响公司价值。

基于此，我们认为，搜索引擎作为 Internet 的最主要和最重要的服务，与拆迁相关的主题在搜索引擎上的关注度反映了广大 Internet 用户对于社会责任的诉求，同时也反映了企业利益相关者的社会责任诉求，因此，本章研究中国式拆迁的关注度对我国上市公司价值的影响，以方便我们更全面地认识企业社会责任及其对公司价值的影响。

由于现代企业普遍都采用所有权与经营权相分离的运营模式，上市公司的管理层几乎都没有持有公司的全部股份，由此导致了管理层与股东之间的信息不对称和代理问题(Jensen and Meckling，1976)。因此，在委托代理框架之下的管理层为了其个人私利而损害公司价值的机会主义行为就很容易发生。而增强企业的社会责任意识，则有利于管理层自发地减少这种私利行为。但是，我国各个地方由于其经济和文化的差异、特有的城乡二元化结构以及政府政绩考核的锦标赛特征等(周黎安和陶婧，2011)，导致了各个地方政府与企业对于社会责任的认知和行为都存在较大的差异。这种社会责任的认知和行为的差异往往很难度量，只有在特定的事件发生时，我们才能观察到。近年来，随着我国城镇化、城市化进程的推进，我国城市房屋拆迁也进入快速发展阶段，这些发生在我国的与拆迁相关的事件为我们考察我国企业利益相关者的社会责任意识及其引发的企业投融资行为的变化及其经济后果提供了一个良好的自然实验。基于以上考虑，本章考察中国式拆迁对企业利益相关者的社会责任意识增强的影响，进而影响上市公司的公司价值。

本章对中国式拆迁关注度与我国资本市场上公司价值关系的研究结果表明：中国式拆迁关注度越高，社会责任压力越大地区的上市公司，其公司价值越高，但国有企业的公司价值增幅较小，且亏损的国有企业，其公司价值增幅更小；相比而言，在拆迁关注度越高、社会责任压力越大地区的央企，一旦上一年发生亏损，其价值增幅更小。也即，对中国式拆迁的关注有助于企业利益相关者社会责任意识的增强，进而促进公司价值的提升，Internet 治理具有积极的治理作用。

本章的主要贡献在于：第一，本章首次考察了 Internet 治理通过对企业社会责任的影响途径影响着我国资本市场的发展，在我国具有重大社会影响的中国式拆迁的自然实验环境中，中国式拆迁所引发的企业利益相关者社会责任意识的增强，影响企业管理层的决策，进而影响企业的公司价值，丰富了公司价值方面的文献，对于社会责任意识的增强在中国资本市场的信息含量，也提供了一种新的分析和解读视角；第二，本章的研究发现，有利于政策的制定者和监管当局更好地理解企业社会责任行为及其影响因素，为制定更切合中国实际的企业社会责任披露制度、评价体系和监管措施提供了一个实证证据；第三，本章的研究结果也表明，要想真正建立一个健全有效的资本市场，不仅需要加强对投资者的保护，也需要关注企业利益相关者的诉求，确保企业利益相关者的利益最大化的实现。本章的研究发现更好地支撑了投资者和政策的制定者，特别是监管当局，不仅需要关注资本市场内生的制度及其实施质量，也需要关注重大的社会现象所折射出来的投资者诉求对于资本市场和管理层行为的影响。本章的研究进一步表明，Internet 治理有助于在一定程度上减少企业利益相关者之间的利益冲突，形成有效的沟通与合作机制，促使企业管理层更多更好地履行社会责任。

本章接下来的部分安排如下：第二部分是理论分析及文献回顾；第三部分是研究假设与模型设定；第四部分是样本选择与研究结果；第五部分是进一步分析与稳健性检验；第六部分是研究结论与进一步讨论。

8.3　互联网大数据影响公司价值的实证证据

8.3.1　文献综述与研究假设的提出

1. 文献综述

由于现代企业普遍都采用所有权与经营权相分离的运营模式，上市公司的管理层很少持有公司的全部股份，由此导致了管理层与股东之间存在代理问题(Jensen and Meckling，1976)。因此，在委托代理框架之下的管理层为了其个人私利而损害公司价值的机会主义行为就很容易发生，此外，契约的有限性和资本市场的压力，迫使管理层更倾向于短期行为，忽视企业的长期价值，而社会责任意识的增强，对于企业而言，更具有长期价值意义，虽然短期有可能会损害公司价值，如发生在葛兰素史克(GSK)中国区的贿赂事件①。也就是说，由于管理层具有更多的关于企业内部的信息，对于企业现阶段的社会责任的强项和弱项所在也了如指掌(McWilliams and Siegel，2001)，管理层为了确保其私利，在进行社会责任行为时，会与企业其他的利益相关者发生冲突。公司战略的核心组成部分的企业社会责任，是公司最小化与利益相关者的利益冲突的重要工具(Becchetti et al.，2012)。由于信息不对称性的存在，企业其他的利益相关者对于企业应该承担的社会责任现状根据其掌握的情况，我们把它分为意识到的企业应该承担的社会责任和未意识到的企业应该承担的社会责任，表示为 2×2 的博弈矩阵，如图 8-1 所示。

		其他利益相关者：意识到的	其他利益相关者：未意识到的
管理层	强项	A	B
管理层	弱项	C	D

图 8-1　其他利益相关者与管理层社会责任行为的博弈矩阵图

① GSK 行贿门：行业“冰山一角”？2013 年 07 月 17 日，人民网，http://finance.people.com.cn/n/2013/0717/c1004-22221221.html

图 8-1 中的 A 区表示其他利益相关者知晓的企业应该承担的社会责任并且管理层也实施得较好的社会责任；C 区表示其他利益相关者知晓的企业应该承担的社会责任但管理层实施得较弱的社会责任；B 区表示其他利益相关者未知晓的企业应该承担的社会责任并且管理层也实施得较好的社会责任；D 区表示其他利益相关者未知晓的企业应该承担的社会责任但管理层实施得较弱的社会责任。

当中国式拆迁受到广泛关注时，其他利益相关者作为社会中的人，也必然会受到这种感染。拆迁关注度提高了其他利益相关者的社会责任意识，也增强了其他利益相关者对于以前已经认识到的但管理层实施较弱的社会责任更加关注。其他利益相关者会通过相关的途径要求管理层加强弱项的实施，此外，也有可能会要求管理层更好地做好已经是强项的社会责任部分。当其他利益相关者受到中国式拆迁的传染以后，也会提高对于企业社会责任更全面的认识，也就会消除部分，甚至是大部分以前没有意识到的社会责任，因而会重新审视管理层的社会责任行为。对于已经实施较强的部分，其他利益相关者会更加关注，要求管理层实施得更好，而对于管理层实施较弱或者根本没有实施的社会责任部分，则会要求其加强实施或者进入管理层的议事日程，以备在合适的时机更好地实施。同理，作为社会人的管理层也同样受到这种感染，特别是管理层在与供应商、员工以及客户等业务往来时，必然会受到社会网络中这些人的社会责任意识的传染和压力，进而也会改进甚至是提高其社会责任意识和行为。我国各个地方由于其经济和文化的差异、特有的城乡二元化结构以及政府政绩考核的锦标赛特征等（周黎安和陶婧，2011），导致对于中国式拆迁的关注度以及企业利益相关者在社会责任意识和行为上也存在差异，但是，以上的博弈矩阵的分析仍然适用。

综合以上分析，我们认为，在社会责任意识，特别是这种意识转化如何影响管理层的行为时，我们很难观察到，也很难度量，只有在特定的事件发生时，我们才有可能观察到这种社会责任压力诱发企业管理层社会责任行为的改变。近年来，随着我国城镇化、城市化进程的推进和加速，我国城市房屋拆迁进入快速上升阶段，这些在我国特殊拆迁制度安排下发生的与拆迁相关的事件，为我们考察社会责任压力诱发企业管理层社会责任行为的改变提供了一个良好的自然实验。与拆迁相关的事件的发生充分反映了在社会责任之下所进行的权力、权利和利益的不平衡、不对等的博弈（冯玉军，2007），由此，引发了中国式拆迁的关注度，也即，中国式拆迁的关注度体现了在我国社会责任压力的广泛性和社会责任的觉醒，这种压力和觉醒传导到企业管理层，管理层在这种压力和觉醒之下，很可能改变其社会责任行为。

在这些房屋拆迁纠纷事件中，社会公众，特别是非当事人的卷入使得这些事件对于社会责任的觉醒和加强开始受到社会的普遍关注，而 Internet 在我国的普及，使得这种关注能够规避当地政府的种种管制，跨地域及时地、低交易成本地在全国传导，使得这种关注更为广泛和持久，也自然对管理层形成了压力，迫使其改进其社会责任行为。

现有的文献认为企业的利益相关者会通过给企业管理层施加影响和压力，迫使管理层在一定程度上满足他们的需求。按照利益相关者理论，对于企业的生存甚至发展而言，某些利益相关者比其他的利益相关者可能更为重要(Cummings and Doh，2000；Mitchell et al.，1997)，一些公司更容易受到来自利益相关者的压力的影响而履行社会责任(Fiss and Zajac，2006；Oliver，1991；Pfeffer and Salancik，1978)。此外，一个公司在开始正式运营之前，往往需要通过比现有法律规定更多的来自于利益相关者的社会监视认可(Gunningham et al.，2004)，所以，企业为了获得长期的发展，需要满足不同利益相关者不同的甚至是相互矛盾的诉求(Freeman，1984，1994)。Zyglidopoulos 等(2012)指出，受到媒体关注越多的公司，越容易受到对其有所需求的利益相关者的更多的详细监视，因为这些利益相关者不但可以通过这些监视来保护他们自己的利益不受损害，而且还可以树立他们自己不同流合污的正面形象(Rowley and Moldoveanu，2003)。这些利益相关者为了更好地树立和标榜自己的正面形象，他们往往会选择更大的公众公司作为他们的目标(Rehbein et al.，2004)。公众公司受到的来自不同利益相关者对于社会责任的要求，迫使管理层行使更多的社会责任(Fiss and Zajac，2006)。关心利益相关者利益的企业比那些不关心利益相关者利益的企业更具有竞争优势，更容易实现可持续发展(Jones and Wicks，1999)。如果企业对利益相关者的合理的社会责任诉求置之不理，那么企业的生存和长期发展必然受到重大影响(Donaldson and Dunfee，1994)。企业利益相关者把企业履行社会责任的情况不仅作为评估企业的一种方式，而且视为了解企业未来发展的一个信号(Bhattacharya et al.，2011)。管理层有很多种办法能够通过安排社会责任的履行来最大化企业利益相关者的价值诉求，如邀请他们参与企业社会责任的资源配置和实施。这样，有利于利益相关者对于企业的认同(Bhattacharya et al.，2011)。Kim 等(2010)通过对多个公司的案例研究发现，当雇员参与规划、设计公司的企业社会责任时，企业员工可以更好地表达他们的价值观，增强对于公司的认同，也能更积极地投入到工作当中去。这种主动邀请利益相关者参与到企业社会责任当中的方式，有助于企业改善与他们的关系(Bhattacharya et al.，2009)。总之，公众公司不仅仅受到利益相关者的压力，而且还受到他们更密集的审视(Zyglidopoulos et al.，2012)，因此，利益相关者，特别是对公司发展有影响力的利益相关者，能够迫使企业管理层履行更多的社会责任(Brammer and Millington，2004；Freeman，1984；Henriques and Sadorsky，1999；Kassinis and Vafeas，2006；Shrivastava，1995)；投资者也愿意承担部分经理人慈善捐赠的成本(Martin，2009；Elfenbein and McManus，2010)；企业社会责任也导致了企业的战略由股东利益最大化转移到企业利益相关者的利益最大化(Becchetti et al.，2012)。

　　传统媒体的关注度与企业社会责任。Fiss 和 Zajac(2006)认为，媒体的关注会影响公司管理层的行为。Putrevu 等(2012)和 Zyglidopoulos 等(2012)认为，媒体在促进企业履行社会责任上可能起到了关键作用。在中国，媒体的力量能够促使企业更好地满足企业利益相关者的利益需求(郑志刚，2007)。徐莉萍等(2011)以中国汶川地震作为自然实验，研究发现，中国媒体在上市公司履行社会责任方面也能发挥显著的促进作用。

新兴媒体的关注度与企业社会责任。Assmussen 等(2013)指出,Internet 和社会网络的出现,为企业的外部利益相关者更能有效形成制衡和影响管理层的力量提供了一个基础平台。个体主动寻求加入能够有效表达他们价值观的社会网络虚拟社区(Bagozzi and Dholakia, 2006; Schau and Gilly, 2003),一旦发现这样的虚拟社区,他们就会参与其中,并试图去影响他人的价值观(Schau et al., 2009);此外,他们之间还可以分享信息,甚至进行更高效的信息共享(Singh et al., 2008)。Korschun 和 Du(2013)及 Kornum 和 Mühlbacher(2013)通过理论分析指出,虚拟的网络社会媒体能够凝聚利益相关者,促进不同的利益相关者进行更多的对话、沟通与合作,消除一些他们之间可能存在的冲突,也有利于更有效地给管理层施加压力,促进管理层履行更多的社会责任。由此,导致了以往被认为是企业内部的事情,如工作条件、R&D、企业社会责任履行规划等,逐渐开始进入企业外部利益相关者的议事日程当中(Korschun and Du, 2013)。美国公共关系公司 Weber Shandwick 2011 年的调查报告显示,在美国财富 2000 强公司中,72%的公司采用社会网络作为他们与企业利益相关者就企业社会责任履行情况的沟通工具之一,如 Facebook、Twitter;其中受采访的 95%的高管认为,社会网络的采用有助于为他们的企业社会责任项目带来更多的价值[①]。Korschun 和 Du(2013)发现,企业利益相关者通过虚拟社区的交流和沟通,有利于公司价值的提升。

社会责任与公司价值。不可否认的是,尽管企业社会责任的定义和重要性随着时间的变化而有所不同,但是,企业社会责任问题对于企业的重要性日益显现(Rivoli and Waddock, 2011)。企业行使更多的社会责任,能够通过财务绩效保险方式应对负面事件的影响,从而在资本市场上获得更多的优势(Peloza, 2006)。社会责任的履行有助于公司社会声誉的提升,股票市场会给予好的定价(Crane et al., 2008; Fowler and Hope, 2007),避免危机时股价的下跌(Schnietz and Epstein, 2005; Sen et al., 2006),盈余管理也越少(Kim et al., 2012)。Lev 等(2010)通过研究企业慈善行为发现,慈善行为能够为企业未来带来收入的增长。从企业社会责任战略来看(Husted and Salazar, 2006),企业履行社会责任有助于提升企业的价值(Orlitzky et al., 2011)。另外,公众公司更有可能会面临一些突发事件,当危机来临之时,履行更多的社会责任有助于其树立良好的正面形象(Godfrey, 2005)。山立威等(2008)认为,企业履行社会责任具有显著的提升声誉和进行广告的动机。由于企业社会责任的履行会影响投资者对企业盈利持续性的判断,因此,企业社会责任履行越好,市场评价也越好(Becker-Olsen et al., 2006; Shea, 2010; 朱松, 2011),从正规金融机构融资的能力也越强(沈艳和蔡剑, 2009)。总之,这些文献认为,社会责任的履行,有利于企业的长期持续经营,能够增进企业的价值(Ullmann, 1985; Wood, 1991; Arlow and Gannon, 1982; Cochran and Wood, 1984)。但是,Margolis 等(2009)研究发现,履行社会责任与企业的绩效关系存在多种可能性,不仅仅存在唯一关系。Bauer 等(2005)也认为

① The Role of Crowdsourcing in Social Media, http://impact.webershandwick.com/?q=role-crowdsourcing-social-media

企业履行社会责任的经济后果存在多种可能性，但是存在一个学习过程。Barnea 和 Rubin(2010)研究发现，企业履行社会责任存在过度投资现象，会损害内部股东的利益。

从现有的文献来看，企业履行社会责任深受企业利益相关者的影响，而 Internet 虚拟平台的出现，则使得企业利益相关者之间能够进行更有效的沟通，消除某些可能存在的冲突，迫使企业更多地履行社会责任，那么，这些外在压力通过 Internet 平台的再次聚集，对于公司价值究竟有何影响呢？现有文献没有得出一致的结论。这有可能是因为现有的文献大多采用第三方数据，又加上企业社会责任的绩效是一个多维构建，包含了与公司资源投入、生产运营和产出相关的一系列公司行为(Brammer and Millington，2008)。即使对于能够获得企业内部信息的管理层来说，评估企业履行社会责任的成本与收益也是件非常困难的事情；因此，人们很难仅仅通过公司自愿披露的信息来评估企业履行社会责任的成本与收益问题(Sprinkle and Maines，2010)。不同类别的企业社会责任行为，其产生的财务绩效也可能千差万别，而现有数据库的数据大都只包含企业履行社会责任的某个或某些方面的信息，都没有将企业履行社会责任的全部行为包括在内(Moser and Martin，2012)。

我国作为新兴资本市场，相关数据库的建设较为落后，目前几乎没有一个相关的数据库能够有效地全面刻画企业履行社会责任的情况。而通过传统新闻媒体的关注去试图度量我国企业的社会责任履行情况更为困难。由于我国特有的新闻管制和审查制度，报刊的报道往往受到诸多限制，并且报纸的传播时延较大以及报纸的发行量无法克服订阅人是否关心过报道的内容(Da et al.，2011)的问题，此外，由于我国地方政府存在政绩考核的锦标赛特征等(周黎安和陶婧，2011)以及有法不依、执法不严的现象偶有发生(Allen et al.，2005)，当地政府也不愿意看到本地的企业由于社会责任的问题而受到负面影响，也会倾向于配合企业管理层对新闻媒体进行干预甚至是收买，因此，在我国采用传统新闻媒体的报道作为企业履行社会责任外在压力可能存在较大的有偏性，由此，据此去考察社会责任对于企业的价值也同样可能会存在偏误，对于一个行政区划来说，这种媒体的报道，甚至具有内生性。Internet 的产生和普及弥补了报纸的这些缺陷，并且可以有效解决当地政府对于报纸媒体的过度干预，从而能更有效地测度在 Internet 虚拟平台之上，企业的利益相关者的凝聚力和影响力对于企业管理层履行社会责任的压力。

因此，我们认为，为了更好地刻画我国企业履行社会责任的外在压力，我们采用拆迁关注度来考察企业履行社会责任的压力对于公司价值的影响，这种自然实验测度的采用具有更好的实践意义，也能增加测度的科学性与可信性。此外，鲜有文献考察企业利益相关者通过在 Internet 上形成的力量促使企业履行更多的社会责任，从而对公司价值的影响，使得 Internet 治理能否有效提升社会福利成为我国资本市场上有待深入研究的话题。

但是，一个拆迁事件的发生，可以通过 Internet 迅速在全国传播。这种广泛分散在 Internet 上的拆迁事件也容易被淹没在 Internet 上的海量信息之中。Internet 用户为了获得这些拆迁事件的信息，除了在熟悉的网站上获得外，最主要的还是通过搜索引擎获得比较全面的信息。每个搜索引擎用户关注拆迁事件的搜索行为的集合能够充分反映普通大众的关注情况(Rangaswamy et al., 2009)。因此，搜索引擎用户关注拆迁事件的搜索行为的集合充分体现了利益相关者对于社会责任的强烈要求，也促使企业的利益相关者对于社会责任的觉醒或者在觉醒之下的进一步社会责任诉求。这些在 Internet 虚拟现实中的诉求，通过各种 Internet 的应用得以广泛传播，进而影响到作为 Internet 用户的一部分，包括企业管理层在内的企业利益相关者。面对投资者保护诉求的压力，管理层必然会在一定程度上履行更多的社会责任。

中国互联网络信息中心(CNNIC)2020 年 9 月发布的第 46 次《中国互联网络发展状况统计报告》显示，截至 2020 年 6 月，我国网民规模达 9.40 亿，较 2020 年 3 月增长3625 万，互联网普及率达 67.0%，较 2020 年 3 月提升 2.5 个百分点[①]。搜索引擎在一个国家关于某一主题的搜索量占该搜索引擎在该国的整个搜索量的比例能够很好地反映现实经济活动。据此，我们可以推断：我国 Internet 用户使用搜索引擎搜索与拆迁相关的信息，也能够很好地反映现实中发生的拆迁行为以及企业利益相关者对于企业社会责任的诉求。

综上所述，在目前中国特有的制度背景下，虽然中国资本市场获得了跳跃式的发展，但我国上市公司时有丑闻发生，投资者期望有更多途径获取公司信息(Zhang，2004)；另一方面，丑闻又影响资本市场的健康发展，导致投资者要求证监会加强监管(陈冬华等，2008)。为了更好地发展我国资本市场，提升企业的社会责任意识和行为也就显得特别重要，而作为管理层的代理人，其不会自发地无缘无故地履行更多的社会责任。企业利益相关者的压力则是其履行社会责任的主要动力之一。因此，企业利益相关者在关注中国式拆迁的背景之下，他必然会通过其影响力去要求甚至是迫使企业履行更多的社会责任。信息技术的进步以及 Internet 的普及，特别是搜索引擎的持续改进，使得我们观察这种压力成为可能与现实。由于历史遗留问题以及大规模的城市扩张与旧城改造，整个中国变成了一个"大工地"(冯玉军，2007)，此时的社会责任问题获得了集中爆发。因此，投资者在搜索引擎上录入的与拆迁相关的搜索关键词为我们观察企业利益相关者对于企业社会责任的觉醒和要求以及在该诉求之下对于管理层的社会责任压力提供了一个绝佳的途径。基于此，本章从中国式拆迁所引发的企业利益相关者对于社会责任意识和要求的角度考察公司价值，以检验中国式拆迁的关注度对我国上市公司价值的影响。

2. 研究假设的提出

在我国目前特有的制度安排之下，"城市房屋拆迁制度是'中国特有'的一项制度"(王克稳，2004)。由于拆迁而引起的各类信访、上访、起诉以及重大恶性案件不断攀升(Evictions，2004)，成为我国这些年来，最为重要的社会问题之一。由于中央政府在考核

---

① 中国互联网络信息中心(CNNIC)，第 46 次《中国互联网络发展状况统计报告》
   http://www.gov.cn/xinwen/2020-09/29/5548176/files/1c6b4a2ae06c4ffc8bccb49da353495e.pdf

地方政府时，上访都有严格的一票否决制，地方政府为了自己的声誉资本和 GDP 等考核，往往会通过掌握的新闻审核权、行政权甚至不惜动用司法权等，提升自认为在拆迁过程中利益受损方的利益诉求的交易成本。在数码产品以及 Internet 的普及之下，这种利益诉求的交易成本迅速下降，自认为在拆迁过程中的利益受损方或者是旁观者，通过各种视频、音频、图片、文字等方式，暴露甚至是渲染中国式拆迁缺乏足够的甚至是最起码的社会责任担当，以获得更多的关注，给拆迁相关方施加压力。即使这种方式无法达到预期的经济目标，网络关注度的提升，也会给他们带来足够的心理账户的充盈。

　　孟子曰："恻隐之心，人皆有之。"（《孟子·告子上》）作为社会中的一份子，企业利益相关者，包括企业管理层，自然也无法无视这些日常发生的现象，甚至他们自己就是其中的受害者之一。当企业的利益相关者主动通过搜索引擎去搜索发生在全国各地的中国式拆迁，特别是主动搜索发生在离自己千里之外的拆迁，尤其是当利益相关者搜索到那些血淋淋的拆迁照片、视频时，他们难免不会拍案而起，疾呼社会的良知。而当企业的利益相关者通过搜索引擎搜索拆迁相关的政策时，他们知晓制度安排的相对固化性，在政策无法在短期内改变的情况下，他们寄希望于社会责任能够给予政策之外的人性化的补偿，减少类似已经发生过的人间悲剧；既然政策具有不可变性，那么，至少可以动恻隐之心，尽量减少不必要的伤害。对这些发生的中国式拆迁越关注，越容易激发人们的恻隐之心，特别是对恶性拆迁事件中的受害者的仁慈之念，也就触发了人们的社会责任诉求，或者是让人们的社会责任意识觉醒。当这些常怀仁慈之念和恻隐之心的利益相关者在面对企业时，也会自然要求企业履行更多的社会责任，企业管理层受到利益相关者这种压力的影响从而会履行更多社会责任(Pfeffer and Salancik，1978；Oliver，1991；Fiss and Zajac，2006)。

　　根据图 8-1 的博弈矩阵的分析，我们可知，拆迁关注度越高地区的企业利益相关者，通过对中国式拆迁的关注，能够唤起其以前未曾意识到的社会责任诉求，还可能增强其以前已经意识到的社会责任诉求，即，经过对中国式拆迁的关注，整体上能够增强利益相关者的社会责任意识。当利益相关者的社会责任意识得到强化和增强之后，利益相关者在面对企业时，必然会把这种意识传导到企业管理层，给他们施加压力。为了更好地维持好与利益相关者的关系，企业管理层不仅仅会受到来自利益相关者要求增强社会责任的压力，而且还受到他们更密集的监视，以防止管理层阳奉阴违(Zyglidopoulos et al.，2012)。根据图 8-1 的博弈分析，对于管理层已经在社会责任方面做得相对较好的地方，由于利益相关者的监视增强，管理层也不敢懈怠，至少不敢做得比以前差；而对于刚刚被利益相关者意识到的社会责任部分，而管理层又做得相对较差，利益相关者会不断提醒，增强监视力度，防止管理层在道德风险之下的阳奉阴违，管理层即使无力或者暂时限于其他条件无法履行，在利益相关者的压力之下，也会提上议事日程以向利益相关者示好，表明其履行社会责任的决心和行动，否则，利益相关者会采取处罚措施，影响管理层的个人利益。因此，利益相关者，特别是对公司发展有重大影响的利益相关者，很可能促使企业管理层履行更多的社会责任(Brammer and Millington，2004；Freeman，1984；Henriques and Sadorsky，

1999；Kassinis and Vafeas，2006；Shrivastava，1995）。

　　而企业履行社会责任越多，市场评价则越好（Becker-Olsen et al.，2006；Shea，2010；朱松，2011），从正规金融机构获得融资的能力也越强（沈艳和蔡剑，2009）。此外，由于我国企业社会责任意识整体偏低，处于刚刚起步阶段，企业通过更多地履行社会责任，不但可以提升管理层的个人声誉，而且履行社会责任的投入其实也是一种广告的投放（Zhang et al.，2010），因此，我们认为，企业所在地区的利益相关者对中国式拆迁越关注，企业履行社会责任的压力也越大。社会责任的履行有利于企业的长期持续经营，能够增进和提升企业的价值（Ullmann，1985；Wood，1991；Arlow and Gannon，1982；Cochran and Wood，1984）。

　　基于以上分析，我们认为，拆迁关注度越高的地区，上市公司受到利益相关者履行社会责任的要求越高，公司的价值则越高。故提出假设 H1 如下：

　　H1：在拆迁关注度越高的地区，上市公司的价值越高。

　　由于现代企业，特别是上市公司，普遍都采用所有权与经营权相分离的经营模式，上市公司的管理层几乎都没有持有公司的全部股份，由此导致了所有者和管理层之间的代理冲突问题（Jensen and Meckling，1976）。在我国国有经济中，作为所有者的国家与各级政府机构和企业管理层之间存在着多层次等级式的委托-代理关系；由于信息不对称的存在，委托人不可能对代理人的行为实施绝对的控制，管理层存在着较为严重的逆向选择和道德风险问题（韩朝华，1995）。作为我国国有企业最终委托人的国家并非是个实体，存在虚置性，薪酬安排缺乏足够的有效激励，导致存在一定的预算软约束、过度在职消费等问题（郑江淮，2001；林毅夫和李志赟，2004；陈冬华等，2005）。Jensen 和 Meckling（1976）就指出，当管理者没有持有公司全部股份时，其在决策时考虑更多的是个人私利的满足与实现。

　　关注中国式拆迁的利益相关者对于国有企业履行社会责任的压力同样也存在，但由于国有企业代理问题较大且其管理层的考核主要来自于其主管部门，自然国有企业的管理层主要是对其主管部门负责，导致了国有企业的管理层在应对这些外在的社会责任压力时，更为缓慢，除非那些对国有企业管理层具有重大影响的利益相关者；此外，国有企业的高管层更为重视的是个人的政治前途，对于市场的敏感性较差。根据图 8-1 的博弈矩阵，我们可知，只有对国有企业有重大影响的利益相关者对于国有企业已经履行的社会责任的强项或弱项部分提出了新的要求，否则，国有企业管理层可以忽视利益相关者的社会责任的要求。如果利益相关者对于某些社会责任的要求非常强烈，国有企业管理层履行社会责任的压力过大，迫使国有企业管理层履行相应的社会责任。另外，国有企业管理层都具有相应的行政级别，相对而言，成为中国式拆迁的受害方的概率较低（但是，不排除其社会网络中其他人成为受害方），因此，他们感受到的压力也会较小。总之，国有企业特有的制度安排以及存在较大的代理成本，导致关注中国式拆迁的利益相关者对于国有企业履行社会责任的压力，无法足够有效地传导到国有企业管理层的行为之上，因此，相对而言，国有企业由于社会责任压力而提升公司价值的增幅较小。

但是，对于已经发生亏损的上市公司而言，由于其受到我国特有的 ST 制度的影响，其扭亏为盈，努力"脱帽"的压力较大，因此，在面对利益相关者社会责任的压力之下，企业管理层会有选择地履行社会责任，把相对有难度的社会责任拖后到等来年企业盈利能力和水平上升之后再履行。因此，企业履行社会责任也相对较少，企业的价值提升也较低。我们认为，已亏损的国有上市公司的公司价值增幅更小。

此外，根据国有企业主管部门的不同，国有企业又可分为地方国有企业和中央国有企业(央企)。由于央企作为优秀国有企业的代表，其获得资源的能力也较地方国有企业更多更全面，受到的考核也比地方国有企业更为严厉，要求也更为繁多，与之相对应的待遇，特别是在职消费的潜力也比地方国有企业更大。但当央企发生亏损时，在央企的年终考核评比中也容易失去好的名次，而且社会上对能够掌控更多资源的央企管理层的质疑声也更大，管理层受到扭亏为盈的压力比地方国有企业的压力更大，此时的央企管理层更多的是关注如何提升在所有央企中的排名，从而不影响其未来的政治前途。在这种情况下，关注中国式拆迁的利益相关者的社会责任压力，对于央企管理层而言，自然不是考虑的重心。因此，已亏损的央企较地方国有企业在应对利益相关者履行社会责任的压力时，会更为漠视，央企的公司价值自然也增幅较小。基于以上分析，我们提出假设 H2、H2a 和 H2b 如下：

H2：在拆迁关注度越高的地区，国有上市公司的公司价值增幅较小。

H2a：在拆迁关注度越高的地区，已亏损的国有上市公司的公司价值增幅较小。

H2b：在拆迁关注度越高的地区，已亏损的上市央企的公司价值增幅较地方国有企业增幅较小。

8.3.2 研究设计与实证结果

1. 研究设计

为了检验上述假设，本章借鉴 Nini 等(2012)、Black 和 Kim(2012)、吴文锋等(2008)以及姜付秀和黄继承(2011)等的做法，设定研究模型(8-1)如下：

$$
\begin{aligned}
\text{TobinQ} = {} & \alpha + \beta_1 \text{pSKI} + \beta_2 \text{pSKI} \times \text{State} \\
& + \beta_3 \text{pSKI} \times \text{Loss} + \beta_4 \text{pSKI} \times \text{State} \times \text{Loss} + \beta_5 \text{State} \\
& + \beta_6 \text{Loss} + \beta_7 \text{CPS} + \beta_8 \text{Two2One} + \beta_9 \text{IndRatio} \\
& + \beta_{10} \text{MeetFour} + \beta_{11} \text{Borrow} + \beta_{12} \text{MFeeRatio} \\
& + \beta_{13} \text{MHoldRate} + \beta_{14} \text{CFO} + \beta_{15} \text{FirstPer} + \beta_{16} \text{Age} \\
& + \beta_{17} \text{Growth} + \beta_{18} \text{ROA} + \beta_{19} \text{Leverage} \\
& + \beta_{20} \text{Lnsize} + \sum \text{Year} + \sum \text{Industry} + \varepsilon
\end{aligned} \tag{8-1}
$$

模型(8-1)中变量的定义如表 8-1 所示。

表 8-1   模型(8-1)中的变量定义表

变量名	变量说明
TobinQ	公司价值,来自于 CSMAR 数据库,股权市值+净债务市值(其中:非流通股权市值用净资产代替)与资产总额-无形资产净值之比
pSKI	中国式拆迁的关注度,公司注册所在省份的 Google 搜索指数/1000
State	上市公司是否为国有控股公司,是为 1,否为 0
Loss	是否亏损,如果前一年度公司亏损,则等于 1,否则等于 0
CPS	资本支出比,资本支出与销售收入之比
Two2One	董事长和总经理两职是否合一,是为 1,否为 0
IndRatio	独立董事占比
MeetFour	四大委员会开会次数的自然对数
Borrow	融资便利性,短期借款与长期借款之和与总资产之比
MFeeRatio	管理费用率,经年度行业中位数调整的管理费用与销售总额之比
MHoldRate	管理层持股比例
CFO	经营活动现金流,经营活动产生的现金流量净额与总资产之比
FirstPer	第一大股东持股比例
Age	上市年龄,上市年限的自然对数
Growth	上市公司的成长性,营业总收入的增长率
ROA	资产回报率,等于净利润与总资产之比
Leverage	财务杠杆,等于总负债与总资产之比
Lnsize	上市公司的规模,等于总资产的自然对数
Year	年度哑变量
Industry	行业哑变量,其中,制造业采用两位代码,其他行业采用一位代码

2. 实证结果

1)样本选择

本章的数据来自于 2004~2010 年国泰安 CSMAR 数据库。之所以选择 2004~2010 年作为样本区间是因为 Google 的搜索指数始于 2004 年,并且从 2011 年开始,Google 公司开始采用新的搜索指数计算方法。公司注册地数据来自于 wind 数据库,缺失的数据通过手工搜集。中国式拆迁关注度的数据来自于 http://www.google.com/trends 中搜索与"拆迁"相关的关键词的 Google 搜索指数。本章对数据进行了如下方面的处理:①剔除金融行业、中小板和创业板的数据;②为了排除其他制度环境下企业社会责任要求的影响,剔除同时在 A 股、B 股或 H 股上市的公司;③剔除 IPO 当年的观测值以及相关变量缺失的观测值;④为了消除异常值的影响,对连续变量进行 1%~99%水平的 winsorize 处理。最后得到 7461 个有效观测值。其描述统计如表 8-2 所示。

从表 8-2 的描述统计,我们可知,公司价值(TobinQ)的均值为 1.807,中位数为 1.354,最大值和最小值分别为 8.289 和 0.805,总体上来说,各个公司的公司价值差异较大。中国式拆迁关注度(pSKI)的平均值和中位数分别为 0.049 和 0.049，最大值和最小值分别为 0.100 和 0.000，这表明各个省份的拆迁关注度存在较大差异。企业规模(Lnsize)的平均值和中位数分别为 21.469 和 21.423，最大值和最小值分别为 24.433 和 18.805，这表明上市公司的规模存在较大的差异。资产负债率(Leverage)的平均值和中位数分别为 0.551 和 0.539，最大值和最小值分别为 2.147 和 0.081，表明部分上市公司可能存在资不抵债的情况。

表 8-2　样本的描述统计

变量	均值	中位数	标准差	最大值	最小值
TobinQ	1.807	1.354	1.245	8.289	0.805
pSKI	0.049	0.049	0.027	0.100	0.000
State	0.665	1.000	0.472	1.000	0.000
Loss	0.139	0.000	0.346	1.000	0.000
CPS	0.126	0.057	0.200	1.253	0.000
Two2One	0.120	0.000	0.326	1.000	0.000
IndRatio	0.355	0.333	0.048	0.556	0.222
MeetFour	1.254	1.609	0.627	1.609	0.000
Borrow	0.236	0.226	0.163	0.779	0.000
MFeeRatio	0.123	0.071	0.226	1.804	0.007
MHoldRate	0.006	0.000	0.024	0.174	0.000
CFO	0.050	0.050	0.083	0.273	−0.223
FirstPer	0.372	0.347	0.158	0.750	0.092
Age	2.104	2.197	0.479	2.833	0.693
Growth	0.243	0.144	0.665	4.809	−0.778
ROA	0.019	0.027	0.088	0.194	−0.475
Leverage	0.551	0.539	0.271	2.147	0.081
Lnsize	21.469	21.423	1.076	24.433	18.805

2) 检验结果

表 8-3 报告了模型(8-1)全样本的公司价值的回归结果；表 8-4 和表 8-5 分别报告了央企与民营企业、地方国企与民营企业的公司价值的回归结果。

在表 8-3 中，模型 1 考察的是中国式拆迁关注度(pSKI)对公司价值的影响。在模型 1 中，中国式拆迁关注度(pSKI)的系数显著为正。表明，公司所在地的中国式拆迁关注度越高，上市公司受到利益相关者的履行社会责任的压力越大，公司管理层迫于这些压力履行了更多的社会责任，也就提升了公司价值，即中国式拆迁关注度对公司价值有显著影响。假设 H1 得到了验证。

表 8-3 的模型 2 考察的是中国式拆迁关注度与国有企业的交乘项(pSKI×State)对公司价值的影响。模型 2 中 pSKI×State 的系数显著为负。表明，对于国有企业而言，公司注册地的中国式拆迁关注度对公司价值增幅的显著影响较小。这表明，国有企业由于其特有的制度安排，在面对来自利益相关者的履行社会责任压力时，其反应较慢，一定程度上漠

视利益相关者的要求，因此，中国式拆迁关注度对于国有企业公司价值提升的幅度的影响也较小。假设 H2 得到了验证。

表 8-3 的模型 3 考察的是中国式拆迁关注度与上一年已经发生亏损(Loss)的交乘项(pSKI×Loss)对公司价值的影响。模型 3 中的交乘项的系数显著为负。表明，对于已发生亏损的公司而言，公司注册所在地的中国式拆迁关注度对这类公司的公司价值的影响也较小。表 8-3 的模型 4 验证了模型 2 和模型 3 的结果具有较好的稳定性。

表 8-3 的模型 5 考察的是中国式拆迁关注度与上一年已经发生亏损(Loss)的国有企业(State)的交乘项(pSKI×State×Loss)对公司价值的影响，该交乘项的系数显著为负，表明，对上一年已发生亏损的国有企业而言，公司注册所在地的中国式拆迁关注度对这类公司的公司价值的影响也较小。假设 H2a 得到了检验。

表 8-3　全样本的回归结果

变量	模型 1	模型 2	模型 3	模型 4	模型 5
Intercept	11.162***	11.120***	11.153***	11.109***	11.113***
	(20.14)	(20.11)	(20.13)	(20.10)	(20.09)
pSKI	1.038***	2.069***	1.317***	2.426***	2.227***
	(2.61)	(3.01)	(3.19)	(3.70)	(3.43)
pSKI×State		-1.548*		-1.637**	-1.362*
		(-1.90)		(-2.05)	(-1.67)
pSKI×Loss			-1.933*	-2.062*	-0.584
			(-1.71)	(-1.86)	(-0.39)
pSKI×State×Loss					-2.446*
					(-1.73)
State	-0.072***	0.004	-0.072***	0.008	0.010
	(-2.96)	(0.09)	(-2.99)	(0.18)	(0.24)
Loss	0.268***	0.269***	0.359***	0.366***	0.374***
	(4.78)	(4.79)	(4.42)	(4.52)	(4.59)
CPS	0.197***	0.196***	0.198***	0.198***	0.197***
	(2.76)	(2.75)	(2.77)	(2.77)	(2.75)
Two2One	0.027	0.027	0.025	0.025	0.026
	(0.86)	(0.87)	(0.81)	(0.81)	(0.83)
IndRatio	0.695***	0.695***	0.696***	0.696***	0.687***
	(2.83)	(2.83)	(2.83)	(2.83)	(2.79)
MeetFour	0.001	0.000	0.002	0.002	0.002
	(0.05)	(0.01)	(0.16)	(0.12)	(0.18)
Borrow	-0.739***	-0.742***	-0.740***	-0.744***	-0.738***
	(-5.78)	(-5.80)	(-5.79)	(-5.82)	(-5.74)
MfeeRatio	0.829***	0.825***	0.828***	0.825***	0.811***

续表

变量	模型 1	模型 2	模型 3	模型 4	模型 5
	(7.04)	(7.02)	(7.02)	(7.00)	(6.89)
MHoldRate	1.398***	1.391***	1.415***	1.409***	1.425***
	(2.70)	(2.69)	(2.74)	(2.73)	(2.75)
CFO	1.197***	1.198***	1.198***	1.199***	1.192***
	(6.34)	(6.34)	(6.33)	(6.34)	(6.33)
FirstPer	-0.202**	-0.200**	-0.204**	-0.202**	-0.202**
	(-2.49)	(-2.47)	(-2.52)	(-2.50)	(-2.50)
Age	0.106***	0.108***	0.108***	0.110***	0.110***
	(4.20)	(4.26)	(4.26)	(4.33)	(4.32)
Growth	-0.015	-0.015	-0.014	-0.014	-0.014
	(-0.72)	(-0.72)	(-0.70)	(-0.71)	(-0.70)
ROA	3.133***	3.138***	3.152***	3.158***	3.194***
	(8.69)	(8.73)	(8.72)	(8.76)	(8.75)
Leverage	0.666***	0.670***	0.666***	0.671***	0.667***
	(6.44)	(6.52)	(6.43)	(6.51)	(6.47)
Lnsize	-0.436***	-0.437***	-0.436***	-0.437***	-0.437***
	(-16.98)	(-16.97)	(-16.99)	(-16.98)	(-16.97)
Year	控制	控制	控制	控制	控制
Industry	控制	控制	控制	控制	控制
F 值	128.80***	126.05***	126.76***	124.54***	121.86***
Adj R-Square	0.4901	0.4904	0.4903	0.4906	0.4909
N	7461	7461	7461	7461	7461

注: ***,**,*分别表示 1%,5%和 10%水平上显著。

表 8-4 报告了模型(8-1)对于央企与民企而言,其所在地的中国式拆迁关注度对于公司价值影响的回归结果。在模型 1 中,中国式拆迁关注度(pSKI)的系数显著为正。表明,中国式拆迁关注度对公司价值具有显著正影响。假设 H1 再次得到了验证。

表 8-4 的模型 2 考察的是中国式拆迁关注度与央企的交乘项(pSKI×State)对公司价值的影响。模型 2 中 pSKI×State 的系数为负,但不显著。表明,对于央企与民企而言,公司注册地的中国式拆迁关注度对央企公司价值的增幅没有额外显著影响。这表明,就央企与民企,在面对来自利益相关者的履行社会责任压力时,它们的反应比较一致,能够尽量满足利益相关者的要求,因此,中国式拆迁关注度对于央企与民企的公司价值的提升并无显著差异。造成这个现象的原因,可能是由于近年来,国资委一直在强调中央企业的社会责任,也一直将其作为央企高管考核的重点内容之一。

表 8-4 的模型 3 考察的是中国式拆迁关注度与上一年已经发生亏损(Loss)的交乘项(pSKI×Loss)对公司价值的影响。模型 3 中交乘项的系数为负,但不显著。表明,对于已发生亏损的央企与民企整体而言,公司注册所在地的中国式拆迁关注度对它们的公司价值

没有额外损失，也没有额外的增益。表 8-3 的模型 4 验证了模型 2 和模型 3 的结果具有较好的稳定性。

表 8-4 的模型 5 考察的是中国式拆迁关注度与上一年发生亏损(Loss)的央企(State)的交乘项(pSKI×State×Loss)对公司价值的影响，该交乘项的系数显著为负，表明，对上一年已发生亏损的央企而言，公司注册所在地的中国式拆迁关注度对已发生亏损的央企的公司价值的增幅具有显著影响，也即，已发生亏损的央企的公司价值的增幅会较小。在央企与民企已经发生亏损的情景下，中国式拆迁引起的社会责任压力的增大，对央企的影响会较弱，可能是由于央企的管理层需要面对更为严峻的国资委的年度考核，因此，对于央企而言，短期的利润波动会影响央企管理层的社会责任行为。假设 H2a 再次得到了检验。

表 8-4　央企与民企的回归结果

变量	模型 1	模型 2	模型 3	模型 4	模型 5
	系数	系数	系数	系数	系数
Intercept	13.228***	13.218***	13.222***	13.210***	13.205***
	(19.36)	(19.38)	(19.37)	(19.39)	(19.35)
pSKI	1.785***	2.175***	2.085***	2.568***	2.426***
	(2.89)	(3.03)	(3.16)	(3.47)	(3.31)
pSKI×State		−1.385		−1.591	−1.228
		(−1.02)		(−1.20)	(−0.92)
pSKI×Loss			−2.035	−2.265	−1.200
			(−1.17)	(−1.32)	(−0.68)
pSKI×State×Loss					−5.761***
					(−2.72)
State	0.066*	0.136*	0.066*	0.147**	0.159**
	(1.96)	(1.89)	(1.96)	(2.06)	(2.20)
Loss	0.229***	0.229***	0.323***	0.334***	0.360***
	(2.71)	(2.71)	(2.67)	(2.76)	(2.91)
CPS	0.327**	0.326**	0.326**	0.326**	0.325**
	(2.52)	(2.52)	(2.52)	(2.51)	(2.51)
Two2One	0.042	0.041	0.041	0.040	0.043
	(0.91)	(0.89)	(0.89)	(0.87)	(0.94)
IndRatio	0.485	0.478	0.490	0.483	0.483
	(1.30)	(1.29)	(1.31)	(1.30)	(1.30)
MeetFour	−0.016	−0.017	−0.015	−0.016	−0.014
	(−0.70)	(−0.74)	(−0.65)	(−0.69)	(−0.60)
Borrow	−0.732***	−0.735***	−0.729***	−0.732***	−0.726***
	(−4.08)	(−4.09)	(−4.06)	(−4.07)	(−4.02)
MFeeRatio	0.808***	0.807***	0.811***	0.810***	0.791***

续表

变量	模型 1	模型 2	模型 3	模型 4	模型 5
	系数	系数	系数	系数	系数
	(5.70)	(5.70)	(5.73)	(5.73)	(5.61)
MHoldRate	2.276***	2.253***	2.286***	2.261***	2.278***
	(2.79)	(2.77)	(2.81)	(2.79)	(2.81)
CFO	1.443***	1.445***	1.442***	1.444***	1.429***
	(4.99)	(5.00)	(4.99)	(5.00)	(4.98)
FirstPer	-0.297**	-0.294**	-0.297**	-0.294**	-0.293**
	(-2.33)	(-2.32)	(-2.33)	(-2.31)	(-2.31)
Age	0.038	0.041	0.040	0.043	0.042
	(0.92)	(0.98)	(0.97)	(1.04)	(1.02)
Growth	-0.005	-0.005	-0.005	-0.004	-0.004
	(-0.17)	(-0.17)	(-0.16)	(-0.15)	(-0.14)
ROA	3.131***	3.135***	3.146***	3.153***	3.236***
	(6.89)	(6.90)	(6.92)	(6.94)	(7.01)
Leverage	0.823***	0.825***	0.820***	0.822***	0.822***
	(5.87)	(5.92)	(5.84)	(5.89)	(5.91)
Lnsize	-0.520***	-0.520***	-0.520***	-0.521***	-0.521***
	(16.72)	(-16.72)	(-16.73)	(-16.73)	(-16.67)
Year	控制	控制	控制	控制	控制
Industry	控制	控制	控制	控制	控制
F 值	89.24***	86.52***	87.96***	85.38***	81.96***
Adj R-Square	0.5224	0.5225	0.5226	0.5228	0.5236
N	3434	3434	3434	3434	3434

注：***,**,*分别表示 1%,5%和 10%水平上显著。

表 8-5 报告了模型(8-1)对于地方国有企业与民企而言，其所在地的中国式拆迁关注度对于它们公司价值的影响的回归结果。在模型 1 中，中国式拆迁关注度(pSKI)的系数显著为正。表明，中国式拆迁关注度对公司价值具有显著正影响。假设 H1 再次得到了验证。

表 8-5 的模型 2 考察的是中国式拆迁关注度与地方国有企业的交乘项(pSKI×State)对公司价值的影响。模型 2 中 pSKI×State 的系数显著为负。表明，对于地方国有企业与民企而言，公司注册地的中国式拆迁关注度对地方国有企业公司价值的增幅有额外弱化的显著影响。这表明，就地方国有企业与民企，在面对来自利益相关者的履行社会责任压力时，它们的反应不具有一致性。在满足利益相关者的要求时，地方国有企业相对民营企业而言，反应更慢，更迟钝，也更容易漠视利益相关者的社会责任诉求，因此，中国式拆迁关注度对地方国有企业的公司价值的提升影响要显著低一些。造成央企与地方企业在面对社会责任履行方面的差异的原因，可能是由于近年来，国资委一直在强调中央企业的社会责任，也一直将其作为央企高管考核的重点内容之一；而地方国企在社会责任方面的考核

与要求较央企要弱一些。假设 H2 再次得到了验证。

表 8-5　地方国企与民企的回归结果

变量	模型 1	模型 2	模型 3	模型 4	模型 5
Intercept	11.947***	11.902***	11.941***	11.895***	11.897***
	(20.55)	(20.50)	(20.54)	(20.50)	(20.50)
pSKI	1.169***	2.294***	1.432***	2.612***	2.495***
	(2.75)	(3.37)	(3.26)	(3.98)	(3.79)
pSKI×State		-1.802**		-1.863**	-1.689**
		(-2.16)		(-2.26)	(-2.00)
pSKI×Loss			-1.711	-1.826	-0.971
			(-1.49)	(-1.61)	(-0.66)
pSKI×State×Loss					-1.500
					(-1.05)
State	-0.063**	0.025	-0.064**	0.028	0.029
	(-2.50)	(0.55)	(-2.53)	(0.61)	(0.64)
Loss	0.251***	0.251***	0.331***	0.337***	0.341***
	(4.14)	(4.15)	(3.90)	(3.99)	(4.01)
CPS	0.195**	0.194**	0.197**	0.196**	0.195**
	(2.52)	(2.50)	(2.53)	(2.52)	(2.50)
Two2One	0.030	0.031	0.028	0.029	0.029
	(0.88)	(0.90)	(0.83)	(0.85)	(0.86)
IndRatio	0.904***	0.904***	0.904***	0.904***	0.898***
	(3.39)	(3.39)	(3.39)	(3.39)	(3.36)
MeetFour	0.009	0.009	0.010	0.010	0.010
	(0.63)	(0.60)	(0.71)	(0.68)	(0.71)
Borrow	-0.781***	-0.784***	-0.784***	-0.787***	-0.783***
	(-5.72)	(-5.74)	(-5.74)	(-5.77)	(-5.71)
MFeeRatio	0.771***	0.767***	0.770***	0.766***	0.759***
	(6.63)	(6.60)	(6.62)	(6.59)	(6.52)
MHoldRate	1.565***	1.566***	1.577***	1.580***	1.590***
	(2.81)	(2.81)	(2.84)	(2.84)	(2.86)
CFO	1.137***	1.138***	1.138***	1.139***	1.136***
	(5.86)	(5.86)	(5.86)	(5.86)	(5.86)
FirstPer	-0.227**	-0.225**	-0.229***	-0.228***	-0.228***
	(-2.58)	(-2.57)	(-2.61)	(-2.59)	(-2.60)
Age	0.112***	0.114***	0.113***	0.116***	0.116***
	(4.14)	(4.23)	(4.20)	(4.29)	(4.29)
Growth	-0.015	-0.015	-0.014	-0.014	-0.014
	(-0.70)	(-0.71)	(-0.69)	(-0.69)	(-0.69)

续表

变量	模型 1	模型 2	模型 3	模型 4	模型 5
ROA	2.982***	2.986***	2.996***	3.002***	3.021***
	(8.11)	(8.14)	(8.13)	(8.17)	(8.15)
Leverage	0.707***	0.712***	0.707***	0.712***	0.710***
	(6.76)	(6.83)	(6.76)	(6.83)	(6.80)
Lnsize	-0.476***	-0.477***	-0.476***	-0.477***	-0.477***
	(17.60)	(-17.59)	(-17.61)	(-17.60)	(-17.59)
Year	控制	控制	控制	控制	控制
Industry	控制	控制	控制	控制	控制
F 值	121.75***	118.59***	120.68***	118.80***	117.30***
Adj R-Square	0.4981	0.4985	0.4983	0.4986	0.4987
N	6503	6503	6503	6503	6503

注：***,**,*分别表示 1%,5%和 10%水平上显著。

表 8-5 的模型 3 考察的是中国式拆迁关注度与上一年是否发生亏损(Loss)的交乘项(pSKI×Loss)对公司价值的影响。模型 3 中交乘项的系数为负，但不显著。表明，对于已发生亏损的地方国有企业与民企而言，公司注册所在地的中国式拆迁关注度对它们的公司价值没有额外损失，也没有发生额外的增益。表 8-3 的模型 4 验证了模型 2 和模型 3 的结果具有较好的稳定性。

表 8-5 的模型 5 考察的是中国式拆迁关注度与上一年是否发生亏损(Loss)的地方国有企业(State)的交乘项(pSKI×State×Loss)对公司价值的影响，该交乘项的系数为负，但不显著。表明，对上一年已发生亏损的地方国有企而言，公司注册所在地的中国式拆迁关注度对已发生亏损的地方国有企业的公司价值的增幅不具有额外的显著影响。造成这个现象的原因在于，相较于央企而言，地方国有企业的影响力要弱一些，而且地方国有企业由于涉及地方政府的政绩考核与民生问题，地方政府会更愿意去扶持与支撑，因此，地方国有企业在面对利益相关者的社会责任压力时，地方国有企业的管理层可以视而不见听而不闻，而不用担心公司价值的损失，因为这种软约束由当地政府买单；地方国有企业在面对利益相关者的社会责任压力时，尽管需要面对资本市场监管层的 ST 制度的风险，可以把该履行的社会责任置于不重要的位置为借口，要求当地政府给予更多的政府补贴等扶持政策，一旦当地政府不买单，当地政府就可能面对更大的社会责任压力，因此，在这两种可能的合力之下，当地政府会尽全力对已处于亏损的地方国有企业给予足够的政策扶持，从而，避免了由于已经发生亏损而导致企业在社会责任方面的减损，也顺利避免了地方国有企业公司价值的额外损失。

综合表 8-3～表 8-5 的模型 2 的结论，我们可知，国有企业在面对由公司注册所在地的中国式拆迁关注度引发的社会责任压力时，国有企业整体上表现较弱，这一点与山立威等(2008)、Zhang 等(2009，2010)以及徐莉萍(2011)的结论一致。其中，中国式拆迁关注度主要是对地方国有企业的公司价值的增幅有弱化作用,而对央企的公司价值则没有额外损失,也没有发生额外的增益。

综合表 8-3~表 8-5 的模型 5 的结论,我们可知,对于已亏损的国有上市公司而言,在面对由公司注册所在地的中国式拆迁关注度引发的社会责任压力时,国有企业整体上表现得更弱,公司价值增幅也更小。其中,中国式拆迁关注度主要是对已亏损的央企而言,而对地方国企的公司价值则没有额外损失,也没有发生额外的增益。假设 H2b 得到了检验。

3)稳健性检验

(1)本章采用 TobinQ 值作为公司价值的测度变量。由于我国资本市场特有的制度安排,TobinQ 作为企业总资产的市场价值与账面价值之比,平均而言,在我国资本市场上,直接采用会导致上市公司的估值偏高(白重恩等,2005;赵昌文等,2008)。我们根据现有文献,分别采用如下 TobinQ 值作为公司价值的测度:①根据 CSMAR 数据库中提供的计算方法,(股权市值+净债务市值)与期末总资产(其中:非流通股权市值用净资产代替)之比;②参照叶康涛等(2011)的做法,将非流通股价值按流通股市值按照 45%、30%或 20%进行折价,分别采用(股权市值+净债务市值)与期末总资产和(股权市值+净债务市值)与(期末总资产-无形资产)之比;③Chen 和 Xiong(2002)认为,我国部分上市公司的非流通股在市场上,进行公开交易时会出现平均为 70%~80%的折扣,基于此,白重恩等(2005)和赵昌文等(2008)采用 80%的折扣对非流通股进行计算,即 TobinQ 值=(流通股市值+流通股价格×80%×非流通股股数+负债的账面价值)/资产的账面价值。按照以上这些公司价值的计算方法,分别对表 8-3~表 8-5 重新进行回归,结果显示,本章的研究结论基本不受影响。

(2)2007 年 12 月 29 日,国务院国有资产监督管理委员会发布《关于中央企业履行社会责任的指导意见》的通知。通知要求,央企"需要认真履行好社会责任"。为了避免这个通知对央企社会责任行为的影响,本章剔除 2008 年之后的数据,分别对表 8-3~表 8-5 重新进行回归,结果显示,本章的研究结论基本不受影响。

(3)由于 2008 年 5 月 12 日汶川发生地震,之后,我国企业的社会责任开始增多(山立威等,2008;Zhang et al.,2009,2010;徐莉萍等,2011)。为了排除这种突发事件对本章研究结论的影响,我们剔除 2008 年的样本,分别对表 8-3~表 8-5 重新进行回归,结果显示,本章的研究结论基本不受影响。

以上稳健性检验表明,本章的研究结论具有较好的稳健性。

8.3.3 研究结论与启示

孟子曰:"无恻隐之心,非人也;无羞恶之心,非人也"(《孟子·公孙丑上》)。在我国经济飞速发展这些年里,拆迁成为一个重大的社会问题和民生问题之一。其中,发生的暴力拆迁、非法拆迁特别是由此导致的自焚拆迁,在中国特有的新闻管制和地方政府特有的考核制度之下，很难得到有效解决，而 Internet 的普及，特别是数码产品的普及，在搜索引擎的精准搜索配合之下，为中国式拆迁实现了跨时空的传播和影响，成功规避了地方政府的新闻管制、行政干预。通过 Internet 虚拟平台的集结，中国式拆迁关注度充分激发了作为社会人的企业利益相关者的社会责任意识，甚至引发了企业利益相关者的社会责任意识的觉醒，这些都为我们考察我国企业履行社会责任提供了一个绝佳的自然实验。而已有的研究主要集中在成熟市场上传统媒体、社会网络的压力对于企业社会责任的压力及其经济后果等的考察，并且得到了比较具有说服力的证明。但是，作为新兴市场的中国，企业社会责任意识薄弱。中国式拆迁遍布全国，整个中国几乎成为一个大工地(冯玉军, 2007)，为我们考察中国企业的社会责任履行情况的影响以及由此造成的公司价值的影响提供了一个观察点。因此，企业利益相关者的中国式拆迁关注度在企业社会责任行为中究竟扮演了何种角色，目前还没有较为直接的经验证据。中国于 2001 年 6 月 30 日公布并于 2001 年 11 月 1 日开始实施的《城市房屋拆迁管理条例》，为我们研究企业利益相关者对企业社会责任行为的变化影响，特别是由此导致的公司价值的变化提供了一个较好的自然实验。

　　基于以上分析，本章采用 2004～2010 年在 Google 搜索引擎上搜索与"拆迁"相关的关键词的搜索指数作为中国式拆迁的关注度的测度变量。本章研究了企业利益相关者的中国式拆迁关注度对我国上市公司的公司价值的影响。研究发现：在拆迁关注度越高的地区，企业管理层受到利益相关者的社会责任要求的压力也越大，管理层履行社会责任也就较多，上市公司的公司价值也越高；其中，地方国有上市公司的公司价值增幅则较小；对于已亏损的央企上市公司而言，其公司价值增幅则更小。本章的研究表明，企业利益相关者的关注度为我们了解企业管理层行为的变化提供了一个实时观察点，Internet 治理在一定程度上能够促进企业履行更多的社会责任，促进企业的公司价值增长，有助于我国资本市场的良性发展。

　　本章的发现为投资者和政策的制定者考察我国企业的社会责任的发展和履行情况提供了一个新的分析视角和解读，并为其提供了一个实证证据。同时，本章的研究发现，有利于促使制度的制定者和监管当局不但需要关注和加强股东与企业管理层对于社会责任的意识和行为要求，同样也需要在一个更宽泛的视角去理解企业利益相关者对于企业履行更多社会责任的影响，并需要关注企业由股东利益最大化转向利益相关者利益最大化对公司价值的影响，特别是对资本市场的影响及其反应。本章的研究为他们在利益相关者利益最大化的视角去解读公司价值信息提供了一个实证证据。

　　本章研究发现，投资者和政策的制定者，特别是监管当局，不仅仅需要关注传统媒体的舆情变化对企业社会责任的影响，在如今 Internet 普及之下，更需要关注利益相关者在 Internet 虚拟社区聚集、交流与沟通之下，所形成的 Internet 治理对企业社会责任的影响。本章的研究结果也表明，要想真正建立一个健全有效的企业社会责任体系，不仅仅需要股东与管理层的努力，还需要其他利益相关者的参与和建设。本章的研究进一步表明，由信息技术引发的技术进步为政策的制定者更好地制定适合我国国情的社会责任评价体系、社会责任报告披露制度以及更好地提高社会责任监管效能提供了一种补充和(或)替代作用，Internet 治理有助于增进企业社会责任的履行。

下篇 信息安全隐患篇

第 9 章　信息安全漏洞风险与 Internet 治理效应

9.1　信息安全漏洞风险与内部控制有效性建设：一个案例

9.1.1　研究源起与文献综述

1. 研究源起

随着 Internet 的飞速发展，企业信息化已经深深扎根于企业的日常运营之中。与信息技术(information technology，IT)相关的系统已经成为企业的核心支撑系统之一，企业采用的信息系统也越来越多，其规模和覆盖面也不断扩大，复杂度也越来越高。同时，不断激化的市场竞争越来越突显信息技术对于提升企业核心力的重要性。而企业信息化的"双刃剑"效应，使其在给企业带来各种竞争优势与效益和效率提升的同时，也带来了各种与信息技术相关的风险——信息技术风险。信息技术风险是指企业在使用与计算机和网络等信息技术相关的产品、服务和信息系统时，导致经营的不确定性和对企业经营管理所造成的负面影响的概率(George，2001)。导致信息技术风险的关键因素是信息技术自身存在的安全漏洞。因此，如何防范信息技术风险，特别是防范安全漏洞的风险已成为公司管理层、监管部门等重点关注的对象。安全漏洞的存在成为悬挂在企业内部控制之上的"达摩克利斯之剑"，也即，安全漏洞的存在导致了信息技术风险的增大，而嵌入信息技术的内部控制的风险也随之增加。

企业在信息技术上的投资，容易产生"IT 生产力悖论"(Brynjolfsson，1993)的幻觉。信息安全上的投资是企业在信息技术上的投资之一，也是嵌入信息技术的内部控制的投资的一部分。如果信息安全上的投资不足，那么，对于现代企业来说，其嵌入信息技术的内部控制风险就必然会增大。也就是说，重视内部控制中的信息技术风险是现代企业进行内部控制建设必须要考虑的重要因素之一。由于信息技术自身存在的安全漏洞是信息技术风险的关键因素，因此，企业在内部控制建设中，必须加强安全漏洞的管理和防范。

很多企业，特别是国内的企业对于加强内部控制建设的重视程度还不够，更多的是出于应付监管层的需要。对于企业董事会、管理层和一般员工来说，即使是重视内部控制的建设，往往也会忽视内部控制中的信息技术的建设，即使企业重视了内部控制中的信息技术的建设，也往往会忽视其中的安全漏洞的防范。安全漏洞作为一种潜伏在信息技术中的"幽灵"，没有谁能够准确预测她的爆发及其爆发所导致的危害程度，唯一能做的是进行足够的防范以及及时启用风险应对措施。因此，在企业的内部控制中，必须重视安全漏洞的问题。

内部控制价值的计量和估计是内部控制研究中的一个难题,这可能也是很多企业疏于构建高质量的内部控制的原因之一。本节以百度公司 2010 年 1 月 12 日由于黑客利用其网络服务器的一个安全漏洞进行网络攻击,导致无法正常为客户提供服务为案例。以该事件的发生为研究时点,考察在现代企业内嵌入信息技术的内部控制的加强和规范化对于企业经营管理水平和风险防范能力的重要性,同时,本节还对由于安全漏洞导致的内部控制重要缺陷(material weakness)的损失进行了评估。

本节可能的贡献主要体现在四个方面:第一,首次以实例的范式,引入内部控制中的安全漏洞对于公司价值的影响,丰富了内部控制方面的文献;第二,通过计量和估计安全漏洞对于公司价值的损失量,首次度量了内部控制的价值;第三,尝试了信息安全性的一种度量方法,为内部控制的重要缺陷提供了一种测度方法;第四,为处于信息化生态环境下的企业内部控制,应该防范软件中的安全漏洞风险(陈志斌,2007)提供了一个案例的实例证据。

本节安排如下:第二部分是理论分析与文献回顾;第三部分是百度无法访问事件与百度的内部控制;第四部分是研究结论与展望。

2. 文献综述

Krsul(1998)认为,一个软件漏洞是存在于系统规范说明书、系统设计阶段、系统开发阶段或配置阶段中的一个错误实例,它的执行违反了安全策略。不管安全漏洞是因为设计,还是系统过程开发中、运行中抑或维护阶段甚至是测试阶段的失误造成的,还是人为有意设置的,都会威胁到计算机及其相关信息系统的安全性。这些漏洞以不同的形式存在于计算机及其相关信息系统的各个层次和环节之中,而且随着信息系统的不同(包括版本、系统等的不同)而不同;这些漏洞一旦被恶意主体发觉并利用,就可能损害计算机及其相关信息系统的安全性,进而影响甚至破坏、中断计算机及其相关信息系统的正常服务(张涛和吴冲,2008),由此造成企业不必要的价值损失。

美国前任总统 Barack Obama 就提出:二十一世纪的经济繁荣取决于信息安全,如果对信息安全漏洞掉以轻心,美国就会重蹈德军密码机在二战中被英军破译的覆辙[①]。我国也非常重视信息安全的战略发展和建设。在《国家中长期科学和技术发展规划纲要(2006—2020 年)》中,就对信息产业及现代服务业提出了四点发展思路,其中第四点指出:"以发展高可信网络为重点,开发网络信息安全技术及相关产品,建立信息安全技术保障体系,具备防范各种信息安全突发事件的技术能力。"在《2006—2020 年国家信息化发展战略》中又提出了九项战略重点,其中第八项"建设国家信息安全保障体系"指出:"全面加强国家信息安全保障体系建设……建立和完善信息安全等级保护制度,重点保护基础信息网络和关系国家安全、经济命脉、社会稳定的重要信息系统……加强信息安全风险评估工作。"

---

① 人民网-《人民日报》,2009 年 10 月 19 日,中国信息安全 "国家漏洞库" 正式投入运行
　　http://it.people.com.cn/GB/42891/42894/10212251.html

建设和完善信息安全监控体系,提高对网络安全事件应对和防范能力,防止有害信息传播⋯⋯从实际出发,促进资源共享,重视灾难备份建设,增强信息基础设施和重要信息系统的抗毁能力和灾难恢复能力。"

安全漏洞是信息技术时代的一种客观存在,已成为信息安全工程师与攻击者双方博弈的对象。Syverson(1997)认为应使用动态博弈来对网络中的正常节点和恶意节点进行理性分析。Lye 和 Jeannette(2005)将攻防双方看作是非零和动态博弈中的两个局中人,并得到了双方的最优响应策略。朱建明和 Raghunathan(2009)研究认为,将信息安全看作是企业与入侵者之间的一个博弈,企业的目标是最小化入侵者带来的损失,企业的信息安全投资收益依赖于被入侵的程度,入侵者入侵的收益依赖于被发现的可能性,而入侵者被发现的可能性依赖于企业信息安全技术状况。孟祥宏(2010)研究认为,应从攻防博弈的视角来研究信息安全问题。王元卓等(2010)提出了一个基于随机博弈模型的网络攻防量化分析方法,采用该方法可以对目标网络的攻击成功率、平均攻击时间、脆弱节点以及潜在攻击路径等方面进行安全分析与评价。以上文献只是提出了企业的外部攻击者与企业内部控制的安全性之间的博弈,虽然,这些文献作者认识到企业内部控制中信息技术的安全性是影响企业信息技术投资中信息安全投资的重要因素,但是,他们并没有对其理论和模型进行实证检验,更没有去考察这些技术对于企业的价值所在。

防范安全漏洞的信息安全的投资是企业信息技术投资中的一部分。Triplett(1999)研究发现,"IT 生产力悖论" 其实不存在。Brynjolfsson 和 Hitt(1993)研究发现,企业 IT 投资回报不仅体现在企业生产能力及收益率相关指标的提高上,而且大多数情况下,体现在客户满意度上。但是这些文献,只是总体研究信息技术的投资回报,并没有具体研究在信息技术投资中的信息安全的投资情况及其回报问题。

安全漏洞的存在会导致嵌入信息技术的内部控制存在信息安全性问题。内部控制存在信息安全性问题就不可避免地导致内部控制存在缺陷。由于代理问题的存在,内部控制是否真正存在缺陷及其危害程度,作为企业外部的利益相关者无法得知。SOX 法案的出台在很大程度上解决了这个问题。Ge 和 McVay(2005)研究发现,内部控制的重大缺陷的披露与经营复杂性正相关,而与公司规模和公司盈利能力负相关。Leone(2007)研究发现,内部控制的重大缺陷披露的影响因素有组织结构的复杂性、重要组织变化以及在内控系统方面的投资等。在我国,方红星和孙翯(2007)研究发现,具有海外上市、规模较大、收到清洁的审计意见、国有企业等特征的公司具有较强的动机自愿披露内部控制信息。林斌和饶静(2009)研究发现,资源充足、成长较快、设置了内审部门的上市公司更愿意披露内部控制鉴证报告,而上市年限较长、财务状况较差、组织变革程度高和发生过违规的公司更不愿意披露内部控制鉴证报告。这些文献考察的是关于影响内部控制缺陷披露的因素,这些因素尽管有较好的解释力,但是,我们通过这些披露的报告无法真正知道企业实际存在的缺陷问题,尤其是安全漏洞的风险,也就是说,这些文献发现的影响披露的因素存在一定的内生性。

以上文献考察的是影响披露的因素，那么，导致这些已披露的内部控制缺陷的因素究竟有哪些？Ashbaugh-Skaife 等(2007)研究发现，相对未披露内部控制缺陷的公司而言，披露的公司经营状况较复杂，近期业务结构发生了调整，会计风险较大，审计师辞职较多，用于完善内部控制的资源较少。Doyle 等(2007)研究发现，规模较小、成立时间较短、业务较复杂、财务状况较差、成长较快或经历过业务重组的公司，内部控制更有可能存在缺陷。这些文献研究发现的影响内部控制的因素都是从企业的经济特征进行考察的，它们忽视了企业运营(包括内部控制)中的技术因素的作用。

而内部控制缺陷的存在对于企业的经济后果研究文献较多。内部控制缺陷的存在会导致公司价值的损失，包括股价的向下波动(Hammersley et al.，2008；Beneish et al.，2008)、资本成本的增加(Ghosh and Lubberink，2006；Schneider and Church，2008；Costello and Regina，2009；Kim et al.，2009)、审计费用的增加(Raghunandan and Rama，2006；Hogan and Wilkins，2008；Hoitash et al.，2008)等。这些文献的研究发现内部控制缺陷的存在会引起企业价值的损失。但是，这些文献只是从某一个侧面反映内部控制缺陷的价值损失，并没有综合考察企业价值损失的总量，容易让决策者产生决策的偏误。

总之，目前关于内部控制缺陷的文献研究，都是把企业经济特征作为考察对象，而把信息技术作为外生变量，这样容易导致结果的偏误。为了更好地考察内部控制缺陷对于公司价值的影响，同时也必须排除内生性因素的影响，我们在案例分析的基础上采用了事件研究的方法，以全面、系统地考察信息安全导致的内部控制缺陷对于公司价值损失的影响。

基于以上文献应对信息安全风险的措施来看，内部控制中的信息技术投资，特别是信息安全的投资及其回报往往很难进行测度和计量。如果企业在内部控制的信息安全上的投资不足，必然会导致企业内部控制的质量下降，进而导致企业运营的低效率和低效益，资产的安全性也无法确保。为了加强企业内部控制的建设，2008 年 5 月 22 日，财政部、证监会、审计署、银监会和保监会五部委联合制定并发布的《企业内部控制基本规范》第七条规定："企业应当运用信息技术加强内部控制，建立与经营管理相适应的信息系统，促进内部控制流程与信息系统的有机结合，实现对业务和事项的自动控制，减少或消除人为操纵因素。"《企业内部控制基本规范》的这条规定，着重于信息技术在信息处理方面的优点，而忽视了由于信息技术的采用所导致的信息安全隐患，由此造成偏离内部控制的目标。故在 2010 年 4 月 26 日发布的《企业内部控制应用指引》第 18 号——信息系统中的第三章第十三条中规定："企业应当综合利用防火墙、路由器等网络设备，漏洞扫描、入侵检测等软件技术以及远程访问安全策略等手段，加强网络安全，防范来自网络的攻击和非法侵入。"因此，为了更有效地发挥信息技术的优点，避免由于信息技术的负面作用给企业带来不必要的损失，如商业秘密的泄露等，我们必须加强企业内部控制，对安全漏洞的危害性保持足够的重视。

基于以上分析，在日益发达的互联网技术以及移动互联网技术的今天，每个企业都无法生存在不采用信息技术的真空中。信息技术为企业提供了良好的发展平台，已融入企业的生产、研发、运营和管理等各项活动中，同时又由于信息平台存在安全漏洞的问题，势必对企业的内部控制提出更高要求。当企业的内部控制不仅仅受到传统的企业内部环境的影响，而且还受到来自 Internet 上的攻击威胁时，安全漏洞对于我国企业的影响又是如何呢？本节以 2010 年 1 月 12 日百度公司由于黑客利用其网络服务器的一个安全漏洞进行网络攻击，导致百度无法为国内用户提供正常服务长达近六个小时之久为案例，考察安全漏洞对企业内部控制的影响。

9.1.2　案例背景

1. 案例的选取——百度情况简介

百度（www.baidu.com，NASDAQ：BIDU），2000 年 1 月成立于北京中关村，于 2005 年 8 月 5 日在美国纳斯达克（NASDAQ）上市，是中国掌握世界尖端科学核心技术的中国高科技企业，是全球最大的中文搜索引擎、最大的中文网站；百度日本公司于 2008 年 1 月 23 日正式运营，全面开启了百度的国际化战略[①]。

据国外媒体 2010 年 1 月 14 日报道，美国互联网流量监测机构 StatCounter 通过汇总 2009 年 7 月至 12 月间 2400 万个搜索引擎产生的点击，结果表明：百度在中国的市场份额为 56%[②]。北京正望咨询有限公司 2009 年 11 月 23 日发布了 2009 年中国搜索引擎用户市场调查报告，结果显示，在所有调查城市中百度的市场份额为 69.9%[③]。易观智库和易观国际（Analysys International）2010 年 3 月 23 日的报告显示：2009 年中国搜索引擎运营商市场规模达到 71.5 亿元人民币，其中百度的市场份额为 60.9%[④]。艾瑞（iResearch）2010 年发布的《中国搜索引擎市场份额报告 2009-2010 年》显示，搜索引擎广告市场在经济危机下表现出较高的抗压性，2009 年中国搜索引擎市场规模达 69.6 亿元人民币（约合 10.2 亿美元），其中百度的市场份额为 63.9%，搜索引擎市场规模在网络广告市场规模中占比达 33.6%；2009 年中国网页搜索请求量规模为 2033.8 亿次，其中百度的网页搜索请求量市场份额为 76%。

从百度的 2009 年报可以看出，百度的收入主要来自竞价排名的广告业务，竞价排名收入占总收入之比高达 99.94%。百度竞价排名服务（pay for performance，P4P）是基于百度搜索引擎的一种在线推广服务，完全按照在百度搜索引擎的搜索结果中的点击情况给企业带来的用户点击访问量进行收费，没有访问不收费。百度搜索引擎的搜索结果按照客户对关键词竞价的高低进行排名，竞价越高的客户排名越靠前。如企业在百度竞价排名服务中注册了"智能手机"关键词，当用户在百度搜索引擎中搜索"智能手机"相关信息时，该企业的信息就会按照竞价排名的高低优先被搜索到，而且百度根据搜索引擎带给企业的点

---

① 关于百度，http://home.baidu.com/about/about.html
② 调查显示谷歌中国搜索份额达 43%百度 56%，http://tech.sina.com.cn/i/2010-01-14/14293771192.shtml
③ 谷歌中国份额首次跌破 20% 百度占 69.9%，　http://www.techweb.com.cn/data/2009-11-24/478526.shtml
④ 易观：2010 年中国搜索引擎运营商市场将破 100 亿，http://www.techweb.com.cn/commerce/2010-02-22/541916.shtml

击访问量进行收费。

按照美国公众公司会计监督委员会(Public Company Accounting Oversight Board，PCAOB)2007 年实施的审计准则第 5 号《与财务报表审计相结合的财务报告内部控制审计》的定义，如果一项或若干项缺陷存在导致年度或中期财务报表存在重大错报而不能有效防范或及时发现的合理可能(reasonable possibility)时，那么，该缺陷就构成重大缺陷(material weakness)。从实务上看，财务报告内部控制和管理控制彼此交融，难以绝然区分，故实证研究者在研究时一般也未做明确区分，即笼统地称为内部控制(李享，2009)。基于以上分析，本节借鉴 Ge 和 McVay(2005)的思路以及按照瞿旭等(2009)对重大缺陷的分类做法，将嵌入在内部控制中信息技术的安全漏洞问题归为重大缺陷中的技术问题，以 2010 年 1 月 12 日百度公司由于黑客利用其网络服务器的一个安全漏洞进行网络攻击，导致百度无法为国内用户提供正常服务长达近六个小时之久为案例，剖析该事件的发生对于百度公司的价值损失，以期使企业重视其内部控制中采用的信息技术的安全漏洞问题给企业带来的损失，以此来考察安全漏洞对于内部控制的影响，也以期对后续研究中重大缺陷信息披露和监管等有所贡献。

2. 百度网站首页无法访问事件回顾

2010 年 1 月 12 日北京时间 6 点左右起，北京、广东等地无法正常访问百度网站首页，百度所有服务，包括新闻、博客、视频、图库等全部都无法正常访问；9∶27 百度相关人士表示，故障"还在查，目前原因不知"；10∶45 百度官方表示：baidu.com 域名在美国域名注册商处被非法篡改；12∶51 百度 CEO 李彦宏就此事在百度贴吧里表示："史无前例，史无前例呀！"；11∶00 上海、广东、北京等地部分网络开始恢复对 baidu.com 的访问，但其他子域名还无法正常访问；13∶00，国家工业和信息化部召集百度公司、基础电信运营企业、国家计算机网络应急技术处理协调中心(CNCERT/CC)以及中国互联网络信息中心(CNNIC)在国家计算机网络应急技术处理协调中心召开专家研判会，对该事件相关情况进行汇总研判；18∶00 百度正式发表声明：目前已解决了大部分登录问题，如果解析速度正常，全球将在 48 小时内能全部恢复正常访问百度首页[①]。中新网 2000 年 1 月 13 日报道称，百度无法正常访问后，腾讯、新浪预计流量将下降约 5%，而搜狐和网易预计流量将下降约 10%。

造成近 12 小时的百度无法正常访问的原因是，据瑞星反病毒专家分析，这次攻击百度的黑客利用了 DNS(Domain Name System，域名系统)的相关漏洞信息，对 DNS 记录进行了篡改。域名解析服务提供商 DNSPod 在 2010 年 1 月 12 日官方博客称：register.com(baidu.com 的域名注册商)的程序存在漏洞，导致百度的 DNS 服务器和whois(域名 baidu.com 的数据库)信息被强行篡改。中国国家互联网应急中心就 2010 年 1 月 12 日百度无法访问发布公告，该公告称："造成本次事件的原因是 baidu.com 域名的

---

① 百度首页无法访问追踪报道_网易科技，http://tech.163.com/special/000943DN/baidudown0112.html

注册信息被非法篡改，致使 baidu.com 域名在全球的解析被错误指向，最终导致全球互联网用户无法正常访问 baidu.com 网站"。

9.1.3 案例分析与解读

1. 百度网站首页无法访问事件的经济后果分析

根据以上对于百度网站首页无法访问的分析可知，造成这次事件真正的原因在于百度的域名注册商 register.com 的服务器的软件存在安全漏洞，该安全漏洞被黑客发现并被恶意利用，严重破坏了百度的域名解析信息的保密性、完整性和可用性，导致了这次事件的发生。由于发现得较晚以及服务提供商、百度的应对风险措施存在严重的缺陷和滞后，从而加剧了这次安全漏洞被利用的负面影响程度。

根据 ISO/IEC 13335 的定义，风险是指事件发生的可能性及后果的组合（combination of the probability of an event 和 its consequence，ISO Guide 73:2002），也即，威胁（可能对系统或组织造成损害的事件的潜在原因，ISO/IEC TR 13335-1:2004）通过利用组织的一个或多个薄弱点（能被威胁利用的资产的脆弱点，ISO/IEC TR 13335-1:2004）导致对组织造成损害的可能性。威胁、薄弱点、资产（任何对组织有价值的东西，ISO/IEC TR 13335-1:2004）三者构成风险的三大要素。从 ISO/IEC 13335 对于风险的定义及其界定，我们可知，百度网站首页无法访问事件，来自网络黑客的威胁，其充分利用了百度域名注册商的服务器上的安全漏洞，从而给百度公司的资产造成了严重的损害。为了更好地警示企业注重内部控制中信息技术与生俱来的安全漏洞的危害性，我们需要评估这次事件的经济后果。我们采用 ISO/IEC TR 13335-1:2004 对于资产的定义，包括有形的资产、无形的资产以及所有的可能对公司有形的资产、无形的资产产生增值的信息能力，如服务能力、声誉等。按照这个定义，我们可以全面认识薄弱点的危害性以及识别出内部控制中的这种脆弱性，以提醒企业加强这种薄弱点的建设。

由于内部控制的其他缺陷与内部控制中信息技术的安全漏洞爆发所导致的内部控制的缺陷很难区分，所以关于内部控制中信息技术的安全漏洞的检验文献，到目前为止没有发现。本节借鉴 Menon 和 Williams（1994）以及伍利娜等（2010）的做法，采用百度网站首页无法访问这一特殊事件来粗略检验内部控制中信息技术的安全漏洞的爆发，给企业造成的危害性，也即对企业的经济后果分析，为我们认识嵌入内部控制的信息技术的重要性以及内控信息披露的经济后果提供了极其重要的参考。

根据百度披露的季报，百度截至 2009 年 12 月 31 日的 2009 财年第四季度总营收为人民币 12.61 亿元，平均每日营收近人民币 1390 万元。由于事故发生在白天上网高峰，这次被黑将给百度造成至少半天以上的损失，损失数字近人民币 700 万元。

根据百度披露的季报，百度截至 2010 年 3 月 31 日的 2010 财年第一季度总营收为人民币 12.94 亿元，平均每日营收超过人民币 1460 万元。半天以上的损失，损失数字超过人民币 730 万元。若除去春节放假因素，半天以上的损失，损失数字超过人民币 780 万元。

根据百度披露的季报，百度 2010 财年第一季度的成本与费用为人民币 7.31 亿元，较上一季度的成本与费用 7.937 亿元人民币，下降了 4%，但较 2009 年同期的成本与费用 6.122 亿元人民币，上涨了 25%。

Irving（2006）研究发现，内部控制披露能为投资者的资源配置决策提供有用的增量信息。Hammersley 等（2008）认为，内部控制缺陷的披露及其特征将给市场投资者带来增量的决策有用信息。美国东部时间 2010 年 1 月 12 日 9:34，百度开盘价为 394.13 美元，下跌了 6.44 美元，跌幅为 1.6%。美国东部时间 2010 年 1 月 12 日 NASDAQ 百度的收盘价为 386.49 美元，下跌了 14.08 美元，跌幅为 3.51%（NASDAQ 综合指数跌幅为 1.30%），回落到一个月来的最低点附近，如图 9-1 所示。从图 9-1 可知，由嵌入在内部控制中的信息技术的安全漏洞导致的百度无法正常访问，佐证了 Irving（2006）的研究结论。

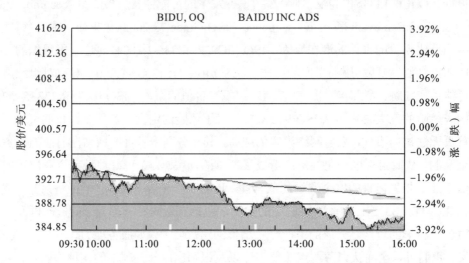

图 9-1   百度（NASDAQ:BIDU）2010 年 1 月 12 日在纳斯达克市场上的股价表现①

根据 Raghunandan 和 Rama（2006）及 Hogan 和 Wilkins（2008）的研究发现，当审计师面对较高的内部控制风险时，审计师需要增加更多的审计投入和（或）需要增加诉讼风险溢价。按照他们的研究，我们比较 baidu.com 近四年的审计费用，如表 9-1 所示。

表 9-1   baidu.com 2007～2010 年支付的审计费用表

年度	2007 年	2008 年	2009 年	2010 年
审计收费/美元	858 000	870 000	917 066	1 082 121
较前一年的增加额/美元	—	12 000	47 066	165 055
增加百分比/%	—	1.399	5.410	17.998

① 图片来源：百度股价受断网影响下挫 3.51%，http://info.tele.hc360.com/2010/01/130930166895.shtml

表 9-1 中的审计收费分别由 baidu.com 的 2007～2010 年的年报(20-F)整理而得，这四年 baidu.com 聘请的审计师都是来自于 Ernst & Young Hua Ming 会计师事务所，2005～2006 年聘请的是 Ernst & Young。除了北京时间 4 月 29 日，百度宣布按照 10：1 比例执行拆股计划之外，并无其他大事，但是 2010 年的审计费用较 2009 年的审计费用高出近 18%，较其他年份的增长率高出太多。Ernst & Young Hua Ming 在 2010 年大幅提高审计收费，在审计师没有变更的情况下，很有可能是因为 2010 年 1 月 12 日百度遭受网络攻击暴露了百度的内部控制存在重大缺陷，给审计师增加了审计风险，为了减少审计风险，或者是出于诉讼风险溢价或者是增加了审计付出，审计师提高了审计收费。

2. 百度网站首页无法访问事件的无法计量部分的经济后果

以上考察的是根据季报和成本与费用进行估计的损失，以及股票市场的，由于这次事件持续时间过长，还存在很多无法度量的损失。为了对无法度量的损失有个大体的认识，考察这个事件在全球范围内的关注程度。关注程度的度量通过谷歌(Google)搜索引擎的搜索量和新闻报道量来考察。透过谷歌(Google)搜索引擎的搜索量指数和新闻引用量，我们可以看到 2010 年 1 月 12 日发生的百度网站首页无法访问在用户中的影响，这些搜索引擎的用户通过其个人的社会网络进行传播，最终百度的事件必然在百度的用户、投资者(包括潜在投资者)、客户等之间产生广泛的负面影响，从而对百度的价值造成巨大的潜在损失。

2010 年 1 月 12 日发生的百度网站首页无法访问事件，迅速在网络上传播，"baidu"和"百度"立即成为谷歌(Google)搜索引擎的上升最快的关键字。图 9-2 和图 9-3 中的曲线 1 表示"百度"主题的关注度，曲线 2 表示"baidu"主题的关注度；图的上半部分表示搜索量指数(在 Google 上被搜索的频率)，图的下半部分表示新闻引用量(在 Google 新闻报道中出现的频率)。图 9-2 表示 2010 年 1 月份 Google 全球搜索量指数和新闻引用量分布图，图 9-3 表示 2010 年年度 Google 全球搜索量指数和新闻引用量分布图。从图 9-2 可知：2010 年 1 月，12 日的"百度"在 Google 全球的搜索中最受关注，达到月度峰值，比其他关键词的搜索量超出了一倍多；在 2010 年 1 月 12 日，"百度"的被搜索频率比"baidu"高出近一倍；从新闻引用量来看，2010 年 1 月 13 日在 Google 新闻报道中出现的频率达到峰值，但是，在 Google 新闻报道中，"baidu"的被搜索频率比"百度"高出很多倍。在图 9-3 中也呈现与图 9-2 相似的规律。综合图 9-2 和图 9-3 可知，2010 年 1 月 12 日百度发生的无法访问事件，受到全世界的广泛关注，给百度造成了不可估量的潜在损失。

Goh(2007)认为，发现重大缺陷的公司的高级经理人员相比没有发现的更有可能被轮换。2010 年 1 月 18 日，百度正式宣布 CTO(首席技术官)李一男已因个人原因提出辞职，经百度批准，从即日起李一男不再担任 CTO 的职务。离 2010 年 1 月 12 日发生的百度网站首页无法访问刚刚过去了六天。其中的真正原因，不得不让人把刚发生的无法正常访问的事件与技术高管 CTO 的离职产生联想。虽然，我们可能不能说是这个事件的发生导致了 CTO 的离职，但是，至少是加剧了 CTO 的离职速度。由于该重大缺陷造成了巨大的影响，因此，百度更受监管机构和投资者的关注。为了重塑公司声誉，改善股票业绩，恢复投资者信心，百度有动力去改善公司治理结构。

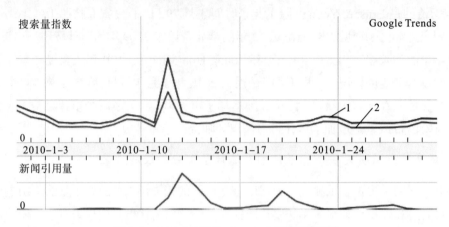

图 9-2　2010 年1 月份 Google 全球搜索指数[①]

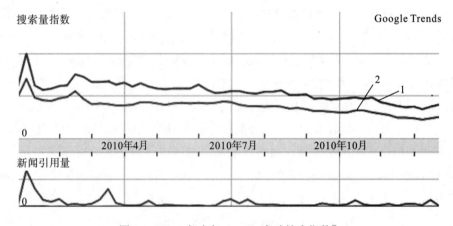

图 9-3　2010 年全年 Google 全球搜索指数[②]

3. 安全漏洞与百度的内部控制问题

基于以上分析，我们可知，由于网络服务器的解析软件存在安全漏洞，该安全漏洞被黑客发现并恶意利用，导致了这次长达近六个小时的无法正常提供服务。当百度无法正常提供服务被发现的近三个半小时后，已经给公司的有效益和有效率的经营造成严重负面影响以及在企业的资产安全性遭受破坏的条件下，百度作为一个拥有众多计算机及其相关专业的技术团队，居然还没有发现导致问题的原因所在。这表明，百度对于企业内部和外部的风险评估存在较大的缺陷。而百度在 2009 年年报中，关于百度无法访问事件出现在业务风险中，其中提及由于第三方服务提供商无法提供持续、不间断的服务所导致的对于公

---

① 图片来源：http://www.google.com/trends?q=baidu%2C%E7%99%BE%E5%BA%A6&ctab=0&geo=all&date=2010-1&sort=0，
　2011-4-19, 21:35

② 图片来源：http://www.google.com/trends?q=baidu%2C%E7%99%BE%E5%BA%A6&ctab=0&geo=all&date=2010&sort=0，
　2011-4-19, 21:35

司业务和声誉损失的风险，年报中声称只中断了大约 5 个小时（approximately five hours）。由于域名解析是由第三方服务商提供，并称该事件不是百度所能掌控的，并且百度的冗余系统管理并没有覆盖所有的系统，给出的理由是：全面冗余系统管理太贵，会影响公司的营运利润率（operating margin）且还不可能完全避免中断服务的频度和持续时间。就百度公司在 2009 年年报中对于这个事件的说明与解释，在一定程度上表明，百度公司对于内部控制中的信息技术风险中的安全漏洞风险，并没有给投资者一个非常有说服力的解释，也没有看到在内部控制的缺陷管理上有进一步的体现。

关于百度在年报中的关于百度无法正常访问事件的说明，具有其一定的合理性，但是可以通过加强内部控制来减少这种突发事件的危害。像安全漏洞这样的潜在的、无法预知的风险，必须有对风险可能变成现实的足够的预防措施，以防止重大缺陷给公司价值造成重大损失。像百度这种完全依赖互联网的公司，由于其 DNS 解析服务器在国外，企业应该设置专门的人员负责与域名注册商进行足够的沟通，并且这些人员必须密切关注域名注册商的服务器的相关软件的最新软件补丁程序情况，一旦发现域名注册商没有及时安装补丁程序，就应该及时通知域名注册商。此外，百度作为一个服务全球的搜索引擎提供商，应该为网站准备至少两套可以同时使用的、由不同域名注册商提供的、用户知晓的注册域名。百度出现这种意外事件时，临时启用了新的域名 http://www.baidu.com.cn，但是，由于这个域名，普通搜索引擎的用户并不知道，导致大量用户无法正常使用。因此，百度需要在事后重新评估内部控制的重大缺陷问题，提出对于备用域名的方案。这些备用域名不是在出现问题时，才开始启用，而是在平时就需要培养用户对于备用域名的知晓度，这样即使再发生类似的事件，也不会造成这次这么大的损失。

9.1.4　案例结论与现实意义

2010 年 1 月 12 日百度公司由于黑客利用其网络服务器的一个安全漏洞进行网络攻击，导致百度无法为用户提供正常服务长达近六个小时之久，部分地区达到 12 个小时之久。但由于内部控制中的信息技术的安全漏洞所导致的缺陷与内部控制的其他缺陷很难区分，所以有关内部控制中的信息技术的安全漏洞所导致的内部控制缺陷的检验文献，到目前为止没有发现。本节借鉴 Menon 和 Williams（1994）以及伍利娜等（2010）的做法，采用百度网站首页无法访问这一特殊事件来粗略检验内部控制中的信息技术的安全漏洞所导致的内部控制缺陷的经济后果。本节通过考察百度此次无法正常提供服务的事件，研究表明，现代企业必须确保信息技术的正常投资，同时需要重视内部控制建设，并需要充分重视信息技术在内部控制中的重要作用，特别是嵌入信息技术的内部控制的安全漏洞风险的风险分析、风险评估以及风险的应对措施及其方案的完备性建设。

本节的研究为处于信息化生态环境下的企业内部控制，应该防范软件中的安全漏洞风险（陈志斌，2007）提供了一个案例的实例证据，同时考察现代企业的内部控制时，不仅仅需要考察经济因素，而且需要考察技术因素对于内部控制缺陷的影响。由于本节采用的是案例分析，得到的结论不一定具有广泛的适用性。后续研究将就嵌入信息技术的内部控制的安全漏洞所导致的内部控制缺陷进行实证研究。

9.2　网络安全风险感知与互联网金融的资产定价[①]

9.2.1　研究源起与文献综述

1. 研究源起

自从 2013 年 6 月 5 日，支付宝宣布推出"余额宝"的余额增值服务以来，在余额宝的带动下，互联网金融在我国得到迅猛发展。余额宝 2014 年年报显示：截至 2014 年底，余额宝投资者已经增加到 1.85 亿人；2014 年全年，余额宝为投资者创造了 240 亿元的收益[②]。余额宝的发展充分利用了互联网平台开放性等特点，极大地降低了交易费用；但是，互联网平台有其天然的不足，即存在网络安全风险。2015 年 2 月 3 日，中国互联网络信息中心(CNNIC)发布的第 35 次《中国互联网络发展状况统计报告》显示：2014 年，我国总体网民中有 46.3%的网民遭遇过网络安全问题；在安全事件中，电脑或手机中病毒或木马、账号或密码被盗情况最为严重，分别达到 26.7%和 25.9%，在网上遭遇到消费欺诈比例为 12.6%[③]。

以上报告表明，我国个人互联网使用的安全状况不容乐观。一旦不怀好意的恶意用户通过非正当手段，如钓鱼网站、病毒、黑客技术等，获得用户名和相应的密码，甚至是绕过余额宝的用户名和密码验证机制，就可以通过互联网便捷地动用投资者的资金，使投资者蒙受不必要的经济损失，特别是对于小额资金的投资者来说，这种网络安全风险可能会迫使投资者赎回余额宝。此外，虽然余额宝的收益比活期存款高，根据期望理论，用户可能更在意这些网络安全风险所带来的损失，而对余额宝的收益变得更不敏感。基于此，本节以余额宝为研究对象，研究投资者对网络安全风险及其对互联网金融市场回报的影响，以有效观察互联网金融特有的网络安全风险、投资者行为及其相关问题。

以余额宝为例，对于潜在的网络安全风险，余额宝采取了相应的措施：一方面，利用信息技术的优势，分析每个投资者每笔交易的历史记录，采用大数据的分析方法，防止可能存在的网络安全问题，确保投资者的资金安全[④]；另一方面，余额宝与众安保险签订账户资金购全额承保[⑤]，这些技术手段和第三方承保的实施，在一定程度上缓解了投资者对可能存在的资金安全问题的担忧，也在一定程度上降低了投资者的网络安全风险的感知，

[①] 本部分的主体内容已发表：曾建光. 2015. 网络安全风险感知与互联网金融的资产定价[J]. 经济研究,7:131-145.
[②] 天弘增利宝货币市场基金 2014 年年度报告：http://pdf.dfcfw.com/pdf/H2_AN201503260008920748_1.pdf
[③] 第 35 次中国互联网络发展状况统计报告：http://www.cnnic.cn/hlwfzyj/hlwxzbg/hlwtjbg/201502/P020150203548852631921.pdf
[④] 用大数据预测账户风险，http://stock.10jqka.com.cn/hks/20140312/c564398390.shtml
[⑤] 余额宝周岁大数据揭秘，https://blog.csdn.net/cigang4063/article/details/100686824

有效地吸引了更多投资者的申购。

尽管余额宝采取了相应的措施以降低投资者的网络安全风险感知,但是,由于信息不对称性,特别是余额宝被盗事件的发生,并没有完全消除投资者的网络安全风险感知,反而在一定程度上强化了投资者的网络安全风险感知。尽管余额宝在投资者资金被盗之后,能够全额赔付,但是,余额宝被盗可能导致一定的心理创伤以及获得赔付所引致的交易成本,因此,投资者希望获得相应的风险补偿,否则,他们会选择赎回。这些网络安全风险感知的情况有助于我们更有效地观察互联网金融的市场回报以及与余额宝合作的天弘基金业绩的可持续性问题(Sirri and Tufano,1998)。

对于余额宝和天弘基金而言,需要尽量避免由于投资者对余额宝平台网络安全风险的感知而发生赎回的情况,这种赎回会严重损害基金经理人努力工作的积极性和主动性,进而损害余额宝的进一步发展。

对于余额宝的投资者而言,通过交易成本较低的搜索引擎搜索与余额宝被盗的相关问题是一种测度其网络安全风险感知的有效方法。通过分析搜索引擎的搜索内容是我们了解余额宝用户的网络安全风险感知及其相关情况的重要途径之一。中国互联网络信息中心(CNNIC)发布的第 35 次《中国互联网络发展状况统计报告》显示:使用过百度搜索的比例为 92.1%[1],稳居国内搜索引擎之首。据此,我们认为,百度搜索引擎的客户搜索余额宝被盗相关主题的搜索行为是我们了解余额宝投资者网络安全风险感知及其相关行为的重要途径之一。

基于以上分析,我们认为,搜索引擎作为互联网平台上最主要和最重要的服务之一,与余额宝被盗的相关主题搜索充分反映了广大余额宝投资者对于余额宝的网络安全风险感知情况及其行为表现。基于此,本节研究了互联网用户每天使用百度搜索余额宝被盗相关主题的大数据所形成的网络安全风险感知对余额宝市场回报的影响。研究发现,投资者的网络安全风险感知越高,要求获得风险补偿也越高;并且移动互联网的投资者较 PC 端投资者的网络安全风险感知要求的风险补偿更高;进一步研究发现,在阿里巴巴在美上市之前、基金经理人采用激进投资策略时以及市场资金宽松的情景之下,投资者的网络风险感知要求获得的风险补偿更为显著;此外,对于使用非苹果智能手机的投资者以及 PC 端的女性投资者而言,投资者的网络安全风险感知也要求获得更为显著的风险补偿。本节的研究表明,互联网金融的网络安全风险感知,特别是移动互联网用户的网络安全风险感知有助于我们更好地观察互联网金融的风险及其投资者的相关问题。

本节的主要贡献在于:第一,本节首次尝试度量互联网金融的网络安全风险,并首次系统考察了互联网金融特有的网络安全风险感知对互联网金融市场回报的影响,丰富了互联网金融,特别是互联网金融风险方面的文献,为我们更系统地理解互联网金融的风险提供了一个有益的证据;第二,本节为基于互联网的网络安全风险感知对于互联网金融市场

---

[1] 第 35 次中国互联网络发展状况统计报告:http://www.cnnic.cn/hlwfzyj/hlwxzbg/hlwtjbg/201502/P020150203548852631921.pdf

回报的影响提供了一个实证证据，此外，本节研究发现移动互联网投资者的网络安全风险感知是影响互联网金融市场回报的主要网络安全风险感知，这些研究发现为互联网金融的投资者分析和解读互联网金融的市场回报和风险提供了一个新的视角；第三，本节的研究结论为政策的制定者和监管当局更好地理解互联网金融市场特有的网络安全风险特征提供了一个实证证据，也为制定更符合中国现实的互联网金融的信息披露制度、评价体系和监管措施提供了一个实证证据；第四，本节的研究结果也表明，要想真正建立一个创新有效的互联网金融市场，不仅需要关注互联网用户的搜索行为的变化，还需要特别关注移动互联网用户对于网络安全风险感知的搜索行为的特征及其变化。

本节接下来的部分安排如下：第二部分是理论分析、文献回顾及研究假设的提出；第三部分是模型设定；第四部分是样本选择与研究结果；第五部分是研究结论。

2. 文献综述

余额宝充分融合了支付宝的网络支付结算的便捷性和流动性以及货币基金的收益性和流动性等特点。与余额宝合作的天弘货币基金对余额宝的资金进行投资管理，通过投资收益的返还吸引更多的投资者，在这些投资者中，主要以小额资金的投资者为主[①]。由于互联网在我国的迅速普及和快速发展[②]，借助互联网的低交易成本的特性，货币基金对这些小额资金投资者的服务成本和运营成本也非常低。

但是，互联网作为一个开放的虚拟平台，它既有为客户服务提供良好的用户体验和低交易成本优势，同样，它也为不怀好意的恶意用户谋求非法利益提供了绝佳的便利。据新华网报道，在 2013 年 12 月 19 日，江门市网店店主 6 万多元被盗刷[③]。这些恶意用户可以通过黑客技术以及余额宝用户在设置密码时的习惯性思维，如使用生日、手机号码等，获得余额宝用户的用户名和密码，一旦这些恶意互联网用户得逞，对于余额宝的用户来说，是致命的，不但无法得到收益，而且还血本无归。另外，由于余额宝采用的是网络程序语言编程而形成的网页，可能在设计中或在编程的过程中，存在着一定的缺陷，如余额宝的官方网站因设计缺陷，可通过浏览器遍历用户支付信息、余额信息和购买产品信息，此外，余额宝客户信息以及资金信息等都保存在数据库中，这些数据库中可能存在一定的漏洞，如最常见的 SQL(structured query language，结构化查询语言)注入攻击(SQL injection)，攻击者可以利用这个 SQL 注入漏洞从数据库获取敏感信息，如某第三方应用服务商就存在 SQL 注入漏洞，攻击者可以通过该漏洞获取该服务商的用户的支付宝密码信息。

随着余额宝投资者的不断壮大，投资者的需求也日益增多，余额宝的 Web 应用、手机端的应用及其相关服务(如与第三方应用合作提供支付解决方案)也就会变得越来越多，

---

① 根据天弘基金官方微博(http://www.weibo.com/thfund)的数据显示，截至 2014 年底，余额宝规模是 5789.36 亿元，用户数为 1.85 亿人，人均持有 3133 元。
② 第 35 次《中国互联网络发展状况统计报告》显示：截至 2014 年底，中国网民规模达 6.49 亿，全年共计新增网民 3117 万人，互联网普及率为 47.9%。
③ 余额宝被盗刷 6 万元 支付宝全额赔付，https://tech.sina.com.cn/i/2013-12-21/07109028023.shtml

相应的功能也会越来越复杂。为了满足这些需求，实现这些软件功能的计算机系统、软件编程语言以及程序员个人的编程能力等都可能引入网络安全风险。这些潜在的网络安全风险会随着用户使用量的增多而逐渐暴露出来，这些暴露出来的网络安全风险会通过社交网络迅速扩散，进而使得投资者的网络安全风险感知越来越强烈。特别是对于普通投资者而言，由于缺乏余额宝所采用的信息技术(含技术设备)以及内部控制等相关知识，导致对于余额宝控制网络安全风险的能力方面，存在较大的信息不对称性；再加上网络技术更新速度较快，普通的投资者即使得到了这些信息，可能也无从得知这些技术的网络安全风险状况，由此可能会导致余额宝用户的网络安全风险感知变得越来越强烈，对于资金的安全性越发担心，甚至"用脚投票"。

　　以上这些可能存在的网络安全风险，直接威胁到了余额宝投资者的资金安全，也在一定程度上放大了余额宝投资者倾向于依赖个人主观的判断来评估这些网络安全风险，即风险感知(Slovic，1987，2000)。这些网络安全风险感知会随着媒体报道，特别是在社交网络上(如 QQ 群、QQ 好友、微信朋友圈等)的发布或转发之后，会进一步加剧余额宝用户的网络安全风险感知。此外，由于搜索引擎普及率的提升，余额宝投资者会充分利用百度等搜索引擎对相关网络安全风险事件进行进一步的确认和了解，以确认余额宝被盗事件的详细情况，由此可能会进一步强化网络安全风险感知。

　　此外，由于余额宝作为理财工具，其运作是通过货币基金，市场回报偏低，一旦发生网络安全事件，导致投资者损失，投资者不会认为是自己的责任，他会更多地把这种风险转接给负责运营余额宝的基金，根据期望理论可知，投资者会更在意损失，而较少在意收益。在这种情况下，本节认为，研究互联网金融的网络安全风险有助于促进互联网金融的发展。

　　风险感知来源于人们的主观判断，往往与客观的真实风险存在一定的差距(李华强等，2009)。根据期望理论可知，面对网络安全风险，余额宝投资者可能更在意损失，进而进行非理性赎回和(或)放弃申购。余额宝管理层为了降低投资者可能的网络安全风险感知，做出了相应的服务保证：就余额宝服务质量做出承诺，为了更有效地提升这种承诺的可信度和完善性，余额宝又在质量承诺的基础上附加了补偿承诺，即在网络安全服务质量达不到所保证的标准和水平要求时，余额宝愿意赔偿投资者的损失(金立印，2007)。通过服务保证，余额宝不但可以在一定程度上降低投资者的网络安全风险感知，还能促使余额宝聚焦于投资者需求与服务质量控制(金立印，2009)，同时，也能提升余额宝员工的责任意识和投资者服务导向意识，对改善整体服务质量和增进投资者申购等方面起到积极作用(Jin，2006)。由此构成了余额宝投资者的风险感知和余额宝提供的服务保证质量之间的博弈。

　　尽管余额宝运营的本质是货币基金，但是，与传统货币基金具有较大不同的是：对于传统货币基金的投资者来说，投资货币基金不会发生资金被盗的现象。而对于采用互联网金融形式的货币基金而言，由于互联网平台自身存在网络安全风险，投资余额宝就可能发生本金和收益全部被盗的风险。根据期望理论，投资者可能可以接受余额宝的收益较低，但几乎不能接受本金和利息被盗的风险。因此，投资余额宝的风险感知首先来自于互联网自身的网络安全风险。由于普通投资者对于互联网存在的网络安全风险缺乏足够的专业知识，特别是随着余额宝投资者的增多，不同投资者之间在网络安全方面的知识和应对能力存在较大的差异，这种差异导致的网络安全风险会通过社交网络等的传播放大实际的网络安全风险，由此导致整体投资者的网络风险感知更为敏感，特别是在相关媒体报道的渲染之下，投资者对于余额宝平台可能存在的网络安全风险，尤为关注。投资者信息技术背景的差异性，迫使余额宝的管理层必须从提供良好的用户体验对这些潜在的风险进行识别、防范和控制，以有效降低投资者的网络安全风险感知，提升余额宝的服务保证质量和用户的黏性，基于此，我们构建了图 9-4 的博弈矩阵。

图 9-4　投资者的网络安全风险感知与服务保证的博弈矩阵

图 9-4 的(强，高)区中，当余额宝投资者的网络安全风险感知较强时，余额宝提供的服务质量也高，此时的投资者可能会增加申购，也可能会增加赎回，这取决于余额宝是否能够提供相应的风险补偿。如果不能提供相应的网络安全风险补偿，投资者也可能会进行申购，因为随着余额宝的发展和壮大，余额宝的品牌效应加上相应的赔偿机制能够为投资者的网络安全风险感知提供相应的背书。在这两个条件得到满足的条件下，余额宝的投资者才可能会增加申购和(或)减少赎回。

图 9-4 的(强，低)区中，当余额宝投资者的网络安全风险感知较强时，而余额宝提供的服务质量却比较低时，投资者的网络安全风险感知没有得到很好的弱化，投资者就很可能会减少申购，甚至增加赎回，以减少可能存在的代理问题(肖峻和石劲，2011)。

图 9-4 的(弱，高)区中，当余额宝投资者的网络安全风险感知较弱并且余额宝提供的服务质量也较高时，投资者的网络安全风险感知对余额宝的申购或赎回的影响甚低。余额宝较好的服务保证能够有效降低投资者的网络安全风险感知(何会文，2003)，进而增加投资者的申购。

图 9-4 的(弱，低)区中，当余额宝投资者的网络安全风险感知较弱，而余额宝提供的服务质量也较低时，投资者的网络安全风险感知对余额宝的申购或赎回的影响也可能较低。

总之，图 9-4 说明了投资者在不同的网络安全风险感知的情景下，余额宝的管理层如何有效应对。在不同的应对措施之下，余额宝的资金规模及其发展会受到不同程度的影响，也影响着余额宝的市场回报。对于理性的投资者来说，面对余额宝被盗的网络安全风险感知和余额宝的服务保证承诺，他们会如何反应？由于投资者与管理层之间存在的关于余额宝应对网络安全风险措施的信息不对称性，以及发生余额宝被盗获取相应赔偿的交易成本过高等原因，投资者往往会去搜寻更多的服务信息以购买那些做出质量或补偿承诺的服务以树立自己的投资信心（金立印，2007）。由于余额宝的普通投资者对于余额宝被盗刷的网络安全风险知之甚少，因此，作为理性投资者，这些余额宝投资者自然会利用互联网搜索引擎平台进行余额宝被盗相关信息的搜索，这些搜索行为就构成了余额宝用户网络安全风险感知的良好度量。

现有的文献关于如何有效提升企业的服务保证以减少投资者的风险感知主要集中在理论分析和实证研究。在理论分析方面，Hart（1993）阐述了质量较高的服务保证应具备的特征，但是，却没有进一步讨论这些特征对于投资者风险感知的作用路径及其影响程度。Wirtz（1998）从企业内部的视角提出了一个服务保证设计模型，系统分析了设计服务保证制度的具体步骤和需要注意的事项；但是，一个好的服务保证系统应该需要充分考虑其服务对象的风险感知情况，有针对性地提供服务保证，才能以低成本有效地提升服务保证质量。服务保证能够影响投资者的风险认知（Gwinner et al.，1997；Ostrom and Iacobucci，1998）、增强投资者的满意度（Bitner，1995）和增加购买意愿（Wirtz，1998）。在实证研究方面，金立印（2007）认为，风险感知是抑制或延缓顾客做出实际购买行为的一个重要因素，服务保证质量越高，越能降低客户的风险感知。对服务保证满意的顾客会再次购买同一产品或服务，进行正面的宣传并提升对企业的信任度和忠诚度（Patterson et al.，1996）。

此外，为了更有效地增强服务保证的质量，减少投资者在互联网平台上的网络安全风险的信息不对称性，吸引更多的投资者进行申购或减少赎回，加强信息披露也是降低投资者网络安全风险感知的重要措施之一。Elliott 和 Jacobson（1994）就指出，有信息含量的信息披露有助于投资者更好地了解公司的经营风险，进而有助于减少投资者决策的信息风险。为了有效提升余额宝在网络安全风险的信息披露的信息含量，可以从两方面着手，一方面，通过官方渠道披露余额宝在服务保证方面的具体措施，使得投资者能够使用可信性来源的信息（Birnbaum and Stegner，1979）并赋予这些信息更大的权重（Hirst and Simko，1995；Hodge，2001；Anderson，1991），有效减少投资者对于网络安全风险的感知。此外，为了更有效地提升余额宝在网络安全方面的服务保证，披露余额宝聘用的网络安全方面的专家团队信息（Giffin，1967），也有助于提升服务保证信息的可信性。

另一方面，余额宝本质上是一种货币开放式基金。在开放式基金的治理机制中，一个重要的激励机制就是基金业绩-现金流（performance-flow relationship，PFR）的正相关性（Sirri and Tufano，1998）。由于开放式基金的投资者可以自由赎回或申购，基金规模也一直处于不断变化之中，如果基金业绩与现金流入（净申购）呈正向关系，那么，基金经理人有动机为了增大基金规模，提高基金的投资收益，由此，构成了一个隐性且有效的激励机制（Kempf et al.，2009），绩效好的基金能够吸引更多的资金流入（Kempf and Ruenzi，2004；

肖峻和石劲，2011)，而根据基金季度业绩进行申购，投资者可以获得相对较高的收益，能够产生"聪明钱"效应(Gruber，1996；Zheng，1999)。因此，在信息披露方面，余额宝通过披露每天的日回报，不但可以在一定程度上降低投资者的网络安全风险感知，而且可以有效激励基金经理人努力工作，提升绩效。特别是在媒体对于余额宝收益的正面报道的情况下，更有可能降低投资者的网络安全风险感知。为了有效提升信息披露的质量，余额宝和天弘基金分别在其官方网站、官方微博等对其每日的收益进行披露，同时，对其每季度的客户数量和资金规模进行信息披露。此外，天弘基金还在其官方网站上详细披露了基金经理人信息以及资金的投资品种和投资比例等信息，同时，余额宝通过网络链接到这些信息上，使得投资者可以从多个入口获得这些信息，减少了信息搜索成本，提升了投资者的用户体验。这些信息的披露使得投资者有机会充分掌握资金的投资情况，在一定程度上，可以缓解余额宝与投资者之间存在的信息不对称性，特别是，通过披露收益信息，投资者可以获得相关的风险补偿信息，可以在一定程度上降低网络安全风险感知，进而在一定程度上可以减少投资者的赎回。

9.2.2 研究假设的提出

风险感知是用来描述人们对风险的态度与直觉判断(Slovic，1987)，风险感知对人类的日常行为和重大事件的决策都具有重大影响(Otway and Winterfeldt，1982；Slovic，2000；Forsythe and Shi，2003；Erdem and Swait，2004；Cho and Lee，2006)。网络安全风险具有突发性、负面影响较大等特征，互联网安全隐患及其网络效应影响着投资者的网络安全风险感知，并导致投资者产生一系列的情感反应，如愤怒、埋怨、义愤填膺等，这些情感反应会促使投资者通过社交网络、BBS 等发布或转载相关的内容，甚至在转载的内容中添加自己的情绪。这些情感反应往往具有传染性，给投资者带来较大的负面情绪，影响这些投资者的投资行为。同时，投资者的这些网络安全风险感知也会导致余额宝采取相应的服务保证措施进行应对以尽量降低这些风险感知的负面影响。由此，形成了图 9-4 中的博弈矩阵。

通过互联网平台能够充分降低这些资金运营的交易成本，余额宝通过互联网这种渠道变革实现了交易费用的大幅下降(高善文，2014)，借助互联网这一平台吸引了大量投资者。在余额宝刚开通之时，由于普通投资者对于余额宝可能存在的网络安全隐患认知不足，投资者的风险认知也较弱，此时的余额宝管理层对于互联网存在的网络安全隐患认知也相对较弱，采取的服务保证措施相对也较差，服务保证质量也较低，此时形成了图 9-4 中的(弱，低)区。随着余额宝客户的增多，拥有网络安全相关知识的投资者也开始增多，这部分投资者开始在社交网络上有意无意地传播基于互联网平台的余额宝可能存在的网络安全风险，这些知识的传播在网络效应的作用之下，迅速在余额宝的投资者之间传播开来，而余额宝的服务保证却可能相对滞后，于是形成了图 9-4 中的(强，低)区。随着(强，低)区的投资者风险感知的增强，余额宝通过相关的大数据分析以及受到相关网络情绪的传染，能够感受到投资者情绪的变化。余额宝管理层为了吸引更多的投资者，减少可能的赎回并尽量增加申购数量，必然会采取更有效的措施以试图降低投资者的网络安全风险认知，余额宝管理层应对措施的采用构成了图 9-4 中的(强，高)区。高风险感知往往将投资者置于一种焦虑的状态之中，自然促使人们采取行动来解决问题或减缓这种状态(Cho and Lee，2006)。(强，高)区的形成必然也促使余额宝管理层采取更为有效的服务保证措施，比如全额赔付、聘请信息安全技术专家团队等，以降低投资者的网络安全风险感知。特别是在被媒体和网络曝光的余额宝被盗事件之后，余额宝在服务保证方面不仅兑现了相关的承诺，而且在信息安全技术和相关的大数据分析方面，投入了更多的资金，以尽量降低可能的网络安全隐患，有效降低余额宝投资者的网络安全风险感知，最终的均衡可能处于(弱，高)区。

经过以上分析，我们可知，随着余额宝投资者数量的增多，网络安全风险的知识在投资者之间传染，特别是在社交网络上传播的余额宝被盗事件(可能真实发生，也可能是竞争对手或是恶意用户的炒作等)，加剧了投资者的网络安全风险感知；余额宝的经理人在 PFR 的激励之下，必然会采取更为有效的服务保证措施，并对这些服务保证进行更为有效的信息披露，甚至是通过各种媒体进行宣传，同时，为了有效降低投资者的网络安全风险感知，余额宝还披露了投资者的每日回报，以尽量降低投资者的网络安全风险感知。另一方面，尽管余额宝管理层采取了这些可能有效的服务保证，一旦发生余额宝被盗(可能会获得等额资金的理赔)，由此导致投资者的担心、焦虑等情感成本的上升以及获得赔付所需要的交易成本(如提供相关的证明信息、电话沟通等)的提升，也即对于余额宝的网络安全风险感知，并不能完全消除，需要获得相应的风险溢价。因此，对于理性的投资者而言，风险感知越强，他希望获得相应的风险溢价也就越高。

此外，由于投资者的网络安全风险感知会影响他们所要求的风险补偿，当投资者的网络安全风险感知要求的风险补偿高于余额宝回报率时，这部分投资者更可能会选择赎回，反之，可能更会选择申购，从而影响资金流量。所以，在 PFR 的激励之下，与余额宝合作的天弘基金的基金经理人也有动机努力提高基金的市场回报，以迎合投资者的网络安全风险感知对回报率的要求，这一动机可能驱使基金经理人采取更激进的投资策略。

通过以上分析，我们认为，随着余额宝投资者数量的增加，缺乏网络安全知识、对网络安全认知不足的投资者也越来越多，互联网恶意用户的非法入侵等造成的网络安全风险也越来越高。投资者对于余额宝可能存在的网络安全风险的关注度也越高，即投资者对于余额宝可能存在的网络安全风险感知也越高，投资者期望获得相应的风险补偿也就越高。故提出假设 H1 如下：

H1：投资者的网络安全风险感知与余额宝的风险补偿存在正相关关系。

在 3G 网络以及智能手机不断普及和发展的背景下，在互联网用户中，移动互联网用户也在不断攀升，日渐成为我国互联网市场中不可小觑的用户群。第 35 次《中国互联网络发展状况统计报告》^①显示："截至 2014 年 12 月，中国手机网民规模达 5.57 亿，较 2013 年底增加 5672 万人。网民中使用手机上网人群占比由 2013 年的 81.0%提升至 85.8%……2014 年新网民最主要的上网设备是手机，使用率为 64.1%"。此外，该报告还显示："截至2014年12月，48.6%的中国网民认同我国网络环境比较安全或非常安全……总体网民中有 46.3%的网民遭遇过网络安全问题……在安全事件中，电脑或手机中病毒或木马、账号或密码被盗情况最为严重，分别达到 26.7%和 25.9%，在网上遭遇到消费欺诈比例为 12.6%。"这一报告表明，在庞大的移动互联网用户群中，网络安全状况不容乐观，大部分互联网用户都有网络安全风险感知。

各大智能手机制造商以及移动运营商的宣传，过于夸大智能手机的安全性保证的能力，导致移动互联网用户使用相应的应用，如手机浏览器等，缺乏足够的安全意识。2013 年 12 月 29 日中国互联网络信息中心(CNNIC)发布的《2013 年中国网民信息安全状况研究报告》^②显示："96.5%的电脑上网用户安装了安全软件，远高于智能手机上网用户的 70.0%……之所以不安装安全软件，'没发生过安全事件，不需要'是主要原因，电脑端上网网民选择比例为 46.2%，手机端网民选择比例达 68.7%"。这一调查研究报告从另一个侧面显示，PC 端发生安全事故的概率较低。该调查报告还显示："遭受安全事件的人群中，50.4%的人认为'花费时间和精力'，有 28.2%的人学习或工作受到了影响"。这一调查结果进一步表明，普通电脑(PC)用户大都安装了相关的网络安全软件，而移动互联网用户的网络安全意识不足。由于 PC 用户比移动互联网用户具有较强的网络安全意识，因此，移动互联网用户的网络安全风险感知更为强烈。

综合以上结果，我们认为，移动互联网投资者较 PC 端的投资者对于信息安全的风险感知更为敏感。因此，在余额宝的投资者中，移动端投资者的风险感知比 PC 端的投资者的风险感知更为强烈。根据假设 H1，我们认为，移动端投资者的网络安全风险感知的风险补偿也较 PC 端的投资者要求更高。故提出假设 H2 如下：

H2：移动互联网端较 PC 端投资者的网络安全风险感知，要求的风险补偿更高。

9.2.3　研究设计与实证结果分析

1. 研究设计

为了检验上述假设，本节设定研究模型(9-1)如下：

$$
\begin{aligned}
\text{WanRet} = \alpha &+ \beta_1\text{preWanRet} + \beta_2\text{preBaidu} + \beta_3\text{WanGrowth} + \beta_4\text{WanRisk} \\
&+ \beta_5\text{Listed} + \beta_6\text{preShiborON} + \beta_7\text{preFundRet} + \beta_8\text{preLnsize} + \varepsilon
\end{aligned} \tag{9-1}
$$

为了有效度量投资者的网络安全风险感知，我们采用前一日使用百度搜索"余额宝被盗"的搜索指数的自然对数作为投资者网络安全风险感知的度量变量。模型(9-1)中变量

---

① 第35次中国互联网络发展状况统计报告，http://www.cnnic.cn/hlwfzyj/hlwxzbg/hlwtjbg/201502/P020150203548852631921.pdf
② 2013 年中国网民信息安全状况研究报告，http://www.cnnic.net.cn/hlwfzyj/hlwxzbg/mtbg/201312/P020131219359905417826.pdf

的定义如表 9-2 所示。

表 9-2　模型(9-1)中的变量定义表

变量名	变量说明
WanRet	余额宝的七日年化收益率(%)，经上海银行间同业拆放利率的一周利率调整
preWanRet	前一日的余额宝的七日年化收益率(%)，经上海银行间同业拆放利率的一周利率调整
preBaidu	网络安全风险感知，前一日使用百度搜索"余额宝被盗"的搜索指数的自然对数，包括：移动互联网端投资者的网络安全风险感知(preMobileIndex)、PC 端投资者的网络安全风险感知(prePCIndex)以及总体网络安全风险感知(preAllIndex)三种度量方法
WanGrowth	余额宝七日年化收益率的增长率
WanRisk	七日年化收益率的波动性，自然周内的余额宝七日年化收益率的标准差
Listed	阿里巴巴是否在美上市(2014 年 9 月 19 日)，2014 年 9 月 19 日之后为 1，否则为 0
preShiborON	前一日的上海银行间同业拆放利率的隔夜利率(%)
preFundRet	综合上市开放式基金的考虑现金红利再投资的前一天的日市场回报率(总市值加权平均法)
preLnsize	余额宝的前一季度的基金份额总额[1]

2. 实证结果分析

1) 样本选择

本节的数据期间为 2013 年 7 月 1 日~2015 年 2 月 28 日[2]。其中余额宝的日回报数据来自于天弘增利宝货币基金官方网站每日公告的七日年化收益率(%)[3]；综合上市开放式基金日回报信息来自于国泰安(CSMAR)中的中国基金研究数据库；上海银行间同业拆放利率来自于上海银行间拆放利率官方网站(http://www.shibor.org/)；而网络安全风险感知的数据来自于百度搜索指数，即百度搜索指数来自于百度指数官方网站(http://index.baidu.com/)中搜索"余额宝被盗"关键词的百度搜索指数。其中节假日的上海银行间同业拆放利率和综合上市开放式基金日回报信息采用节假日前一天的数据[4]，共得到 610 个有效观测值，其中，日每万份收益与网络安全风险感知(总体网络安全风险感知与移动互联网端的网络安全风险感知)的变动图，如图 9-5 所示。从该图可知，网络安全风险感知越强，余额宝的收益也越高，在一定程度上验证了假设 H1。为了防止极端值的影响，我们对所有的连续变量按照 1%~99%进行 winsorize 处理。其描述统计和相关系数表如表 9-3 和表 9-4 所示。

---

① 由于余额宝日基金份额总额没有披露，本节采用天弘增利宝基金披露的前一季度的份额作为本期份额总额。
② 2013 年 6 月中国市场发生"钱荒"事件，为了消除该事件可能的影响，本节把 2013 年 6 月的样本删除(包含这些样本也不影响我们的结果)。
③ 详见：天弘基金管理有限公司，http://www.thfund.com.cn/fundinfo/000198
④ 剔除节假日的样本，也不影响本节的研究结论。

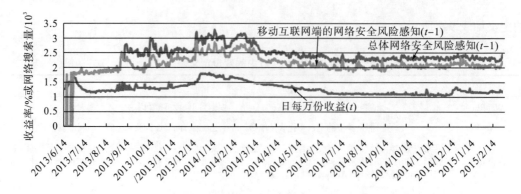

图 9-5　余额宝的日每万份收益与网络安全风险感知的变动图[①]

从图 9-5 可知，余额宝的日每万份收益与前一日的网络安全风险感知的变动非常趋于一致，这也在一定程度上验证了假设 H1 和假设 H2。

表 9-3　样本的描述统计

变量	均值	中位数	标准偏差	最大值	最小值	N
WanRet	0.973	0.915	0.819	3.234	−1.308	610
preAllIndex	5.618	5.489	0.707	7.298	4.159	610
preMobileIndex	4.959	4.836	0.516	6.426	4.159	610
prePCIndex	4.499	4.762	1.779	6.784	0.000	610
Listed	0.266	0.000	0.442	1.000	0.000	610
preWanRet	0.963	0.912	0.832	3.234	−1.308	610
WanGrowth	−0.001	−0.001	0.007	0.031	−0.028	610
WanRisk	0.046	0.029	0.052	0.279	0.005	610
preShiborON	3.010	2.913	0.594	4.534	1.764	610
preFundRet	0.002	0.001	0.010	0.038	−0.025	610
preLnsize	26.087	27.017	1.751	27.084	22.169	610

注：WanRet、preWanRet、preShiborON 单位为%，preLnsize 单位为元，其他变量无单位。下同。

从表 9-3 的描述统计，我们可知，余额宝的经上海银行间同业拆放利率的一周利率调整之后的日市场回报（WanRet）的均值为 0.973%，中位数为 0.915%，最大值和最小值分别为 3.234% 和−1.308%，这表明，总体而言，余额宝的日市场回报的差异较大。余额宝的总体网络安全风险感知（preAllIndex）的自然对数的均值和中位数分别为 5.618 和 5.489，最大值和最小值分别为 7.298 和 4.159，这表明余额宝每天的总体网络安全风险感知存在较大差异。余额宝的移动端投资者的网络安全风险感知（preMobileIndex）的平均值和中位数分别为 4.959 和 4.836，最大值和最小值分别为 6.426 和 4.159，这表明余额宝每天的移动端投资者的风险感知也存在较大差异。余额宝的 PC 端投资者的网络安全风险感知

① 本图的数据是 winsorize 之前的数据，为了使得对比更加直观，本图对网络安全风险采用的是加一之后取以 10 为底的对数。

(prePCIndex)的平均值和中位数分别为 4.499 和 4.762，最大值和最小值分别为 6.784 和 0.000，表明余额宝每天的 PC 端投资者的网络安全风险感知也存在较大差异。

表 9-4　阿里巴巴在美上市之前与上市之后的样本比较

变量	上市之前(N=448)		上市之后(N=162)		T 检验	Wilcoxon 检验
	均值(A)	中位数(B)	均值(C)	中位数(D)	A–C	B–D
WanRet	1.130	0.995	0.540	0.704	0.589***	0.291***
preAllIndex	5.702	5.709	5.385	5.389	0.317***	0.320***
preMobileIndex	5.019	4.927	4.794	4.796	0.224***	0.131***
prePCIndex	4.479	5.030	4.555	4.605	−0.077	0.425***
preWanRet	1.108	0.986	0.562	0.715	0.546***	0.271***
WanGrowth	−0.001	−0.001	0.000	0.000	−0.001**	0.000
WanRisk	0.048	0.035	0.039	0.022	0.009**	0.013
preShiborON	3.081	3.014	2.816	2.656	0.265***	0.358***
preFundRet	0.001	0.000	0.003	0.002	−0.002**	−0.002**
preLnsize	25.728	27.005	27.079	27.084	−1.351***	−0.079***

注：***,**,*分别表示在 1%,5%和 10%水平上的显著性，下同。表中数据进行过舍入修约。

　　表 9-4 报告的是阿里巴巴在美上市之前(2014 年 9 月 19 日之前)与上市之后(2014 年 9 月 19 日之后)，作为阿里巴巴旗下的余额宝的市场回报以及投资者的网络安全风险感知的变化情况。从样本的均值和中位数比较来看，在上市之后，余额宝的经上海银行间同业拆放利率的一周利率调整之后的日市场回报(WanRet)显著下降，同时，余额宝的总体网络安全风险感知(preAllIndex)和移动端投资者的网络安全风险感知(preMobileIndex)的自然对数都显著下降。这一比较结果，在一定程度上表明了，在上市之后，可能由于公司治理、内部控制等得到进一步加强之后，投资者的网络安全风险感知也得到了一定程度的下降。

　　表 9-5 报告的是各个变量的相关系数表。无论从 Pearson 相关系数还是 Spearman 相关系数来看，余额宝的总体网络安全风险感知(preAllIndex)、移动端投资者的网络安全风险感知(preMobileIndex)和 PC 端投资者的网络安全风险感知(prePCIndex)与余额宝的经上海银行间同业拆放利率的一周利率调整之后的日市场回报(WanRet)都显著为正，这在一定程度上验证了假设 H1。

　　2) 回归检验结果

　　表 9-6 报告了采用模型(9-1)，按照日聚类的余额宝全样本的日市场回报(经上海银行间同业拆放利率的一周利率调整之后)的单变量回归分析结果和多变量回归分析结果。

　　在表 9-6 中，模型 1 考察的是余额宝的前一日的日市场回报(经上海银行间同业拆放利率的一周利率调整之后)(preWanRet)对于当日余额宝的日市场回报，preWanRet 的系数显著为正，表明，对于余额宝的日市场回报而言，前一天的日市场回报对于余额宝当日的市场回报具有显著影响。

表 9-5　相关系数表（上三角部分是 Pearson 相关系数；下三角是 Spearman 相关系数）

变量	1	2	3	4	5	6	7	8	9	10	11
1WanRet	1	0.431***	0.445***	0.276***	-0.318***	0.876***	-0.249***	-0.025	-0.509***	-0.127***	0.138***
2preAllIndex	0.432***	1	0.912***	0.844***	-0.198***	0.416***	0.142***	0.01	0.009	-0.082**	0.415***
3preMobileIndex	0.399***	0.885***	1	0.617***	-0.192***	0.426***	0.116***	0.089**	0.024	-0.072*	0.323***
4prePCIndex	0.441***	0.955***	0.749***	1	0.019	0.284***	0.154***	-0.145***	-0.101**	-0.035	0.684***
5Listed	-0.304***	-0.283***	-0.118***	-0.360***	1	-0.290***	0.083**	-0.076*	-0.197***	0.082**	0.341***
6preWanRet	0.888***	0.418***	0.390***	0.427***	-0.272***	1	-0.283***	-0.039	-0.631***	-0.146***	0.168***
7WanGrowth	-0.277***	0.019	0.026	-0.003	0.063	-0.340***	1	0.001	0.151***	0.065	0.063
8WanRisk	0.151***	0.289***	0.269***	0.232***	-0.039	0.154***	-0.121***	1	0.305***	0.014	-0.302***
9preShiborON	-0.501***	0.014	-0.042	0.01	-0.249***	-0.593***	0.257***	0.155***	1	0.075*	-0.325***
10preFundRet	-0.102**	-0.128***	-0.096***	-0.133***	0.087**	-0.116***	0.048	-0.029	0.048	1	0.019
11preLnsize	0.056	0.013	0.173***	-0.043	0.724***	0.092**	-0.102**	-0.121***	-0.538***	0.048	1

表 9-6　网络安全风险感知与日回报的回归结果

变量	模型 1	模型 2	模型 3	模型 4	模型 5	模型 6	模型 7
Intercept	0.143***	−1.832***	−0.043	−2.525***	−0.287	0.403***	0.033
	(3.94)	(−6.52)	(−0.14)	(−6.83)	(−0.97)	(5.24)	(0.08)
preAllIndex		0.499***	0.116***				
		(9.69)	(2.60)				
preMobileIndex				0.705***	0.163***		
				(9.17)	(2.61)		
prePCIndex						0.127***	0.018
						(7.21)	(1.13)
Listed			−0.110**		−0.122**		−0.113**
			(−2.35)		(−2.49)		(−2.39)
preWanRet	0.862***		0.790***		0.783***		0.851***
	(29.27)		(14.10)		(13.38)		(19.36)
WanGrowth			−3.057		−2.985		−1.056
			(−0.81)		(−0.81)		(−0.29)
WanRisk			−0.021		−0.102		−0.012
			(−0.03)		(−0.16)		(−0.02)
preShiborON			−0.026		−0.030		0.039
			(−0.46)		(−0.53)		(0.78)
preFundRet			0.566		0.455		0.329
			(0.25)		(0.20)		(0.14)
preLnsize			−0.011		−0.007		−0.002
			(−1.02)		(−0.75)		(−0.12)
F 值	856.87***	93.97***	163.28***	84.11***	164.10***	51.99***	150.97***
Adj R-Square	0.7675	0.1860	0.7775	0.1978	0.7782	0.0759	0.7737
N	610	610	610	610	610	610	610

注：括号内的值为双尾 t 值，下同。

表 9-6 的模型 2 和模型 3 考察的是前一天总体网络安全风险感知（preAllIndex）对余额宝当日市场回报的影响，其中模型 2 报告的是 preAllIndex 的单变量回归分析结果，而模型 3 是在控制了其他变量之后的多变量回归分析结果。在模型 2 和模型 3 中，总体网络安全风险感知（preAllIndex）的系数都显著为正，即投资者的网络安全风险感知对余额宝的日市场回报存在正向显著影响，这表明，前一天通过百度搜索"余额宝被盗"的搜索指数越高，投资者的网络安全风险感知也越强。由于余额宝是一种货币基金，其收益相对较低，根据期望理论可知，在投资者的网络安全风险感知较强的情况之下，投资者更在意损失，因此，投资者对于可能存在的余额宝网络安全风险感知越高，对于所可能导致的损失也更为在意，也自然要求获得相应的风险补偿越高。

　　此外，由于余额宝投资者的网络安全风险感知会影响他们所要求的风险补偿，因此当投资者要求的风险补偿与余额宝提供的回报率不一致时（比如低于银行存款利率），会引起投资者投资行为的变化。例如，当投资者的网络安全风险感知要求的风险补偿高于余额宝回报率时，这部分投资者更可能会选择赎回，反之，可能更会选择申购，从而影响资金流量。所以，在 PFR 的激励之下，与余额宝合作的天弘基金的基金经理人也有动机努力提高基金的市场回报，以迎合投资者的网络安全风险感知对回报率的要求，这一动机可能驱使基金经理人采取更激进的投资策略，以增大天弘基金的规模。在这种情形之下，基金经理人能够运营的资金规模也就越大，基金经理人个人获得的收益也越大，因此，基金经理人有动机采取更为激进的投资策略。即，投资者的网络安全风险感知越高，期望的余额宝日回报也越高，投资者获得的风险补偿也越高。假设 H1 得到了验证。

　　表 9-6 的模型 4 和模型 5 报告的是前一天移动互联网端投资者的网络安全风险感知（preMobileIndex）对余额宝日市场回报的影响，其中模型 4 报告的是 preMobileIndex 的单变量回归结果，模型 5 报告的是控制了其他变量之后的多变量回归结果。在这两个模型中 preMobileIndex 的系数都显著为正，这表明，在 3G 网络、智能手机以及手机二维码等日渐普及的背景下，投资者越来越依赖于移动互联网。而移动互联网用户对于移动端的网络安全的危害性认识不足，造成移动互联网端的投资者对于网络安全风险感知更为敏感；另一方面，余额宝的移动互联网端的投资者，通过智能手机不仅仅是进行余额宝投资，他们还会通过智能手机安装社交网络等软件，如 QQ、微信等，在这些软件中，投资者会收到来自社会网络中的各种余额宝被盗的信息，投资者看到这些信息之后，出于各种目的，他们也可能会通过社交网络再次传播这些信息，最终导致移动互联网端的投资者可能会通过百度搜索引擎对这些可能存在的余额宝被盗事情进行确认和了解，由此引致了投资者的网络安全风险感知的提升。因此，通过移动互联网关注余额宝网络安全风险的投资者越多，投资者的网络安全风险感知也越高，投资者要求的风险补偿也越高。也即，移动端投资者的网络安全风险感知对余额宝的日市场回报有显著正影响，假设 H2 得到了验证。

　　表 9-6 的模型 6 和模型 7 考察的是前一天 PC 端投资者的网络安全风险感知（prePCIndex）对余额宝日市场回报的影响，其中模型 6 报告的是 prePCIndex 的单变量分析结果，模型 7 报告的是在控制了其他变量之后的 prePCIndex 的多变量分析结果。其中，模型 6 的 prePCIndex 的系数显著为正，而模型 7 的 prePCIndex 的系数为正，但不显著，这一结果表明，在控制了其他因素之后，前一天 PC 端投资者的网络安全风险感知没有显著要求获得风险补偿。综合模型 5 和模型 7 的结果，我们可知，移动互联网端的投资者较 PC 端的投资者要求更多的风险补偿。假设 H2 得到了验证和支持。

　　总之，从全样本来看，余额宝投资者的网络安全风险感知要求得到相应的风险补偿，由于移动互联网端的投资者对于网络安全风险感知较为敏感，导致移动互联网端的投资者较 PC 端投资者要求更高的风险补偿。

3)进一步测试

(1)阿里巴巴在美上市

表 9-7 考察的是在全样本情况下,阿里巴巴在美上市这一重大事件前后,网络安全风险感知对余额宝风险补偿的影响。余额宝作为由阿里巴巴旗下第三方支付平台支付宝打造的一项余额增值服务,由于其便捷性和收益性,得到了互联网用户的广泛关注,其获得的资金量也日渐增多,与其合作的天弘货币基金的规模也日益增长。北京时间 2014 年 9 月 19 日晚间,阿里巴巴在美国纽约证券交易所上市。

我们认为,阿里巴巴在美国的正式上市,这一时刻对于余额宝而言,具有重要的意义,意味着阿里巴巴正式成为一家公众公司,她应该满足美国纽约证券交易所所要求的公司治理机制、内部控制建设以及完善的信息披露等。我们认为,阿里巴巴在美国的正式上市,使余额宝在互联网金融市场上的品牌地位得到了进一步的巩固,经过相关媒体的大肆宣扬,余额宝在普通投资者,特别是小额资金的投资者心中的地位也得到了进一步的巩固。在美国成功上市之后,越来越多的投资者开始认同余额宝的公司治理能力,余额宝的品牌在一定程度上为这些投资者的网络安全风险感知进行了背书。随着余额宝品牌在市场上得到进一步的认同,余额宝的投资者的数量也在迅速增长。随着投资者数量的不断增长,余额宝也在不断优化余额宝的用户体验,引入更多的网络安全专家团队,投入更多的网络安全等相关的研发费用。这一系列的服务保证措施的采用以及阿里巴巴上市之后公司治理的进一步加强,为降低投资者的网络安全风险感知提供了品牌背书、研发保障、内部控制以及公司治理保障,在一定程度上改变了投资者的网络安全风险补偿诉求。

由此,我们根据阿里巴巴在美国正式上市时间,把样本划分为上市之前(Listed=0,2014 年 9 月 19 日之前)与上市之后(Listed =1, 2014 年 9 月 19 日之后),并据此分别进行回归,以更有效地观察余额宝投资者的网络安全风险感知对余额宝日市场回报的影响,如表 9-7 所示。

表 9-7 的模型 1 考察的是阿里巴巴在美国上市前后,总体网络安全风险感知(preAllIndex)对余额宝日回报的影响。其中, preAllIndex 在阿里巴巴在美国上市之后(Listed=1)的系数为正, 但不显著,而 preAllIndex 在阿里巴巴在美国上市之前(Listed=0)的系数却显著为正。这表明,投资者的网络安全风险感知,对于在阿里巴巴在美国上市之前的余额宝日回报具有显著正影响;而在阿里巴巴在美国上市之后,总体网络安全风险感知对日回报没有显著影响,而影响日回报的则是前一天的日回报(preWanRet),这说明在阿里巴巴在美国上市之前,由于余额宝的品牌效应还无法很好地为投资者的网络安全风险感知提供足够的背书,因此,在阿里巴巴在美国上市之前,投资者对于余额宝的网络安全风险感知要求获得相应的风险补偿。

表 9-7   阿里巴巴在美国上市之前与之后的网络安全风险感知与市场回报的回归结果

变量	模型 1		模型 2		模型 3	
	Listed =1	Listed =0	Listed =1	Listed =0	Listed =1	Listed =0
Intercept	42.866	−0.039	44.046	−0.280	39.702	−0.014
	(1.15)	(−0.13)	(1.21)	(−0.93)	(1.04)	(−0.03)
preAllIndex	0.272	0.108**				
	(0.91)	(2.28)				
preMobileIndex			0.040	0.164**		
			(0.17)	(2.36)		
prePCIndex					0.071	0.013
					(1.27)	(0.81)
preWanRet	0.791***	0.791***	0.798***	0.775***	0.809***	0.858***
	(3.93)	(12.37)	(3.99)	(11.05)	(3.95)	(17.63)
WanGrowth	−4.286	−0.743	−4.143	−0.919	−4.496	1.903
	(−0.57)	(−0.17)	(−0.55)	(−0.21)	(−0.60)	(0.44)
WanRisk	−1.793	0.399	−1.638	0.333	−1.626	0.405
	(−1.28)	(0.53)	(−1.17)	(0.44)	(−1.21)	(0.54)
preShiborON	0.062	−0.046	0.074	−0.056	0.104	0.020
	(0.19)	(−0.78)	(0.23)	(−0.91)	(0.30)	(0.38)
preFundRet	−1.022	1.344	−1.079	1.131	−1.269	1.078
	(−0.66)	(0.41)	(−0.70)	(0.35)	(−0.82)	(0.33)
preLnsize	−1.637	−0.008	−1.635	−0.005	−1.483	0.002
	(−1.23)	(−0.69)	(−1.25)	(−0.48)	(−1.09)	(0.14)
F 值	54.31***	145.53***	54.24***	143.05***	59.89***	125.16***
Adj R-Square	0.6955	0.7690	0.6931	0.7705	0.6949	0.7648
N	162	448	162	448	162	448

而在阿里巴巴在美国上市之后，余额宝投资者的这些顾虑在强大的品牌效应、较好的公司治理以及余额宝更有力的服务保证的宣传之下，如被盗全额赔付、聘请拥有丰富经验的优秀专家团队等，投资者对于余额宝的网络安全风险感知也就不再要求额外的风险补偿。另外，也有可能是随着余额宝成立的时间越来越长，真正发生余额宝被盗的事件也寥寥无几，并且这些被盗的资金都得到了承诺的全额赔付，因此，投资者对网络安全风险的感知会随着风险经验的累积变得迟钝(Gleitman，1995)，特别是在阿里巴巴在美国上市之后，在这种情况下，投资者也就可能不会期望获得风险补偿。此外，在阿里巴巴在美国上市之后，随着投资者数量和资金规模的增长，由于基金经理人持有的资金量过大，涉及的人数众多，此时，资金的安全性和收益的稳定性越来越成为基金经理人投资者策略和投资者组合中的重要指导原则，这也进一步缓解了投资者的网络安全风险感知。这也验证了天弘基金在其官方网站上所说的："具体在天弘基金余额宝投资管理上，我们会把风险管理

置于首位，不刻意强调收益率，而是把日每万份收益稳定作为投资目标。"①

表 9-7 的模型 2 考察的是阿里巴巴在美国上市前后，移动互联网端投资者的网络安全风险感知(preMobileIndex)对余额宝日回报的影响。preMobileIndex 的显著性和表 9-6 的模型 4 中的一致。说明移动互联网端投资者的网络安全风险感知与总体网络安全风险感知的结果具有一致性。

表 9-7 的模型 3 考察的是阿里巴巴在美国上市前后，PC 端投资者的网络安全风险感知(prePCIndex)对余额宝日回报的影响。模型 3 中的 prePCIndex 无论在阿里巴巴在美国上市前还是之后都不具有显著性。这表明，由于 PC 端的网络安全防护较好，PC 端投资者的网络安全风险感知较弱，所以，PC 端投资者的网络安全风险感知不显著要求风险补偿。

(2)基金经理人的投资风格

余额宝作为货币基金的一种，在日信息披露中，除了披露万份收益之外，还披露了过去七天的每万份净收益加总之后再进行年化处理后的七日年化收益率。对于货币基金而言，七日年化收益率越高，可能意味着基金经理人的投资风格不太稳健。那么，在不同投资风格之下，投资者的网络安全风险感知的风险补偿又有何变化呢？为了研究这一问题，我们按照前一周的七日年化收益率的中位数，把基金经理人的投资风格分为投资风格激进组(大于中位数)和投资风格稳健组(小于中位数)，对这两组分别进行回归，结果如表 9-8 所示。

表 9-8 的模型 1 考察的是在投资风格激进组和投资风格稳健组中，总体网络安全风险感知(preAllIndex)对余额宝日回报的影响。其中，投资风格激进组的 preAllIndex 系数显著为正，而投资风格稳健组的 preAllIndex 系数为负，但不显著。也即，在投资风格激进组，投资者的网络安全风险感知对余额宝的日回报有显著影响；而在投资风格稳健组，网络安全风险感知对日回报没有显著影响，显著影响日回报的则是前一天的日回报(preWanRet)情况等。这表明，在投资风格激进组，由于经理人的投资风格比较激进，投资者获得的收益波动性也比较大，在这种情景之下，如果投资者的网络安全风险感知较高，基金经理人为了留住更多的投资者，他需要满足投资者更多的风险补偿需求。相反，在投资风格稳健组，由于基金经理人的投资风格比较稳健，投资者获得的收益也比较稳定，投资者的网络安全风险感知也比较低，因此，投资者的网络安全风险可以不需要显著的风险补偿。

表 9-8 的模型 2 考察的是在投资风格激进组和投资风格稳健组中，移动互联网端投资者的风险感知(preMobileIndex)对余额宝日回报的影响。其中，投资风格激进组的 preMobileIndex 系数显著为正，而投资风格稳健组的 preMobileIndex 系数微弱显著为负(t 值为-1.70，p 值为 0.089)。这表明，对于移动互联网端的投资者而言，他们的网络安全意识一般比较薄弱，当基金经理人的投资风格比较激进时，由于余额宝的收益不稳定，

---

① 天弘基金余额宝规模突破 2500 亿元 成立以来万份收益总值排名第一
　http://finance.people.com.cn/n/2014/0116/c1004-24142065.html

他们的网络安全风险感知开始变得更为敏感，要求获得更高的风险补偿；而在投资风格稳健组，由于投资者的收益比较稳定，他们的网络安全风险感知也相对弱化。因此，这些移动端投资者的风险感知在经理人投资风格稳健的情况下，没有显著要求获得风险补偿的诉求。

表 9-8　投资风格激进组与投资风格稳健组的回归结果

变量	模型 1		模型 2		模型 3	
	激进组	稳健组	激进组	稳健组	激进组	稳健组
Intercept	−0.615*	0.962*	−0.863**	1.026**	−0.230	1.554*
	(−1.72)	(1.91)	(−2.28)	(2.27)	(−0.69)	(1.79)
preAllIndex	0.198***	−0.013				
	(3.45)	(−0.14)				
preMobileIndex			0.318***	−0.206*		
			(4.12)	(−1.70)		
prePCIndex					0.030*	0.023
					(1.86)	(0.78)
Listed	−0.167***	−0.163**	−0.171***	−0.133*	−0.189***	−0.159**
	(−3.17)	(−2.40)	(−3.39)	(−1.85)	(−3.17)	(−2.36)
preWanRet	0.544***	0.458***	0.495***	0.509***	0.679***	0.432***
	(5.26)	(3.94)	(4.82)	(5.14)	(8.17)	(3.75)
WanGrowth	−2.211	−4.969	−2.463	−2.606	1.057	−5.914
	(−0.66)	(−0.94)	(−0.76)	(−0.48)	(0.37)	(−1.14)
WanRisk	1.202*	−1.018	1.020*	−0.785	0.686	−1.099
	(1.93)	(−1.01)	(1.85)	(−0.83)	(1.31)	(−1.10)
preShiborON	−0.098	−0.140	−0.128**	−0.040	0.025	−0.181**
	(−1.48)	(−1.38)	(−2.04)	(−0.42)	(0.44)	(−2.06)
preFundRet	2.225	−0.207	1.762	−0.339	1.729	0.009
	(0.67)	(−0.10)	(0.59)	(−0.17)	(0.49)	(0.00)
preLnsize	0.017	−0.006	0.015	0.013	0.021*	−0.030
	(1.48)	(−0.29)	(1.31)	(0.90)	(1.80)	(−1.03)
F 值	68.37***	20.94***	80.84***	27.32***	53.78***	20.18***
Adj R-Square	0.7321	0.4833	0.7487	0.4949	0.7103	0.4853
N	305	305	305	305	305	305

表 9-8 的模型 3 考察的是在投资风格激进组和投资风格稳健组中，PC 端投资者的网络安全风险感知(prePCIndex)对余额宝日回报的影响。在投资风格激进组，prePCIndex 系数显著为正，而在投资风格稳健组 prePCIndex 系数为正，但不显著。这表明，即使是在 PC 端投资者的网络安全风险感知较差的环境下，如果基金经理人的投资风格过于激进，

投资者对于余额宝收益的稳定性存在一定的担忧，此时的网络安全风险感知越高，投资者期望获得的风险补偿也就越高。而在基金经理人投资风格较稳健的情况下，由于 PC 端投资者的网络安全风险感知总体较弱，因此，PC 端投资者的网络安全风险感知不显著要求获得风险补偿。

总之，表 9-8 表明，在经理人不同的投资风格情况下，由于 PC 端投资者的网络安全风险感知和移动互联网端投资者的网络安全风险感知存在较大的差异，他们所要求的风险补偿也存在显著的差异性［模型 2 和模型 3 中的激进组的 preMobileIndex 和 prePCIndex 系数存在显著差异（t 值为 9.41，p 值为 0.0023）］。

（3）市场资金供求关系

上海银行间同业拆放隔夜利率受市场资金供求关系以及央行货币政策和市场信心等因素的影响，也即上海银行间同业拆放隔夜利率能够在一定程度上反映市场的资金供求状况。据此，我们按照上海银行间同业拆放隔夜利率的中位数，把样本分为市场资金宽松组（低于中位数）和市场资金从紧组（高于中位数）。对这两组分别按照日聚类进行回归，结果如表 9-9 所示。

表 9-9 的模型 1 考察的是在市场资金宽松组和市场资金从紧组中，总体网络安全风险感知（preAllIndex）对余额宝日回报的影响。其中，无论在市场资金宽松组还是在市场资金从紧组，preAllIndex 系数都显著为正，并且市场资金宽松组中的系数显著大于市场资金从紧组的系数（t 值为 3.68，p 值为 0.0003）。也即在市场资金宽松的情况下，投资者的网络安全风险感知比在市场资金从紧的情况下，投资者的网络安全风险感知要求的风险补偿更高。这表明，在市场资金宽松的情况下，市场资金相对比较宽裕，资金的市场回报也较低。根据期望理论，当投资者的网络安全风险感知较高而市场回报却较低，此时的投资者会很在意可能的资金被盗风险，在这种情景之下，基金经理人为了减少可能的赎回以吸引这部分投资者，他需要满足投资者更多的风险补偿诉求。

表 9-9 的模型 2 考察的是在市场资金宽松组和市场资金从紧组中，移动互联网端的网络安全风险感知（preMobileIndex）对余额宝日回报的影响。其中，在市场资金宽松组，preMobileIndex 系数显著为正，而在市场资金从紧组中，preMobileIndex 系数为正，但不显著。这一结果表明，在市场资金比较充裕的情况下，由于市场回报偏低，移动互联网端的投资者的网络安全风险感知要求获得相应的风险补偿；而在市场资金比较紧张的情况下，由于市场回报偏高，移动互联网端的投资者的网络安全风险感知则不再显著要求风险补偿。

表 9-9 的模型 3 考察的是在市场资金宽松组和市场资金从紧组中，PC 端的网络安全风险感知（prePCIndex）对余额宝日回报的影响。在市场资金宽松组，prePCIndex 系数显著为正，而在市场资金从紧组中，prePCIndex 系数为正，但不显著。这一结果和表 9-9 的模型 2 的结果一致。也即，在市场资金比较充裕的情况下，由于市场回报偏低，即使是网络安全风险感知较弱的 PC 端的投资者，也显著要求获得风险补偿。相反，在市场资金从紧

组，由于市场回报偏高，投资者获得的收益也比较高，因此，PC 端投资者的网络安全风险可以不需要显著的风险补偿。

表 9-9　市场供求关系状况的回归结果

变量	模型 1		模型 2		模型 3	
	宽松组	从紧组	宽松组	从紧组	宽松组	从紧组
Intercept	−3.183***	0.221	−3.065***	−0.066	−1.891*	0.342
	(−3.05)	(0.71)	(−3.07)	(−0.21)	(−1.87)	(0.77)
preAllIndex	0.200***	0.120**				
	(2.81)	(2.06)				
preMobileIndex			0.257***	0.139		
			(3.00)	(1.43)		
prePCIndex					0.069**	0.021
					(2.07)	(1.24)
Listed	−0.044	−0.373***	−0.068**	−0.392***	−0.026	−0.372***
	(−1.42)	(−3.27)	(−2.07)	(−3.24)	(−0.83)	(−3.25)
preWanRet	0.876***	0.655***	0.855***	0.667***	0.968***	0.706***
	(14.51)	(7.64)	(13.76)	(7.45)	(22.04)	(10.05)
WanGrowth	6.853***	−5.075	7.22***	−4.441	6.471***	−2.875
	(3.25)	(−1.17)	(3.43)	(−1.04)	(2.86)	(−0.71)
WanRisk	0.252	0.144	0.086	0.083	0.543	0.086
	(0.48)	(0.21)	(0.17)	(0.12)	(0.97)	(0.13)
preShiborON	0.307	0.102	0.291**	0.113	0.391**	0.167**
	(2.18)	(1.30)	(2.18)	(1.26)	(2.46)	(2.47)
preFundRet	−0.801	3.325	−0.786	3.013	−1.425	3.401
	(−0.81)	(0.82)	(−0.77)	(0.74)	(−1.39)	(0.84)
preLnsize	0.054**	−0.039***	0.047**	−0.030**	0.022	−0.031*
	(2.59)	(−2.65)	(2.40)	(−2.43)	(0.75)	(−1.71)
F 值	241.11***	76.36***	260.70***	70.73***	234.16***	71.58***
Adj R-Square	0.8894	0.6427	0.8918	0.6401	0.8845	0.6367
N	304	306	304	306	304	306

（4）移动互联网中的苹果智能手机平台与非苹果智能手机平台

在目前的移动互联网中，投资者大都是通过智能手机进行余额宝理财。但是，在这些智能手机中，苹果公司采用代码签名（code signing）机制作为其 iOS 系统安全机制，该机制在应用程序运行之前检测其是否通过了苹果的签名，确保恶意软件很难在 iOS 上运行（路鹏等，2013）。而其他智能手机平台则相对较容易被恶意软件攻击，如 Google 的 Android 就存在安全设计缺陷，比如 ASE（Android Scripting Environment）程序存在的安全漏洞可能会被黑客利用进行特权提升攻击(蒋绍林等，2012)。

据此，我们把移动互联网端的网络安全风险感知按照智能手机是否是苹果手机进行划分，根据百度公司提供的苹果手机和非苹果手机的日流量占比，分为移动互联网端的投资者网络安全风险感知指数的苹果手机网络安全风险感知(preAppleMobileIndex)和非苹果手机网络安全风险感知(preNonAppleMobileIndex)。根据这个分类，我们分别对其进行回归，结果如表 9-10 中的模型 1。

表 9-10　移动互联网平台差异与 PC 端性别差异的回归结果

变量	模型1(移动互联网平台)		模型2(PC 平台)	
	苹果手机	非苹果手机	女性	男性
Intercept	0.050	−0.280	0.285	−0.371
	(0.17)	(−0.95)	(0.68)	(−0.85)
preAppleMobileIndex	0.146**			
	(2.52)			
preNonAppleMobileIndex		0.167***		
		(2.64)		
preFemalePCIndex			0.057*	
			(1.94)	
preMalePCIndex				−0.007
				(−0.24)
Listed	−0.143***	−0.114**	−0.106**	−0.116**
	(−2.68)	(−2.40)	(−2.30)	(−2.41)
preWanRet	0.805***	0.776***	0.828***	0.869***
	(15.73)	(12.85)	(17.00)	(22.05)
WanGrowth	−2.224	−3.182	−1.938	−0.170
	(−0.62)	(−0.86)	(−0.52)	(−0.05)
WanRisk	−0.129	−0.092	−0.031	−0.038
	(−0.21)	(−0.15)	(−0.05)	(−0.06)
preShiborON	−0.007	−0.036	0.014	0.063
	(−0.14)	(−0.63)	(0.27)	(1.29)
preFundRet	0.442	0.445	0.466	0.259
	(0.19)	(0.19)	(0.20)	(0.11)
preLnsize	−0.011	−0.005	−0.010	0.014
	(−1.07)	(−0.61)	(−0.72)	(0.88)
F 值	161.72***	165.19***	158.05***	145.40***
Adj R-Square	0.7771	0.7786	0.7751	0.7732
N	610	610	610	610

从表 9-10 的模型 1 可以看出，苹果手机网络安全风险感知(preAppleMobileIndex)和非苹果手机网络安全风险感知(preNonAppleMobileIndex)的系数都显著为正，并且非苹果

手机网络安全风险感知的系数显著大于苹果手机网络安全风险感知(t 值为 2.83，p 值为 0.0932)。这一结果表明，在安全性较高的苹果手机的移动互联网平台之上，使用苹果手机的投资者的网络安全风险感知较使用非苹果手机的投资者的网络安全风险感知较弱，因此，使用苹果手机的投资者的网络安全风险感知所期望的风险补偿较非苹果手机的投资者要高。

(5)PC 端的女性投资者与男性投资者

现有的研究表明，男性比女性更能承担风险(Byrnes et al.，1999)。据此，我们考察男性和女性的投资者在网络安全风险感知方面，对于风险补偿的差异。由于百度提供的数据只有 PC 端投资者的性别数据，据此，我们把 PC 端的网络安全风险感知按照每个月的占比分别计算出 PC 端的男性网络安全风险感知(preMalePCIndex)和 PC 端的女性网络安全风险感知(preFemalePCIndex)。根据这个分类，我们分别对其进行回归，结果如表 9-10 中的模型 2 所示。

从表 9-10 的模型 2 可知，PC 端的女性网络安全风险感知(preFemalePCIndex)的系数显著为正，而 PC 端的男性网络安全风险感知(preMalePCIndex)为负，但不显著。这表明，对于承担风险能力较弱的女性而言，网络安全风险感知越强，要求的风险补偿也越高；反之，对于承担风险能力较强的男性来说，网络安全风险感知不要求显著的风险补偿。

4)稳健性检验

(1)模型(9-1)中采用上海银行间同业拆放利率每日报告的隔夜(O/N)利率作为影响市场回报的基础利率的控制变量。为了更有效地观察市场利率对货币基金回报的影响，我们分别采用上海银行间同业拆放利率前一天报告的 1 周、2 周、1 个月、3 个月、6 个月、9 个月利率作为控制变量，重新对样本进行回归，结果显示，本节的研究结论不受影响。

(2)模型(9-1)中采用每周的日回报的波动性作为市场回报风险的控制变量。为了更有效地控制可能的回报风险对日回报的影响，我们分别采用前七天的日回报的波动性和前 5 天的日回报的波动性作为风险的控制变量，重新对样本进行回归，结果显示，本节的研究结论不受影响。

(3)由于传统货币基金在季末、年末会出现超大规模的赎回，为了剔除可能的季末和年末效应，我们把季末的最后一周和年末的最后一周的样本删除，重新对样本进行回归，结果显示，本节的研究结论不受影响。

(4)为了更有效地观察网络安全风险感知对余额宝日回报的影响，我们对日回报(WanRet)和前一天的日回报(preWanRet)采用无风险利率进行调整，重新对样本进行回归，结果显示，本节的研究结论不受影响。

(5)"钱荒"事件的发生，导致了宽松货币政策并未按照市场的预期而发生，导致了上海银行间同业拆放利率每日报告的隔夜(O/N)利率的持续走高，由此也创造了货币基金回报的新高。为了更有效地排除"钱荒"事件的影响，我们对日回报(WanRet)和前一天

的日回报 (preWanRet) 采用上海银行间同业拆放利率每日报告的隔夜 (O/N) 利率进行调整，重新对样本进行回归，结果显示，本节的研究结论不受影响。

以上稳健性检验表明，本节的研究结论具有较好的稳健性。

9.2.4　研究结论与现实意义

随着互联网的迅速普及，互联网金融理财产品借助于兼具开放性、协作性等特征的"互联网精神"，通过长尾效应，聚集了大量的投资者和资金。但是，由于互联网平台具有其自身特有的网络安全风险，一旦这些网络安全隐患被恶意用户利用，余额宝投资者的资金安全就可能受到较大的威胁，由此，产生了余额宝投资者的网络安全风险感知。基于互联网特有的平台属性而产生的这种网络安全风险感知，为我们考察在我国迅速崛起的互联网金融的市场回报及其风险特征影响因素提供了一个绝佳的自然实验。

基于以上分析，本节采用从余额宝上线以来在百度搜索引擎上搜索与"余额宝被盗"相关的搜索指数作为余额宝网络安全风险感知的测度变量，以此来考察网络安全风险感知对余额宝日市场回报的影响程度。研究发现，投资者的网络安全风险感知越高，要求获得风险补偿也越高；并且移动互联网端投资者较 PC 端投资者的网络安全风险感知，要求获得的风险补偿也更高。进一步研究发现：在阿里巴巴在美上市之前、基金经理人采用激进投资策略时以及市场资金宽松的情景之下，投资者的网络风险感知要求获得的风险补偿更为显著；此外，对于使用非苹果智能手机的投资者以及 PC 端的女性投资者而言，投资者的网络安全风险感知也要求获得更为显著的风险补偿。本节的研究表明，互联网用户的网络安全风险感知为我们了解互联网金融的市场回报及其风险变化提供了一个实时观察点，也为互联网上的小额资金客户理解互联网金融产品的价值与风险信息提供了一个实证证据。

本节的发现为投资者和政策制定者，在面对具有创新性的互联网理财产品时，如何有效分析与解读这些产品的市场回报及其风险提供了一个全新的视角，并为其提供了一个实证证据。同时，本节的研究发现有助于促使制度的制定者和监管当局在制定相关政策以及在履行相关监管时，监管层不但需要关注和加强相关产品及其管理层的监管，而且也需要在一个更宽泛的视角下，去理解互联网金融市场行为的变化及其影响因素，特别是投资者关于网络安全风险感知的行为反应及其变迁。

9.3　信息安全漏洞与会计年报的及时性[①]

9.3.1　研究源起与文献综述

1. 研究源起

美国前任总统 Barack Obama 上任后提出：二十一世纪的经济繁荣取决于信息安全。

---

① 本部分的主体内容已发表：曾建光. 2011. 信息安全漏洞风险与会计年报的及时性[J]. 中国注册会计师, 10: 115-120.

如果对信息安全中的漏洞掉以轻心，美国就会重蹈德军密码机在二战中被英军破译的覆辙(杨谷，2009)。那么，什么是信息安全中的漏洞呢？安全漏洞是指信息技术、信息产品、信息系统在设计、实现、配置、运行等过程中，由操作实体有意或无意所产生的缺陷(中国国家信息安全漏洞库，2010)。不管信息安全漏洞是因为设计失误造成的，还是人为有意设置的，都会威胁到计算机及其相关系统的安全性。这些安全漏洞以不同的形式存在于计算机及其相关信息系统的各个层次和环节之中，而且随着信息系统的不同(包括版本、系统等的不同)而不同。这些安全漏洞一旦被恶意主体发觉并利用，就可能损害计算机及其相关信息系统的安全性，进而影响甚至破坏、中断计算机及其相关信息系统的正常服务。由于企业的财务数据都是通过财务软件或相关信息系统(如 ERP)的相关模块进行生产、存储与输出，同时财务报表的基础数据都来源于财务软件或相关信息系统，因此，信息安全漏洞的存在势必影响公司的财务软件或相关信息系统的正常服务和使用，从而影响形成财务报表的基础数据的可获取性，进而影响财务报告的出具时间，也即影响公司财务报告的及时性。因此，本节旨在考察计算机及其信息系统的安全性对上市公司年报的及时性的影响。

本节可能的贡献主要体现在三方面：第一，首次引入信息安全漏洞考察 IT 技术对公司内部控制的影响，丰富了内部控制方面的文献；第二，首次尝试了信息安全性的度量问题，为信息安全的危害性提供了一种测度方法；第三，在年报的及时性影响因素中，首次引入信息安全因素的影响。

本节安排如下：第二部分是对现有的文献进行回顾；第三部分是研究设计和研究假设；第四部分是样本选择和描述统计；第五部分是研究分析结果；第六部分是研究结论与不足。

2. 文献综述

Dyer 和 Mchu(1975)以澳大利亚上市公司为样本，研究发现盈余状况对年报披露及时性的影响并不显著。Kross(1981)发现具有"好消息"的公司要比"坏消息"的公司更早披露年报。Whittred 和 Zimmer(1984)研究发现，陷入财务困境的公司在破产前 3 年会延迟年报披露时间。Carslaw 和 Kaplan(1991)研究发现，资产负债率高的公司更偏好晚披露年报。Haw 等(2000)认为公司的业绩影响年报的及时性。Soltani(2002)认为公司业绩的质量影响年报的及时性。McGee 和 Yuan(2008)认为公司治理结构影响公司年报的出具时间。李维安等(2005)研究发现，财务杠杆越高的中国上市公司，其披露及时性越差。巫升柱等(2006)以中国上市公司为样本，研究也发现具有"好消息"的公司年报及时性较高，而有"坏消息"的公司年报及时性较差。程小可等(2004)研究发现，上市公司年报披露时间呈逐年缩短的趋势，且规模越大的上市公司年报披露时间越晚。还有一些研究人员从审计事务所的特征研究影响年报的及时性问题。伍利娜和束晓晖(2006)研究发现，更换审计师越晚的上市公司，其财务报告的及时性显著较差。陈高才(2007)研究发现，大型会计师事务所审计的年报及时性较好，而出具非标意见的年报及时性较差。汪方军等(2008)根据能源类上市公司，研究发现公司绩效和年报披露及时性显著正相关，财务风险和年报披露及时性显著负相关。

　　而现有的文献考察安全漏洞的影响，更多的主要是从纯 IT 技术的角度进行考察。如梁彬等(2009)提出了一种基于数据安全状态跟踪和检查的安全漏洞静态检测方法。

　　还有一些文献考察了信息技术投资对企业业绩的影响。如 Harris 和 Katz(1991)、Weill(1992)、Mahmood 和 Mann(1993)、Brynjolfsson 和 Hitt(1996)研究发现：信息技术投资对企业绩效存在积极的影响，即信息技术投资越多，企业绩效越好。但是这些文献并没有考察这些信息技术投资中，信息安全的投资比重以及对企业的影响，特别是对财报的及时性的影响。

　　以上的研究都是从影响年报及时性的会计因素来考察年报的及时性，而没有考虑到在现今公司所处的信息环境以及在这种环境下所进行的年报编制完成所耗用的时间。在当今信息时代，信息技术的采用对年报编制完成所耗用的时间有着很大的影响作用，这是以前手工编制时代和信息技术没有普遍采用的时代所不能比拟的。但是，信息技术是一把双刃剑，和信息技术相伴而生的安全漏洞对信息技术的效率产生了巨大的负面影响。如果一个公司对这些安全漏洞没有足够的重视，那么，必定会影响甚至破坏其工作效率和成果。因此，本节认为，公司的信息安全性是影响年报及时性的不可或缺的因素之一。而公司的安全漏洞的危害性来自于网络环境的影响以及内部控制的防范措施。Brazel 和 Dang(2008)研究发现采用 ERP 系统的公司，其年报的及时性较好。但是，没有考虑到信息安全对 ERP系统的潜在威胁可能造成的年报及时性无法保证的可能。

9.3.2　研究假设的提出

　　Dyer 和 Mchu(1975)提出年报披露延迟的衡量标准，将年报披露延时分为初步延迟、审计师签字延迟与总延迟。毕丽娟(2007)认为报告延迟应扣除节假日。林有志等(2007)提出年报申报截止时点和公司申报时点之间的间隔。根据二〇〇七年一月三十日中国证券监督管理委员会颁布的第 40 号令《上市公司信息披露管理办法》第二十条的规定，我们可知年报的披露时间截止日期同为 4 月 30 号。因此，使用样本公司实际披露时间与规定的截止时间相差的工作日的天数来表示会计报表的及时性。为了更好地度量及时性，本节采用年报实际披露的时间距离规定披露的时限的天数之和作为会计报表的及时性的代理变量(朱晓婷和杨世忠，2006；李晓东，2010)。

　　中国国家信息安全漏洞库把安全漏洞按照危害等级分为：危急型、高危型、中危型和低危型四类。由于危急型和高危型的安全漏洞破坏力强，各大厂商和媒体报道得比较多，受到的关注也较多，因此我们认为，危急型和高危型的安全漏洞反而对报表的及时性有正面影响，由于计算机及其相关系统的使用者是风险厌恶的，因此，危急型和高危型的安全漏洞有助于年报披露的及时性。相反，中危型和低危型的安全漏洞破坏力不大，反而容易被忽视，由于累计效应的存在导致了中危型和低危型的安全漏洞对报表的及时性有负面影响。基于此，提出假设 H1 和假设 H2 如下：

H1：在其他条件不变的情况下，危急型或高危型的安全漏洞发生频率越高，年报披露越及时。

H2：在其他条件不变的情况下，中危型或低危型的安全漏洞发生频率越高，年报披露越不及时。

9.3.3 研究设计与实证结果分析

1. 研究设计

基于研究假设，本节采用毕丽娟(2007)和叶倩(2009)的做法，使用与截止时间相差的工作日的天数来表示会计报表的及时性。于是，设定模型(9-2)如下：

$$
\begin{aligned}
\text{Timely} = {} & \alpha + \beta_1 \text{Virus} + \beta_2 \text{Opinion} + \beta_3 \text{EPS} \\
& + \beta_4 \text{FlowRate} + \beta_5 \text{Lnsize} + \beta_6 \text{Length} \\
& + \beta_7 \text{Unexpected} + \beta_8 \text{ManagerRate} + \beta_9 \text{FirstRate} \\
& + \beta_{10} \text{Leverage} + \beta_{11} \text{ITindustry} + \varepsilon
\end{aligned}
\tag{9-2}
$$

Timely：因变量，年报实际披露的时间距离规定披露的时限的天数作为会计报表的及时性的代理变量。Virus：自变量，不同信息安全漏洞的数量占总安全漏洞的比例；数据来源于中国信息安全测评中心的中国国家信息安全漏洞库，信息安全漏洞按照安全漏洞的发布日期和危害等级进行统计，并且按照危害等级分为：危急型、高危型、中危型和低危型四类；分别考察这四类信息安全漏洞以及年度总的安全漏洞对于财务报告及时性的影响；为了更有效地考察不同危害等级的影响差异，采用危急型安全漏洞占总安全漏洞之比(perDanger)、高危型安全漏洞占总安全漏洞之比(perHharm)、中危型安全漏洞占总安全漏洞之比(perMharm)、低危型安全漏洞占总安全漏洞之比(perLharm)。以下为控制变量，Opinion：审计意见，若审计意见为"标准无保留意见"，则为 0，否则为 1；EPS：每股收益，等于净利润与总股数的比值；FlowRate：流通股比例，等于流通股股数与总股数的比值；Lnsize：公司规模，等于总资产的自然对数；Length：上市年限，是公司上市日距统计日之间的年数；Unexpected：未预期盈余状况，等于本期净利润与上期净利润之间的差额，当未预期盈余为负时，Unexpected 为 0，否则，Unexpected 为 1；ManagerRate：管理层持股比例，等于公司管理层持股数之和与总股本的比值；FirstRate：第一大股东持股比例，反映了该公司的股权集中程度，等于第一大股东持股数与总股本的比值；Leverage：资产负债率，等于负债与资产的比值；ITindustry：虚拟变量，1 为 IT 行业，0 为非 IT 行业；行业类型来自证监会 2001 年颁布的《上市公司行业分类指引》，该指引以上市公司最近年度经审计后的营业收入为分类标志。设置行业虚拟变量对行业进行控制。

2. 实证结果分析

1) 样本选择与描述统计

本节的财务指标、基础财务数据和信息安全漏洞数据分别来源于 2005～2009 年 Sinofin 数据库、CSMAR 财务数据库和中国国家信息安全漏洞库。剔除金融企业的数据和样本期间各年 4 月 30 日之后披露年报的样本公司,最后得到 6360 个有效样本。样本的描述统计如表 9-11 所示。

表 9-11　样本的描述统计表

变量	均值	中位数	标准差	最大值	最小值
Timely	22.609	23.000	16.481	77.000	0.000
perDanger	0.064	0.067	0.010	0.074	0.047
perHharm	0.066	0.080	0.047	0.114	0.003
perMharm	0.808	0.795	0.037	0.861	0.773
perLharm	0.062	0.051	0.019	0.093	0.045
ITindustry	0.059	0.000	0.236	1.000	0.000
Opinion	0.042	0.000	0.200	1.000	0.000
EPS	0.231	0.180	0.495	6.278	-7.065
FlowRate	0.573	0.536	0.214	1.000	0.027
Lnsize	21.573	21.445	1.141	28.003	17.122
Length	8.187	8.000	4.148	19.000	0.000
Unexpected	0.604	1.000	0.489	1.000	0.000
ManagerRate	0.026	0.000	0.099	0.784	0.000
FirstRate	0.373	0.355	0.158	2.896	0.035
Leverage	0.502	0.512	0.224	9.699	0.009

从表 9-11 可知,年报发布日期距最后期限的工作日天数(Timely)的均值为 22.609,中位数为 23.000,最大值为 77.000,而最小值为 0.000,极值相差较大;这说明年报发布日期距最后期限的工作日天数在样本公司之间差异较大。中国国家信息安全漏洞库根据安全漏洞的危害程度将安全漏洞分为:危急型、高危型、中危型和低危型。危急型安全漏洞占总安全漏洞之比(perDanger)的均值为 0.064,中位数为 0.067,中位数和均值较接近,最大值为 0.074,最小值为 0.047,这也表明危急型的安全漏洞在 2005～2009 年年度内,发生比较频繁,并且在年度之间发生的差异较大;高危型安全漏洞占总安全漏洞之比(perHharm)的均值为 0.066,中位数为 0.080,最大值为 0.114,最小值为 0.003,这表明高危型的安全漏洞在年度之间差异很大;中危型安全漏洞占总安全漏洞之比(perMharm)的均值为 0.808,中位数为 0.795,中位数和均值较接近,最大值为 0.861,最小值为 0.773,这表明中危型的安全漏洞在年度之间分布比较均匀;低危型安全漏洞占总安全漏洞之比(perLharm)的均值为 0.062,中位数为 0.051,中位数和均值较接近,最大值为 0.093,最小值为 0.045,这表明低危型的安全漏洞在年度之间分布比较均匀。

表 9-12 描述的是 Pearson 相关系数。从表 9-12 可知,年报发布的及时性(Timely)与危急型安全漏洞占总安全漏洞之比(perDanger)、高危型安全漏洞占总安全漏洞之比

(perHharm)呈显著正相关；而与中危型安全漏洞占总安全漏洞之比(perMharm)、低危型安全漏洞占总安全漏洞之比(perLharm)呈显著负相关。

2) 样本回归结果

根据相关系数的分析以及研究设计，分别将各类安全漏洞占比逐个放入模型(9-2)进行回归方程检验。表 9-13 报告了模型(9-2)的 OLS 回归结果。

模型 1 报告的是危急型的安全漏洞占比(perDanger)的回归结果，模型 2 报告的是高危型的安全漏洞占比(perHharm)的回归结果。模型1和模型2的自变量的系数都显著为正，这表明危急型的安全漏洞占比或者高危型的安全漏洞占比越高，年报发布日期距最后期限的工作日天数(Timely)越大，也就是说危急型的安全漏洞占比或者高危型的安全漏洞占比越高，年报披露的时间越早。这是由于危急型的安全漏洞或者高危型的安全漏洞越多，信息安全性受到了极大的威胁，用于完成年报的计算机及其相关系统的正常使用也受到极大的干扰，在这种情况下，厂商、上市公司、CPA 以及 CPA 所在的事务所对于这种信息安全表示出极大的关注，因此他们会投入人员或者精力去立即解决这个问题，如使用一些杀毒软件公司的专杀工具进行系统安全的处理或者使用操作系统提供商所提供的补丁等进行排查。这些信息安全隐患的排查，产生了溢出效应。因为在排查危急型的信息安全漏洞和高危型的信息安全漏洞的过程中，中危型的信息安全漏洞和低危型的信息安全漏洞也顺带被查杀，因此，导致整个系统的安全性得到了一次全面的提升，从而促进了计算机及其相关系统的运行效率，因此年报的披露时间就相对较提前。假设 H1 得到了验证。

模型 3 报告的是中危型的安全漏洞占比(perMharm)的回归结果，模型 4 报告的是低危型的安全漏洞占比(perLharm)的回归结果。模型3和模型4的自变量的系数都显著为负，这表明中危型的安全漏洞或者低危型的安全漏洞占比越高，年报发布日期距最后期限的工作日天数(Timely)越小，也就是说中危型的安全漏洞占比或者低危型的安全漏洞占比越高，年报披露的时间越晚。这是由于中危型的安全漏洞占比或者低危型的安全漏洞越多，信息安全性受到了极大的威胁，用于完成年报的计算机及其相关系统的正常使用受到的干扰不大，一般情况下觉察不出来，只是偶尔表现出一些异常，在计算机及其系统用户的可容忍范围之内。在这种情况下，厂商、上市公司、CPA 以及 CPA 所在的事务所对于这种信息安全隐患往往忽略，也往往归咎于计算机的陈旧抑或是归于计算机系统运行时间过长，需要进行一些诸如重新安装系统的活动，因此他们不会投入人员或者精力去立即解决这个问题，更不会去主动排查这些信息安全隐患。因此，整个计算机及其相关系统的安全性在一次次看似不严重的安全隐患下，一次又一次地全面下降，从而影响了上市公司、CPA 以及 CPA 所在事务所的计算机及其相关系统的日常运行效率，因此年报的披露时间就相对较靠后。在这种情况下，直到计算机及其相关系统的日常运行效率降低到了无法容忍的地步，才开始"亡羊补牢"。这种对于危害级别较低的安全漏洞的不重视，往往会产生"千里之堤，溃于蚁穴"的雪崩效应。假设 H2 得到了验证。

表 9-12　Pearson 相关系数表

变量	1	2	3	4	5	6	7	8	9	10	11	12	13	14	15
1Timely	1.000														
2perDanger	0.040***	1.000													
3perHharm	0.054***	0.832***	1.000												
4perMharm	-0.050***	-0.905***	-0.981***	1.000											
5perLharm	-0.056***	-0.803***	-0.978***	0.932***	1.000										
6Tindustry	-0.032**	-0.001	-0.001	0.00011	0.003	1.000									
7Opinion	-0.177***	-0.078***	-0.107***	0.098***	0.112***	0.044***	1.000								
8EPS	0.230***	0.103***	0.127***	-0.116***	-0.139***	-0.028**	-0.305***	1.000							
9FlowRate	0.002	0.281***	0.468***	-0.433***	-0.453***	0.021	-0.041***	-0.018	1.000						
10Lnsize	-0.001	0.092***	0.129***	-0.121***	-0.128***	-0.092***	-0.100***	0.280***	0.049***	1.000					
11Length	-0.077***	0.105***	0.172***	-0.156***	-0.172***	-0.009	0.042***	-0.105***	0.358***	0.133***	1.000				
12Unexpected	0.180***	-0.042***	-0.014	0.038***	-0.018	0.022*	-0.118***	0.369***	-0.011	0.059***	-0.038***	1.000			
13ManagerRate	0.024*	0.079***	0.113***	-0.111***	-0.103***	0.093***	-0.032***	0.082***	-0.122***	-0.164***	-0.357***	0.023*	1.000		
14FirstRate	0.061***	-0.032**	-0.062***	0.046***	0.080***	-0.050***	-0.045***	0.151***	-0.430***	0.262***	-0.151***	0.017	-0.108***	1.000	
15Leverage	-0.067***	-0.035***	-0.040***	0.039***	0.040***	-0.060***	0.175***	-0.236***	0.033***	0.212***	0.129***	-0.072***	-0.110***	-0.02	1.000

注：***，**，*分别表示检验在 1%，5%，10%水平上显著，下同。

从模型 1～模型 4，是否是 IT 企业（ITindustry）的系数显著为负。虽然 IT 企业由于自身对技术的敏感性和对信息安全的重视，它们能够及时排查存在的安全隐患。但是，安全漏洞需要厂商进行及时修补，而且 IT 上市公司无法改变 CPA 以及 CPA 所在事务所的信息安全状况。因此，根据木桶原理，IT 上市公司年报的及时性取决于厂商、CPA 以及 CPA 所在事务所的安全性。所以，这些公司的年报披露比较靠后，也可以认为它们披露不及时。

表 9-13   回归结果

变量	模型 1		模型 2		模型 3		模型 4	
	系数	t 值	系数	t 值	系数	t 值	系数	t 值
Intercept	41.653	9.94***	44.486	10.84***	57.980	8.18***	46.712	10.77***
perDanger	40.190	1.89*						
perHharm			12.839	2.52**				
perMharm					−15.882	−2.51**		
perLharm							−26.929	−2.24**
ITindustry	−1.990	−2.35**	−1.964	−2.32**	−1.972	−2.33**	−1.966	−2.32**
Opinion	−9.583	−9.15***	−9.519	−9.08***	−9.534	−9.10***	−9.527	−9.09***
EPS	5.612	11.47***	5.585	11.41***	5.589	11.42***	5.591	11.42***
FlowRate	3.190	2.80***	2.289	1.84*	2.421	1.98**	2.561	2.09**
Lnsize	−1.289	−6.41***	−1.307	−6.49***	−1.303	−6.48***	−1.303	−6.48***
Length	−0.221	−4.02***	−0.228	−4.14***	−0.227	−4.11***	−0.227	−4.11***
Unexpected	3.731	8.53***	3.729	8.54***	3.756	8.59***	3.690	8.46***
ManagerRate	−2.681	−1.210	−3.468	−1.530	−3.376	−1.490	−3.196	−1.420
FirstRate	6.136	4.12***	5.738	3.81***	5.748	3.82***	5.940	3.97***
Leverage	1.826	1.89*	1.867	1.94*	1.863	1.93*	1.853	1.92*
F 值	55.14***		55.42***		55.41***		55.29***	
R-Square	0.0871		0.0875		0.0875		0.0873	
N	6370		6370		6370		6370	

3）稳健性分析

以上的研究结论考察了信息安全漏洞的各个危害级别的占比如何影响年报及时性，考察的是一种相对指标的影响。那么，安全漏洞的各个危害级别的数量等对于年报及时性的影响又是怎么样呢？上面的研究结论能否得到有效的支持呢？基于此，进行如下稳健性测试：

采用安全漏洞的各个危害级别的数量和全样本的安全漏洞的各个危害级别的数量及其占比分别进行回归分析，以上的结果得到支持。

采用信息安全漏洞的各个危害级别的数量进行回归。表 9-13 的研究结论得到了基本支持。

未经过样本剔除的全样本数据，用信息安全漏洞的各个危害级别的数量进行回归。

表 9-13 的研究结论也得到了支持。

对未经过样本剔除的全样本数据采用信息安全漏洞的各个危害级别的占比进行回归。表 9-13 的研究结论得到了支持。

将危急型和高危型安全漏洞归为一类,中危型和低危型安全漏洞归为一类分别进行回归。表 9-13 的研究结论也得到了支持。

从以上稳健性检验可知,表 9-13 的研究结论具有良好的健壮性。

9.3.4　研究结论与现实意义

在日益发展的互联网以及移动互联网的今天,信息安全对于一个国家的重要性毋庸置疑。本节根据中国国家信息安全漏洞库统计的计算机及其相关系统的信息安全漏洞情况,考察了信息安全漏洞不同的类别对于我国上市公司年报披露的及时性的影响。

根据中国信息安全测评中心对安全漏洞的影响范围、利用方式、攻击后果等情况,将安全漏洞分为危急型、高危型、中危型和低危型四个类别。本节分别对它们进行考察,研究发现:危急型和高危型的安全漏洞对于年报的及时性具有积极正面影响,也即危急型和高危型的安全漏洞有助于提高年报的及时性;而中危型和低危型的安全漏洞对于年报的及时性具有负面影响,也即中危型和低危型的安全漏洞不利于提高年报的及时性。这些与中国信息安全测评中心对于中国国家信息安全漏洞库的月报统计的结论相一致,即"厂商对危急漏洞的修补较及时,而对严重级别较低的漏洞重视程度较低"。

本节的不足在于采用绝对的时间指标度量年报披露的及时性,可能存在一定程度的偏颇。另一个不足在于,本节只是采用信息安全漏洞的发现数量,并没有考察这些发现的安全漏洞修复情况对于年报披露的及时性的影响。后续研究将围绕这两方面展开。

9.4　信息安全漏洞、内部控制与审计风险[①]

9.4.1　研究源起与文献综述

1. 研究源起

随着企业信息化的逐步深入以及 Internet 的飞速发展,企业日常运营的支撑越来越依赖于 IT 系统的正常运行,同时,企业采用的信息系统也越来越多,其规模和覆盖面也不断扩大,复杂度也越来越高。当我们享受信息技术经济、高效、智能的工具性的同时,也体会到了或有所耳闻当安全隐患发生时,所可能造成的问题。信息技术存在的安全漏洞是导致这些问题的关键因素。因此,IT 风险已成为公司管理层、监管部门等重点关注的对象,IT 内部控制也已成为企业内部控制的主要组成部分。计算机及其信息系统的安全漏

---

① 本节内容已发表:曾建光,张英. 2014. 信息安全风险、内部控制有效性与审计师行为[J]. 山西财经大学学报, 11: 112-124.

洞对企业内部控制的威胁，导致企业的控制风险(control risk)以及固有风险(inherent risk)和(或)信息风险(information risk)增加。在面对这些风险增加的情况下，审计师为了控制整体的审计风险，必然会降低检查风险(detection risk)，从而最终影响审计风险。基于此，本节根据审计风险模型和制度经济学的原理，考察计算机及其信息系统的安全漏洞对企业内部控制质量的影响，而企业内部控制质量的变化势必影响企业的控制风险以及固有风险和(或)信息风险，进而影响审计师的检查风险，最终导致审计风险的变化。

安全漏洞是 Internet 时代的一种客观存在，已成为信息安全管理工程师与攻击者双方博弈的对象。新华网 2010 年 10 月 3 日报道，一种利用 Microsoft 漏洞的新型病毒(Stuxnet)能够通过移动存储介质和局域网进行传播，并利用西门子控制系统中存在的漏洞，感染数据采集与监视控制系统。该系统广泛用于能源、交通、水利等，一旦遭受病毒侵害，则可能造成钢铁、电力、能源、化工等重要行业的企业运行异常，甚至造成商业秘密失窃，以及停工停产等严重事故[①]。又据中国新闻网 2010 年 10 月 13 日报道，微软向全球用户发布了 16 个月度安全补丁，用于修复 Office、浏览器、Windows 等系列的操作系统的多处漏洞，Windows 用户如果不及时修补，那么在浏览网页、听音乐、运行 Office 等情况下，很可能会遭受木马病毒的远程攻击，导致隐私数据遭到恶意程序的篡改或窃取。由此可知，随着 Internet 的迅猛发展，基于 Internet 的企业级的 Web 应用和服务也变得越来越多，安全漏洞变得越来越与企业的运营息息相关。

美国前任总统 Barack Obama 就提出：二十一世纪的经济繁荣取决于信息安全，如果对信息安全漏洞掉以轻心，美国就会重蹈德军密码机在二战中被英军破译的覆辙(杨谷，2009)。因为信息系统中的一个微小漏洞都可能导致重大的人员伤亡和财产损失甚至国家安全问题，如导弹发射控制系统、飞机导航系统、证券系统等。公安部网络安全保卫局副局长顾坚在 2010 年第四届中美互联网论坛上发言也指出，"我国每 10 台接入互联网的计算机中有 8 台曾受到'僵尸网络'的控制，且绝大多数僵尸网络的控制端位于境外，我国平均每天有近 200 个政府网站被入侵，其中超过 80%的攻击来自境外。"[②]

Krsul(1998)认为，一个软件漏洞是存在于系统规范说明书、设计阶段、开发阶段或配置过程中的一个错误实例，它的执行违反了安全策略。安全漏洞是指信息技术、信息产品、信息系统在设计、实现、配置、运行等过程中，由操作实体有意或无意所产生的缺陷(中国国家信息安全漏洞库，2010)。本节所说的安全漏洞主要指计算机相关设备及其信息系统中由于技术原因而造成的安全问题，这种安全问题可能存在于构成信息系统的软件、硬件等中，如存在于 CPU、BIOS、操作系统、数据库等中。

不管安全漏洞是因为设计，还是系统过程开发中、运行中抑或维护阶段甚至是测试阶段的失误造成的，还是人为有意设置的，都会威胁到计算机及其相关信息系统的安全性。这些漏洞以不同的形式存在于计算机及其相关信息系统的各个层次和环节之中，而且随着

---

① 中国 600 万个人计算机用户遭"超级工厂"病毒攻击, http://news.sina.com.cn/o/2010-09-29/155218178462s.shtml
② 人民网, 2010, 公安部网络安全保卫局副局长顾坚, http://www.china.com.cn/economic/txt/2010-11/09/content_21308328.htm

信息系统的不同(包括版本、系统等的不同)而不同。这些漏洞一旦被恶意主体发觉并利用,就可能损害计算机及其相关信息系统的安全性,进而影响甚至破坏、中断计算机及其相关信息系统的正常服务(张涛和吴冲,2008)。

2008 年 5 月 22 日,财政部、证监会、审计署、银监会和保监会五部委联合制定并发布的《企业内部控制基本规范》第七条规定:"企业应当运用信息技术加强内部控制,建立与经营管理相适应的信息系统,促进内部控制流程与信息系统的有机结合,实现对业务和事项的自动控制,减少或消除人为操纵因素。"《企业内部控制基本规范》的这条规定,着重于信息技术在信息处理方面的优点,而忽视了由于信息技术的采用所导致的信息安全隐患,由此造成偏离内部控制的目标。故在 2010 年 4 月 26 日颁布的《企业内部控制应用指引》第 18 号——信息系统中的第三章第十三条中就规定:"企业应当综合利用防火墙、路由器等网络设备,漏洞扫描、入侵检测等软件技术以及远程访问安全策略等手段,加强网络安全,防范来自网络的攻击和非法侵入。" 因此,为了更有效地发挥信息技术的优点,避免由于信息技术的负面作用给企业带来不必要的损失,如商业秘密的泄露等,我们必须加强企业内部控制,对安全漏洞的危害性保持足够的重视。

基于以上分析,在日益发达的互联网技术以及移动互联网技术的今天,每个企业都无法生存在不采用信息技术的真空中。信息技术为企业提供了良好的发展平台,已融入企业的生产、研发、运营和管理等各项活动中,同时又由于信息平台存在安全漏洞的问题,势必对企业的内部控制提出更高要求。当企业的内部控制不仅仅受到传统的企业内部环境的影响,而且还受到来自 Internet 上的攻击威胁时,安全漏洞对于我国企业的影响又是如何呢?

本节以 2005~2009 年中国国家信息安全漏洞数据库统计的危急型、高危型、中危型和低危型四类安全漏洞为研究对象。研究发现:危急型和高危型的安全漏洞发生频度越高,审计风险越小,信息风险越大;而中危型和低危型的安全漏洞发生频度越高,审计风险越大,信息风险越小;安全漏洞的发生频率对于审计风险没有显著影响,但是提高了信息风险,却降低了 IT 企业的信息风险。本节的研究为处于信息化生态环境下的企业内部控制,应该引入防范嵌入在软件中的漏洞风险的内部控制架构(陈志斌,2007)提供了一个实证检验。本节的研究也为《企业内部控制应用指引》的实施有利于我国资本市场的健康发展提供了一个实证证据,同时也为 Hogan 和 Wilkins(2008)提出的可能的结论解释,采用中国资本市场的数据提供了一个明确的解释,即当审计师面对固有风险和控制风险增大时,虽然面临的法律风险提高,但是审计师并没有显著提高其努力程度,Hogan 和 Wilkins(2008)发现的审计费用的提高,很可能就是对风险的溢价。

本节可能的贡献主要体现在四个方面:第一,首次引入安全漏洞考察 IT 技术的缺陷对于公司内部控制的影响,同时,融合了企业的内部环境与企业的外部环境的交互作用,并不就内部控制论企业的内部环境,丰富了内部控制方面的文献;第二,首次尝试了信息安全性的度量问题,为 IT 治理和 IT 内部控制的安全性尝试提供了一种测度方法;第三,在审计风险的影响因素中，首次引入 IT 技术，并把 IT 技术的安全性作为内生影响因素进行考察；第四，为处于信息化生态环境下的企业内部控制，应该引入防范软件中内控机制漏洞风险的架构(陈志斌，2007)提供了一个实证证据；第五，本节的研究为 Hogan 和 Wilkins(2008)提出了可能的结论解释，在一定程度上证伪了 Chen 等(2010)的研究结论。

本节安排如下：第二部分是理论分析与文献回顾；第三部分是研究设计和研究假设；第四部分是样本选择和描述统计；第五部分是研究分析结果；第六部分是研究结论与不足。

2. 文献综述

根据美国审计准则公告第 47 号(Statement on Auditing Standards(SAS)No. 47)(American Institute of Certified Public Accountants(AICPA)，1983)文件的表述，审计风险模型如模型(9-3)所示：

$$审计风险(audit risk)=固有风险×控制风险×检查风险 \qquad (9\text{-}3)$$

模型(9-3)中的审计风险，根据国际审计准则第 200 号(ISA 200)的定义为："财务报表中存在重大错报而审计师发表了不恰当的审计意见的风险"。固有风险和控制风险是审计师基于对客户的评估得到的，而检查风险是指审计师面对高固有风险和控制风险时，通过增加测试降低检查风险，从而达到控制整体审计风险的目标。

已有的关于审计工作计划的研究，对于审计师面对高固有风险和控制风险时是否会增加测试来降低检查风险并没有得到一致的研究结论。Mock 和 Wright(1999)采用实务中的应收账款审计业务的数据，研究发现，在实务中并没有证据表明客户风险与审计计划存在关联性，也即在实务中，审计工作计划并不会随着风险的变化而变化(Bedard，1989)。Hackenbrack 和 Knechel(1997)以及 Felix 等(2001)研究发现，审计师的努力只会随着固有风险的变化而调整而不会随着控制风险的变化进行调整。这些已有的研究都是基于 2002 年之前的数据。

随着 2002 年美国 Sarbanes-Oxley 法案的颁布实施，Hogan 和 Wilkins(2008)采用审计费用和应计盈余质量分别作为审计师的努力程度和信息风险的代理变量，研究发现，当内部控制存在缺陷时，审计费用平均高出 35%；当内部控制存在最严重的缺陷时，审计师付出的努力也最多，自然审计费用也最高；内部控制存在缺陷的公司较其他公司具有更高的固有风险和信息风险；同时作者也认为导致审计费用的提高不排除是对内部控制风险的溢价而非审计师付出的努力的增加。根据 Hogan 和 Wilkins(2008)的研究，我们可知，在内部控制存在缺陷时，不论审计师是否会增加努力，都会导致审计风险的变化；如果审计师付出了足够的努力导致检查风险降低，那么审计风险会降低；如果审计师付出的努力不够，那么审计风险会显著增加。基于此，我们可以认为内部控制存在缺陷时，会影响审计风险的大小。

发现财报中重大错漏的概率并报告发现的错漏的概率表示的是审计师的检查风险。发现财报中重大错漏的概率是审计师团队的执业素质的体现，报告发现的错漏的概率则是审计师团队的独立性的体现。为了更好地提高审计质量，必须同时提高发现财报中重大错漏的概率和报告发现的错漏的概率，而不能有所偏颇。

发现财报中重大错漏的概率的前提是，企业存在错漏的概率。企业存在错漏的概率又是由企业内部控制构建的错漏的概率以及企业外部环境对于内部控制构建的破坏威胁的联合概率分布函数，这种对于内部控制构建的破坏威胁，在信息技术被企业普遍采用的信息时代主要来自于客观存在的安全漏洞。也就是说，企业外部环境，尤其是日新月异的 Internet 技术，增加了企业的内部控制风险和 IT 风险。现代企业外部环境与内部环境界限的透明性、模糊性和脆弱性的增加，要求内部控制具有足够的灵活性、动态性和健壮性。为了更好地提高审计质量，除了需要提高发现财报中重大错漏的概率和报告发现的错漏的概率，还必须同时提高发现企业外部环境对于内部控制构建的潜在的破坏威胁的应对能力以及内部控制应对外来威胁的响应及时性，而不能有所偏颇。

根据 COSO 内部控制架构的五要素模型，在"信息与沟通"要素部分把信息系统置于战略的高度进行了阐述，该框架要求：必须将信息系统的规划、设计和实施与企业的整体战略形成有机的统一体。信息系统的战略作用体现在无缝集成财务和业务的管理控制系统之中，这样有助于业务流的实时控制、记录与跟踪。对于参照 COSO 架构建立的内部控制系统，由于在"信息与沟通"要素部分采用了 IT 技术，而 IT 技术的致命缺陷就是安全漏洞，而且这种漏洞是有潜伏期的，管理人员很难预知安全漏洞什么时候被利用，甚至管理人员对于安全漏洞被恶意利用还浑然不知。此外，该框架对如何构建该信息系统并没有作进一步探讨(吴炎太等，2009)，这样使得企业在参照 COSO 架构建立内部控制系统时，在"信息与沟通"要素部分容易出现更多的安全漏洞。因此，"信息与沟通"要素部分出现问题，很有可能导致公司员工职责执行的低效率，也可能导致在信息与沟通的过程中公司重要信息的泄密，甚至公司资产的安全性无法得到保证。总之，安全漏洞对于 COSO 架构的影响主要体现在"信息与沟通"的要素上，一旦 COSO 架构的载体受到安全漏洞的威胁，COSO 内部控制的效率和有效性就受到威胁，为实现或达成企业目标所必需的条件就难以得到满足，企业也就无法为财务报告的可靠性提供合理保证，也就提高了企业的固有风险和控制风险。

在 COBIT 框架中，企业需要借助可以控制的 IT 资源，获取所需的信息，以实现企业目标。此外，由于 COBIT 是一个通用的信息系统控制标准，主要是一个建立内部控制的指导思想，但缺乏足够的实践指引，与信息系统的实践过程联系不够紧密或不够具体(吴炎太等，2009)，这个问题容易导致在信息系统的实践过程中造成不必要的安全隐患。也就是说，在 COBIT 框架中，IT 技术是实现企业目标的载体和工具。伴随 IT 资源而生的安全漏洞是对 COBIT 框架中 IT 准则的天然威胁。安全漏洞直接威胁到 IT 资源的可用性、完整性、保密性以及可靠性。当违反了 COBIT 框架中的 IT 准则，内部控制的有效性就无法得到保证，当内部控制形同虚设，企业的固有风险和控制风险也就增加了。

我国 2008 年颁布的《企业内部控制基本规范》第七条规定："企业应当运用信息技

术加强内部控制,建立与经营管理相适应的信息系统,促进内部控制流程与信息系统的有机结合,实现对业务和事项的自动控制,减少或消除人为操纵因素。"2010 年颁布的《企业内部控制应用指引》第 18 号——信息系统中的第三章第十三条规定:"企业应当综合利用防火墙、路由器等网络设备,漏洞扫描、入侵检测等软件技术以及远程访问安全策略等手段,加强网络安全,防范来自网络的攻击和非法侵入。"《企业内部控制应用指引》从信息系统的开发、运行维护与变更、信息系统安全性等方面提出了明确的要求。但是,该指引没有给出漏洞扫描的目标、频度以及发现了安全漏洞后的处理措施等,而且该指引从 2011 年 1 月 1 日起首先在境内外同时上市的公司施行,2012 年 1 月 1 日起扩大到在上海证券交易所、深圳证券交易所主板上市的公司施行。因此,对于没有按照上述准则建立的内部控制系统,其受到安全漏洞的威胁更大。

总之,潜在的安全漏洞对计算机及其相关系统的安全性造成潜在的威胁,也即安全漏洞被发现并被人利用后直接对计算机及其相关系统的保密性、完整性及可用性等方面都会造成负面影响,影响了企业日常运营以及企业内部控制的效率,增加了企业的固定风险和控制风险,也增加了企业在财务报表中发生重大错漏的概率,增加了审计人员无法发现这种重大错漏的概率,从而影响了审计质量,同时也影响了投资者对于企业风险的评估,导致投资决策的风险增大。

在美国,随着 2002 年 SOX 法案的颁布与实施,该法案的 404 条款除了要求上市公司在年报中披露管理层对内部控制的评价之外,还要求外部审计师对管理层关于内部控制的结论进行评价,出具审计意见。

内部控制对审计风险的影响,现有的文献主要是从披露的内部控制缺陷进行研究。为了考察内部控制缺陷的问题,首先需要考察导致这些内部控制缺陷的各种因素。现有的文献主要从经济因素方面进行考察。Ashbaugh-Skaife 等(2007)采用 SOX 法案 302 条款实施之后且在 404 条款实施之前的上市公司在年报中自愿披露的内部控制缺陷的数据,研究发现,相对那些没有披露内部控制缺陷的企业,披露了内部控制缺陷的企业具有更大的会计风险,更多的报表重述,以及在披露内部控制缺陷之前,有更多的审计师离职等。Doyle 等(2007a)则采用 SOX 法案 302 条款和 404 条款都实施之后,SEC 要求强制披露的内部控制的实质性缺陷的上市公司的数据,研究发现,披露内部控制缺陷的公司一般都是一些成立时间不长的比较小的公司,这些公司的财务状况一般也较差,业务也较复杂但高速增长或者正在进行业务重组;在这些公司中,内部控制稍差些的公司是成立时间不长,财务状况较差的比较小的公司;而内部控制稍好些的公司财务状况较好,但是采用复杂多变的多元化经营模式;作者认为,决定内部控制缺陷的因素不能一概而论,需要根据各个公司面临的具体的内部控制问题进行具体分析。Leone(2007)认为,Ashbaugh-Skaife 等(2007)和 Doyle 等(2007a)首次把公司的特征与内部控制缺陷联系起来,他们都通过考察在年报中披露了内部控制中的重要缺陷或者内部控制的实质性缺陷的上市公司,研究发现影响内部控制信息披露的风险因素包括公司组织结构的复杂性、存在重要的组织变革以及公司在构建内部控制系统方面的投资力度，作者认为这三个因素具有较强的说服力。

总之，上述考察导致内部控制质量的各种经济因素的文献表明，企业的内部控制缺陷导致了企业的固有风险和控制风险的增加。但是鲜有文献考察技术的因素对内部控制缺陷的影响。

还有一些文献从内部控制缺陷对盈余质量的影响来考察内部控制缺陷的经济后果。Ge 和 McVay（2005）研究发现，披露了内部控制存在实质性缺陷的公司最普遍的会计问题就在于可操控性应计方面。Bedard（2006）研究发现，按照 SOX 法案 302 条款披露的内部控制缺陷的公司较其他公司，在披露的当年有更多的可操控性应计利润，但是按照 404 条款披露的内部控制缺陷的公司较其他公司，在披露的当年可操控性应计利润得到了降低。Mitehell（2007）研究发现，存在重大内部控制缺陷的公司往往累计盈利能力较低且负债水平较高。Tang 和 Xu（2007）研究发现，披露了内部控制存在实质性缺陷的公司较其他公司的运营绩效和股票回报都更差。Doyle 等（2007b）研究发现，按照 SOX 法案 302 条款披露了内部控制实质性缺陷的公司相对于其他公司的盈余质量更差，而按照 404 条款披露的内部控制实质性缺陷与盈余质量没有显著相关性。Ashbaugh-Skaife 等（2008）通过考察内部控制缺陷以及这些缺陷的修复对盈余质量的影响，研究发现披露了内部控制缺陷的公司相对于其他公司的盈余管理程度更大。Chan 等（2005）研究发现，按照 SOX 法案 404 条款披露的内部控制实质性缺陷的公司较其他公司有更多的盈余管理。Prawitt 等（2008）研究发现，内部审计功能（internal audit function，IAF）质量越高，可操控性总应计利润的绝对值越低，也即盈余管理程度越小。Feng 等（2009）通过考察 SOX 法案 404 条款实施后 2004～2006 年的样本，内部控制质量对管理层盈余预测的精确度的影响，研究发现，那些报告了内部控制缺陷的公司，管理层盈余预测的精度和质量都显著偏低。Altamuro 和 Beatty（2010）采用在美国上市的银行为样本，研究发现，FDICIA 的内部控制强制披露要求有助于提高银行业的贷款损失准备金的合理性、盈余的可持续性和现金流的可预测性。这些证据表明，内部控制的质量之所以能够对盈余质量起到作用，是由于较以前增加了额外的监督机制，比如审计师、董事会以及机构投资者。譬如，Doyle 等（2007b）及 Hogan 和 Wilkins（2008）认为，审计师的实质性测试能够作为内部控制的一种代替，能够部分地减轻内部控制实质性缺陷对于盈余质量的负面影响。

总之，上述考察导致内部控制质量的经济后果的文献表明，内部控制的质量影响了盈余质量，也即内部控制的质量越差，信息风险越高。

还有一些文献考察内部控制缺陷对审计师行为等的影响。Ashbaugh-Skaife 等（2007）采用 SOX 法案 302 条款实施之后且在 SOX 法案 404 条款实施之前的上市公司在年报中自愿披露的内部控制缺陷的数据，研究发现，导致这些公司主动发现并自愿披露内部控制缺陷的原因是这些公司更偏好聘请知名的会计师事务所。Ashbaugh-Skaife 等（2008）通过考察内部控制缺陷以及这些缺陷的修复对盈余质量的影响，研究发现，经过审计师确认已改正的内部控制缺陷的公司较没有改正的公司，其盈余质量有较大的提高。Raghunandan 和

Rama(2006)研究发现，存在内部控制缺陷的公司由于审计师需要付出更多的努力和审计师法律风险的提高导致了审计费用的提高。Hogan 和 Wilkins(2008)研究发现，披露了内部控制存在实质性缺陷的公司较其他公司具有更高的固有风险和信息风险，根据审计风险模型，审计师为了达到预期的审计风险水平，可能需要付出更多的努力，也即需要收取更高的审计费用；作者还认为审计这种费用的提高，不一定是由于审计师需要付出更多的努力，也有可能是一种风险溢价，但是作者并没有给出实证检验。Yan(2007)研究发现，内部控制缺陷的增加不仅导致较高的审计风险，还会导致审计师频繁变更。Li(2007)研究发现，由于内部控制缺陷的增加导致了会计错误发生的概率以及审计师发现这种错误的难度的增加，审计师为了控制审计风险，其需要增加工作范围和大量的工作量，从而导致审计延迟的增加，实质性内部控制缺陷造成的审计延迟较重大内部控制缺陷更长。此外，Li(2007)和 Yan(2007)进一步考察了实质性内部控制缺陷与审计师变更之间的关系，研究发现：已经(或预期将)发现存在实质性内部控制缺陷的公司，审计师主动辞职的概率较高，在这种情况下，"四大"事务所更不可能成为其继任审计师；已经(或预期将)收到负面内部控制审计意见的公司，主动辞退审计师的概率较高，但辞退之后，公司获得的非标审计意见的概率更大，这表明无法通过更换审计师来实现审计意见购买。Li(2007)还考察了客户重要性在 SOX 法案颁布前后对于审计师独立性的影响变化，研究发现，在 SOX 法案颁布之前，客户重要性对审计师独立性没有显著影响；而在 SOX 法案颁布之后，客户重要性对审计师的独立性具有显著正影响。

总之，上述文献考察的是内部控制质量对审计师行为等的影响，这些文献表明，企业的内部控制缺陷导致了企业的固有风险和控制风险的增加，审计师为了达到预期的审计风险，增加了测试计划，目的是达到控制审计风险的目标。

以上文献考察都是基于美国的制度背景。模型(9-3)的定义是来自于美国审计准则的公告，隐含的制度背景是成熟的资本市场，特别是 SEC 强大的监管能力，以及比较完善的、执行力很强的美国司法制度，因此，审计师非常在意自己的声誉，也就是说，审计师对于其面临的风险会理性地进行控制，比如，面对较大风险时，审计师会选择主动辞职(Li，2007；Yan，2007)，或者被辞退(Yan，2007)，或者增加风险溢价(Hogan and Wilkins，2008)等。而在像我国这样的新兴资本市场，由于保护投资者的制度环境较差(La Porta et al.，1997，1999，2000)，因此，我们在使用模型(9-3)考察我国资本市场的行为时，需要充分考虑制度背景因素。也即，根据模型(9-3)，可扩展为审计师风险模型，如模型(9-4)(陈正林，2006)：

审计师风险(auditor risk)=审计风险×制度风险

=审计风险×审计失败被识别的风险×惩罚的力度×惩罚的执行力   (9-4)

模型(9-4)其实也体现了审计质量就是发现会计报表重大错漏的概率以及报告该错漏的概率的联合分布函数(DeAngelo，1981)的思想。模型(9-4)中的审计风险反映的是审计师的执业能力的技术风险，而制度风险反映的是由于审计师的技术风险导致的审计失败被识别出来的概率以及审计失败被识别后的惩罚制度及其执行力；从模型(9-4)可知，当制度风险很大时，审计师必然会主动降低审计风险，从而提高了审计质量；若制度风险很小，审计师就没有激励去降低审计风险，从而降低了审计质量，也即，识别制度和惩罚制度的有效性决定了审计师的行为(陈正林，2006)。在美国，特别是在 SOX 法案颁布实施之后，审计师面临的制度风险陡增，而且在美国这样的成熟资本市场，拥有大量的专业的机构投资者、分析师等，从而极大地增加了审计失败被识别的风险，审计师为了降低审计师风险，必然会努力控制审计风险。模型对于以上研究美国制度背景下的文献，具有很好的解释力。也就是说，在美国这样成熟的司法和资本市场的制度背景下，模型(9-4)和模型(9-3)具有一致性，特别是在 SOX 法案颁布实施之后。而要考察我国资本市场，模型(9-4)才是具有较好解释力的模型。

　　"银广夏"等事件的爆发，直接导致了 2002 年 1 月 15 日，最高人民法院颁布实施《最高人民法院关于受理证券市场因虚假陈述引发的民事侵权纠纷案件有关问题的通知》。接着在 2003 年 1 月 9 日最高人民法院发布，自 2003 年 2 月 1 日起施行的司法解释——《最高人民法院关于审理证券市场因虚假陈述引发的民事赔偿案件的若干规定》。这项法律的出台，要求法院受理和审理因虚假陈述引发的证券市场上的民事侵权纠纷案件，在一定程度上，对审计师的不作为具有较大的威慑力。2007 年 6 月 15 日，最高人民法院又颁布实施了专门针对审计师的司法解释——《关于审理涉及会计师事务所在审计业务活动中民事侵权赔偿案件的若干规定》。这个司法解释的出台，在一定程度上进一步加大了主张者举证的难度，也就是说，这个司法解释的实施的成本更大。虽然该法律允许普通投资者对审计师的不当行为提起民事诉讼，但过高的成本和偏低的收益，导致审计师被真正提起诉讼的概率偏低，再者，尽管在我国非标审计意见的出具频率比以往有了很大的提高(Defond et al.，2000)，但是，并没有改变，审计师处罚较轻在相当程度上造成了我国上市公司审计质量总体偏低的怪相(刘峰和许菲，2002)。

　　在投资者保护较差的中国(Allen et al.，2005)，审计市场的整体审计质量较差(Wang et al.，2008；杨德明等，2009)。这是由于在我国制度风险较小，导致审计师风险也较小，而审计师作为一个理性经济人，没有激励去吃苦不讨好地努力提高审计质量；除非审计风险过大，审计师为了维持个人的声誉以及惧于法律的威慑力，他才会努力去降低审计风险，这也是我国会计职业界实际所承受的法律风险仍然较低(刘峰和许菲，2002)的原因之一。这表明，模型(9-4)也适用于我国资本市场。

　　研究我国内部控制的文献较少。李艳姣(2009)通过考察 2007 年深市 A 股上市公司，研究发现，内部控制缺陷与审计收费不存在显著相关性。方红星等(2009)通过考察我国沪市非金融上市公司 2003~2005 年年度报告中自愿披露的内部控制信息，研究发现，上市公司是否自愿披露内部控制信息与非标审计意见类型呈显著负相关；在影响上市公司内部控制信息自愿披露的因素中，外部审计没有显著影响。李享(2009)通过分析我国强制性披露内部控制信息的文献后，研究发现，在我国内部控制自评报告、审核意见的披露属于公司自愿的选择性行为，也就是说外部审计师在面对内部控制缺陷时，存在一定的审计意见购买行为。杨德明和胡婷(2010)通过考察我国 A 股上市公司 2007～2008 年的数据，研究发现，在我国，内部控制与外部审计之间存在一定的替代效应，而且这种替代效应与审计费用呈显著正相关。财政部驻河北省财政监察专员办事处课题组 (2005)研究也发现，在我国市场需求主体对高质量的审计产品缺乏内在需求。Wang 等 (2008)研究发现，我国审计市场总体上高质量的审计不足。杨德明等(2009)认为，我国审计市场尚不太成熟，审计质量并不太高。辛清泉和黄琨(2009)发现，在中天勤事件之后，事务所为了避免客户的大量流失，审计师更可能妥协于客户压力，在其他条件不变的情况下，出具非标意见的概率因此下降。杨德明和胡婷(2010)的研究表明，在审计费用缺乏的公司，审计师一旦发现内部控制质量较高，大幅度削减实质性测试的概率大大增加；反之，在审计费用比较充裕的公司，审计师即使发现内部控制质量较高，大幅度削减实质性测试的可能也不大。

通过这些研究我国内部控制以及审计市场的文献，我们可知，在我国不论是否要求强制性披露内部控制缺陷，都存在着较大的审计意见购买的可能，也就是说内部控制质量对于审计师出具审计意见没有显著影响。我国的情况与 Li(2007)和 Yan(2007)的研究结论不一致，表明，在我国由于制度风险过低，审计师并没有对内部控制缺陷问题导致的控制风险、固有风险(信息风险)进行足够的、充分的相应的审计风险的调整，因此，在我国，识别处罚制度的共同失灵是造成我国审计质量不高的根本原因(陈正林，2006)。这些研究我国内部控制以及审计市场的文献，进一步检验了模型(9-4)在我国资本市场上的适用性。

此外，Chen 等(2010)通过考察我国 1995～2004 年期间的上市公司，研究发现在 2001 年之后，由于我国制度环境更加有利于投资者，因此，对于签字审计师来说，客户重要性越大，越有可能出具非标的审计意见，而对于事务所来说，客户重要性对于出具非标的审计意见没有显著影响。Chen 等(2010)的研究结论的问题在于：忽视了中国的特殊制度背景，即，在中国审计市场上，签字审计师很少是真正进行审计的审计师，很多是部门经理或者是事务所的合伙人，所以用签字审计师来考察客户重要性存在极大的偏误，这也许就是作者没有发现事务所客户重要性对于审计意见的显著性的原因之一。Chen 等(2010)在文章的结尾处对新兴资本市场的政策制定者提出了制定投资者保护的制度，根据模型 (9-4)可知，只是强调制度的制定有失偏颇，我们认为，新兴资本市场的政策制定者不仅仅需要政策的制定，更需要把制定的政策推进和落实，我国最高法院颁布的《关于审理证券市场因虚假陈述引发的民事赔偿案件的若干规定》就是最好的反例。伍利娜等(2010)也认为，2003 年 1 月 9 日，最高法院颁布的《关于审理证券市场因虚假陈述引发的民事赔偿案件的若干规定》，提高了审计师的法律风险。Chen 等(2010)和伍利娜等(2010)的问题在于：第一，把单一法规的出台等同于整个制度环境的改变。第二，他们混淆了制度的预期与制度的现实，他们的研究发现的是市场对于低制度风险的渴望，但是制度的现实却相反。第三，从最高法院颁布的《关于审理证券市场因虚假陈述引发的民事赔偿案件的若干规定》的出台至今已经八年之久，但是没有一例由于触犯该法律而受到应有的惩罚，这并不能说明我国制度一夜之间就完美了。第四，2005 年在中国开始实行的股权分置改革是一个最好的事件研究，申慧慧等(2009)通过考察股权分置改革对上市公司盈余质量的影响，研究发现，非国有控股上市公司向上盈余管理的程度显著提高；伍利娜和朱春艳(2010)研究也发现，股改后审计师在一定程度上配合上市公司实现了向上的盈余管理及审计意见购买；晏艳阳和赵大玮(2006)研究发现，我国股权分置改革中存在较为严重的内幕交易行为。这些表明，制度环境没有发生大的改变，制度风险依然不高，否则的话，盈余管理的程度至少不应该提高。第五，根据模型(9-4)可知，在新兴资本市场国家，特别是在司法制度较不成熟的国家，制度的执行力才真正决定了政策的经济后果，不能仅仅把政策的制定视为制度的执行力。

　　总之，现有的文献主要是从公司的经济特征导致内部控制的质量问题及其经济后果，考察其对审计风险和(或)审计师风险的影响。而鲜有文献考察构建内部控制的技术架构所导致的内部控制缺陷，也即，现有的文献只是把内部控制的技术架构视为外生变量，而近年来 IT 及其相关技术越来越成为公司内部控制的基础技术，一旦 IT 及其相关技术出现问题，整个公司的运营几乎都要受到影响，特别是我国于 2010 年 10 月 18 日，发布了可扩展商业报告语言(XBRL)系列国家标准和企业会计准则通用分类标准，要求自 2011 年 1 月 1 日起在美国纽约证券交易所上市的我国部分公司、部分证券期货资格会计师事务所施行，鼓励其他上市公司和非上市大中型企业执行。XBRL 国标的采用意味着 IT 技术更深地嵌入到了企业内部控制之中。本节正是基于这个前提，结合我国的制度背景，把内部控制的 IT 技术及其相关技术架构视为内生变量，考察这种技术架构自身的缺陷——安全漏洞对内部控制的影响，进而影响企业的固有风险、控制风险和(或)信息风险以及审计师的检查风险，最终考察这些风险对审计风险和审计师风险的影响。根据考察的我国资本市场审计风险情况，考察处于信息化生态环境下的企业内部控制，是否应该引入防范软件中内控机制漏洞风险的架构(陈志斌，2007)？根据考察的我国资本市场审计风险和审计师风险情况，考察《企业内部控制应用指引》的实施是否有利于促进我国资本市场的健康发展？同时本节也试图考察 Hogan 和 Wilkins(2008)提出的可能的两种结论解释，进行进一步的澄清和检验。

9.4.2　研究假设的提出

　　Arbaugh 等(2000)及 Jumratjaroenvanit 和 Teng-amnuay(2008)认为安全漏洞和其他产品一样也具有生命周期的特征，每个安全漏洞都要经历产生、发现、公告、修复和消亡等五个阶段。安全漏洞在不同的生命周期阶段，其危害程度也不一样。Microsoft 公司主要根据安全漏洞对于系统的危害程度将其划分为四个等级，分别是：危急型的安全漏洞，无须用户激活的网络蠕虫传播的安全漏洞;高危型的安全漏洞,该安全漏洞被利用后,会导致用户数据的机密性、完整性和有效性遭到破坏;中危型的安全漏洞,该安全漏洞被利用比较困难,受到配置、验证等诸多因素的限制,对系统的影响较小;低危型的安全漏洞,此安全漏洞被利用非常困难,对系统的影响非常小。

根据 Microsoft 公司对安全漏洞的划分,我们可知,由于危急型和高危型的安全漏洞破坏力强,危害程度大,各大软件厂商或硬件厂商会通过各种渠道公告其危害性以减少用户不必要的损失,并鼓励用户下载安全补丁及时进行漏洞的修复,同时各种媒体也争相报道,提醒用户这类漏洞对于计算机及其相关系统的危害程度和可能造成的损失,因此,通过诸如网络、电视、报纸等多种渠道,危急型和高危型的安全漏洞受到的关注较多,公众对于其危害程度有足够的认识和防范,从而防止恶意用户利用该安全漏洞进行攻击。而对于企业用户来说,危急型和高危型的安全漏洞对于其内部控制的危害程度更大,因此企业用户更会及时关注危急型和高危型的安全漏洞的防护措施和及时下载补丁修复程序进行修补以保持内部控制的技术基础架构的稳定性、完整性、安全性和有效性。但是,危急型和高危型安全漏洞被发现并公告以后,企业的反应不可能非常及时,同时,厂商的补丁程序的开发和测试需要时间,在这段空白区的时间内,企业内部控制的缺陷被暴露的概率陡然增加且其缺陷的严重程度也陡增。并且当厂商对这些漏洞的补丁程序发布后,这些补丁程序也可能导致新的安全漏洞隐患。

因此,我们认为危急型和高危型的安全漏洞的发现,意味着内部控制的缺陷被暴露的概率陡增且其严重程度加剧,也就增加了企业的控制风险、固有风险和(或者)信息风险。根据审计风险模型,当企业的控制风险和固有风险增大时,审计师为控制整体的审计风险,必然会主动去降低检查风险,也即,审计师会更加努力以控制审计风险。同样,根据审计师风险模型可知,由于危急型或高危型的安全漏洞的出现导致了内部控制缺陷的危害程度加剧,如果审计师再不努力,那么,审计风险就极其高,这样也就加剧了审计师的个人风险,因此,作为理性经济人的审计师在法律的威慑下必然也会努力,降低审计风险。但是,在我国,会计职业界实际所承受的法律风险仍然较低(刘峰和许菲,2002),再者,我国审计市场总体上高质量的审计不足(Wang et al.,2008),造成我国审计市场的审计质量并不太高(杨德明等,2009)。也就是说,在我国,审计师没有太大的激励去付出更多的努力。可是,他们的不够努力可能会受到来自其他非司法方面的处罚,如中注协的处罚,在这种情景下,我国审计师为了避免这些行政类的处罚,需要得到一定程度的风险溢价。基于以上分析,我们提出假设 H1 和 H1a 如下:

H1:危急型安全漏洞或者高危型安全漏洞发生的频度与信息风险(审计风险)正相关。

H1a:对于大公司而言,危急型安全漏洞或者高危型安全漏洞发生的频度与信息风险(审计风险)负相关。

由于中危型和低危型的安全漏洞破坏力较小,产生的负面影响也小,大众媒体就没有激励去报道这些安全漏洞,这些安全漏洞也只是偶尔在一些专业媒体上会提及,造成这些漏洞反而容易被忽视，即使补丁程序或是更新程序已经出现，许多用户会因各种原因未及时修补这些看似不起眼的安全漏洞。有些是因为内部控制系统的补丁程序或是更新程序具有一定的副作用，导致内部控制系统的正常运行受到一定程度的影响，而这些中危型和低危型的安全漏洞的危害并没有产生实质性的影响，因此没有得到及时的修补；有些是因为某些中危型和低危型的安全漏洞破坏力较小，不需要安装补丁程序，否则，安装了不需要安装的补丁程序，不但浪费系统资源，还有可能导致系统崩溃，影响内部控制的正常运转。

　　因此，我们认为鉴于中危型和低危型的安全漏洞的危害程度较低，它们的发现意味着内部控制的缺陷被暴露的概率不大且暴露的内部控制缺陷的严重程度偏小，这些不严重的内部控制缺陷只会稍微增加企业的控制风险、固有风险和(或者)信息风险。根据审计风险模型，当企业的内部控制的缺陷严重性较小时，控制风险和固有风险增加的幅度也较小。审计师如果不减少检查风险，根据审计师风险模型，其个人的审计师风险增幅也不大，这样，由于在我国，公司的内部控制信息自愿性披露激励不足，内部控制自我评价以及审计师的核实评价缺乏统一的标准(杨有红和汪薇，2008)，同时在我国对于高质量的审计需要不足(Wang et al.，2008)，我国审计市场不成熟(杨德明等，2009)，客户压力大(辛清泉和黄琨，2009)，我国特有的 ST 制度以及我国法律执行不力(陈正林，2006)等，都导致了审计师在面对客户的控制风险和固有风险增幅不大时，降低检查风险的激励不大，因此，仍然维持在以前的努力水平上。由于我国经济仍处于转型时期，政府在经济发展中依然起着主要的作用；我国上市公司大部分是国有企业且国有股占比较高；我国会计师事务所大部分是经改制而来的且改制前大都为国有的；改制后，会计师事务所与政府部门和国有企业之间仍保持着密切的联系(吴联生和刘慧龙，2008)。

　　根据审计师风险模型可知，尽管伍利娜等(2010)认为，2003 年 1 月 9 日最高法院颁布的《关于审理证券市场因虚假陈述引发的民事赔偿案件的若干规定》提高了审计师的法律风险，但是由于伍利娜等(2010)采用的样本期为 2002 年 1 月~2003 年 1 月，该法律刚刚出台还无法考察该法规的执行效率，只是表明市场的预期以及我国审计市场的问题非常严重，且采用的样本期过短，存在一定的噪声，到目前为止，该法律的颁布实施到现在已经有近八年之久，目前还没有看到我国的审计师事务所因为触犯该法律而受到惩罚。陈正林(2006)研究也发现，由于在我国实行"谁主张、谁举证"的制度，中小投资者因诉讼周期长、举证难、预期收益低等问题以及现有的惩罚制度威慑力不够导致监督失效，并且行政处罚的震慑作用也并不明显。因此，在我国，审计市场的制度风险总体水平较低，法律风险近乎零(刘峰和许菲，2002)。审计师依然我行我素，中国的审计市场依然没有大的改观。

　　总之，在面对固有风险和控制风险增幅较小的情况下，在我国特有的制度背景下，审计师没有激励去控制检查风险。由于中危型的安全漏洞和低危型的安全漏洞几乎很难被利用，因此，对于这种安全漏洞的危害程度不需要收取风险溢价。基于此，提出假设 H2 和 H2a 如下：

H2：危急型安全漏洞或者高危型安全漏洞发生的频度与信息风险（审计风险）负相关。

H2a：对于大公司而言，危急型安全漏洞或者高危型安全漏洞发生的频度与信息风险（审计风险）正相关。

综合以上分析，内部控制中的信息技术本身固有的安全漏洞威胁，导致内部控制容易受到外来的侵扰，特别是对于大公司而言，由于其受到威胁的"面积"较大，一旦发生安全漏洞的威胁，其影响也较大。"四大"为了保持其良好的声誉，在审计大公司时，需要收取审计风险溢价。基于此，提出假设 H3 和 H3a 如下：

H3：对于由"四大"审计的大公司而言，安全漏洞发生的频度与信息风险（审计风险）负相关。

H3a：对于由"四大"审计的大公司而言，安全漏洞发生的频度与审计风险溢价正相关。

9.4.3　研究设计与实证结果分析

1. 研究设计

1) 信息风险

本节参照 Hogan 和 Wilkins（2008）的做法，采用应计盈余质量作为度量信息风险的代理变量。夏立军（2003）研究发现，在中国市场上，修正的 Jones（1991）模型能较好地估计超额应计利润。因此，本节运用修正的 Jones（1991）模型（Dechow et al.，1995）按照年度和行业分别估计每个公司的非预期的应计利润。行业分类采用证监会 2001 年发布的 《上市公司行业分类指引》中的门类作为分类标准。本节借鉴 Barth 等（2008）、Cohen 等（2008）、Chen 等（2010）和刘启亮等（2010）的做法，设定模型（9-5）如下：

$$
\begin{aligned}
\text{absDTAC} = {} & \alpha + \beta_1 \text{Vul} + \beta_2 \text{Vul} \times \text{Lnsize} + \beta_3 \text{Vul} \times \text{Big4} \\
& + \beta_4 \text{Vul} \times \text{Lnsize} \times \text{Big4} + \beta_5 \text{BigSize} + \beta_6 \text{State} \\
& + \beta_7 \text{BigAgent} + \beta_8 \text{Importance} + \beta_9 \text{AgentCost} \\
& + \beta_{10} \text{TurnOver} + \beta_{11} \text{DebtRate} + \beta_{12} \text{IssueRate} + \beta_{13} \text{CFO} \\
& + \beta_{14} \text{Big4} + \beta_{15} \text{Loss} + \beta_{16} \text{Leverage} + \beta_{17} \text{Growth} \\
& + \beta_{18} \text{ROA} + \beta_{19} \text{Lnsize} + \sum \text{Year} + \sum \text{Industry} + \varepsilon
\end{aligned} \tag{9-5}
$$

2) 审计风险

本节采用审计意见作为衡量审计风险的代理变量。本节参照 Chen 等（2010）的做法，对不同的审计意见类型进行不同的编码赋值，即当审计意见为标准无保留意见，设为 4；当审计意见为无保留意见加事项段时，设为 3；当审计意见为保留意见时，设为 2；当审计意见为保留意见加事项段时，设为 1；当审计意见为无法发表意见时，设为 0。同时本节借鉴伍利娜（2003）、Lennox（2005）以及刘继红（2010）的做法，设定模型（9-6）如下：

$$
\begin{aligned}
\text{AuditType} = \alpha &+ \beta_1\text{Vul} + \beta_2\text{Vul}\times\text{Lnsize} + \beta_3\text{Vul}\times\text{Big4} \\
&+ \beta_4\text{Vul}\times\text{Lnsize}\times\text{Big4} + \beta_5\text{BigSize} + \beta_6\text{BigAgent} \\
&+ \beta_7\text{Importance} + \beta_8\text{AgentCost} + \beta_9\text{Big4} + \beta_{10}\text{State} \\
&+ \beta_{11}\text{Loss} + \beta_{12}\text{Cash} + \beta_{13}\text{ROA} + \beta_{14}\text{Leverage} \\
&+ \beta_{15}\text{Lnsize} + \beta_{16}\text{Growth} + \beta_{17}\text{Right} + \beta_{18}\text{Listed} + \varepsilon
\end{aligned}
\tag{9-6}
$$

3) 审计风险溢价

为了测度审计师面对不同审计风险时的行为，我们参照 Hogan 和 Wilkins(2008)的做法，采用审计收费作为度量审计师面对风险的风险溢价或者付出努力的代理变量。同时，参考王守海和杨亚军(2009)以及伍利娜(2003)对国内审计收费研究的做法，采用审计收费的自然对数作为因变量。设定审计收费模型(9-7)如下：

$$
\begin{aligned}
\text{LnAuditFee} = \alpha &+ \beta_1\text{Vul} + \beta_2\text{Vul}\times\text{BigSize} + \beta_3\text{Vul}\times\text{Big4} \\
&+ \beta_4\text{Vul}\times\text{BigSize}\times\text{Big4} + \beta_5\text{BigSize} \\
&+ \beta_6\text{BigAgent} + \beta_7\text{Importance} + \beta_8\text{AgentCost} \\
&+ \beta_9\text{State} + \beta_{10}\text{Lnsize} + \beta_{11}\text{Big4} + \beta_{12}\text{Loss} + \beta_{13}\text{Opinion} \\
&+ \beta_{14}\text{Risk} + \beta_{15}\text{Leverage} + \beta_{16}\text{ROE} + \beta_{17}\text{Growth} \\
&+ \beta_{18}\text{Right} + \beta_{19}\text{Listed} + \varepsilon
\end{aligned}
\tag{9-7}
$$

模型(9-5)～模型(9-7)中的变量定义如表 9-14 所示。其中，Vul 为安全漏洞情况，包括：危急型安全漏洞的发现频率(perDanger)、高危型安全漏洞的发现频率(perHharm)、中危型安全漏洞的发现频率(perMharm)和低危型安全漏洞的发现频率(perLharm)。

表 9-14　模型(9-5)～模型(9-7)中的变量定义表

变量名	变量说明
AuditType	审计风险，采用审计意见类型作为代理变量，用 0～4 分别表示
LnAuditFee	审计收费的自然对数
absDTAC	非预期应计利润的绝对值，通过修正的 Jones(1991)模型计算得到
perDanger	危急型安全漏洞的发生频度，危急型安全漏洞占总安全漏洞之比
perHharm	高危型安全漏洞的发生频度，高危型安全漏洞占总安全漏洞之比
perMharm	中危型安全漏洞的发生频度，中危型安全漏洞占总安全漏洞之比
perLharm	低危型安全漏洞的发生频度，低危型安全漏洞占总安全漏洞之比
BigAgent	代理成本是否大于行业平均数，是为1，否为0
BigSize	公司规模是否大于行业平均数，是为1，否为0
Importance	事务所的客户重要性，客户的审计收费占事务所的总收入之比
AgentCost	代理成本，管理费用与总资产之比
Big4	审计事务所是否为"四大"事务所，是为1，否为0
State	上市公司是否为国有控股公司，是为1，否为0
ROA	资产回报率，净利润与总资产之比
ROE	净资产收益率，净利润与所有者权益之比

续表

变量名	变量说明
Cash	现金的期末余额，经总资产标准化
Loss	是否亏损，如果前一年度公司亏损，则等于1，否则等于0
Lnsize	上市公司的规模，等于总资产的自然对数
Right	配股达线区间，本年度 6%<ROE≤7%则为1，否则为0
Listed	保资格区间，本年度 0<ROE≤2%则为1，否则为0
Growth	上市公司的成长性，营业总收入的增长率
Leverage	财务杠杆，等于总负债与年初总资产之比
Opinion	审计意见，公司当年被出具非标准审计意见为1，否则为0
CFO	经营活动现金流，经营活动产生的现金流量净额与年末总资产之比
TurnOver	主营业务收入与年末总资产之比
DebtRate	负债总额的变动比
IssueRate	发行的股票数变动比
Risk	公司风险，等于当年的应收账款与存货之和与当年总资产之比

2. 实证结果分析

1）样本选择与描述统计

本节的上市公司所属的行业、财务数据和安全漏洞数据分别来源于 2005～2009 年 Sinofin 数据库、CSMAR 财务数据库和中国国家信息安全漏洞库。剔除金融企业的数据和有缺失值的样本公司，同时，为了避免极端值的影响，我们对控制变量中的连续变量按照 5%进行 winsorize 处理。信息风险、审计风险和审计收费的描述统计如下。

（1）信息风险

信息风险的有效样本为 5466 个。样本的描述统计如表 9-15 所示。

表 9-15　信息风险样本的描述统计表

变量	均值	中位数	标准差	最大值	最小值
absDTAC	0.089	0.052	0.119	0.786	0.001
perDanger	6.427	6.729	0.999	7.408	4.727
perHharm	6.567	8.031	4.648	11.367	0.325
perMharm	80.808	79.544	3.660	86.091	77.330
perLharm	6.198	5.118	1.936	9.307	4.534
BigSize	0.501	1.000	0.500	1.000	0.000
BigAgent	0.289	0.000	0.453	1.000	0.000
Importance	0.005	0.003	0.007	0.144	0.000
AgentCost	0.051	0.041	0.041	0.264	0.003
TurnOver	0.698	0.575	0.517	2.785	0.026
DebtRate	0.216	0.090	0.635	4.380	−0.695
IssueRate	0.311	0.153	0.448	2.502	0.000

续表

变量	均值	中位数	标准差	最大值	最小值
CFO	0.054	0.052	0.084	0.303	−0.216
State	0.683	1.000	0.465	1.000	0.000
Big4	0.063	0.000	0.244	1.000	0.000
Loss	0.153	0.000	0.360	1.000	0.000
Leverage	0.571	0.541	0.349	2.937	0.083
Growth	0.198	0.110	0.657	4.679	−0.868
ROA	0.019	0.027	0.095	0.242	−0.512
Lnsize	21.509	21.438	1.188	24.948	18.543

(2) 审计风险

审计风险的有效样本为 5466 个。样本的描述统计如表 9-16 所示。

表 9-16　审计风险样本的描述统计表

变量	均值	中位数	标准差	最大值	最小值
AuditType	0.164	0.000	0.618	4.000	0.000
perDanger	6.427	6.729	0.999	7.408	4.727
perHharm	6.567	8.031	4.648	11.367	0.325
perMharm	80.808	79.544	3.660	86.091	77.330
perLharm	6.198	5.118	1.936	9.307	4.534
BigSize	0.501	1.000	0.500	1.000	0.000
BigAgent	0.289	0.000	0.453	1.000	0.000
Importance	0.005	0.003	0.007	0.144	0.000
AgentCost	0.051	0.041	0.041	0.264	0.003
Big4	0.063	0.000	0.244	1.000	0.000
State	0.683	1.000	0.465	1.000	0.000
Loss	0.153	0.000	0.360	1.000	0.000
Cash	0.062	0.055	0.101	0.410	−0.263
ROA	0.033	0.030	0.093	0.376	−0.345
Leverage	0.652	0.588	0.470	3.719	0.076
Lnsize	21.503	21.438	1.265	28.003	10.842
Growth	1.198	1.110	0.657	5.679	0.132
Right	0.045	0.000	0.207	1.000	0.000
Listed	0.112	0.000	0.316	1.000	0.000

(3) 审计收费

审计收费的有效样本为 4584 个。样本的描述统计如表 9-17 所示。

表 9-17   审计收费的样本描述统计表

变量	均值	中位数	标准差	最大值	最小值
LnAuditFee	13.238	13.122	0.716	18.198	11.179
perDanger	6.409	6.729	0.987	7.408	4.727
perHharm	6.559	8.031	4.722	11.367	0.325
perMharm	80.805	79.544	3.690	86.091	77.330
perLharm	6.227	5.118	1.966	9.307	4.534
BigSize	0.510	1.000	0.500	1.000	0.000
BigAgent	0.289	0.000	0.453	1.000	0.000
Importance	0.006	0.004	0.007	0.144	0.000
AgentCost	0.051	0.041	0.042	0.264	0.003
State	0.690	1.000	0.463	1.000	0.000
ROE	0.058	0.067	0.275	1.119	-1.402
Risk	0.314	0.265	0.246	1.465	0.002
Leverage	0.651	0.582	0.483	3.863	0.070
Loss	0.140	0.000	0.347	1.000	0.000
Lnsize	21.441	21.363	1.120	24.802	18.754
Opinion	0.089	0.000	0.284	1.000	0.000
Big4	0.063	0.000	0.244	1.000	0.000
Growth	1.184	1.107	0.590	4.868	0.118
Right	0.047	0.000	0.211	1.000	0.000
Listed	0.109	0.000	0.311	1.000	0.000

从信息风险和审计风险描述统计表 9-15、表 9-16 可知，中国国家信息安全漏洞库将安全漏洞的危害等级分为：危急型、高危型、中危型和低危型四类。危急型安全漏洞的发生频度(perDanger)的均值为 6.427，中位数为 6.729，中位数和均值较接近，最大值为 7.408，最小值为 4.727，这表明危急型的安全漏洞在 2005~2009 年年度内，发生比较频繁，并且在年度之间发生的差异较大；高危型安全漏洞占总安全漏洞之比(perHharm)的均值为 6.567，中位数为 8.031，最大值为 11.367，最小值为 0.325，这表明高危型的安全漏洞在年度之间差异很大；中危型安全漏洞占总安全漏洞之比(perMharm)的均值为 80.808，中位数为 79.544，中位数和均值较接近，最大值为 86.091，最小值为 77.330，这表明中危型的安全漏洞在年度之间分布比较均匀；低危型安全漏洞占总安全漏洞之比(perLharm)的均值为 6.198，中位数为 5.118，中位数和均值较接近，最大值为 9.307，最小值为 4.534，这表明低危型的安全漏洞在年度之间分布比较均匀。

2) 样本回归结果

根据相关系数的分析以及研究设计，分别将各类安全漏洞的发生频度逐个放入回归方程进行检验。表 9-18 和表 9-19 报告了模型(9-5)信息风险的 OLS 回归结果，表 9-20 和表 9-21 报告了模型(9-6)审计风险的 logistic 回归结果，表 9-22 和表 9-23 报告了模型(9-7)的审计溢价(审计收费)的 OLS 回归结果。

　　表 9-18 的模型 1 报告了危急型的安全漏洞发生频度(perDanger)与信息风险之间的回归结果，模型 4 报告了高危型的安全漏洞发生频度(perHharm)与信息风险之间的回归结果。表 9-18 的模型 1 和模型 4 的自变量的系数都显著为正，这表明危急型的安全漏洞发生频度或者高危型的安全漏洞发生频度越高，信息风险(absDTAC)越大，也就是说危急型的安全漏洞发生频度或者高危型的安全漏洞发生频度越高，信息风险越大。假设 H1 得到了验证。

　　表 9-20 的模型 1 报告了危急型的安全漏洞发生频度(perDanger)与审计风险之间的回归结果，模型 4 报告了高危型的安全漏洞发生频度(perHharm)与审计风险之间的回归结果。表 9-20 的模型 1 的自变量的系数为负，但不显著；模型 4 的自变量的系数显著为负，这表明高危型的安全漏洞发生频度越高，审计风险(AuditType)越小，也就是说高危型的安全漏洞发生频度越高，审计风险越小。假设 H1 得到了验证。

　　表 9-22 的模型 1 报告了危急型的安全漏洞发生频度(perDanger)与审计收费之间的回归结果，模型 4 报告了高危型的安全漏洞发生频度(perHharm)与审计收费之间的回归结果。表 9-22 的模型 1 和模型 4 的自变量的系数都显著为正，这表明危急型的安全漏洞发生频度或者高危型的安全漏洞发生频度越高，审计收费(LnAuditFee)越高。也即，高危型安全漏洞越多，审计收费越高。

　　综合以上分析，我们可知，由于危急型的安全漏洞发生频度或者高危型的安全漏洞发生频度越高，内部控制缺陷被暴露得越明显，其危害程度也陡增，也即，加剧了企业的控制风险、固有风险和信息风险，审计师面临的制度风险也陡增。审计师为了控制其个人的风险，必然对这种风险进行溢价，也即增加审计收费，以平衡审计风险。假设 H1a 得到了验证。

　　表 9-18 的模型 2 报告了危急型的安全漏洞发生频度与大公司的交乘项(BigSize*perDanger)与信息风险之间的回归结果，模型 5 报告了高危型的安全漏洞发生频度与大公司的交乘项(BigSize*perHharm)与信息风险之间的回归结果。表 9-18 的模型 2 的交乘项的系数显著为负，模型 5 的交乘项的系数都为负，但不显著，这表明大公司面对危急型的安全漏洞发生频度越高时，其信息风险显著降低；而面对高危型的安全漏洞发生频度越高时，信息风险却没有发生显著变化。

　　表 9-20 的模型 2 报告了危急型的安全漏洞发生频度与大公司的交乘项(BigSize*perDanger)与审计风险之间的回归结果，模型 5 报告了高危型的安全漏洞发生频度与大公司的交乘项(BigSize*perHharm)与审计风险之间的回归结果。表 9-20 的模型 2 和模型 5 的自变量的系数都显著为负，这表明大公司在面对危急型的安全漏洞或者高危型的安全漏洞发生频度越高时，其审计风险越低；表明，大公司具有应对安全漏洞发生所导致的审计风险的能力，能够较好地控制审计风险。

　　表 9-22 的模型 2 报告了危急型的安全漏洞发生频度与大公司的交乘项(BigSize*perDanger)与审计收费之间的回归结果，模型 5 报告了高危型的安全漏洞发生频度与大公司的交乘项(BigSize*perHharm)与审计收费之间的回归结果。表 9-22 的模型 2 和模型 5

的自变量的系数都为负，但不显著，这表明大公司在面对危急型的安全漏洞或者高危型的安全漏洞发生频度越高时，审计收费没有发生显著变化；也就是说危急型的安全漏洞发生频度或者高危型的安全漏洞发生频度越高，大公司的审计收费没有发生显著变化。

综合表 9-18 的模型 2 和模型 5、表 9-20 的模型 2 和模型 5 以及表 9-22 的模型 2 和模型 5，我们可知，对于大公司而言，危急型和(或)高危型的安全漏洞发生频度越高，其信息风险和审计风险都显著降低。这表明危急型和(或)高危型的安全漏洞，由于其危害性太大，严重影响了企业的正常运营，因此，企业有动力去提高内部控制的质量；但危急型的安全漏洞发生频度或者高危型的安全漏洞发生频度越高，不可能是审计师提高了努力程度，因为若审计师提高了努力程度，那么审计收费就应该显著提高。假设 H1a 得到了验证。这些研究结果也识别出了审计收费的提高究竟是由于审计师付出了更多的努力还是审计师没有付出更多的努力而是对内部控制缺陷造成的风险的一种溢价，在一定程度上解决了 Hogan 和 Wilkins(2008)研究中的审计费用识别的难题。

表 9-18 的模型 3 报告了危急型的安全漏洞发生频度与大公司和"四大"的交乘项(Big4*BigSize*perDanger)与信息风险之间的回归结果，模型 6 报告了高危型的安全漏洞发生频度与大公司和"四大"的交乘项(Big4*BigSize*perHharm)与信息风险之间的回归结果。模型 3 和模型 6 的交乘项的系数都为正，但不显著，这表明，由"四大"审计的大公司在面对危急型的安全漏洞发生频度越高时，信息风险没有发生显著变化。

表 9-20 的模型 3 报告了危急型的安全漏洞发生频度与大公司和"四大"的交乘项(Big4*BigSize*perDanger)与审计风险之间的回归结果，模型 6 报告了高危型的安全漏洞发生频度与大公司和"四大"的交乘项(Big4*BigSize*perHharm)与审计风险之间的回归结果。模型 3 的交乘项的系数都显著为负，但模型 6 的交乘项的系数为负，但不显著；这表明大公司在面对危急型的安全漏洞发生频度越高时，其审计风险越低；表明，由"四大"审计的大公司，其审计风险越低。

表 9-22 的模型 3 报告了危急型的安全漏洞发生频度与大公司和"四大"的交乘项(Big4*BigSize*perDanger)与审计收费之间的回归结果，模型 6 报告了高危型的安全漏洞发生频度与大公司和"四大"的交乘项(Big4*BigSize*perHharm)与审计收费之间的回归结果。表 9-22 的模型 3 和模型 6 的交乘项的系数都显著为正，这表明由"四大"审计的大公司在面对危急型的安全漏洞或者高危型的安全漏洞发生频度越高时，其审计收费显著提高。

综合表 9-18 的模型 3 和模型 6、表 9-20 的模型 3 和模型 6 以及表 9-22 的模型 3 和模型 6，我们可知，对于由"四大"审计的大公司而言，危急型和(或)高危型的安全漏洞发生频度越高，其信息风险和审计风险都显著降低。这表明危急型和(或)高危型的安全漏洞，由于其危害性太大，"四大"的审计师提高了努力程度，其审计收费也就显著提高。假设 H3 得到了验证。

表 9-19 的模型 7 报告了中危型的安全漏洞发生频度(perMharm)与信息风险的回归结果，模型 10 报告了低危型的安全漏洞发生频度(perLharm)与信息风险的回归结果。表 9-19

的模型 7 和模型 10 的自变量的系数都显著为负，这表明中危型的安全漏洞或者低危型的安全漏洞发生频度越高，信息风险(absDTAC)越小；也就是说中危型的安全漏洞发生频度或者低危型的安全漏洞发生频度与信息风险呈显著负相关。假设 H2 得到了验证。

表 9-21 的模型 7 报告了中危型的安全漏洞发生频度(perMharm)与审计风险的回归结果，模型 10 报告了低危型的安全漏洞发生频度(perLharm)与审计风险的回归结果。表 9-21 的模型 7 和模型 10 的自变量的系数都显著为正，这表明中危型的安全漏洞或者低危型的安全漏洞发生频度越高，审计风险(AuditType)越大；也就是说中危型的安全漏洞发生频度或者低危型的安全漏洞发生频度与审计风险呈显著正相关。假设 H2 得到了验证。

表 9-23 的模型 7 报告了中危型的安全漏洞发生频度(perMharm)与审计收费的回归结果，模型 10 报告了低危型的安全漏洞发生频度(perLharm)与审计收费的回归结果。表 9-23 的模型 7 和模型 10 的自变量的系数都显著为负，这表明中危型的安全漏洞或者低危型的安全漏洞发生频度越高，审计收费越低。

综合表 9-19 的模型 7 和模型 10、表 9-21 的模型 7 和模型 10 以及表 9-23 的模型 7 和模型 10，我们可知，由于中危型的安全漏洞发生频度或者低危型的安全漏洞发生频度越高，内部控制缺陷被暴露的概率不高且其严重性也不高，审计师按照以前的风险审查机制进行审计，因此，信息风险显著降低。但是，中危型安全漏洞或者低危型安全漏洞的存在，容易导致内部控制缺陷的存在，而审计师却没有增加努力程度，因此，审计风险反而增加了。假设 H2 得到了验证。在我国特有的制度背景下，审计师不减少检查风险，其个人的审计风险增幅也不大(刘峰和许菲，2002)，因此，整体上审计师风险增幅更低。因此，审计师没有激励对低危型安全漏洞导致的内部控制缺陷进行控制，也就是审计风险增加了，而审计收费却显著降低。

表 9-19 的模型 8 报告了中危型的安全漏洞发生频度与大公司的交乘项(BigSize*perMharm)与信息风险之间的回归结果，模型 11 报告了低危型的安全漏洞发生频度与大公司的交乘项(BigSize*perLharm)与信息风险之间的回归结果。表 9-19 的模型 8 的交乘项的系数都为正，但不显著；而模型 11 的交乘项的系数都显著为正，这表明大公司在面对中危型的安全漏洞发生频度越高时，信息风险没有发生显著变化；而低危型的安全漏洞发生频度越高时，信息风险显著提高，这些再次表明，大公司能够自主地控制一定的信息风险，但是，一旦在低危型的安全漏洞面前，大公司就会利用这种安全漏洞谋取其私利，因此，信息风险在低危型的安全漏洞发生频率下越大。

表 9-21 的模型 8 报告了中危型的安全漏洞发生频度与大公司的交乘项(BigSize*perMharm)与审计风险之间的回归结果，模型 11 报告了低危型的安全漏洞发生频度与大公司的交乘项(BigSize*perLharm)与审计风险之间的回归结果。表 9-21 的模型 8 和模型 11 的自变量的系数都显著为正，这表明大公司在面对中危型的安全漏洞或者低危型的安全漏洞发生频度越高时，审计风险显著提高，这些再次表明，大公司会利用这种安全漏洞谋取其私利，因此，其审计风险显著提高。

　　表 9-23 的模型 8 报告了中危型的安全漏洞发生频度与大公司的交乘项（BigSize*perMharm）与审计收费之间的回归结果，模型 11 报告了低危型的安全漏洞发生频度与大公司的交乘项（BigSize*perLharm）与审计收费之间的回归结果。表 9-23 的模型 8 和模型 11 的自变量的系数都为正，但不显著，这表明大公司在面对中危型的安全漏洞或者低危型的安全漏洞发生频度越高时，审计收费没有发生显著变化。

　　综合表 9-19 的模型 8 和模型 11、表 9-21 的模型 8 和模型 11 以及表 9-23 的模型 8 和模型 11，我们可知，对于大公司而言，当面对中危型的安全漏洞或者低危型的安全漏洞发生频度提高时，其审计风险显著提高，可是其审计收费却无显著变化。假设 H2a 得到了验证。这表明，审计师在面对中危型的安全漏洞或者低危型的安全漏洞发生频度提高时，其努力程度并没有提高，也没有对这种风险进行溢价。

　　表 9-19 的模型 9 报告了中危型的安全漏洞发生频度与大公司和"四大"的交乘项（Big4*BigSize*perMharm）与信息风险之间的回归结果，模型 12 报告了低危型的安全漏洞发生频度与大公司和"四大"的交乘项（Big4*BigSize*perLharm）与信息风险之间的回归结果。模型 3 和模型 6 的交乘项的系数都为正，但不显著，这表明，由"四大"审计的大公司在面对中危型和低危型的安全漏洞发生频度越高时，其信息风险没有发生显著变化。

　　表 9-21 的模型 9 报告了中危型的安全漏洞发生频度与大公司和"四大"的交乘项（Big4*BigSize*perMharm）与审计风险之间的回归结果，模型 12 报告了低危型的安全漏洞发生频度与大公司和"四大"的交乘项（Big4*BigSize*perLharm）与审计风险之间的回归结果。模型 9 和模型 12 的交乘项的系数都显著为负，这表明，由"四大"审计的大公司在面对中危型和低危型的安全漏洞发生频度越高时，其审计风险越低。

　　表 9-23 的模型 9 报告了中危型的安全漏洞发生频度与大公司和"四大"的交乘项（Big4*BigSize*perMharm）与审计收费之间的回归结果，模型 12 报告了低危型的安全漏洞发生频度与大公司和"四大"的交乘项（Big4*BigSize*perLharm）与审计收费之间的回归结果。模型 9 和模型 12 的交乘项的系数都显著为正，这表明由"四大"审计的大公司在面对中危型和低危型的安全漏洞发生频度越高时，其审计收费显著提高。

　　综合表 9-19 的模型 9 和模型 12、表 9-21 的模型 9 和模型 12 以及表 9-23 的模型 9 和模型 12，我们可知，对于由"四大"审计的大公司而言，中危型和低危型的安全漏洞发生频度越高，其信息风险没有发生显著变化，而审计风险却显著降低。这表明面对中危型和低危型的安全漏洞，"四大"的审计师提高了努力程度，其审计收费也就显著提高。假设 H3a 得到了验证。以上的研究结论，在一定程度上检验了《企业内部控制应用指引》第 18 号——信息系统中的第三章第十三条中规定："企业应当综合利用防火墙、路由器等网络设备，漏洞扫描、入侵检测等软件技术以及远程访问安全策略等手段，加强网络安全，防范来自网络的攻击和非法侵入。"也进一步表明，对安全漏洞的足够重视，有助于减少企业的内部控制缺陷。为陈志斌（2007）提出的：应该引入防范嵌入在软件中的漏洞风险的内部控制架构，提供了一个实证证据。

表 9-18　信息风险的回归结果 (1)

自变量	模型 1 系数	模型 1 t值	模型 2 系数	模型 2 t值	模型 3 系数	模型 3 t值	模型 4 系数	模型 4 t值	模型 5 系数	模型 5 t值	模型 6 系数	模型 6 t值
Intercept	0.252	5.53***	0.222	4.71***	0.222	4.71***	0.351	7.68***	0.343	7.43***	0.343	7.41***
perDanger	0.022	9.61***	0.026	9.52***	0.026	9.54***						
perDanger*BigSize			-0.007	-2.51**	-0.006	-2.16**						
perDanger*Big4					-0.010	-1.47						
perDanger*BigSize*Big4					0.002	0.6						
perHharm							0.004	9.61***	0.005	8.76***	0.005	8.82***
perHharm*BigSize									-0.001	-1.33	-0.001	-1.03
perHharm*Big4											-0.004	-1.49
perHharm*BigSize*Big4											0.002	0.83
BigSize	0.003	0.74	0.048	2.62***	0.042	2.25**	0.003	0.74	0.008	1.42	0.007	1.14
BigAgent	-0.017	-4.13***	-0.018	-4.30***	-0.018	-4.28***	-0.017	-4.13***	-0.017	-4.22***	-0.017	-4.20***
Importance	0.516	2.41**	0.489	2.28**	0.507	2.36**	0.516	2.41**	0.497	2.32**	0.524	2.44**
AgentCost	0.464	9.22***	0.470	9.33***	0.469	9.30***	0.464	9.22***	0.468	9.28***	0.467	9.27***
TurnOver	-0.005	-1.48	-0.005	-1.55	-0.005	-1.57	-0.005	-1.48	-0.005	-1.54	-0.005	-1.58
DebtOver	0.034	13.61***	0.034	13.63***	0.034	13.60***	0.034	13.61***	0.034	13.63***	0.034	13.60***
IssueRate	0.006	1.82*	0.006	1.85*	0.006	1.89*	0.006	1.82*	0.006	1.86*	0.006	1.91*
CFO	-0.031	-1.73*	-0.031	-1.74*	-0.031	-1.74*	-0.031	-1.73*	-0.031	-1.73*	-0.031	-1.71*
State	-0.010	-2.96***	-0.010	-2.96***	-0.010	-2.96***	-0.010	-2.96***	-0.010	-2.96***	-0.009	-2.95***
Big4	0.019	2.92***	0.018	2.84***	0.069	1.77*	0.019	2.92***	0.018	2.86***	0.031	2.99***
Loss	0.008	1.47	0.008	1.44	0.008	1.43	0.008	1.47	0.008	1.43	0.008	1.43
Leverage	0.081	17.91***	0.081	17.90***	0.081	17.91***	0.081	17.91***	0.081	17.92***	0.082	17.95***
Growth	0.022	9.12***	0.022	9.16***	0.022	9.15***	0.022	9.12***	0.022	9.13***	0.022	9.11***
ROA	-0.065	-2.84***	-0.066	-2.90***	-0.067	-2.92***	-0.065	-2.84***	-0.066	-2.89***	-0.066	-2.89***
Lnsize	-0.017	-7.53***	-0.016	-7.35***	-0.016	-7.35***	-0.017	-7.53***	-0.016	-7.37***	-0.016	-7.36***
Year	控制		控制		控制		控制		控制		控制	
Industry	控制		控制		控制		控制		控制		控制	
F值	66.00***		64.07***		60.14***		66.00***		63.87***		59.99***	
R-Square	0.2604		0.2613		0.2616		0.2604		0.2607		0.2611	
N	5466		5466		5466		5466		5466		5466	

注：***、**、*分别表示检验在 1%、5%、10%水平上显著，下同。

表 9-19 信息风险的回归结果 (2)

自变量	模型 7 系数	模型 7 t 值	模型 8 系数	模型 8 t 值	模型 9 系数	模型 9 t 值	模型 10 系数	模型 10 t 值	模型 11 系数	模型 11 t 值	模型 12 系数	模型 12 t 值
Intercept	0.795	11.50***	0.835	11.25***	0.837	11.26***	0.463	9.51***	0.463	9.52***	0.462	9.47***
perMharm	-0.005	-9.61***	-0.006	-8.64***	-0.006	-8.68***						
perMharm*BigSize			0.001	1.48	0.001	1.09						
perMharm*Big4					0.002	1.47						
perMharm*BigSize*Big4					0.000	0.48						
perLharm							-0.013	-9.61***	-0.015	-9.32***		
perLharm*BigSize									0.002	1.70*	0.002	1.33
perLharm*Big4											0.004	0.86
perLharm*BigSize*Big4											0.001	0.28
BigSize	0.003	0.74	-0.089	-1.43	-0.067	-1.05	0.003	0.74	-0.013	-1.22	-0.010	-0.93
BigAgent	-0.017	-4.13***	-0.017	-4.23***	-0.017	-4.22***	-0.017	-4.13***	-0.017	-4.24***	-0.017	-4.23***
Importance	0.516	2.41**	0.497	2.32**	0.523	2.44**	0.516	2.41**	0.491	2.29**	0.516	2.40**
AgentCost	0.464	9.22***	0.468	9.28***	0.467	9.26***	0.464	9.22***	0.469	9.31***	0.469	9.30***
TurnOver	-0.005	-1.48	-0.005	-1.54	-0.005	-1.58	-0.005	-1.48	-0.005	-1.55	-0.005	-1.59
DebtRate	0.034	13.61***	0.034	13.63***	0.034	13.58***	0.034	13.61***	0.034	13.65***	0.034	13.62***
IssueRate	0.006	1.82*	0.006	1.86*	0.006	1.92*	0.006	1.82*	0.006	1.86*	0.006	1.89*
CFO	-0.031	-1.73*	-0.031	-1.73*	-0.031	-1.71*	-0.031	-1.73*	-0.031	-1.74*	-0.031	-1.73*
State	-0.010	-2.96***	-0.010	-2.96***	-0.009	-2.95***	-0.010	-2.96***	-0.010	-2.96***	-0.009	-2.95***
Big4	0.019	2.92***	0.018	2.86***	-0.185	-1.42	0.019	2.92***	0.018	2.85***	-0.009	-0.44
Loss	0.008	1.47	0.008	1.43	0.008	1.42	0.008	1.47	0.008	1.42	0.008	1.41
Leverage	0.081	17.91***	0.081	17.92***	0.082	17.93***	0.081	17.91***	0.081	17.91***	0.082	17.93***
Growth	0.022	9.12***	0.022	9.14***	0.022	9.13***	0.022	9.12***	0.022	9.13***	0.022	9.12***
ROA	-0.065	-2.84***	-0.066	-2.88***	-0.067	-2.90***	-0.065	-2.84***	-0.067	-2.91***	-0.067	-2.92***
Lnsize	-0.017	-7.53***	-0.016	-7.37***	-0.016	-7.35***	-0.017	-7.53***	-0.016	-7.33***	-0.016	-7.28***
Year	控制		控制		控制		控制		控制		控制	
Industry	控制		控制		控制		控制		控制		控制	
F 值	66.00***		63.89***		59.99***		66.00***		63.92***		60.00***	
R-Square	0.2604		0.2607		0.2611		0.2604		0.2608		0.2611	
N	5466		5466		5466		5466		5466		5466	

表 9-20　审计风险的回归结果 (1)

自变量	模型 1 系数	模型 1 Wald	模型 2 系数	模型 2 Wald	模型 3 系数	模型 3 Wald	模型 4 系数	模型 4 Wald	模型 5 系数	模型 5 Wald	模型 6 系数	模型 6 Wald
perDanger	-0.029	0.2534	0.094	1.8427	0.095	1.8405						
perDanger*BigSize			-0.380	10.8010***	-0.356	9.3586***						
perDanger*Big4					-0.635	1.7793						
perDanger*BigSize*Big4					-0.562	8.4255***						
perHharm							-0.027	4.7904**	0.003	0.0476	0.003	0.0375
perHharm*BigSize									-0.109	17.0281***	-0.100	14.2047***
perHharm*Big4											0.023	0.0551
perHharm*BigSize*Big4											-1.018	1.6262
BigSize	0.035	0.0407	2.375	10.6462***	2.268	9.4981***	0.008	0.0024	0.531	6.3587**	0.511	5.7611**
BigAgent	0.035	0.0645	0.015	0.0124	0.028	0.0407	0.070	0.2699	0.040	0.0874	0.041	0.0891
Importance	10.081	1.7622	8.900	1.3667	8.496	1.2476	6.618	0.7196	3.611	0.206	3.659	0.2118
AgentCost	7.069	32.1416***	7.116	32.7605***	7.213	33.4941***	6.738	29.2276***	6.903	30.8163***	6.957	31.1973***
Big4	-0.014	0.0014	-0.051	0.0197	5.642	3.3244*	-0.044	0.0148	-0.089	0.0597	0.775	1.3663
State	-0.503	19.2483***	-0.504	19.2671***	-0.510	19.7188***	-0.518	20.3280***	-0.520	20.4138***	-0.521	20.5280***
Loss	1.483	163.9822***	1.487	164.4066***	1.494	165.4015***	1.484	165.7157***	1.487	165.0309***	1.494	165.3980***
Cash	-1.501	6.2171**	-1.505	6.1964**	-1.512	6.2526**	-1.537	6.4908**	-1.553	6.4968**	-1.569	6.6302**
ROA	-6.260	133.9547***	-6.247	133.7685***	-6.173	130.9449***	-6.179	129.2336***	-6.143	128.1711***	-6.119	127.5264***
Leverage	0.948	99.8397***	0.955	100.3723***	0.963	101.9978***	0.962	102.0457***	0.984	104.0762***	0.988	105.0114***
Lnsize	-0.362	19.9584***	-0.343	17.7410***	-0.325	15.6131***	-0.341	17.4129***	-0.302	13.2864***	-0.291	12.1934***
Growth	-0.749	37.926***	-0.744	37.1094***	-0.745	37.1494***	-0.766	39.1227***	-0.758	37.4942***	-0.758	37.5129***
Right	-0.271	0.6008	-0.273	0.6103	-0.299	0.728	-0.272	0.6076	-0.263	0.5643	-0.277	0.6267
Listed	-0.236	1.7478	-0.251	1.9647	-0.253	2.0072	-0.246	1.9079	-0.255	2.0289	-0.253	1.9997
LR-ChiSq	1255.502***		1266.1318***		1278.9295***		1259.9754***		1277.4421***		1285.9607***	
R-Square	0.2052		0.2068		0.2086		0.2059		0.2084		0.2096	
N	5466		5466		5466		5466		5466		5466	

表 9-21　审计风险的回归结果 (2)

自变量	模型 7 系数	模型 7 Wald	模型 8 系数	模型 8 Wald	模型 9 系数	模型 9 Wald	模型 10 系数	模型 10 Wald	模型 11 系数	模型 11 Wald	模型 12 系数	模型 12 Wald
perMharm	0.029	3.4917*	-0.009	0.2282	-0.011	0.3203						
perMharm*BigSize			0.130	15.7341***	0.128	15.1797***						
perMharm*Big4					0.232	3.1809*						
perMharm*BigSize*Big4					-0.036	12.0012***						
perLharm							0.058	3.9456**	-0.011	0.1103	-0.019	0.2881
perLharm*BigSize									0.243	15.9220***	0.248	16.4790***
perLharm*Big4											0.441	5.1328**
perLharm*BigSize*Big4											-0.326	10.7519***
BigSize	0.013	0.0056	-10.632	15.5373***	-10.475	14.9091***	0.015	0.0073	-1.658	12.9101***	-1.660	12.9097***
BigAgent	0.072	0.2804	0.046	0.1132	0.059	0.1872	0.058	0.1839	0.025	0.0348	0.038	0.0766
Importance	7.590	0.9658	5.454	0.4883	4.943	0.4014	6.843	0.7635	3.631	0.2033	3.212	0.1588
AgentCost	6.789	29.6548***	6.899	30.8024***	7.006	31.5864***	6.786	29.6538***	7.004	31.6652***	7.119	32.4996***
Big4	-0.036	0.0097	-0.080	0.0476	-17.343	2.6635	-0.041	0.0129	-0.082	0.0502	-1.640	1.3254
State	-0.514	20.0766***	-0.516	20.1316***	-0.522	20.5769***	-0.516	20.2360***	-0.519	20.2729***	-0.524	20.7056***
Loss	1.478	163.9928***	1.479	163.1217***	1.489	164.7818***	1.489	166.8892***	1.496	166.9198***	1.508	168.9176***
Cash	-1.538	6.4993**	-1.545	6.4519**	-1.560	6.5613**	-1.527	6.4182**	-1.548	6.4724**	-1.570	6.6309**
ROA	-6.207	130.7694***	-6.166	129.5339***	-6.085	126.5420***	-6.166	128.6016***	-6.160	128.7810***	-6.089	126.1353***
Leverage	0.959	101.5666***	0.976	103.0673***	0.986	105.0858***	0.960	101.6755***	0.981	103.7387***	0.991	105.6832***
Lnsize	-0.346	17.9449***	-0.313	14.4048***	-0.292	12.3324***	-0.345	17.8977***	-0.307	13.8142***	-0.289	11.9874***
Growth	-0.763	38.7964***	-0.755	37.3563***	-0.757	37.3766***	-0.761	38.9331***	-0.753	37.3606***	-0.753	37.2869***
Right	-0.273	0.6106	-0.267	0.5811	-0.297	0.7146	-0.271	0.6008	-0.262	0.5616	-0.296	0.7087
Listed	-0.244	1.8672	-0.255	2.0327	-0.259	2.1034	-0.247	1.9159	-0.253	2.0048	-0.258	2.0937
LR-ChiSq	1258.6946***		1274.6218***		1286.8158***		1259.1171***		1275.1134***		1285.8835***	
R-Square	0.2057		0.208		0.2098		0.2057		0.2081		0.2096	
N	5466		5466		5466		5466		5466		5466	

表 9-22　审计收费的回归结果 (1)

自变量	模型 1		模型 2		模型 3		模型 4		模型 5		模型 6	
	系数	t 值	系数	t 值	系数	t 值	系数	t 值	系数	t 值	系数	t 值
Intercept	5.003	26.44***	4.987	25.36***	5.048	25.73***	5.574	29.68***	5.557	29.32***	5.599	29.62***
perDanger	0.060	8.90***	0.062	6.59***	0.063	6.75***						
perDanger*BigSize			-0.004	-0.3	-0.012	-0.91						
perDanger*Big4					-0.018	-0.67						
perDanger*BigSize*Big4					0.073	5.69***						
perHharm							0.020	14.18***	0.021	10.93***	0.022	11.23***
perHharm*BigSize									-0.002	-0.63	-0.004	-1.48
perHharm*Big4											-0.044	-4.28***
perHharm*BigSize*Big4											0.058	5.80***
BigSize	-0.039	-2.12**	-0.015	-0.18	0.030	0.35	-0.023	-1.26	-0.013	-0.52	-0.004	-0.17
BigAgent	0.038	2.28**	0.037	2.25**	0.037	2.23**	0.028	1.72*	0.027	1.66*	0.028	1.71*
Importance	24.241	26.71***	24.230	26.68***	24.224	26.71***	26.785	28.95***	26.750	28.86***	26.679	28.78***
AgentCost	1.576	8.17***	1.579	8.17***	1.559	8.09***	1.650	8.68***	1.658	8.70***	1.649	8.69***
State	-0.076	-5.49***	-0.076	-5.48***	-0.076	-5.46***	-0.066	-4.81***	-0.066	-4.81***	-0.066	-4.80***
ROE	0.070	2.80***	0.070	2.81***	0.077	3.09***	0.060	2.43**	0.060	2.43**	0.068	2.75***
Lnsize	0.350	38.97***	0.350	38.91***	0.347	38.64***	0.333	37.06***	0.334	36.97***	0.332	36.86***
Risk	0.078	2.73***	0.078	2.74***	0.079	2.78***	0.089	3.17***	0.090	3.20***	0.092	3.26***
Leverage	0.120	7.87***	0.120	7.87***	0.118	7.77***	0.106	6.97***	0.106	6.99***	0.105	6.97***
Loss	0.043	2.19**	0.043	2.19**	0.042	2.15**	0.031	1.59	0.031	1.61	0.030	1.56
Opinion	-0.025	-0.96	-0.026	-0.97	-0.019	-0.72	-0.012	-0.45	-0.012	-0.47	-0.009	-0.33
Big4	1.161	42.78***	1.161	42.75***	0.860	5.24***	1.194	44.30***	1.194	44.23***	1.142	26.34***
Growth	-0.011	-0.93	-0.011	-0.92	-0.011	-0.96	-0.006	-0.49	-0.006	-0.48	-0.006	-0.56
Right	-0.025	-0.85	-0.025	-0.85	-0.023	-0.8	-0.021	-0.73	-0.021	-0.72	-0.021	-0.72
Listed	-0.028	-1.36	-0.028	-1.37	-0.027	-1.35	-0.020	-0.98	-0.020	-0.98	-0.021	-1.03
F 值	558.98***		526.00***		475.85***		581.12***		546.89***		494.83***	
R-Square	0.662		0.662		0.6645		0.6706		0.6706		0.6732	
N	4584		4584		4584		4584		4584		4584	

表 9-23　审计收费的回归结果 (2)

自变量	模型 7		模型 8		模型 9		模型 10		模型 11		模型 12	
	系数	t 值	系数	t 值	系数	t 值	系数	t 值	系数	t 值	系数	t 值
Intercept	7.526	28.77***	7.603	26.39***	7.688	26.74***	5.985	30.90***	5.986	30.90***	6.052	31.25***
perMharm	-0.023	-12.78***	-0.025	-9.82***	-0.025	-9.90***						
perMharm*BigSize			0.002	0.64	0.003	0.96						
perMharm*Big4					-0.016	-2.28**						
perMharm*BigSize*Big4					0.006	5.68***						
perLharm							-0.050	-14.45***	-0.051	-11.07***	-0.050	-10.86***
perLharm*BigSize									0.003	0.56	0.005	0.72
perLharm*Big4											-0.080	-4.71***
perLharm*BigSize*Big4											0.060	4.70***
BigSize	-0.026	-1.44	-0.199	-0.73	-0.299	-1.07	-0.025	-1.36	-0.047	-1.07	-0.058	-1.3
BigAgent	0.028	1.70*	0.027	1.64	0.027	1.63	0.030	1.85*	0.029	1.80*	0.029	1.78*
Importance	26.104	28.30***	26.074	28.23***	26.090	28.24***	26.777	29.03***	26.746	28.94***	26.690	28.84***
AgentCost	1.635	8.56***	1.643	8.59***	1.620	8.49***	1.663	8.75***	1.670	8.77***	1.645	8.66***
State	-0.069	-5.00***	-0.069	-5.00***	-0.069	-5.00***	-0.066	-4.77***	-0.066	-4.77***	-0.066	-4.78***
ROE	0.065	2.62***	0.065	2.62***	0.071	2.87***	0.056	2.27**	0.056	2.26**	0.059	2.42**
Lnsize	0.337	37.43***	0.338	37.35***	0.334	37.04***	0.335	37.39***	0.335	37.29***	0.332	36.94***
Risk	0.086	3.05***	0.087	3.07***	0.088	3.10***	0.091	3.23***	0.092	3.25***	0.092	3.26***
Leverage	0.109	7.18***	0.109	7.19***	0.107	7.07***	0.106	7.04***	0.107	7.05***	0.104	6.90***
Loss	0.036	1.87*	0.037	1.89*	0.035	1.80*	0.029	1.5	0.029	1.51	0.027	1.4
Opinion	-0.016	-0.61	-0.017	-0.63	-0.010	-0.37	-0.012	-0.45	-0.012	-0.47	-0.006	-0.21
Big4	1.185	43.86***	1.185	43.80***	2.007	3.71***	1.193	44.33***	1.193	44.27***	1.352	16.60***
Growth	-0.006	-0.5	-0.006	-0.5	-0.006	-0.52	-0.009	-0.77	-0.009	-0.76	-0.009	-0.74
Right	-0.022	-0.76	-0.022	-0.76	-0.020	-0.7	-0.021	-0.74	-0.021	-0.73	-0.019	-0.67
Listed	-0.023	-1.14	-0.023	-1.14	-0.022	-1.11	-0.017	-0.87	-0.018	-0.87	-0.017	-0.84
F 值	574.28***		540.46***		488.70***		582.53***		548.20***		494.49***	
R-Square	0.668		0.668		0.6705		0.6711		0.6712		0.6731	
N	4584		4584		4584		4584		4584		4584	

本节研究发现,在中国市场上,在面对高危型安全漏洞所导致的内部控制缺陷时,信息风险显著提高,审计风险显著降低,而审计收费却显著提高了,这种收费是对内部控制缺陷造成的风险的一种溢价。以上研究在一定程度上,为 Hogan 和 Wilkins(2008)的研究,识别出了审计收费的提高究竟是由于审计师付出了更多的努力还是审计师没有付出更多的努力而是对内部控制缺陷造成的风险的一种溢价。

以上研究表明,为了我国资本市场的健康发展,需要提高内部控制的质量。而对于处在信息生态环境中的企业,在实施内部控制、评价内部控制时,需要如《企业内部控制基本规范》第七条规定的那样加强信息技术的使用,同时,我们不可忽视信息技术对于内部控制的负面效应,应该加强企业内部控制中的信息技术的管控和相关专业人员素质的提高。以上研究结果也表明,在我国,审计风险模型和审计师风险模型具有较好的解释力。为了培养良好的审计市场,我们需要加强政策的制定,特别是政策的执行力度。

3) 稳健性分析

以上的研究结论考察的是安全漏洞的各个类别的占比对于审计风险和信息风险的影响,考察的是一种相对指标的影响。那么,安全漏洞的各个类别的数量对于审计质量的影响又是怎么样的呢?上面的研究结论能否得到有效的支持呢?基于此,进行如下稳健性测试:

采用安全漏洞的各个类别的数量分别进行回归,结果的研究结论得到了一致的支持。

对危急型安全漏洞、高危型安全漏洞、中危型安全漏洞和低危型安全漏洞进行归类,分别进行回归,结果的研究结论得到了一致的支持。

对模型(9-5)不控制年度和行业,进行回归,结果与上面的一致。

从以上稳健性检验可知,研究结论具有较好的稳健性。

9.4.4　研究结论与现实意义

在日益发展的互联网以及移动互联网的今天,信息安全对于一个国家的重要性毋庸置疑。本节通过考察威胁信息安全的首要因素的安全漏洞,结合审计风险模型和制度经济学的原理构建的审计师风险模型,研究分析了安全漏洞对于我国审计市场的影响。通过采用中国信息安全测评中心借鉴 Microsoft 公司的做法,对安全漏洞的影响范围、利用方式、攻击后果等情况,将安全漏洞分为危急型、高危型、中危型和低危型四个类别。考察了这些不同类别的安全漏洞对于我国上市公司内部控制的技术架构的影响,进而考察对于审计风险和信息风险的影响,研究发现:在其他条件相同的情况下,危急型安全漏洞或者高危型安全漏洞发生的频度与信息风险呈显著正相关;高危型安全漏洞发生的频度与审计风险呈显著负相关;而中危型安全漏洞或低危型安全漏洞发生的频度与信息风险呈显著负相关;中危型安全漏洞或低危型安全漏洞发生的频度与审计风险呈显著正相关。在其他条件相同的情况下,对于大公司而言,危急型安全漏洞发生的频度与信息风险呈显著负相关;

而危急型安全漏洞或者高危型安全漏洞发生的频度与审计风险呈显著负相关；而低危型安全漏洞发生的频度与信息风险呈显著正相关；中危型安全漏洞或低危型安全漏洞发生的频度与审计风险呈显著正相关。对于由"四大"审计的大公司而言，安全漏洞发生的频度与审计溢价呈显著正相关。

本节的研究为处于信息化生态环境下的企业内部控制，应该引入防范嵌入在企业管理控制软件中的漏洞风险的内部控制架构(陈志斌，2007)提供了一个实证检验。本节的研究也为《企业内部控制应用指引》的实施提供了一个实证证据。Hogan 和 Wilkins(2008)研究发现，内部控制缺陷越严重，审计收费越高，作者认为造成审计收费的提高，有两种可能：一是，审计师付出了更多的努力；二是，审计师并没有付出更多的努力而是对内部控制缺陷造成的风险的一种溢价。而本节通过考察 IT 技术对于内部控制的影响，研究发现，在中国市场上，由于制度风险偏低，审计师只会在内部控制缺陷非常大的情况下，才会去控制审计风险，同时对于信息风险视而不见，这表明，审计师只是"头痛医头，脚痛医脚"，并没有实质付出更多努力，只是为了避免自己过于成为"出头鸟"的明哲保身的处世策略。Hogan 和 Wilkins(2008)发现的由于内部控制缺陷导致的审计费用(为审计师努力程度的代理变量)的提高，在中国这种新兴资本市场里，并不是对审计师努力的报酬，而是对风险的溢价，也即对自己可能成为"出头鸟"的风险的溢价。

本节的研究也为促进我国资本市场的健康发展，应该加强对于已制定的政策、法律法规的执行力度提供了一个实证证据。而不是像 Chen 等(2010)的研究那样，过于强调政策的制定。因为，在我国特有的制度背景下，仅仅依赖政府的监管，不足以培育出具有真正审计独立性的资本市场(Defond et al.，2000)，而应该加强政策的推行和强有力的实施。

本节的不足在于没有考察每个公司实际受到的安全漏洞的威胁，可能存在一定程度的偏颇。另一个不足在于，本节只是采用发现的安全漏洞，并没有考察这些发现的安全漏洞修复情况对于审计风险和信息风险的影响。后续研究将围绕这两方面展开以及采用最新的数据进一步实证考察 Hogan 和 Wilkins(2008)及 Chen 等(2010)的研究结论。

第10章 Internet 治理的未来

10.1 Internet 治理的经济后果总结

现如今，企业的公司治理仍然存在一些不足，如治理效率低下、治理成本过高、经济资源浪费等问题都阻碍着企业的高水平高速度发展。随着大数据、人工智能以及区块链等技术的发展，Internet 治理的理念开始受到企业的关注，Internet 治理也得以更有效地融入企业的公司治理之中，为公司创造更大的价值。Internet 治理在优化公司治理决策，改变信息呈现方式的同时，还会影响到公司治理的结果，带来一系列经济后果，而这些经济后果不仅影响到企业自身，也会进一步影响到企业的利益相关者乃至整个市场。接下来，本节对 Internet 治理所产生的经济后果的分析，具体是从分析 Internet 治理对企业自身、利益相关者、其他企业三个方面的影响进行展开。

1. Internet 治理对企业的影响

首先，Internet 治理会降低企业的成本，包括代理成本、交易成本等。从代理成本来讲，在第 2 章提到，互联网技术发展使得企业的管理方式逐渐转为利用网络系统管理，企业的内外部资源在互联网平台上进行整合。通过 Internet 治理体系，越来越多的与企业运营相关的信息，比如财务信息、物流信息等，都在网络系统中进行处理和优化。因此，在内部管理方面，上级管理层与下级员工的信息沟通更加顺畅，沟通成本降低，减少管理层与普通员工之间的代理成本，而在外部交易方面，企业股东可以通过网络直接监督并控制管理层的行为，监督成本降低，也可以优化代理成本。从交易成本来讲，企业在进行经营活动的时候，交易双方也可以在互联网平台上进行沟通、谈判以及交易的达成，甚至由网络平台负责交易的数据传输、信息存储、资源流动等各种经济活动，因此，由 Internet 治理代替传统治理，也在很大程度上减轻了企业的交易成本。

其次，Internet 治理会提高企业的业绩。一方面，企业的资源获取能力增加，进而使得企业业绩得以提升。互联网的一个很大优势就是使得用户得以获取比传统时代时更多的资源，通过互联网平台，企业对员工的日常工作情况、业绩表现水平将掌握得更加客观清晰，对潜在市场、潜在消费者的识别将更加准确和及时，对竞争者的最新动态、战略倾向等信息也能及时掌握。总之，全面及时的资源获取使得企业的竞争力进一步加强，有利于提高企业业绩。另一方面，企业管理者和员工的工作效率效果得以提升，促使企业业绩提高。在互联网技术的帮助下，工作的繁杂性会降低许多，以会计工作为例，智能化的做账系统代替了原本的手工做账，会计人员只需进行简单的录入输出工作，而账目核对、报表编制等复杂易错的工作则由计算机完成。另外，网络系统将为管理者提供更具简洁性和针对性的信息，帮助企业管理者做出更加准确的决策。这样，员工和管理者的工作效率都得以提升，企业的业绩也由此得到促进。

2. Internet 治理对利益相关者的影响

这里，Internet 治理对利益相关者的影响主要从对消费者、股东和投资者以及政府三方的影响进行阐述。

首先，Internet 治理能有效弱化消费者的信息不对称。以前，在企业与消费者之间，消费者往往处于弱势方，企业很容易获取消费者的信息，而消费者却处于被动地位。在买卖交易中，企业对产品掌握的信息更多，但许多企业为了赚取更大的利益而隐藏产品的不利信息，欺骗消费者。而在 Internet 治理平台中，互联网推动企业治理由"线下"转为"线上"，实现消费者参与共同治理（王国华等，2015）。也就是说，不仅仅企业方可以获得有关消费者喜好的一类信息，相互地，消费者也可以通过平台获取企业的信息，包括企业的产品信息、财务信息、售后信息等一系列关系到消费者自身利益的信息。在这样的情况下，消费者便不容易被企业的虚假宣传或假冒产品所蒙蔽。同时，消费者也可以在公开平台上发表自己的信息，如对产品的质量反馈、对企业信息披露的要求等，更加快捷简便地公开自己的诉求，以低成本的方式保障自己的合法权益。

其次，Internet 治理能更好地指引股东和投资者。Internet 治理平台下，股东和投资者可以通过计算机网络即时查询企业的经营状况和获利水平。对股东而言，一方面，股东委托管理者管理企业的日常经营，而互联网平台则能有效拉近股东与管理者的距离，促使股东更好地监督管理者，监督成本降低；另一方面，企业的经营利润和成本等财务信息将更为及时地公布在平台上，信息透明度和可靠度加强，帮助股东更好地保障自身的股利分红收益。对投资者来说，Internet 治理对已投资的投资者的积极影响类似于对股东的影响，会降低投资者的监督成本，同时保障投资者的应有收益；而对于潜在投资者，由于网络技术的发展，他们在获取企业的经营信息时往往更加容易，且这些财务信息可以由互联网技术进行处理和分析，企业的各项信息在处理后更加简单易懂，公开透明的平台也进一步保障了信息的真实性，这为潜在投资者的投资决策提供了很好的指引。

最后，Internet 治理能降低政府的监管成本。企业各项活动中，政府等公共机构扮演着重要的监督角色，企业与企业之间的交易过程中是否存在违规操作，企业的财务信息披露是否符合实际情况，企业的税款缴纳是否及时足额等各类活动都需要公共机构的监督。传统的监督方式会耗费大量的人力财力，如对一大摞税务凭证的逐页核查，合同与合同之间的核对等。而在 Internet 治理方法下，一方面，政府可以通过计算机技术对企业的各项行为进行追踪和监督，企业的经济行为活动会在互联网平台上留下相应的证据或电子凭证，Internet 监管一部分代替了人工监管，提高了监督的效率；另一方面，在 Internet 治理下，更多的居民参与到治理过程之中，政府的监督职能更多地转变为服务职能，减轻了政府监管的压力(张波，2017)。因此，Internet 治理可以降低政府的监管成本。

3. Internet 治理对其他企业的影响

Internet 治理对其他企业的影响具体可以分为对与本企业存在合作关系的企业的影响以及对与本企业存在竞争关系的企业的影响。

一方面，Internet 治理对与本企业有合作的企业来说，会促使双方的合作更加紧密、目标更加一致。在互联网技术的支撑下，虚假组织等多种创新形式的团体模式得到了巨大发展，企业与供应商、销售商、物流公司、设计公司等为同一交易活动服务的关联方形成一体，不受空间的限制，共享资源和信息，为达成同一目标而合作。与传统的合作相比，基于 Internet 治理的多方合作在沟通上更加便捷、信息共享程度加深、交易渠道更加丰富，因此，它们的合作理念也会更强，其他企业对本企业也会更加信任。同时，由于各个企业的进入成本和退出成本并不高，企业之间可以基于某一项业务进行合作并随着环境的变化而随时改变合作方式，乃至结束合作，这样，对于合作企业来说，与该企业的交易会更加可靠便捷，它们所形成的合作团体在应对突变的市场环境时也会更加灵活。

另一方面，Internet 治理对竞争企业来说，在 Internet 治理下，企业对竞争者的信息了解加深，竞争能力增加，对竞争者的威胁更大。互联网作为一种信息丰富的资源和跨组织的沟通工具，改变了企业收集、生产和传播竞争情报的方式，当企业利用互联网进行情报收集时，能够很大程度上提高信息的质量(Teo and Choo，2002)。在传统的市场竞争里，企业与企业之间的竞争很多表现为产品质量、服务质量、价格水平的竞争，而在互联网时代，企业与企业之间的竞争往往是信息资源的竞争，企业所能收集到的竞争者情报越多，那么企业在竞争中便更具优势。因此，在 Internet 治理方式下，企业所获取的信息更多，便能够比竞争者更加了解市场需求，甚至是了解竞争者的战略目的，进而有针对性地与竞争企业进行博弈。

总之，Internet 治理为整个市场都带来了创新力和经济增长力，除了上述的几点积极意义，还存在很多对整个市场和社会的积极影响，如在第 1 章所提及的 Internet 治理可以优化社会制度、创造制度红利。然而，我们在关注 Internet 治理的好处时，也必须警醒随它而来的负面威胁，随着互联网技术的发展，新的违法犯罪手段也会层出不穷。在互联网自主治理和共享治理的模式下，如何有效保障投资者的利益仍需进一步关注，以减少可能存在的信息安全风险。

10.2　信息安全保护法的影响

随着互联网技术的高速发展，网络为个人的生活和工作带来了极大的便利和收益，同时，数据信息也成为企业乃至整个国家的核心竞争力，是企业的重要价值来源之一(陈火全，2015)。然而，伴随着信息技术的高速发展，信息安全问题也逐渐浮出水面。勒索病毒事件、应用克隆事件以及一系列数据泄露事件不仅影响着个人的日常工作和生活，也为企业、国家治理带来了巨大的威胁和风险。网络世界不只是单纯的虚拟环境，而是与现实有着千丝万缕的联系。网络安全问题实际是现实人、事、物的安全问题，特别是在 Internet 治理之下，公司治理对网络的依赖加重，网络的不稳定性和脆弱性会严重影响公司的稳定和发展，因此，信息安全问题亟待解决。

在维护网络安全的各种手段中，法律一直是最强有力的工具，是维持网络空间正常秩序，保障企业、国家信息安全的根本支撑(王益民，2014)。我国对网络信息安全十分重视。为维护信息安全、预防信息犯罪，自 1994 年起，国家便开始从法律层面做出了规范，出台了如《中华人民共和国计算机信息系统安全保护条例》《互联网信息服务管理办法》等一系列信息安全法，并于 2016 年发布《中华人民共和国网络安全法》(简称《网络安全法》)和《国家网络空间安全战略》，同时，《个人信息保护法》也在积极制定当中，这些法律规范进一步强化了国家对网络安全保护的要求。2019 年，习近平总书记在国家网络安全宣传周再次强调重点领域和行业的网络安全问题，要求保证依法管理，保障人民的网络安全，但与此同时不能因为盲目追求绝对安全而忽视产业发展和技术创新，即"坚持安全可控和开放创新并重"[①]。而这些信息安全保护法律法规以及习近平总书记在网络安全问题上做出的指示，也将深刻地影响着我国信息技术的发展趋势以及未来在 Internet 治理领域的新方向。

1. 信息安全保护法对企业的 Internet 治理提出更高的要求和约束

在 Internet 治理的背景下，企业充分利用互联网技术，利用互联网平台进行信息共享或数据收集，提高公司治理的效率和效果，也帮助利益相关者交流和决策。随着信息技术的不断发展，企业利用互联网技术的渠道和方式越来越多，更多的信息可以被获得、被共享，这加剧了数据泄露威胁和企业道德风险。信息安全保护法则敦促企业在应用互联网技术的过程中保证安全合法，承担相应的责任和义务。

中国互联网协会在 2002 年发布的《中国互联网行业自律公约》中倡议全体从事互联网技术的行业以及与互联网相关的行业能够加入该公约，自觉保护用户信息、清除有害信息、确保网络安全。2016 年的《网络安全法》进一步提出有关部门应该建立健全网络安全风险的预警、检测以及评估的机制，同时加大了违法的处罚力度。可以看出，法律对企业的要求随着互联网技术的发展也不断地提高、细化，企业治理中不仅应在过程中保护用户隐私和过程后处理遗留信息，还应在处理前预测网络风险的范围和程度，并告知用户。具体化、预防性的法律规范要求也促使企业具备更高的治理水平和信息技术水平，这在一定程度上提高了企业 Internet 治理的门槛，企业只有达到相应高度的信息技术水平和治理水平，才可以加大 Internet 治理的范围和强度。例如《互联网电子公告服务管理规定》便规定了开展电子公告服务所必须具备的条件，未来，也定会在更多涉及互联网技术的领域

---

① 2019 国家网络安全宣传周，http://www.ce.cn/cysc/ztpd/2019/2019Cyber/index.shtml

提出明确前提条件。

此外，法律信息安全保护法也会约束企业和其他网络使用者的行为。法律具有指引作用和教育作用，由国家保证其强制性实施。法律所规定的"应该怎样做"或"不应该怎样做"会很好地指引企业的行为，且法律的强制性和加大的惩处力度也会增强法律对企业的威慑，约束企业的互联网技术使用行为。

2. 信息安全保护法将持续推动互联网技术的发展创新

安全和发展是一系列信息安全保护法和网络安全会议的两大主题，因此，信息安全保护法不仅是从法律层面约束和控制网络运营者和各个相关行业、部门，同时，也是从法律层面鼓励和推动各行业、部门积极进行技术创新和技术发展。法律对互联网的推动作用既可以表现为法律规范对技术发展的单方面促进作用，也可以表现为由于法律实施的技术支撑需要进而推动技术发展的相互促进作用。

一方面，信息安全法律法规鼓励技术创新和互联网发展。在信息时代，无论是企业还是国家，互联网技术已然成为至关重要的发展资源，信息保护技术也随之跟上步伐。一系列信息保护的法律法规也明确表明了对网络安全保护技术的鼓励和必要。如《网络安全法》第二章"网络安全支持与促进"中，第十六条"加大投入，扶持重点网络安全技术产业和项目"，以及第十八条"国家鼓励开发网络数据安全保护和利用技术"。可以看出，未来的互联网技术发展将持续上升，更加有利于企业利用互联网技术推动公司治理，同时，数据安全保护技术的提升也将加强对企业及利益相关者的信息安全保护。

另一方面，信息安全法的实施需要信息技术的保障，进而促进信息技术的发展。网络犯法和现实犯法不同，具有隐秘性、多变性和复杂性。网络安全法律的可行有效必须依靠更加成熟的互联网技术，各技术部门必须开发出更有效的数据保护和网络安全的互联网技术，才能更准确及时地预防、应对网络犯罪。因此，为保障信息安全法律的严格实施，确保网络安全，网络技术部门需要进一步加强网络侦察、数据监管以及信息排查等技术。总而言之，法律不仅从字面规范上要求推动技术创新，也因为法律自身的需求进而推动了互联网技术的发展。

3. 信息安全保护法将加强企业合作和国际之间的技术碰撞

当前，无论是在信息技术发展上，还是企业生产经营上，都呈现出多方合作不断加深的趋势，个人、企业、政府乃至境内外关联方的合作往往带来共赢。网络安全相关的法律法规不完善，对内会损害网络用户或相关企业的合法权益，对外也会导致在华经营的海外企业的利益时而得不到保障。例如 2014 年 130 多万考研学生的报名信息被泄露卖出，用户登录网站却导致个人信息泄露，等等这样的事件势必会影响用户对网站运营方的信任，损害用户的权益同时也损害企业自身的利益。此外，在国际合作中，基于水桶理论，法律法规的缺陷和短板决定了我国法律的不完善，一些技术领先的互联网企业(特别是海外企业)可能会因为我国在信息技术保护方面的法律规范不尽完善而迟疑是否应该和其他企业合作，这也阻碍了不同行业、不同文化背景的企业之间的合作沟通。

信息安全法不仅起到对网络使用者的信息保护作用，预防并打击网络犯罪，同样重要的是，信息安全法律法规也鼓励了不同企业之间的技术合作。它的推动作用一方面表现在法律保障了包括在华经营的海外企业在内的所有互联网公司的合法权益，其中，对海外企业的合法利益保障，能够吸引更多的技术领先企业到中国经营、投资，全球不同企业与本土企业的合作竞争所引发的文化技术碰撞，往往会带来更具生机的市场景象和技术创新。另一方面，法律的推动作用也表现在法律鼓励我国本土企业积极参与全球合作，吸纳领先技术。如 2018 年中央网信办、中国证监会联合发布的《关于推动资本市场服务网络强国建设的指导意见》中明确表示：推动网信企业并购重组，鼓励网信企业通过并购重组，完善产业链条，引进吸收国外先进技术，参与全球资源整合，提升技术创新和市场竞争能力。可以看出，在法律规范的指导下，未来的国际合作必然进一步加深。

由此，未来企业的 Internet 治理在法律的影响下，会遇到更多的约束和监管，保证治理环境安全有效。但与此同时，法律对信息技术的鼓励和推动也会促使 Internet 治理得到进一步提升和创新。总之，安全和发展将齐头并进，多方利益相关者和国际市场也会进一步深入交融。

10.3   人工智能的影响

二十一世纪以来，互联网、大数据、云计算等技术发展迅速，为人工智能的兴起奠定了良好的技术基础。智能交通、智能机械、智能财务机器人等各类传统领域都开始自身的转型之路，与智能化紧密结合起来，而在公司治理领域，"智能+治理"也成为企业的一大挑战和机遇。在互联网时代，网络治理是企业、政府的新型治理方法。随着大数据时代(弱人工智能)和人工智能时代(强人工智能)的到来，特别是当下，人工智能已经逐渐从弱人工智能发展为强人工智能，自主学习和深度学习的算法逐渐成熟，人工智能可以进行海量数据的分析处理，并且在不同情形下形成具有针对性和灵活性的解决方式(陈鹏，2019)。人工智能的不断发展进步将改变未来 Internet 治理，降低治理成本，提高治理水平，从不同方面促使公司治理走向更加智慧、智能的道路。

1. 人工智能提高企业信息收集效率效果

众所周知，信息对于企业的发展是至关重要的，企业收集信息的能力也是衡量企业竞争能力的一大指标。对企业来说，企业自身的内部控制、经营成本等信息，消费者的需求偏好、售后反馈等信息，供应商的供货能力、产品质量等信息，竞争者的目标市场、市场定价等信息，国家政府的政策法规等信息，以及与企业未来发展相关信息，都是企业所必须掌握的信息。而企业收集到的这些信息越多，那么，市场对于企业而言就更加透明可视，相对于其他信息获取更少的竞争者，企业便能够根据所得信息调整自身生产经营状况，以此，更贴近市场需求、把握宏观环境，在众多竞争企业之中脱颖而出。当然，企业所收集到的信息也会对企业未来的发展方向产生巨大影响。管理者通过分析所收集的历史财务信息、市场信息、宏观政策信息来决策企业的下一步发展方向，如是否需要调整现阶段的生产情况，是否与其他企业竞争进入新的目标市场，甚至于是否改变企业的发展战略。

实际上，企业的信息收集工作是较为复杂困难的。在传统的公司治理过程中，企业收集信息的方式和渠道都比较单一，工作人员花费较多的精力和时间与客户或合作企业沟通交涉，而获得部分信息。这种情况下，为了收集保质保量的信息而耗费的成本往往大于这些有效信息所带来的收益，因此，企业获得信息的效率和效果并不理想。随着互联网技术的发展，企业收集信息的渠道得以拓宽，信息收集方式愈发多样简洁，企业可以获得的信息更加丰富全面。然而，互联网、大数据时代的到来也使得信息存在的形式变得越来越复杂，企业需要从文字、图片、音频等不同形式的文件中提取信息，且信息技术仍在高速发展之中，信息的多变性、隐蔽性也增强了企业的信息收集的难度。此外，不同信息的解析利用较之前更为复杂，一些互联网技术尚不成熟的企业只能有效利用海量数据中的冰山一角，而这也使得 Internet 治理难以充分施展。

人工智能的兴起则有望有效地解决公司治理过程中所遇到的难题，提高信息收集阶段的效率和效果。其一，利用人工智能技术，海量的数据或其他表现形式的信息不再是依靠人工来识别和录入，而是在信息技术的帮助下大批量地整理分析，因此，这些数据信息可以在极短的时间内被获取，同时还节省了很大一部分的人工成本，这极大地提高了企业收集信息的效率。根据媒体报道，日本政府于 2018 年开始着手实现利用人工智能技术处理受灾过程中产生的大量信息，美国国防部于 2017 年也签署了人工智能算法项目的协议，希望利用人工智能更加精准快速地获取情报信息。其二，人工智能所收集的信息会更加丰富且精准。人工智能的自主学习和深入学习，使其在面对大量数据时能够更有针对性地挑选出企业所需的信息，排除无用或有害信息。同时，利用人工智能技术，企业也能解析处理新型复杂的数据结构，如提取视频文件中的信息，收集移动设备的定位信息等。总之，人工智能下的信息收集所呈现的效果将远远超过传统或互联网下的信息收集模式。

2. 人工智能促进 Internet 治理精准治理

如上文所述，信息对企业而言十分重要，Internet 治理一方面也是企业分析利用互联网平台上的信息进行管理和决策，而这些有效信息的一个很大的价值便是帮助企业实现更为精准的治理。在企业的经济活动中，精确的治理往往会事半功倍。从车间产品的账务成本到行业环境的细微动向，从公司治理前期的信息收集到管理后期的总结评估，企业在面对各类情况时，反应越具有准确性和针对性，其获得的收益便越大，或遭受的损失越小。

企业在当下的公司治理中，实现精准治理仍然存在一些阻碍。第一是在上一部分中所提到的信息获取问题。由于企业可以获得的外部信息较少且收集难度较大，因此，在信息有限的情况下，企业无法对市场做出更精确的反应以适应顾客、投资者的利益需求。第二是人的主观意识和偏袒倾向(高山行和刘嘉慧，2018)。传统的公司治理包括互联网技术下的 Internet 治理，其治理主体仍然是人，即使是互联网、大数据技术的背景下，网络机器实际上并不具备自主学习的能力，仅仅是以辅助的形式帮助人进行决策(郭凯明，2019)，而人的主观判断或受到的环境影响则会在一定程度上减弱公司治理的精确性。第三则是技术手段上的局限。一些企业缺乏智能化的信息采集技术、网络管理系统、互联网共享平台等，缺乏技术支撑也会导致精准治理难以实施。而未来人工智能技术的发展则有望解决这一系列问题，促进企业的 Internet 治理得以愈发精准有效。

人工智能在精准治理上所发挥的作用主要来源于它所具有的工具性和社会性，其工具性发挥精准治理的机理在于人工智能收集处理数据所表现出来的稳定性和有用性能够给予人们高度的信任感，这种信任是人工处理信息时所不具备的；其社会性发挥精准治理的机理在于人工智能可以通过算法嵌入治理规则，同时具备社会威慑和问责感知的功能(谢康，2018)。人工智能的工具性具体可以从信息收集阶段展现出来，而它的社会性可以从以下例子来说明。例如，通过嵌入的治理规则或决策规则，人工智能在分析大规模的市场同类或相似的产品成本及报价、用户在互联网平台浏览的流量数据等数据信息之后，能够得出一种或多种最优的治理方案供决策者选择。而这些策略，由于避免了人工治理所带来的主观性，会更加理性客观。正是由于人工智能的公正客观，加之人工智能对事件的反应更为迅速准确，治理过程中所涉及的企业员工或其他相关者便不会受到人情的包庇，治理误差或漏洞也会大大降低，这样，Internet 治理的威慑力也得到了进一步加强。

3. 人工智能将优化企业组织结构

企业的组织结构是企业全体员工在工作过程中分工协作，负责不同的职责和义务，进而形成的结构体系。在整个社会的发展过程中，企业组织结构经历了直线制、直线职能制、事业部制、矩阵制等多种形式。随着时代的发展，人们对于组织的多样化、交流的高效性以及公司的透明度越来越重视，促使着企业的组织结构仍然不断创新发展，以保证企业在复杂多变的环境中保持灵活与生机。

在我国，特别是国有企业，其组织结构通常呈现出高耸型、直线架构、垂直领导的特点(焦明宇，2012)，在这样的组织结构下，现在的企业治理往往存在着一些问题。第一，沟通交流不畅。上下级在信息传递过程中所经历的层级较多，便会导致上级布置的任务下级接收不及时；同时，底层员工的创新想法难以被上级倾听，员工参与感不高，导致其工作积极性和能动性受到抑制。第二，难以创造共享价值，包括企业内部的共享和外部参与者的共享。直线型的组织结构下，部门与部门之间的联系较少，本可共享的资源无法及时被其他部门所知晓，导致共享效率低下和资源浪费；另外，从外部来看，企业与企业、企业与投资者、企业与消费者之间的信息共享程度也不高。第三，无法适应多变的市场环境。高耸的组织结构更偏向于稳定的市场环境，命令决策层层传递，不够灵活，若外部环境突然发生改变时，企业便会由于效率低下和形式死板的缺陷陷入困境。

而将人工智能技术引入企业能够优化公司的组织结构，使垂直化的组织结构逐渐转变为扁平化的结构。人工智能将代替冗余的组织中间层，上级的命令和下级的反应可以通过人工智能技术所支撑的信息交流平台进行传递，加大上传下达的效率，将最重要、最具价值、最符合公司战略的信息传递给上下级双方。且基于人工智能系统的第三方平台，信息披露方式从原来的上级官方披露变为第三方披露，信息不对称将弱化，组织更加透明，提升员工的积极性和信任感。另外，基于人工智能等高新技术，无边界组织、战略联盟等创新性组织结构将得以进一步发展。通过人工智能等多种技术所支持的虚拟平台，能够形成统一联盟的多方力量，如分别负责核心技术、原材料供应、商品设计包装、市场宣传销售等不同板块的各个企业直接通过网络平台进行战略部署，利用人工智能高效的数据处理能力和透明及时性，根据市场环境的改变而做出灵活的调整。因此，将人工智能技术嵌入企业的现有管理系统和 Internet 治理系统之中，将促进企业组织结构朝形式多样、灵活透明的趋势发展。

10.4　区块链技术的影响

区块链作为一种比互联网、大数据甚至人工智能更新的技术，从它的概念被提及起便广受关注。2008 年，区块链的首次应用——比特币的概念被提出，且于 2009 年正式使用，凭借其去中心化、点对点传输的特点迅速成为广受追捧的支付体系。实际上，区块链技术具有许多独特优势，如它的智能合约机制、共识机制、奖励机制、安全透明机制、共享机制、协作机制、自制机制和分层结构机制。这使得区块链技术不仅仅局限于比特币领域，在其他领域中，它仍然具有极大的使用价值。例如，将区块链技术应用于公益捐赠领域，可以更加透明地公示捐赠数目、捐款去向、受助后续等信息；将区块链技术应用于国家税收，则能够有效避免偷税漏税等违法行为，同时也能减轻税款征收、税务监管的难度和成本（贾宜正和章荩今，2018）。

在马太效应下，数据等极具价值的信息越来越集中在少数人或少数企业手里，因此，社会的两极分化将越来越严重。以企业和消费者的相互交易为例，在大数据时代下，拥有更强信息获取能力的企业将越来越多地获得用户的信息，而处于弱势的消费者则会由于信息的愈发不对称而受到更多的损害。此时，区块链技术则会很好地解决这样的问题，区块链技术的去中心化和可信交互技术使得交易的参与者都平等地获取所有信息。同样，区块链技术对于 Internet 治理也类似，它会进一步优化企业现有的网络治理平台，使得治理成本更低，参与主体的合作信任加强，逐渐发展成共享经济模式。具体可以从以下几个方面去影响企业 Internet 治理。

1. 区块链技术重塑组织边界，推动创新

区块链技术最早提出的目的是为了倡导无政府主义的价值观，主张自治的和谐社会。对于企业而言，区块链同样能够促进企业员工的创新力和积极性。当今社会，企业的组织结构较为固定，在内部治理和市场交易过程中更多是采用正式的处理方式，命令由上级发布，然后层层传递，直到企业底层员工。这样导致的很大问题是，企业应对外部环境时不够灵活，也很难发挥创造性的价值。

区块链技术重塑了企业的组织结构，延伸组织边界。针对正式处理形式僵化、死板的缺陷，企业也在积极探索改变的方法，打破原有的组织边界，比如建立无边界组织或虚拟组织。耐克的组织形式便是一个典型的例子。耐克仅仅将核心的产品设计、商品销售业务保留，而把其他的物流、生产业务外包给其他企业，这些合作者拥有共同的目标和利益，在网络技术的支撑下联系。然而很少有企业能够像耐克这样，实现虚拟组织的管理模式，延伸组织的边界。

此时，区块链技术则为去中心化管理和非正式处理机制的诞生提供了技术支撑。区块链技术下，企业本身、合作企业、竞争企业都可以在体系里进行及时的合作谈判交流，且这样的沟通所产生的成本会远远低于传统的沟通成本。因此，基于区块链的各个参与方可以临时或长期地建立一个组织，企业的经营活动可以由自己，也可以由其他企业来实现，使得人才和资源更加自由地在整个组织内流动，重塑了传统的边界。另外，区块链技术的可靠性和精准性也使得企业的组织界限更加明显(赵金旭和孟天广，2019)。企业在治理过程中可以及时有效地传达自己的信息，其他参与者(包括企业内外部的相关人员或组织)会清晰地知晓企业进行的经济活动如何，反之，由于信息是互相透明的，企业也可以收到其他参与者的及时反馈，了解他们的动向。

2. 区块链技术降低 Internet 治理成本，实现共享

在传统的公司治理中，为了维护管理企业内外部相关者的各类信息，企业会花费较高的费用在数据记录或信息保管上，且全面的数据信息往往只能被数据管理方掌握，而交易参与者只能够获取极少的其他参与者的数据信息。以企业的资金管理活动为例，在企业各项经济活动的资金管理方面，会由专门的资金管理方对来往资金进行管理，如银行、金融机构、保险行业等，这些中心化的第三方掌握了交易双方的经济信息，同时，会向企业收取一定的服务费和资金管理费。随着互联网时代的到来，企业开始引入互联网技术进行内部控制和经济交易，虽然这在很大程度上提高了信息处理的效率，但是却没有改变"中心化"的现状。现如今，绝大部分的经济活动仍然是由第三方来连接管理，第三方的管理成本以及数据难以共享的情况仍然存在。而区块链技术则能很好地弥补当下企业治理中存在的缺陷，有效降低企业的治理成本，同时实现共享经济。

一方面是由于区块链技术所具备的"去中心化"这一特性。区块链的去中心化是指利用区块链技术，企业与企业、企业与消费者、企业与政府之间的业务往来活动不需要再依

靠第三方机构这样的"中心"加以维系，省去了中介环节，达到"去中心"这样的效果。在区块链技术下，交易双方可以实现直接对接，并且各个参与者都可以掌握交易所涉及的数据信息，由智能系统进行数据的整合和处理。因此，对企业的 Internet 治理而言，"去中心化"使得企业避免了在第三方服务方面的费用支出，同时，也提高了治理效率，使参与者自主治理、共同治理。

另一方面则是由于区块链技术所具备的智能合约机制。通过区块链技术，企业可以预设治理规则、交易流程、合同条件等信息，交易双方录入自己的信息后便可自动进行标准化的交易，从而不需要中介环节，也能够节省中介成本，达到交易双方自行共同治理。在智能合约机制下，一些相对简单标准的合约则可以通过智能化的系统进行自动处理，比如简单的商品买卖支付、保险赔偿等，合约在满足预设的条件下，则会按照固定的流程进行处理，这样就在很大程度上减轻了人工成本，同时，区块链技术具备的加密服务和不可篡改性也提高了合同执行的公正性和准确性。

3. 区块链技术增强企业信息安全

任何事物都存在双面性，互联网也不例外。互联网高速发展，为人们带来便利的同时，也由此产生了一些新的威胁，例如信息安全问题。在网络安全这一问题上，一方面，网络安全问题的时常发生是由于用户的自我保护意识不强，企业、政府的监管不到位，使得恶意者有机可乘；另一方面，则是互联网技术本身存在一定的缺陷和漏洞，不足以抵抗黑客的攻击。以多方交易为例，当黑客试图盗取互联网用户的隐私信息时，往往只需攻克其中一方的网络，便可得到交易信息或篡改其中的交易信息。在追踪犯罪者时，往往会因为其隐秘性而增加追踪的难度。因此，互联网技术本身的一些缺陷会导致网络安全难以保证。而利用区块链技术，网络安全则能得到进一步增强，这主要是由区块链技术的分布式账本、共识机制、加密服务三个核心技术和特性所实现的。

首先是区块链的核心技术——分布式账本。实际上，分布式账本技术已经得到了运用，在会计行业，普华永道会计师事务所则于 2016 年引入分布式账本技术，实现会计做账的智能性和安全性。分布式账本技术使得区块链和传统的互联网技术在信息存储上有着很大的区别。传统的数据存储是将大量信息储存在一个系统里，或者分成几个部分储存在几个系统里，而区块链在每个节点储存部分信息时，后一个节点也会包含前一个节点的信息，呈链式进行数据储存，这样，某一节点的损害便不会影响整体信息被篡改或攻克，而攻克所有节点又是非常困难的，这样便保证了信息的安全。

其次是区块链的另一项核心技术——共识机制。顾名思义，共识机制要求多方参与者或区块链各区块达成共识，遵循"少数服从多数"的工作原则，如比特币区块链中，只有得到了超过 51%以上节点的同意，才可以修改区块链中的某一记录(朱岩等, 2016)。因此，区块链技术的运用将会使企业的 Internet 治理更加可靠和安全。在 Internet 治理平台中，参与治理的众多利益相关者，如若有其中一方试图发布虚假信息或者删除某些重要数据，那么它在自己所拥有的数据库中进行操作是无效的，系统会根据所有参与者的信息来综合判断哪些信息是错误的，而删除数据时也必须经过相当部分的工作量标准或权益标准的同意才能达成。

最后则是区块链技术所拥有的加密服务功能。区块链的加密功能是在信息公开透明的情况下，保证由确定的人员访问系统，访问密码、人员等信息都是加密的，确保了系统访问的可靠性。另外，区块链技术下，所有的数据来源都是可追溯的，参与多方都可以验证数据信息的可靠性，对虚假信息的来源也能够更好地查询。

参 考 文 献

白海青, 毛基业. 2011. 影响 ERP 成功应用的关键因素因果模型——上线后的视角[J]. 管理世界, 3: 102-111.

白云霞, 王亚军, 吴联生. 2005. 业绩低于阈值公司的盈余管理[J]. 管理世界, 5: 135-143.

白重恩, 刘俏, 陆洲, 等. 2005. 中国上市公司治理结构的实证研究[J]. 经济研究, 40(2): 81-91.

毕丽娟. 2007. 上市公司会计信息披露及时性研究[D]. 大连: 大连理工大学.

财政部驻河北省财政监察专员办事处课题组. 2005. 会计师事务所审计收费监管制度分析及政策建议[J]. 会计研究, 3: 11-15.

蔡昉. 2014. 破解中国经济发展之谜[M]. 北京: 中国社会科学出版社.

陈冬华, 陈信元, 万华林. 2005. 国有企业中的薪酬管制与在职消费[J]. 经济研究, 40(2): 92-101.

陈冬华, 章铁生, 李翔. 2008. 法律环境、政府管制与隐性契约[J]. 经济研究, 3: 60-72.

陈高才. 2007. 年度财务报告时滞: 来自我国上市公司的经验证据[D]. 上海: 上海财经大学.

陈汉文, 张宜霞. 2008. 企业内部控制的有效性及其评价方法[J]. 审计研究, 3: 48-54.

陈红, 徐融. 2005. 论 ST 公司的财务关注域及分析框架的构建[J]. 会计研究, 12: 47-52.

陈火全. 2015. 大数据背景下数据治理的网络安全策略[J]. 宏观经济研究, 8: 76-84.

陈基华. 2010. 公司价值管理: 财务管理的归宿[J]. 首席财务官, 1: 72-75, 12.

陈静. 1999. 上市公司财务恶化预测的实证分析[J]. 会计研究, 4: 31-38.

陈鹏. 2019. 人工智能时代的政府治理: 适应与转变[J]. 电子政务, 3: 27-34.

陈胜蓝, 魏明海. 2006. 投资者保护与财务会计信息质量[J]. 会计研究, 10: 28-35.

陈宋生, 赖娇. 2013. ERP 系统、股权结构与盈余质量关系[J]. 会计研究, 5: 59-66.

陈晓, 陈治鸿. 2000. 中国上市公司的财务困境预测[J]. 中国会计与财务研究, 3: 55-92.

陈晓, 戴翠玉. 2004. A 股亏损公司的盈余管理行为与手段研究[J]. 中国会计评论, 2: 299-310.

陈信元, 何贤杰, 王孝钰, 等. 2014. 上市公司网络新媒体信息披露研究——基于微博的实证分析[R]. 上海财经大学工作论文.

陈运森, 谢德仁. 2011. 网络位置、独立董事治理与投资效率[J]. 管理世界, 7: 113-127.

陈正林. 2006. 审计风险、审计师风险及制度风险[J]. 审计研究, 3: 88-92.

陈志斌. 2007. 信息化生态环境下企业内部控制框架研究[J]. 会计研究, 1: 30-37.

陈志武. 2005. 媒体、法律与市场[M]. 北京: 中国政法大学出版社.

程小可, 王化成, 刘雪辉. 2004. 年度盈余披露的及时性与市场反应[J]. 审计研究, 2: 48-53.

戴德宝, 范体军, 刘小涛. 2016. 互联网技术发展与当前中国经济发展互动效能分析[J]. 中国软科学, 8: 184-192.

杜巨澜, 黄曼丽. 2013. ST 公司与中国资本市场的行政性治理[J]. 北京大学学报(哲学社会科学版), 50(1): 142-151.

樊纲, 王小鲁, 朱恒鹏. 2011. 中国市场化指数: 各地区市场化相对进程 2011 年报告[M]. 北京: 经济科学出版社.

范经华, 张雅曼, 刘启亮. 2013. 内部控制、审计师行业专长、应计与真实盈余管理[J]. 会计研究, 4: 81-88, 96.

范明献. 2010. 传统媒体对网络事件传播的舆论引导——基于议程设置理论的分析[J]. 当代传播, 2: 53-55.

方红星, 孙蒿, 金韵韵. 2009. 公司特征、外部审计与内部控制信息的自愿披露——基于沪市上市公司 2003—2005 年年报的经验研究[J]. 会计研究, 10: 44-52.

方红星, 孙蒿. 2007. 强制披露规则下的内部控制信息披露——基于沪市上市公司 2006 年年报的实证研究[J]. 财经问题研究,

12：67-73.

冯明，刘淳.2013. 基于互联网搜索量的先导景气指数、需求预测及消费者购前调研行为——以汽车行业为例[J]. 营销科学学报，3：31-44.

冯玉军.2007. 权力、权利和利益的博弈——我国当前城市房屋拆迁问题的法律与经济分析[J]. 中国法学，4：39-59.

高洁.2010. 我国上市公司关联交易与盈余管理的实证研究[D]. 广州：暨南大学.

高山行，刘嘉慧.2018. 人工智能对企业管理理论的冲击及应对[J]. 科学学研究，6(11)：2004-2010.

高善文. 2014. 余额宝们不会抬升贷款利率 [N]. 中国证券报. http://www.cs.com.cn/app/ipad/ipad01/02/201403/t20140324_4342636.html.

郭凯明.2019. 人工智能发展、产业结构转型升级与劳动收入份额变动[J]. 管理世界，35(07)：60-77，202-203.

韩朝华.1995. 国有资产管理体制中的代理问题——一个国有资产流失案例的启示[J]. 经济研究，5：34-43.

何会文.2003. 服务失败的顾客归因及其启示[J]. 财经科学，(S1)：386-389.

何金耿，丁加华.2001. 上市公司投资决策行为的实证分析[J]. 证券市场导报，9：44-47.

贺建刚，魏明海，刘峰.2008. 利益输送、媒体监督与公司治理：五粮液案例研究[J]. 管理世界，10：141-150.

贺建刚，魏明海.2012. 控制权、媒介功用与市场治理效应：基于财务报告重述的实证研究[J]. 会计研究，4：36-43.

黄俊，陈信元.2013. 媒体报道与IPO抑价——来自创业板的经验证据[J]. 管理科学学报，2：83-94.

黄俊，郭照蕊.2014. 新闻媒体报道与资本市场定价效率——基于股价同步性的分析[J]. 管理世界，5：127-136.

计小青，曹啸.2008. 标准的投资者保护制度和替代性投资者保护制度：一个概念性分析框架[J]. 金融研究，3：151-162.

贾宜正，章苨今.2018. 区块链技术在税收治理中的机遇与挑战[J]. 会计之友，4：142-145.

姜付秀，黄继承.2011. 经理激励、负债与企业价值[J]. 经济研究，46(5)：46-60.

姜付秀，黄继承.2011. 市场化进程与资本结构动态调整[J]. 管理世界，3：124-134.

姜付秀，支晓强，张敏.2008. 投资者利益保护与股权融资成本——以中国上市公司为例的研究[J]. 管理世界，2：117-125.

姜国华，饶品贵.2011. 宏观经济政策与微观企业行为——拓展会计与财务研究新领域[J]. 会计研究，3：9-18，94.

姜国华，王汉生.2005. 上市公司连续两年亏损就应该被"ST"吗?[J]. 经济研究，3：100-107.

姜国华，王汉生.2010. 取消ST制度、完善退市政策、促进股市健康发展[J]. 证券市场导报，6(S).

姜国华，岳衡.2005. 大股东占用上市公司资金与上市公司未来回报关系的研究[J]. 管理世界，9：119-126.

蒋绍林，王金双，张涛，等.2012. Android 安全研究综述[J]. 计算机应用与软件，10(29)：205-210.

蒋义宏，陈辉发，郑琦.2010. 法律渊源、投资者保护与财务报告质量——来自全球主要股票市场的证据[J]. 中国会计评论，3：275-312.

蒋忠波.2011. 受众对灾后重建三周年媒介报道的接触状况分析[J]. 新闻界，6：27-31.

焦明宇.2012. 我国国有企业组织结构变革研究[D]. 北京：首都经济贸易大学.

金立印.2007. 服务保证对顾客满意预期及行为倾向的影响——风险感知与价值感知的媒介效应[J]. 管理世界，8：104-115.

金立印.2009. 企业声誉，行业普及率与服务保证有效性——消费者响应视角的实验研究[J]. 管理世界，7：115-125.

李冰.2015. 互联网思维下我国零售企业商业模式创新研究[D]. 长春：吉林大学.

李国杰，程学旗.2012. 大数据研究：未来科技及经济社会发展的重大战略领域——大数据的研究现状与科学思考[J]. 中国科学院院刊，27(06)：647-657.

李华强，范春梅，贾建民，等.2009. 突发性灾害中的公众风险感知与应急管理——以5·12汶川地震为例[J]. 管理世界，6：52-60.

李培功，沈艺峰.2010. 媒体的公司治理作用：中国的经验证据[J]. 经济研究，4：14-27.

李青原. 2009. 会计信息质量、审计监督与公司投资效率——来自我国上市公司的经验证据[J]. 审计研究，4：65-73.

李世辉，雷新途. 2008. 两类代理成本、债务治理及其可观测绩效的研究——来自我国中小上市公司的经验证据[J]. 会计研究，5：30-37.

李寿喜. 2007. 产权、代理成本和代理效率[J]. 经济研究，1：102-113.

李维安，唐跃军，左晶晶. 2005. 未预期盈利、非标准审计意见与年报披露的及时性[J]. 管理评论，17(3)：14-23.

李维安，周健. 2005. 网络治理：内涵、结构、机制与价值创造[J]. 天津社会科学，5：59-63.

李维安. 2014. 移动互联网时代的公司治理变革[J]. 南开管理评论，17(04)：1.

李享. 2009. 美国内部控制实证研究：回顾与启示[J]. 会计研究，1：87-95.

李晓东. 2010. 会计信息传导效率研究[M]. 北京：中国财政经济出版社.

李昕怡. 2016. 短视频时代，来了[J]. 传播与版权，2：112-113，116.

李艳姣. 2009. 内部控制质量与审计定价的相关性研究[D]. 广州：暨南大学.

李远鹏，牛建军. 2007. 退市监管与应计异象[J]. 管理世界，5：125-132.

李忠顺，周丽云，谢卫红，等. 2015. 大数据对企业管理决策影响研究[J]. 科技管理研究，35(14)：160-166.

连玉君，程建. 2007. 投资—现金流敏感性：融资约束还是代理成本？[J]. 财经研究，2：37-46.

梁彬，侯看看，石文昌，等. 2009. 一种基于安全状态跟踪检查的漏洞静态检测方法[J]. 计算机学报，5：899-909.

梁志峰. 2010. 基于 Google 趋势分析的区域网络关注度研究——以湘潭为例[J]. 湖南科技大学学报(社会科学版)，13(05)：41-48.

廖成林，史小娜. 2012. 搜索引擎对网络购买意愿的影响研究[J]. 江苏商论，5：47-49.

林斌，饶静. 2009. 上市公司为什么自愿披露内部控制鉴证报告?——基于信号传递理论的实证研究[J]. 会计研究，2：45-52.

林毅夫，李志赟. 2004. 政策性负担、道德风险与预算软约束[J]. 经济研究，39(2)：17-27.

林毅夫. 2010. 建立市场经济发挥比较优势[C]. 中国经济社会发展智库理事会、清华大学马克思主义学院、中国社会科学院经济社会发展研究中心：中国社会科学院经济社会发展研究中心：288-292.

林毅夫. 2012a. 中国经济发展奇迹将延续[J]. 求是，8：64.

林毅夫. 2012b. 展望未来 20 年中国经济发展格局[J]. 中国流通经济，26(06)：4-7.

林有志，黄劭彦，辛宥呈. 2007. 我国上市公司半年报申报时间落差特性之研究[J]. 当代会计，8(1)：85-112.

刘端，陈健，陈收. 2005. 市场时机对融资工具选择的影响[J]. 系统工程，23(8)：62-67.

刘端，陈收，陈健. 2006. 市场时机对资本结构影响的持续度研究[J]. 管理学报，3(1)：85-90.

刘峰，许菲. 2002. 风险导向型审计·法律风险·审计质量——兼论"五大"在我国审计市场的行为[J]. 会计研究，2：21-27.

刘峰，周福源. 2007. 国际四大意味着高审计质量吗？[J]. 会计研究，3：79-87.

刘继红. 2010. 高管会计事务所关联、审计任期与审计质量[R]. 北京大学光华管理学院工作论文.

刘澜飚，李贡敏. 2005. 市场择时理论的中国适用性[J]. 财经研究，31(11)：19-30.

刘启亮，何威风，罗乐. 2010. IFRS 的强制采用、新法律实施与应计及真实盈余管理[R]. 武汉大学工作论文.

刘启亮，何威风，罗乐. 2011. IFRS 的强制采用、新法律实施与应计及真实盈余管理[J]. 中国会计与财务研究，13(1)：57-121.

刘训成. 2002. 议程设置、舆论导向与新闻报道[J]. 新闻与传播研究，2：84-91.

刘运国，蒋涛，胡玉明. 2011. 谁能免予薪酬惩罚？——基于 ST 公司的研究[J]. 会计研究，12：46-51.

陆建桥. 1999. 中国亏损上市公司盈余管理实证研究[J]. 会计研究，9：25-35.

路鹏，方勇，方昉，等. 2013. iOS 系统代码签名机制研究[J]. 信息安全与通信保密，5：85-86.

罗炜，朱春艳. 2010. 代理成本与公司自愿性披露[J]. 经济研究，45(10)：143-155.

吕长江，韩慧博. 2001. 上市公司资本结构特点的实证分析[J]. 南开管理评论，5：26-29.

马永红，魏祯，郑晓齐. 2004. 企业 IT 投资绩效评价方法探讨[J]. 管理世界，11：146-147.

麦库姆斯. 2008. 议程设置：大众媒介与舆论[M]. 郭镇之，徐培喜，译. 北京：北京大学出版社.

梅丹. 2005. 我国上市公司固定资产投资规模财务影响因素研究[J]. 管理科学，5：82-88.

孟韬. 2006. 网络治理与集群治理[J]. 产业经济评论，5(01)：80-90.

孟祥宏. 2010. 信息安全攻防博弈研究[J]. 计算机技术与发展，20(4)：159-162.

孟焰，袁淳，吴溪. 2008. 非经常性损益、监管制度化与 ST 公司摘帽的市场反应[J]. 管理世界，8：33-39.

宁向东，张海文. 2001. 关于上市公司"特别处理"作用的研究[J]. 会计研究，8：15-21.

潘妙丽，蒋义宏. 2009. 法律制度、会计标准与投资者保护——英美法系国家与大陆法系国家的比较[J]. 上海立信会计学院学
　　报，23(03)：39-44.

潘敏，金岩. 2003. 信息不对称、股权制度安排与上市企业过度投资[J]. 金融研究，1：54-63.

彭正银. 2002. 网络治理理论探析[J]. 中国软科学，3：51-55.

漆礼根. 2017. 互联网环境下实体零售企业转型过程及协同发展[J]. 商业经济研究，6：88-90.

青木昌彦，钱颖一. 1995. 对内部人控制的控制：转轨经济的公司治理的若干问题[J]. 改革，6：11-24.

瞿旭，李明，杨丹，等. 2009. 上市银行内部控制实质性漏洞披露现状研究——基于民生银行的案例分析[J]. 会计研究，4：38-46.

饶品贵，姜国华. 2013. 货币政策对银行信贷与商业信用互动关系影响研究[J]. 经济研究，48(01)：68-82，150.

阮素梅，杨善林，张莉. 2015. 公司治理与资本结构对上市公司价值创造能力综合影响的实证研究[J]. 中国管理科学，23(05)：
　　168-176.

山立威，甘犁，郑涛. 2008. 公司捐款与经济动机——基于汶川地震后中国上市公司捐款的实证研究[J]. 经济研究，11(43)：
　　51-61.

邵颖波. 2001. 过度管制导致的挫折——方流芳解析中国证券市场[N]. 经济观察报.

申慧慧，黄张凯，吴联生. 2009. 股权分置改革的盈余质量效应[J]. 会计研究，8：40-48.

申慧慧，吴联生. 2012. 股权性质、环境不确定性与会计信息的治理效应[J]. 会计研究，8：8-16.

沈洪涛，冯杰. 2012. 舆论监督、政府监管与企业环境信息披露[J]. 会计研究，2：72-78，97.

沈艳，蔡剑. 2009. 企业社会责任意识与企业融资关系研究[J]. 金融研究，12：127-136.

沈艺峰，肖珉，黄娟娟. 2005. 中小投资者法律保护与公司权益资本成本[J]. 经济研究，6：115-124.

沈艺峰，肖珉，林涛. 2009. 投资者保护与上市公司资本结构[J]. 经济研究，7：131-142.

沈艺峰，许年行，杨熠. 2004. 我国中小投资者法律保护历史实践的实证检验[J]. 经济研究，9：90-100.

盛明泉，张敏，马黎珺，等. 2012. 国有产权、预算软约束与资本结构动态调整[J]. 管理世界，3：151-157.

宋双杰，曹晖，杨坤. 2011. 投资者关注与 IPO 异象——来自网络搜索量的经验证据[J]. 经济研究，46(S1)：145-155.

苏冬蔚，曾海舰. 2009. 宏观经济因素与公司资本结构变动[J]. 经济研究，12：52-65.

孙永祥. 2001. 所有权胜资结构与公司治理机制[J]. 经济研究，1：2-26.

孙元，黄起伟，张彩江. 2007. 企业资源规划实施关键成功因素实证研究[J]. 重庆大学学报(社会科学版)，4：39-43.

唐齐鸣，黄素心. 2006. ST 公布和 ST 撤销事件的市场反应研究：来自沪深股市的实证检验[J]. 统计研究，23(11)：43-47.

陶雪娇，胡晓峰，刘洋. 2013. 大数据研究综述[J]. 系统仿真学报，25(S1)：142-146.

田利辉. 2005. 国有产权、预算软约束和中国上市公司杠杆治理[J]. 管理世界，7：123-128.

田志友，周元敏，田雨. 2018. 微信小程序的媒体价值[J]. 新媒体研究，4(01)：47-49.

汪昌云，孙艳梅. 2010. 代理冲突、公司治理和上市公司财务欺诈的研究[J]. 管理世界，7：138-151，196.

汪方军，常华，罗祯. 2008. 公司绩效、财务风险与年报披露及时性的相关性研究[J]. 管理学报，5：769-772.

王国华，骆毅. 2015. 论"互联网+"下的社会治理转型[J]. 人民论坛•学术前沿，10：39-51.

王建明. 2008. 环境信息披露、行业差异和外部制度压力相关性研究[J]. 会计研究，6：54-62.

王立彦，张继东. 2007. ERP 系统实施与企业绩效之关系[J]. 管理世界，3：116-121.

王鹏. 2008. 投资者保护、代理成本与公司绩效[J]. 经济研究，43(2)：68-82.

王珊，张延松，冷建全. 2012. 金融企业大数据技术选择策略[J]. 金融电子化，6：46-48.

王守海，杨亚军. 2009. 内部审计质量与审计收费研究——基于中国上市公司的证据[J]. 审计研究，5：63-73.

王亚平，吴联生，白云霞. 2005. 中国上市公司盈余管理的频率与幅度[J]. 经济研究，12：102-112.

王克稳. 2004. 论房屋拆迁行政争议的司法审查[J]. 中国法学，4：76-84.

王益民. 2014. 论网络治理与信息安全的法律保障体系[J]. 电子政务，7：14-19.

王元卓，靳小龙，程学旗. 2013. 网络大数据：现状与展望[J]. 计算机学报，36(06)：1125-1138.

王元卓，林闯，程学旗，等. 2010. 基于随机博弈模型的网络攻防量化分析方法[J]. 计算机学报，33(9)：1748-1762.

王跃堂，王亮亮，彭洋. 2010. 产权性质、债务税盾与资本结构[J]. 经济研究，45(9)：122-136.

王震，刘力. 2003. 困境公司价值相关性研究[J]. 管理世界，1：123-126.

王正位，王思敏，朱武祥. 2011. 股票市场融资管制与公司最优资本结构[J]. 管理世界，2：40-48.

王正位，朱武祥，赵冬青. 2007. 发行管制条件下的股票再融资市场时机行为及其对资本结构的影响[J]. 南开管理评论，10(6)：40-46.

魏明海，柳建华. 2007. 国企分红、治理因素与过度投资[J]. 管理世界，4：88-95.

巫升柱，王建玲，乔旭东. 2006. 中国上市公司年度报告披露及时性实证研究[J]. 会计研究，2：19-24.

吴联生，薄仙慧，王亚平. 2007. 避免亏损的盈余管理程度：上市公司与非上市公司的比较[J]. 会计研究，2：44-51.

吴联生，刘慧龙. 2008. 中国审计实证研究：1999-2007[J]. 审计研究，2：36-46.

吴联生，王亚平. 2007. 盈余管理程度的估计模型与经验证据：一个综述[J]. 经济研究，8：143-152.

吴文锋，吴冲锋，刘晓薇. 2008. 中国民营上市公司高管的政府背景与公司价值[J]. 经济研究，43(7)：130-141.

吴溪. 2006. 盈利指标监管与制度化的影响：以中国证券市场 ST 公司申请摘帽制度为例[J]. 中国会计与财务研究，4：95-137.

吴炎太，林斌，孙烨. 2009. 基于生命周期的信息系统内部控制风险管理研究[J]. 审计研究，6：87-92.

伍利娜，束晓晖. 2006. 审计师更换时机对年报及时性和审计质量的影响[J]. 会计研究，11：37-44.

伍利娜，郑晓博，岳衡. 2010. 审计赔偿责任与投资者利益保护——审计保险假说在新兴资本市场上的检验[J]. 管理世界，3：32-43.

伍利娜，朱春艳. 2010. 股权分置改革的审计治理效应[J]. 审计研究，5：73-81.

伍利娜. 2003. 审计定价影响因素研究——来自中国上市公司首次审计收费披露的证据[J]. 中国会计评论，1：113-128.

夏立军，方轶强. 2005. 政府控制、治理环境与公司价值来自中国证券市场的经验证据[J]. 经济研究，5：40-51.

夏立军. 2003. 盈余管理计量模型在中国股票市场的应用研究[J]. 中国会计与财务研究，2：94-154.

肖华，张国清. 2008. 公共压力与公司环境信息披露[J]. 会计研究，5：15-22.

肖峻，石劲. 2011. 基金业绩与资金流量：我国基金市场存在"赎回异象"吗？[J]. 经济研究，1：112-125.

谢康. 2018. 产品创新的人工智能精准治理[J]. 人民论坛•学术前沿，10：58-67.

谢佩洪，汪春霞. 2017. 管理层权力、企业生命周期与投资效率——基于中国制造业上市公司的经验研究[J]. 南开管理评论，20(01)：57-66.

谢新洲. 2003. 网络媒体竞争态势分析(上)[J]. 国际新闻界，2：64-70.

谢志华, 崔学刚, 杜海霞, 等.2014.会计的投资者保护功能及评价[J].会计研究, 4: 34-41, 95.

辛清泉, 黄琨.2009.监管政策、审计意见和审计师谨慎性[J].中国会计与财务研究, 1: 90-121.

辛清泉, 林斌, 王彦超.2007.政府控制、经理薪酬与资本投资[J].经济研究, 8: 110-122.

辛宇, 徐莉萍.2007.投资者保护视角下治理环境与股改对价之间的关系研究[J].经济研究, 42(9): 121-133.

熊艳, 李常青, 魏志华.2011.媒体"轰动效应"传导机制经济后果与声誉惩戒——基于"霸王事件"的案例研究[J].管理世界, 10: 125-140.

徐根旺, 马亮, 吴建南.2010.投资者保护测量:一个研究综述[J].预测, 29(2): 76-80.

徐浩萍.2004.会计盈余管理与独立审计质量[J].会计研究, 1: 44-49.

徐莉萍, 辛宇, 祝继高.2011.媒体关注与上市公司社会责任之履行——基于汶川地震捐款的实证研究[J].管理世界, 3: 135-144.

徐莉萍, 辛宇.2011.媒体治理与中小投资者保护[J].南开管理评论, 6: 36-47.

徐宗本, 冯芷艳, 郭迅华, 等.2014.大数据驱动的管理与决策前沿课题[J].管理世界, 11: 158-163.

许年行, 吴世农.2006.我国中小投资者法律保护影响股权集中度的变化吗[J].经济学(季刊), 3(5): 892-922.

晏艳阳, 赵大玮.2006.我国股权分置改革中内幕交易的实证研究[J].金融研究, 4: 101-108.

杨德明, 胡婷.2010.内部控制、盈余管理与审计意见[J].审计研究, 5: 90-97.

杨德明, 林斌, 王彦超.2009.内部控制、审计质量与大股东资金占用[J].审计研究, 5: 74-81.

杨德明, 赵璨.2012.媒体监督、媒体治理与高管薪酬[J].经济研究, 6: 116-126.

杨谷.2009.信息安全国家漏洞库建成[J].光明日报, 2009-10-25. http://www.gmw.cn/content/2009-10/25/content_998321.htm.

杨丽莉.2013.媒体对公共政策议程设置的影响分析[J].商业时代, 18: 111-113.

杨启, 张丽萍.2017.从互联网生态看微信小程序的发展[J].新闻论坛, 2: 22-24.

杨有红, 汪薇.2008.2006年沪市公司内部控制信息披露研究[J].会计研究, 3: 35-43.

叶康涛, 祝继高, 陆正飞, 等.2011.独立董事的独立性:基于董事会投票的证据[J].经济研究, 46(1): 126-139.

叶倩.2009.上市公司半年报披露及时性影响因素实证分析[D].广州:暨南大学.

叶强, 方安儒, 鲁奇, 等.2010.组织因素对ERP使用绩效的影响机制——基于中国数据的实证研究[J].管理科学学报, 11: 77-85.

于忠泊, 田高良, 齐保垒, 等.2011.媒体关注的公司治理机制——基于盈余管理视角的考察[J].管理世界, 9: 127-140.

于忠泊, 田高良, 张咏梅.2012.媒体关注、制度环境与盈余信息市场反应——对市场压力假设的再检验[J].会计研究, 9: 40-51.

余明桂, 夏新平, 邹振松.2006.管理者过度自信与企业激进负债行为[J].管理世界, 8: 104-112.

袁仲伟.2009.新闻网站赢利模式分析[J].青年记者, 18: 14.

曾建光, 王立彦, 徐海乐.2012.ERP系统的实施与代理成本——基于中国ERP导入期的证据[J].南开管理评论, 3: 131-138.

曾建光, 王立彦.2013.ERP系统的实施、信息透明度与投资效率——基于中国ERP导入期的证据[J].管理会计学刊, 1: 1-24.

曾建光, 王立彦.2015.Internet治理与代理成本——基于Google大数据的证据[J].经济科学, 1: 112-125.

曾建光, 伍利娜, 谌家兰, 等.2013a.XBRL、代理成本与绩效——基于我国开放式基金市场的证据[J].会计研究, 11: 88-94.

曾建光, 伍利娜, 王立彦.2013b.中国式拆迁、投资者保护诉求与应计盈余质量——基于制度经济学与Internet治理的证据[J].经济研究, 48(7): 90-103.

曾颖, 陆正飞.2006.信息披露质量与股权融资成本[J].经济研究, 2: 69-79.

张波.2017.基于"互联网+"的基层社会治理创新研究[J].电子政务, 11: 30-38.

张崇, 吕本富, 彭赓, 等.2012.网络搜索数据与CPI的相关性研究[J].管理科学学报, 15(07): 50-59.

张海燕, 陈晓. 2008. 投资者是理性的吗? ——基于 ST 公司交易特征和价值的分析[J]. 金融研究, 1: 119-131.

张华, 张俊喜, 宋敏. 2004. 所有权和控制权分离对企业价值的影响——我国民营上市企业的实证研究[J]. 经济学(季刊), 3: 1-14.

张会丽. 2011. 子公司业务力量与上市公司盈余质量[D]. 北京: 北京大学.

张建华, 舒象改, 张玲. 2006. 上市公司被 ST 后的超额累积收益的实证研究[J]. 管理工程学报, 20(1): 130-132.

张杰. 2000. 次优选择和渐进转轨[J]. 当代经济科学, 22(3): 26-30.

张敏, 吴联生, 王亚平. 2010. 国有股权、公司业绩与投资行为[J]. 金融研究, 12: 115-130.

张茉, 陈毅文. 2006. 产品类别与网上购物决策过程的关系[J]. 心理科学进展, 3: 433-437.

张奇峰. 2005. 政府管制提高会计师事务所声誉吗?来自中国证券市场的经验证据[J]. 管理世界, 12: 14-23.

张涛, 吴冲. 2008. 信息系统安全漏洞研究[J]. 哈尔滨工业大学学报(社会科学版), 10(4): 71-76.

张维迎. 1995. 公有制经济中的委托人—代理人关系: 理论分析和政策含义[J]. 经济研究, 4: 10-20.

张显峰. 2012. 基于成长性和创新能力的中国创业板上市公司价值评估研究[D]. 长春: 吉林大学.

张相斌, 姜妍丽, 徐畅. 2006. 制造业 ERP 实施的影响因素关联分析[J]. 情报科学, 12: 1866-1869, 1902.

张昕, 杨再惠. 2007. 中国上市公司利用盈余管理避免亏损的实证研究[J]. 管理世界, 9: 166-167.

张兆国, 何威风, 闫炳乾. 2008. 资本结构与代理成本——来自中国国有控股上市公司和民营上市公司的经验证据[J]. 南开管理评论, 1: 39-47.

张喆, 黄沛, 张良. 2005. 中国企业 ERP 实施关键成功因素分析: 多案例研究[J]. 管理世界, 12: 137-143.

赵昌文, 唐英凯, 周静, 等. 2008. 家族企业独立董事与企业价值——对中国上市公司独立董事制度合理性的检验[J]. 管理世界, 8: 119-126.

赵金旭, 孟天广. 2019. 技术赋能: 区块链如何重塑治理结构与模式[J]. 当代世界与社会主义, 3: 187-194.

郑江淮. 2001. 国有企业预算约束硬化了吗? ——对 1996—2000 年信贷约束政策有效性的实证研究[J]. 经济研究, 8: 53-60.

郑亚琴. 2014. 媒体对政策议程设置的影响——以广东卫视《办企业磨难记》系列报道为例[J]. 视听, 2: 64-66.

郑志刚, 邓贺斐. 2010. 法律环境差异和区域金融发展——金融发展决定因素基于我国省级面板数据的考察[J]. 管理世界, 6: 14-27.

郑志刚. 2007. 法律外制度的公司治理角色——一个文献综述[J]. 管理世界, 9: 136-147.

中国国家信息安全漏洞库, 2010-07-22, http://www.cnnvd.org.cn/2010/0722/191.html.

中国信息安全测评中心漏洞通报, 2010-6-8, http://www.itsec.gov.cn/aqld/ldtb/index.htm.

周黎安, 陈烨. 2005. 中国农村税费改革的政策效果: 基于双重差分模型的估计[J]. 经济研究, 8: 44-53.

周黎安, 陶婧. 2011. 官员晋升竞争与边界效应: 以省区交界地带的经济发展为例[J]. 金融研究, 3: 15-26.

周元元, 庄明来, 汪元华. 2011. ERP 系统实施、制度环境与会计信息质量——基于中国上市公司的经验证据[J]. 中南财经政法大学学报, 3: 99-106.

朱建明, Raghunathan S. 2009. 基于博弈论的信息安全技术评价模型[J]. 计算机学报, 4(32): 828-834.

朱松. 2011. 企业社会责任、市场评价与盈余信息含量[J]. 会计研究, 11: 27-34.

朱武祥, 成九雁. 2005. 证券发行管制与证券市场持续发展[J]. 经济学报, 1.

朱晓婷, 杨世忠. 2006. 会计信息披露及时性的信息含量分析[J]. 会计研究, 11: 16-24.

朱岩, 甘国华, 邓迪. 2016. 区块链关键技术中的安全性研究[J]. 信息安全研究, 2(12): 1090-1097.

Ackerman R W. 1975. The social challenges to businesses[M]. Cambridge, MA: HBS Press.

Aerts W, Cormier D. 2009. Media legitimacy and corporate environmental communication[J]. Accounting Organizations and Society,

34: 1-27.

Aggarwal R, Samwick A. 2006. Empire builders and shirkers: investment, firm performance, and managerial incentives[J]. Journal of Corporate Finance, 12: 489-515.

Aghion P, Bolton P. 1992. An incomplete contracts approach to financial contracting[J]. Review of Economic Studies, 59: 473-494.

Alchian A A, Demsetz H. 1972. Production, information costs, and economic organization[J]. American Economic Review, 62: 777-795

Ali A, Klasa S, Yeung E. 2014. Industry concentration and corporate disclosure policy[J]. Journal of Accounting and Economics, 58: 240-264.

Allen F, Qian J, Qian M. 2005. Law, finance, and economic growth in China[J]. Journal of Financial Economics, 77(1): 57-116.

Almazan A, Motta A D, Titman S, et al. 2010. Financial structure, acquisition opportunities, and firm locations[J]. Journal of Finance, 65(2): 529-563.

Altamuro J, Beatty A. 2010. How does internal control regulation affect financial reporting?[J]. Journal of Accounting and Economics, 49: 58-74.

Alti A. 2003. How sensitive is investment to cash flow when financing is frictionless?[J]. Journal of Finance, 58: 707-722.

Alti A. 2006. How persistent is the impact of market timing on capital structure[J]. Journal of Finance, 61(4): 1681-1710.

American Institute of Certified Public Accountants (AICPA). 1983. Statement on Auditing Standards No. 47: Audit risk and materiality in conducting an audit[R]. New York: AICPA.

Anderson N H. 1991. Contributions to information integration theory[M]. NJ: Lawrence Erlbaum Associates.

Ang J S, Cole R A, Lin J W. 2000. Agency cost and ownership structure[J]. Journal of Finance, 55(1): 81-106.

Annaert J, De Ceuster M J K, Polfliet R, et al. 2002. To be or not be &'too late': the case of the belgian semi-annual earnings announcements[J]. Journal of Business Finance & Accounting, 29: 477-495.

Aouadi A, Arouri M, Teulon F. 2013. Investor attention and stock market activity: evidence from France[J]. Economic Modelling, 35: 674-681.

Arbaugh W A, Fithen L W, Mehugh J. 2000. Windows of vulnerability: A case study analysis[J]. Computer, 33(12): 52-59.

Arlow P, Gannon M. 1982. Social responsiveness, corporate structure, and economic performance[J]. Academy of Management Review, 7(2): 235-241.

Arrow K J. 1985. Informational structure of the firm[J]. The American Economic Review, 75(2): 303-307.

Arrow K J. 1964. The role of securities in the optimal allocation of risk-bearing[J]. Review of Economic Studies, 31: 91-96.

Artola C, Galán E M. 2012. Tracking the future on the web: construction of leading indicators using internet searches[J]. Banco de Espana Occasional Paper.

Ashbaugh-Skaife H, Collins D W, Kinney W R, et al. 2008. The effect of SOX internal control deficiencies and their remediation on accrual quality[J]. The Accounting Review, 83(1): 217-250.

Ashbaugh-Skaife H, Collins D, Kinney W. 2007. The discovery and reporting of internal control deficiencies prior to SOX-mandated audits[J]. Journal of Accounting and Economics, 44: 166-192.

Askitas N, Zimmermann K F. 2009. Google econometrics and unemployment forecasting[J]. Applied Economics Quarterly, 55(2): 107-120.

Asmussen B, Harridge-March S, Occhiocupo N, et al. 2013. The multi-layered nature of the internet-based democratization of brand management[J]. Journal of Business Research, 66(9): 1473-1483.

Azar J. 2009. Oil prices and electric cars[R]. Princeton University Working Paper.

Bagozzi R P, Dholakia U M. 2006. Antecedents and purchase consequences of customer participation in small group brand communities[J]. International Journal of Research in Marketing, 23(1): 45-61.

Bagranoff N A, Vendrzyk V P. 2000. The changing role of IS audit among the big five US-based accounting firms[J]. Information Systems and Control Journal, 5: 33-37.

Baker M, Wurgler J. 2002. Market timing and capital structure[J]. Journal of Finance, 57: 1-32.

Baker S R, Fradkin A. 2017. The impact of unemployment insurance on job search: Evidence from Google search data[J]. Review of Economics and Statistics, 99(5): 756-768.

Ball R, Kothari S, Robin A. 2000. The effect of international institutional factors on properties of accounting earnings[J]. Journal of Accounting and Economics, 29(1): 1-51.

Ball R, Robin A, Wu J. 2003. Incentives versus standards: properties of accounting income in four East Asian countries[J]. Journal of Accounting and Economics, 36: 235-270.

Bamber G J, Stanton P, Bartram T, et al. 2014. Human resource management, lean processes and outcomes for employees: towards a research agenda[J]. The International Journal of Human Resource Management, 25(21): 2881-2891.

Bamber L S, Cheon Y S. 1998. Discretionary management earnings forecast disclosures: antecedents and outcomes associated with forecast venue and forecast specificity choices[J]. Journal of Accounting Research, 36: 167-190.

Bancel F, Mittoo U R. 2004. Cross-country determinants of capital structure choice: a survey of European firms[J]. Financial Management, 33: 103-132.

Barnea A, Haugen R A, Senbet L W. 1980. A rationale for debt maturity structure and call provision in the agency theoretical framework[J]. Journal of Finance, 35(5): 1223-1234.

Barnea A, Rubin A. 2010. Corporate social responsibility as a conflict between shareholders[J]. Journal of Business Ethics, 97(1): 71-86.

Barth M E, Elliott J A, Finn M W. 1999. Market rewards associated with patterns of increasing earnings[J]. Journal of Accounting Research, 37(2): 387-413.

Barth M, Landsman W, Lang M. 2008. International accounting standards and accounting quality[J]. Journal of Accounting Research, 46: 467-498.

Bauer R, Koedijk C G, Otten R. 2005. International evidence on ethical mutual fund performance and investment style[J]. Journal of Banking and Finance, 29(7): 1751-1767.

Baum J A C, Powell W W. 1995. Cultivating an institutional ecology[J]. American Sociological Review, 60(4): 529-538.

Baxter G T. 1967. Leverage, risk of ruin and the cost of capital[J]. Journal of Finance, 22: 395-403.

Bayer E, Tuli K R, Skiera B. 2017. Do disclosures of customer metrics lower investors' and analysts' uncertainty but hurt firm performance?[J]. Journal of Marketing Research, 54(2): 239-259.

Bebchuk L A, Kraakman R, Triantis G. 1999. Stock pyramids, cross-ownership and dual class equity: the creation and agency costs of separating control from cash flow rights[R]. NBER working paper. http://papers.nber.org/papers/W6951.

Becchetti L, Ciciretti R, Hasan I, et al. 2012. Corporate social responsibility and shareholder's value[J]. Journal of Business Research, 65: 1628-1635.

Becker C L, DeFond M L, Jiambalvo J, et al.1998. The effect of audit quality on earnings management[J]. Contemporary Accounting Research, 15(1): 1-24.

Becker-Olsen K L, Cudmore A B, Hill P R. 2006. The impact of perceived corporate social responsibility on consumer behavior[J]. Journal of Business Research, 59(1): 46-53.

Bedard J. 1989. An archival study of audit program planning[J]. Auditing: A Journal of Practice and Theory, (Fall): 57-71.

Bedard J. 2006. Sarbanes Oxley internal control requirements and earnings quality[R]. Working Paper, Laval University.

Beer F, Herve F, Zouaoui M. 2013. Is Big Brother watching us? Google, investor sentiment and the stock market[J]. Economics Bulletin, 33(1):454-466.

Bell T B, Carcello J V. 2000. A decision aid for assessing the likelihood of fraudulent financial reporting[J]. Auditing: A Journal of Practice and Theory, 19(1): 169-184.

Benabou R, Laroque G. 1992. Using privileged information to manipulate markets: Insiders, gurus, and credibility[J]. The Quarterly Journal of Economics, 107(3): 921-958.

Beneish M D, Billings M, Hodder L. 2008. Internal control weaknesses and information uncertainty[J]. The Accounting Review, 83(3): 665-703.

Berenson A. 2003. The number: how the drive for quarterly earnings corrupted wall street[M]. New York: Random House.

Berger P, Ofek E, Yermack D. 1999. Managerial entrenchment and capital structure decisions[J]. Journal of Finance, 52: 1411-1438.

Berkowitz D, Pistor K, Richard J F. 2003. Economic development, legality, and the transplant effect[J]. European Economic Review, 47(1): 165-195.

Berle A, Means G. 1932. The modern corporation and private property[M]. New York: Commerce Clearing House.

Bertrand M, Mehta P, Mullainathan S. 2002. Ferreting out tunneling: an application to Indian business groups[J]. Quarterly Journal of Economics, 117(1): 121-148.

Bertrand M, Mullainathan S. 2003. Enjoying the quiet life? Corporate governance and managerial preferences[J]. Journal of Political Economy, 111: 1043-1075.

Beyer A, Cohen D A, Lys T Z, et al. 2010. The financial reporting environment: Review of the recent literature[J]. Journal of Accounting and Economics, 50(2-3): 296-343.

Beyer A. 2009. Capital market prices, management forecasts, and earnings management[J]. The Accounting Review, 84(6): 1713-1747.

Bhagwat V, Burch T R. 2013. Pump it up? Tweeting to manage investor attention to earnings news[R]. University of Oregon and University of Miami Working Paper.

Bhattacharya C B, Sankar S, Korschun D. 2011. Leveraging corporate responsibility: the stakeholder route to maximizing business and social value[M]. Cambridge, UK: Cambridge University Press.

Bhattacharya C, Daniel B, Sankar S. 2009. Strengthening stakeholder-company relationships through mutually beneficial corporate social responsibility initiatives[J]. Journal of Business Ethics, 85(S2): 257-272.

Bhattacharya U, Daouk H, Welker M. 2003. The world price of earnings opacity[J]. The Accounting Review, 78(3): 641-678.

Biddle G C, Hilary G, Verdi R S. 2009. How does financial reporting quality relate to investment efficiency?[J]. Journal of Accounting and Economics, 48: 112-131.

Biddle G, Hilary G, Verdi R S. 2008. How does financial reporting quality improve investment efficiency?[R]. MIT Working Paper.

Biddle G, Hilary G. 2006. Accounting quality and firm-level capital investment[J]. The Accounting Review, 81(5): 963-982.

Bigelow B, Fahey L. 1993. A typology of issue evolution[J]. Business and Society, 32: 18-29.

Birnbaum M H, Stegner S E. 1979. Source credibility in social judgments: bias, expertise, and the judge's point of view[J]. Journal of Personality and Social Psychology, 37: 48-74.

Bitner M J. 1995. Building service relationships: it's all about promises[J]. Journal of the Academy of Marketing Science, 23: 246-251.

Black B, Kim W. 2012. The effect of board structure on firm value: a multiple identification strategies approach using Korean data[J]. Journal of Financial Economics, 104(1): 203-226.

Blankespoor E, Miller G S, White H D. 2014. The role of dissemination in market liquidity: evidence from firms' use of twitter?[J]. The Accounting Review, 89(1): 79-112.

Bollen J, Mao H, Zeng X J. 2011. Twitter mood predicts the stock market[J]. Journal of Computer Science, 2: 1-8.

Booth L, Aivazian V, Demirguc-Kunt A, et al. 2001. Capital structure in developing countries[J]. Journal of Finance, 39: 800-857.

Bordino I, Battiston S, Caldarelli G, et al. 2012. Web search queries can predict stock market volumes[J]. PLOS ONE, 7(7): 1-17.

Botosan C A, Stanford M. 2005. Managers' motives to withhold segment disclosures and the effect of SFAS No. 131 on Analysts' Information Environment[J]. Accounting Review, 80: 751-771.

Bowen H R. 1953. Social responsibility of the businessman[M]. New York: Harper&Row.

Bradley M, Jarrell G A, Kim E H. 1984. On the existence of an optimal capital structure: theory and evidence[J]. Journal of Finance, 39: 857-880.

Brammer S, Millington A. 2004. The development of corporate charitable contributions in the UK: a stakeholder analysis[J]. Journal of Management Studies, 41: 1411-1434.

Brammer S, Millington A. 2008. Does it pay to be different? An analysis of the relationship between corporate social and financial performance[J]. Strategic Management Journal, 29(12): 1325-1343.

Branscombe N R, Schmitt M T, Schiffhauer K. 2007. Racial attitudes in response to thoughts of white privilege[J]. European Journal of Social Psychology, 37(2): 203-215.

Brazel J F, Agoglia C P. 2007. An examination of auditor planning judgments in a complex accounting information system environment[J]. Contemporary Accounting Research, 24(4): 1059-1083.

Brazel J F, Dang L. 2008. The effect of ERP system implementations on the management of earnings and earnings release dates[J]. Journal of Information Systems, 22(2): 1-21.

Brochet F, Loumioti M, Serafeim G. 2015. Speaking of the short-term: Disclosure horizon and managerial myopia[J]. Review of Accounting Studies, 20(3): 1122-1163.

Brockman P, Unlu E. 2009. Dividend policy, creditor rights, and the agency costs of debt[J]. Journal of Financial Economics, 92: 276-299.

Brown L. 2001. A temporal analysis of earnings surprises: profits versus losses[J]. Journal of Accounting Research, 39(2): 221-242.

Brown N, Deegan C. 1998. The public disclosure of environmental performance information: a dual test of media agenda setting theory and legitimacy theory[J]. Accounting and Business Research, 29(1): 21-41.

Brynjolfsson E, Hitt L. 1993. Is information systems spending productive? New evidence and new results[C]. Proceedings of the Fourteenth International Conference on Information Systems: 47-64.

Brynjolfsson E, Hitt L. 1996. Paradox lost firm-level evidence on the returns to information systems spending[J]. Management Science, 4: 541-557.

Brynjolfsson E. 1993. The productivity paradox of information technology[J]. Communications of the ACM, 35(12): 66-77.

Bughin J. 2015. Google searches and twitter mood: nowcasting telecom sales performance[J]. NETNOMICS: Economic Research and

Electronic Networking, 16: 87-105.

Bujaki M, McConomy B J. 2002. Corporate governance: Factors influencing voluntary disclosure by publicly traded Canadian firms[J]. Canadian Accounting Perspectives, 1(2): 105-139.

Burgstahler D, Dichev I. 1997. Earnings management to avoid earnings decreases and losses[J]. Journal of Accounting and Economics, 24(1): 99-126.

Bushee B J, Matsumoto D A, Miller G S. 2004. Managerial and investor responses to disclosure regulation: The case of Reg FD and conference calls[J]. The Accounting Review, 79(3): 617-643.

Bushee B J, Noe C F. 2000. Corporate disclosure practices, institutional investors, and stock return volatility[J]. Journal of Accounting Research, 38: 171-202.

Bushman R M, Piotroski J D, Smith A J. 2004. What determines corporate transparency?[J]. Journal of Accounting Research, 42(2): 207-252.

Bushman R, Smith A. 2001. Financial accounting information and corporate governance[J]. Journal of Accounting Economics, 32(1): 237-333.

Byrnes J P, Miller D C, Schafer W D. 1999. Gender differences in risk taking: a meta-analysis[J]. Psychological Bulletin, 125(3): 367-383.

Cai Y, Dhaliwal D S, Kim Y, et al. 2014. Board interlocks and the diffusion of disclosure policy[J]. Review of Accounting Studies, 19(3): 1086-1119.

Callaghan J, Nehmer R. 2009. Financial and governance characteristics of voluntary XBRL adopters in the United States[J]. International Journal of Disclosure and Governance, 6: 321-335.

Camerer C, Lovallo D. 1999. Optimism and excess entry: an experimental approach[J]. American Economic Review, 89(1): 306-318.

Carling K, Jacobson T, Linde J, et al. 2004. Exploring relationships between firms balance sheets and the macro economy[C]. Research Department, Sveriges Riksbank.

Carrière-Swallow Y, Labbé F. 2013. Nowcasting with Google Trends in an emerging market[J]. Journal of Forecasting, 32: 289-298.

Carroll C E, McCombs M. 2003. Agenda-setting effects of business news on the public's images and opinions about major corporations[J]. Corporate Reputation Review, 6: 36-46.

Carslaw C A P N, Kaplan S E. 1991. An examination of audit delay: further evidence from New Zealand[J]. Accounting and Business Research, 22: 21-32.

Cartwright D, Harary F. 1956. Structural balance: a generalization of Heider's theory[J]. Psychological Review, 63(5): 277-293.

Cerullo M J, Cerullo V. 2000. The internal auditor's role in developing and implementing enterprise resource planning systems[J]. Internal Auditing: 25-34.

Chan K C, Farrell B R, Lee P. 2005. Earnings management of firms reporting material internal control weaknesses under section 404 of the Sarbanes-Oxley Act[R]. Working Paper Series. http://papers.ssrn.com.

Charles W. 2005. Science, technology and international relations[J]. Technology in Society, 27(3): 295-313.

Chava S, Roberts M R. 2008. How does financing impact investment? The role of debt covenants[J]. Journal of Finance, 63: 2085-2121.

Chen H, Hwang B H, Liu B. 2013. The economic consequences of having social executives[J]. Social Science Research Network.

Chen J Z, Rees L, Sivaramakrishnan K. 2010. On the use of accounting vs. real earnings management to meet earnings expectations – a market analysis[R]. University of Colorado at Boulder, Working Paper.

Chen S, Sun S Y J, Wu D. 2010. Client importance, institutional improvements, and audit quality in China: An office and individual auditor level analysis[J]. The Accounting Review, 1: 127-158.

Chen Z, Xiong P. 2002. The illiquidity discount in China[R]. Yale University Working Paper.

Cheng Q, Lo K. 2006. Insider trading and voluntary disclosures[J]. Journal of Accounting Research, 44(5): 815-848.

Chiu C M, Cheng H L, Huang H Y, et al.2013. Exploring individuals' subjective well-being and loyalty towards social network sites from the perspective of network externalities: The Facebook case[J]. International Journal of Information Management, 33(3): 539-552.

Cho J, Lee J. 2006. An integrated model of risk and risk-reducing strategies[J]. Journal of Business Research, 59: 112-120.

Choi H, Varian H. 2009a. Predicting the present with Google Trends[EB/OL]. http://google.com/googleblogs/pdfs/google_predicting_the_present.pdf.

Choi H, Varian H. 2009b. Predicting initial claims for unemployment insurance using Google Trends[EB/OL]. http://research.google.com/archive/papers/initialclaimsUS.pdf.

Choi H, Varian H. 2012. Predicting the present with Google Trends[J]. Economic Record, 88(s1): 2-9.

Chow C. 1982. The demand for external auditing: size, debt, and ownership influences[J]. The Accounting Review, 57(2): 272-291.

Chung K H, Elder J, Kim J. 2010. Corporate governance and liquidity[J]. Journal of Financial and Quantitative Analysis, 45: 265-291.

Claessens S, Djankov S, Fan J P H, et al. 2002. Disentangling the incentive and entrenchment effects of large shareholdings[J]. Journal of Finance, 57: 2741-2771.

Claessens S, Djankov S, Lang L H P. 2000. The separation of ownership and control in East Asian corporations[J]. Journal of Financial Economics, 58(1-2): 81-112.

Cochran P L, Wood R A. 1984. Corporate social responsibility and financial performance[J]. Academy of Management Review, 1: 42-56.

Coffee J C. 2001. The rise of dispersed ownership: the roles of law and the state in the separation of ownership and control[J]. The Yale Law Journal, 111(1): 12-14.

Cohen D A, Dey A, Lys T Z. 2008. Real and accrual-based earnings management in the pre- and Post- Sarbanes-Oxley periods[J]. The Accounting Review, 83: 757-787.

Cohen D A, Zarowin P. 2010. Accrual-based and real earnings management activities around seasoned equity offerings[J]. Journal of Accounting and Economics, 50(1): 2-19.

Cooper R B, Markus M L. 1995. Human reengineering[J]. Sloan Management Review, 36(4): 39-50.

Core J E, Guay W, Larcker D F. 2008. The power of the pen and executive compensation[J]. Journal of Financial Economics, 88: 475-511.

Corrado C J, Truong C. 2014. Options trading volume and stock price response to earnings announcements[J]. Review of Accounting Studies, 19(1): 161-209.

Costello A, Regina W M. 2009. The impact of financial reporting quality on debt contracting: Evidence from internal control weakness reports[R]. University of Chicago Booth School of Business Working Paper.

Coughlan A T, Schmidt R M. 1985. Executive compensation, management turnover, and firm performance: an empirical investigation[J]. Journal of Accounting and Economics, 7: 43-66.

Crane A, McWilliams A, Matten D, et al. 2008. The Oxford handbook of corporate social responsibility[M]. Oxford: Oxford University Press.

Cummings J L, Doh J P. 2000. Identifying who matters: mapping key players in multiple environments[J]. California Management Review, 42: 83-104.

Custin R, Britton K, Yarak S. 2014. A tweet on social media for your business[J]. California Business Practice, 3.

D'Mello R, Miranda M. 2010. Long-term debt and overinvestment agency problem[J]. Journal of Banking and Finance, 34: 324-335.

Da Z, Engelberg J, Gao P. 2011. In search of attention[J]. Journal of Finance, 66(5): 1461-1499.

Davenport T. 1998. Putting the enterprise into the enterprise system[J]. Harvard Business Review, 76(4): 121-131.

Davidson R A, Neu D. 1993. A note on the association between audit firm size and audit quality[J]. Contemporary Accounting Research, 2: 479-488.

Davila A, Foster G, Li M. 2009. Reasons for management control systems adoption: Insights from product development systems choice by early-stage entrepreneurial companies[J]. Accounting, Organizations and Society, 34: 322-347.

DeAngelo L. 1981. Auditor size and audit quality[J]. Journal of Accounting and Economics, 3: 183-199.

Dechow P M, Skinner D J. 2000. Earnings management: Reconciling the views of accounting academics, practitioners, and regulators[J]. Accounting Horizons, 14(2): 235-250.

Dechow P M, Sloan R G, Sweeney A P. 1995. Detecting earnings management[J]. Accounting Review, 70(2): 193-225.

Dechow P, Ge W, Schrand C M. 2010. Understanding earnings quality: a review of the proxies, their determinants and their consequences[J]. Journal of Accounting and Economics, 50: 344-401.

DeFond M L, Wong T J, Li S. 2000. The impact of improved auditor independence on audit market concentration in China[J]. Journal of Accounting and Economics, 28: 269-305.

DeFond M L. 2010. Earnings quality research: Advances, challenges and future research[J]. Journal of Accounting and Economics, 50: 402-409.

Deis D, Giroux G A. 1992. Determinants of audit quality in the public sector[J]. The Accounting Review, 67: 462-479.

DeLone W H, McLean E R. 1992. Information systems success: the quest for the dependent variable[J]. Information Systems Research, 3: 60-95.

Demirguc-Kunt A, Maksimovic V. 1998. Law, finance, and firm growth[J]. Journal of Finance, 53: 2107-2137.

Ding Y, Zhang H, Zhang J. 2007. Private vs. state ownership and earnings management: evidence from Chinese listed companies[J]. Corporate Governance: An International Review, 15(2): 223-238.

Djankov S, La Porta R, Lopez-de-Silanes F, et al. 2003. Courts[J]. Quarterly Journal of Economics, 118: 453-517.

Djankov S, La Porta R, Lopez-de-Silanes F, et al. 2008. The law and economics of self-dealing[J]. Journal of Financial Economics, 88: 430-465.

Donaldson T, Dunfee T W. 1994. Toward a unified conception of business ethics: Integrative social contracts theory[J]. Academy of Management Review, 19(2): 252-284.

Dorantes C A, Li C, Peters G F, et al. 2013. The effect of enterprise systems implementation on the firm information environment[J]. Contemporary Accounting Research, 30(4): 1427-1461.

Doyle J T, Ge W, McVay S. 2007a. Determinants of weaknesses in internal control over financial reporting[J]. Journal of Accounting and Economics, 44: 193-223.

Doyle J T, Ge W, McVay S. 2007b. Accruals quality and internal control over financial reporting[J]. The Accounting Review, 82(5): 1141-1170.

Drake M S, Roulstone D T, Thornock J R. 2012. Investor information demand: Evidence from google searches around earnings announcements[J]. Journal of Accounting Research, 50(4):1001-1040.

Durnev A, Morck R, Yeung B. 2004. Value-enhancing capital budgeting and firm specific stock return variation[J]. Journal of Finance, 59(1): 65-105.

Dyck A, Morse A, Zingales L. 2010. Who blows the whistle on corporate fraud?[J]. The Journal of Finance, 65(6): 2213-2253.

Dyck A, Zingales L. 2002. The corporate governance role of the media, in Roumeen Islam, the right to tell: the role of mass media in economic development[J]. World Bank, Washington D C: 107-140.

Dyck A, Zingales L. 2004. Private benefits of control: An international comparison[J]. Journal of Finance, 59(2): 537-600.

Dyck I, Alexander J, Zingales L. 2008. The corporate governance role of the media: Evidence from Russia[J]. Journal of Finance, 63(3):1093-1135.

Dyck I, Alexander J, Zingales L. 2013. Media versus special interests[J]. Journal of Law and Economics, 56(3): 521-553.

Dye R. 1988. Earnings management in an overlapping generations model[J]. Journal of Accounting Research, 26: 195-235.

Dyer J C, Mchu G A J. 1975. The timeliness of the Australian Annual Report[J]. Journal of Accounting Research, 2: 204-219.

Eells R. 1960. The meaning of modern business[M]. New York: Columbia University Press.

Efendi J, Park J D, Subramaniam C. 2010. Do XBRL reports have incremental information content? – An empirical analysis[EB/OL]. Available at SSRN: https://ssrn.com/abstract=1671723 or http://dx.doi.org/10.2139/ssrn.1671723.

Eisenhardt K M. 1989. Agency theory: an assessment and review[J]. The Academy of Management Review, 14: 57-74.

Ekmekci M, Wilson A. 2010. Maintaining a permanent reputation with replacements[R]. Econstor Working Paper.

Elfenbein D W, McManus B. 2010. A greater price for a greater good? Evidence that consumers pay more for charity-linked products[J]. American Economic Journal: Economic Policy, 2(2): 28-60.

Elliott R K, Jacobson P D. 1994. Costs and benefits of business information disclosure[J]. Accounting Horizons, 8: 80-96.

Erdem T, Swait J. 2004. Brand credibility, brand consideration, and choice[J]. Journal of Consumer Research, 31(1): 191-198.

Ertimur Y, Ferri F, Oesch D. 2015. Does the director election system matter? Evidence from majority voting[J]. Review of Accounting Studies, 20(1): 1-41.

Ertimur Y, Sletten E, Sunder J. 2014. Large shareholders and disclosure strategies: Evidence from IPO lockup expirations[J]. Journal of Accounting and Economics, 58: 79-95.

Ettredge M, Gerdes J, Karuga G. 2005. Using web-based search data to predict macroeconomic statistics[J]. Communication of ACM, 48(11): 87-92.

Evictions F. 2004. Demolished: forced eviction and the tenants' rights movement in China[J]. Human Rights Watch March 25, 16: 1-43.

Faccio M, Lang L H P. 2002. The ultimate ownership of Western European corporations[J]. Journal of Financial Economics, 65(3): 365-395.

Fama E F, Jensen M C. 1983a. Agency problems and residual claims[J]. Journal of Law and Economics, 26: 327-349.

Fama E F, Jensen M C. 1983b. Separation of ownership and control[J]. Journal of Law and Economics, 26(2): 301-325.

Fama E. 1980. Agency problems and the theory of the firm[J]. Journal of Political Economy, 88: 288-307.

Fan J P H, Titman S, Twite G. 2012. An international comparison of capital structure and debt maturity choices[J]. Journal of Financial and Quantitative Analysis, 47(1): 23-56.

Fan J P H, Wong T J. 2002. Corporate ownership structure and the informativeness of accounting earnings in East Asia[J]. Journal of Accounting and Economics, 33(3): 401-425.

Fang L, Peress J. 2009. Media coverage and the cross-section of stock returns[J]. Journal of Finance, 64: 2023-2052.

Fazzari S M, Hubbard R G, Petersen B C. 1988. Financial constraints and corporate investment[J]. Brookings Papers on Economic Activity, 19(1): 141-195.

Felix W L, Gramling A A, Maletta M J. 2001. The contribution of internal audit as a determinant of external audit fees and factors influencing this contribution[J]. Journal of Accounting Research, 39(3): 513-534.

Feltham G A, Xie J Z. 1992. Voluntary financial disclosure in an entry game with continua of types[J]. Contemporary Accounting Research, 9(1): 46-80.

Feng M, Li C, Mcvay S. 2009. Internal control and management guidance[J]. Journal of Accounting and Economics, 48: 190-209.

Fichman R G, Kemerer C F. 1997. The assimilation of software process innovations: an organizational learning perspective[J]. Management Science, 43(10): 1345-1363.

Field L C, Karpoff J M, Raheja C G. 2007. The determinants of corporate board size and composition: An empirical analysis[J]. Journal of Financial Economics, 85(1): 66-101.

Firth M, Fung P M Y, Rui O M. 2006. Corporate performance and CEO compensation in China[J]. Journal of Corporate Finance, 12: 693-714.

Fiss P C, Zajac E J. 2006. The symbolic management of strategic change: sensegiving via framing and decoupling[J]. Academy of Management Review, 49: 1173-1193.

Fombrun C, Shanley M. 1990. What's in a name? Reputation building and corporate strategy[J]. Academy of Management Journal, 33: 233-258.

Fondeur Y, Karame F. 2013. Can Google data help predict French youth unemployment?[J]. Economic Modelling, 30: 117-125.

Forsythe S M, Shi B. 2003. Consumer patronage and risk perceptions in internet shopping[J]. Journal of Business Research, 56(11): 867-875.

Fowler S J, Hope C A. 2007. Critical review of sustainable business indices and their impact[J]. Journal of Business Ethics, 76(3): 243-252.

Francis J R, Khurana I K, Pereira R. 2003. The role of accounting and auditing in corporate governance and the development of financial markets around the world[J]. Asian-Pacific Journal of Accounting and Economics, 10: 1-30.

Francis J R, Wang D. 2008. The joint effect of investor protection and big 4 audits on earnings quality around the world[J]. Contemporary Accounting Research, 25(1): 157-191.

Francis J, LaFond R, Olsson P, et al. 2005. The market pricing of accruals quality[J]. Journal of Accounting and Economics, 39(2): 295-327.

Francis J, Wilson E. 1988. Auditor changes: a joint test of theories related to agency costs and auditor differentiation[J]. The Accounting Review, 63(4): 663-682.

Francisca B, Fabrice H, Mohamed Z. 2012. Is Big Brother watching us? Google, investor sentiment and the stock market[J]. Economics Bulletin, 33(1): 454-466.

Frank M Z, Goyal V K. 2009. Capital structure decisions: which factors are reliably important?[J]. Financial Management, 38: 1-37.

Freeman L C.1977. A set of measures of centrality based upon betweenness[J].Sociometry, 40(1): 35-41.

Freeman R E. 1984. Strategic management: a stakeholder approach[M]. Boston, MA: Pitman Press.

Freeman R E. 1994. The politics of stakeholder theory[J]. Business Ethics Quarterly, 4: 409-421.

Fudenberg D, Levine D K. 1992. Maintaining a reputation when strategies are imperfectly observed[J]. Review of Economic Studies,

59(3)：561-580.

Fuerman R D. 2004. Accountable accountants[J]. Critical Perspectives on Accounting，15：911-926.

Fui-Hoon N F，Lee-Shang L J，Kuang J. 2001. Critical factors for successful implementation of enterprise systems[J]. Business Process Management Journal，7(3)：285-296.

Gao L，Mei B. 2013. Investor attention and abnormal performance of timberland investments in the United States[J]. Forest Policy and Economics，28：60-65.

Garvey G，Hanka G. 1999. Capital structure and corporate control：the effect of antitakeover statutes on firm leverage[J]. Journal of Finance，54：519-546.

Ge W，McVay S. 2005. The disclosure of material weakness in internal control after the Sarbanes-Oxley Act[J]. Accounting Horizons，19：137-158.

George J. 2001. A transactions cost approach to the theory of financial intermediation[J]. Journal of Finance，9：77-83.

Ghosh A，Lubberink M. 2006. Timeliness and mandated disclosures on internal controls under section 404[R]. Working Paper，City University of New York.

Giannetti M. 2003. Do better insitutions mitigate agency problems? Evidence from corporate finance choices[J]. Journal of Financial and Quantitative Analysis，38：185-212.

Giannini R C，Irvine P J，Tao S. 2017. Nonlocal disadvantage：An examination of social media sentiment[EB/OL]. Available at SSRN：https://ssrn.com/abstract=1866267.

Giannini R，Irvine P，Shu T. 2019. The convergence and divergence of investors' opinions around earnings news：Evidence from a social network[J]. Journal of Financial Markets，42：94-120.

Giffin K. 1967. The contribution of studies of source credibility to a theory of interpersonal trust in the communication process[J]. Psychological Bulletin，68：104-120.

Gilson S. 1989. Management turnover and financial distress[J]. Journal of Financial Economics，25：241-262.

Glaeser E，Johnson S，Shleifer A. 2001. Coase versus the Coasians[J]. Quarterly Journal of Economics，116：853-899.

Gleitman H. 1995. Psychology：Health chapter pamphlet[M]. New York：W. W. Norton & Company：112-116.

Godfrey P C. 2005. The relationship between corporate philanthropy and shareholder wealth：a risk management perspective[J]. Academy of Management Review，30：777-798.

Goel S，Hofman J M，Lahaie S，et al. 2010. Predicting consumer behavior with Web search[J]. PNAS，107(41)：17486-17490.

Goh B W，Ng J，Yong K K O. 2008. Corporate governance and liquidity：an exploration of voluntary disclosure，analyst coverage and adverse selection as mediating mechanisms[R]. Singapore Management University Working Paper.

Goh B W. 2007. Internal control failures and corporate governance structures：a Post Sarbanes-Oxley Act(SOX) analysis[D]. Doctoral Dissertation，Georgia Institute of Technology.

Gomez L M，Chalmeta R. 2013. The Importance of Corporate Social Responsibility Communication in the Age of Social Media [C]. 16th International Public Relations Research Conference，Miami.

Gong G，Ke B，Yu Y. 2013. Home country investor protection，ownership structure and cross-listed firms' compliance with SOX-mandated internal control deficiency disclosures[J]. Contemporary Accounting Research，30(4)：1490-1523.

Green W，Czernkowski R，Wang Y. 2009. Special treatment regulation in China：potential unintended consequence[J]. Asian Review of Accounting，17(3)：198-211.

Grossman S J，Hart O D. 1983. An analysis of the principal-agent problem[J]. Econometrica，51：7-45.

Grossman S J, Hart O D. 1986. The costs and benefits of ownership: A theory of vertical and lateral integration[J]. Journal of Political Economy, 94: 691-719.

Grossman S J. 1981. The informational role of warranties and private disclosure about product quality[J]. The Journal of Law and Economics, 24(3): 461-483.

Gruber M J. 1996. Another puzzle: the growth in actively managed mutual funds[J]. Journal of Finance, 51: 783-810.

Gul F A, Zhou G S, Zhu X K. 2013. Investor protection, firm informational problems, big N auditors and cost of debt around the world[J]. AUDITING: A Journal of Practice and Theory, 32(3): 1-30.

Gulledge T R. 2006. ERP gap-fit analysis from a business process orientation[J]. International Journal of Services and Standards, 2(4): 339-348.

Gunningham N, Kagan R A, Thornton D. 2004. Social license and environmental protection: why businesses go beyond compliance[J]. Law & Social Inquiry, 29: 307-341.

Gunny K. 2005. What are the consequences of real earnings management?[R]. University of Colorado at Boulder, Working Paper.

Gurun U G, Butler A W. 2012. Don't believe the hype: local media slant, local advertising, and firm value[J]. Journal of Finance, 34: 39-48.

Guzman G. 2011. Internet search behavior as an economic forecasting tool: The case of inflation expectations[J]. Journal of Economic and Social Measurement, 36(3): 119-167.

Gwinner K P, Gremler D D, Bitner M J. 1997. Relational benefits in service industries[J]. Journal of Academy of Marketing Science, 26: 101-114.

Hackbarth D, Miao J, Morellec E. 2006. Capital structure, credit risk, and macroeconomic conditions[J]. Journal of Financial Economics, 82: 519-550.

Hackbarth D. 2008. Managerial traits and capital structure decisions[J]. Journal of Financial and Quantitative Analysis, 43: 843-881.

Hackenbrack K, Knechel W R. 1997. Resource allocation decisions in audit engagements[J]. Contemporary Accounting Research, 14(3): 481-499.

Hakenes H, Peitz M. 2009. Umbrella branding and external certification[J]. European Economic Review, 53(2): 186-196.

Hallock K F. 1997. Reciprocally interlocking boards of directors and executive compensation[J]. Journal of Financial and Quantitative Analysis, 32(3): 331-344.

Hammersley J S, Myers L A, Shakespeare C. 2008. Market reactions to the disclosure of internal control weaknesses and to the characteristics of those weaknesses under section 302 of the Sarbanes Oxley Act of 2002[J]. Review of Accounting Studies, 13: 141-165.

Harris M, Raviv A. 1988. Corporate control contests and capital structure[J]. Journal of Financial Economics, 20: 55-86.

Harris S E, Katz J L. 1991. Organizational performance and information technology investment intensity in the insurance industry[J]. Organization Science, 3: 263-295.

Harrison B. 1996. The importance of being complementary[J]. Technology Review, 99(7): 65-78.

Hart C W L. 1993. Extraordinary guarantees[J]. New York: American Management Association.

Hart O, Moore J. 1990. Property rights and the nature of the firm[J]. Journal of Political Economy, 98: 1119-1158.

Harvey C, Lins K, Roper A. 2004. The effect of capital structure when agency costs are extreme[J]. Journal of Financial Economics, 74: 3-30.

Haw I M, Qi D, Wu W. 2000. Timeliness of annual report releases and market reaction to earnings announcements in an emerging capital market: the case of China[J]. Journal of International Financial Management & Accounting, 11: 108-131.

Hayes D C, Hunton J E, Reck J L. 2001. Market reaction to ERP implementation announcements[J]. Journal of Information Systems, 15(1): 3-18.

Hayes R M, Lundholm R. 1996. Segment reporting to the capital market in the presence of a competitor[J]. Journal of Accounting Research, 34(2): 261-279.

Hayn C. 1995. The information content of losses[J]. Journal of Accounting and Economics, 20: 125-153.

Healy P M, Palepu K, Hutton A P. 1995. Do firms benefit from expanded voluntary disclosure?[EB/OL]. Available at SSRN: https://ssrn.com/abstract=55451.

Healy P M, Wahlen J M. 1999. A review of the earnings management literature and its implications for standards setting[J]. Accounting Horizons, 13(4): 365-383.

Healy P, Palepu K. 2001. Information asymmetry, corporate disclosure, and the capital markets: A review of the empirical disclosure literature[J]. Journal of Accounting and Economics, 31: 405-440.

Heaton J B. 2002. Managerial optimism and corporate finance[J]. Financial Management, 31: 3-45.

Henriques I, Sadorsky P. 1999. The relationship between environmental and managerial perceptions of stakeholder importance[J]. Academy of Management Journal, 42: 87-99.

Hirst D E, Simko K P J. 1995. Investor reactions to financial analysts research report[J]. Journal of Accounting Research, 33: 335-351.

Hitt L M, Wu D J, Zhou X. 2002. Investment in enterprise resource planning: business impact and productivity measures[J]. Journal of Management Information System, 19(1): 71-98.

Hodge F D. 2001. Hyperlinking unaudited information to audited financial statements: effects on investor judgment[J]. The Accounting Review, 76: 675-691.

Hogan C, Wilkins M. 2008. Evidence on the audit risk model: do auditors increase audit fees in the presence of internal control deficiencies?[J]. Contemporary Accounting Research, 25: 219-242.

Hoitash R, Hoitash U, Bedard J C. 2008. Internal controls quality and audit pricing under the Sarbanes-Oxley Act[J]. Auditing: A Journal of Practice & Theory, 27: 105-126.

Hölmstrom B. 1979. Moral hazard and observability[J]. The Bell Journal of Economics, 10(1): 74-91.

Hölmstrom B. 1982. Moral hazard in teams[J]. Bell Journal of Economics, 13: 324-340.

Hölmstrom B, Weiss L. 1985. Managerial incentives, investment and aggregate implications[J]. Review of Economic Studies, 52(3): 403-426.

Hong H, Kubik J D, Stein J C. 2004. Social interaction and stock-market participation[J]. The Journal of Finance, 59(1): 137-163.

Hong S, Nadler D. 2012. Which candidates do the public discuss online in an election campaign?The use of social media by 2012 presidential candidates and its impact on candidate salience[J]. Government Information Quarterly, 29(4): 455-461.

Houqe M N, Zijl T V, Dunstan K, et al. 2012. The effect of IFRS adoption and investor protection on earnings quality around the world[J]. The International Journal of Accounting, 47(3): 333-355.

Hunton J E, McEwen R A, Wier B. 2002. The reaction of financial analysts to enterprise resource planning(ERP) implementation plans[J]. Journal of Information Systems, 16(1): 31-40.

Hunton J E, Wright M, Wright S. 2004. Are financial auditors overconfident in their ability to assess risks associated with enterprise resource planning systems?[J]. Journal of Information Systems, 18(2): 7-28.

Husted B W, Salazar J D J. 2006. Taking Friedman seriously: maximizing pro fits and social performance[J]. Journal of Management

Studies, 43: 75-91.

Irving J H. 2006. The information content of internal controls legislation: evidence from material weakness disclosures[D]. North Carolina: University of North Carolina at Chapel Hill.

Islam M A, Deegan C.2010. Media pressures and corporate disclosure of social responsibility performance information: a study of two global clothing and sports retail companies[J]. Accounting and Business Research, 40(2): 131-148.

Jarvenpaa S L, Ives B. 1991. Executive involvement and participation in management of information technology[J]. MIS Quarterly, 15(2): 205-227.

Jensen M C, Meckling W H. 1976. Theory of the firm: managerial behavior, agency costs and capital structure[J]. Journal of Financial Economics, 3(4): 305-360.

Jensen M C. 1986. Agency costs of free cash flow, corporate finance, and takeovers[J]. American Economic Review, 76: 323-329.

Jensen M C. 1989. Eclipse of the public corporation[J]. Harvard Business Review, 5: 61-74.

Jensen M C. 1993. The modern industrial revolution, exit, and the failure of internal control systems[J]. Journal of Finance, 48(3): 831-880.

Jensen M. 1993. Presidential address: the modern industrial revolution, exit and the failure of internal control systems[J]. Journal of Finance, 48: 831-880.

Jiang G, Lee C M C, Yue H. 2010. Tunneling through inter-corporate loans: the China experience[J]. Journal of Financial Economics, 98: 1-20.

Jiang W, Wang Y, Tsou M H, et al. 2015. Using social media to detect outdoor air pollution and monitor air quality index (AQI): a geo-targeted spatiotemporal analysis framework with sina weibo (Chinese twitter)[J]. PLoS ONE, 10(10): e0141185.

Jin G Z, Kato A. 2006. Price, quality, and reputation: evidence from an online field experiment[J]. The RAND Journal of Economics, 37(4): 983-1005.

Jin L. 2006. The Effects of service guarantee on employees' service involvement and customer orientation: mediating effects of perceived role ambiguity and responsibility (in Korean)[J]. The Academy of Customer Satisfaction Management, 8(1): 73-88.

Joe J R. 2003. Why press coverage of a client influences the audit opinion[J]. Journal of Accounting Research, 41: 109-133.

Joe J, Louis H, Robinson D. 2009. Managers' and investors' responses to media exposure of board ineffectiveness[J]. Journal of Financial and Quantitative Analysis, 44: 579-605.

Jõeveer K. 2013a. Firm, country and macroeconomic determinants of capital structure: evidence from transition economies[J]. Journal of Comparative Economics, 41: 294-308.

Jõeveer K. 2013b. What do we know about the capital structure of small firms?[J]. Small Business Economics, 41(2): 479-501.

Johnson S, La Porta R, Lopez-de-Silanes F, et al. 2000. Tunneling[J]. The American Economic Review, 90: 22-27.

Jones A S, Dienemann J, Schollenberger J, et al. 2006. Long-term costs of intimate partner violence in a sample of female HMO enrollees[J]. Women's Health Issues, 16(5): 252-261.

Jones C, Hesterly S W, Borgatti P S. 1997. A general theory of network governance: exchange conditions and social mechanisms[J]. Academy of Management Journal, 22(4): 221-252.

Jones J. 1991. Earnings management during import relief investigations[J]. Journal of Accounting Research, 29(2): 193-228.

Jones T M, Wicks A C. 1999. Convergent stockholder theory[J]. Academy of Management Review, 24(2): 206-221.

Jong A D, Kabir R, Nguyen T T. 2008. Capital structure around the world: the roles of firm- and country-specific determinants[J]. Journal of Banking and Finance, 32: 1955-1969.

Joseph K, Wintoki M B, Zhang Z. 2011. Forecasting abnormal stock returns and trading volume using investor sentiment: evidence from online search[J]. International Journal of Forecasting, 27(4): 1116-1127.

Jumratjaroenvanit A, Teng-amnuay Y. 2008. Probability of attack based on system vulnerability lifecycle[J]. International Journal of Intelligent Information Technology Application, 2008(7): 24-29.

Kallunki J, Laitinen E K, Silvola H. 2011. Impact of enterprise resource planning systems on management control systems and firm performance[J]. International Journal of Accounting Information Systems, 12: 20-39.

Kanagaretnam K, Lobo G, Whalen D. 2007. Does good corporate governance reduce information asymmetry around quarterly earnings announcements?[J]. Journal of Accounting and Public Policy, 26: 497-522.

Kanodia C, Lee D. 1998. Investment and disclosure: the disciplinary role of periodic performance reports[J]. Journal of Accounting Research, 36(1): 33-55.

Kassinis G, Vafeas N. 2006. Stakeholder pressures and environmental performance[J]. Academy of Management Journal, 49: 145-159.

Kasznik R, McNichols M. 2002. Does meeting earnings expectations matter? Evidence from analyst forecast revisions and share prices[J]. Journal of Accounting Research, 40(3): 727-759.

Kaupins G, Park S. 2011. Legal and ethical implications of corporate social networks[J]. Employee Responsibilities and Rights Journal, 23(2): 83-99.

Kaya D. 2014. The influence of firm-specific characteristics on the extent of voluntary disclosure in XBRL: empirical analysis of SEC filings[J]. International Journal of Accounting & Information Management, 22(1): 2-17.

Keith D, Blomstrom R L. 1984. Business and society: environment and responsibility (3rd Edition)[M]. New York: McGraw Hill.

Kempf A, Ruenzi S, Thiele T. 2009. Employment risk, compensation incentives, and managerial risk taking: evidence from the mutual fund industry[J]. Journal of Financial Economics, 92: 92-108.

Kempf A, Ruenzi S. 2004. Family matters: the performance flow relationship in the mutual fund industry[R]. University of Cologne Working Paper.

Kim H R, Lee M, Lee H T, et al. 2010. Corporate social responsibility and employee–company identification[J]. Journal of Business Ethics, 95(4): 1-13.

Kim J B, Song B Y, Zhang L. 2009. Internal control weakness and bank loan contracting: evidence from SOX Section 404 disclosures[R]. Working Paper, Concordia University.

Kim J W, Lim J H, No W G. 2012. The effect of first wave mandatory XBRL reporting across the financial information environment[J]. Journal of Information Systems, 26(1): 127-153.

Kim Y, Park M S, Wier B. 2012. Is earnings quality associated with corporate social responsibility?[J]. The Accounting Review, 87(3): 761-796.

Klein A, Marquardt C A. 2006. Fundamentals of accounting losses[J]. The Accounting Review, 81: 179-206.

Klein A. 2002. Audit committee, board of director characteristics, and earnings management[J]. Journal of Accounting and Economics, 33: 375-400.

Kornum N, Mühlbacher H. 2013. Multi-stakeholder virtual dialogue: introduction to the special issue[J]. Journal of Business Research, 66(9): 1460-1464.

Korschun D, Du S. 2013. How virtual corporate social responsibility dialogs generate value: a framework and propositions original research article[J]. Journal of Business Research, 66(9): 1494-1504.

Kreps D M, Milgrom P, Roberts J, et al. 1982. Rational cooperation in the finitely-repeated prisoner's dilemma[J]. Journal of Economic Theory, 27: 245-252.

Kreps M R, Wilson R. 1982. Reputation and imperfect information[J]. Economic Theory, 27: 253-279.

Krishnan J. 2005. Audit committee quality and internal control: an empirical analysis[J]. The Accounting Review, 80: 649-675.

Kristoufek L. 2013. Bitcoin meets Google Trends and Wikipedia: quantifying the relationship between phenomena of the Internet era[J]. Scientific Reports, 3: 3415-3421. http://dx.doi.org/10.1038/srep03415.

Kristoufek L. 2013. Can Google Trends search queries contribute to risk diversification?[J]. Scientific Reports, 3, 2713-2717. http://dx.doi.org/10.1038/srep02713.

Kross W. 1981. Earnings and announcement time lags[J]. Journal of Business Research, 9: 267-280.

Krsul I. 1998. Software vulnerability analysis[M]. West Lafayette: Department of Computer Science, Purdue University.

La Porta R, Lopez-de-Silanes F, Shleifer A, et al. 1997. Legal determinants of external finance[J]. Journal of Finance, 52(3): 1131-1150.

La Porta R, Lopez-de-Silanes F, Shleifer A, et al. 1998. Law and finance[J]. Journal of Political Economy, 106(6): 1113-1155.

La Porta R, Lopez-de-Silanes F, Shleifer A, et al. 2000a. Agency problems and dividend policies around the world[J]. Journal of Finance, 55: 1-33.

La Porta R, Lopez-de-Silanes F, Shleifer A, et al. 2000b. Investor protection and corporate governance[J]. Journal of Financial Economics, 58: 3-28.

La Porta R, Lopez-de-Silanes F, Shleifer A. 1999. Corporate ownership around the world[J]. Journal of Finance, 54: 471-517.

Landier A, Thesmar D. 2009. Financial contracting with optimistic entrepreneurs[J]. Review of Financial Studies, 1: 117-150.

Lanza R B, Gilbert S. 2007. A risk-based approach to journal entry testing: how software can help auditors detect fraud? [J]. Journal of Accountancy, 204(1): 32-35.

Larcker D F, Richardson S A, Seary A. 2005. Back door links between directors and executive compensation[J]. SSRN Electronic Journal.

Lennox C. 2005. Audit quality and executive officers' affiliations with CPA firms[J]. Journal of Accounting and Economics, 39: 201-231.

Leone A J. 2007. Factors related to internal control disclosure: a discussion of Ashbaugh, Collins and Kinney(2007) and Doyle, Ge, and McVay(2007) [J]. Journal of Accounting and Economics, 44(1): 224-237.

Leuz C, Nanda D, Wysocki P D. 2003. Earnings management and investor protection: an international comparison[J]. Journal of Financial Economics, 69(3): 505-527.

Leuz C, Triantis A, Wang T Y. 2008. Why do firms go dark? Causes and economic consequences of voluntary SEC deregistrations[J]. Journal of Accounting and Economics, 45: 181-208.

Lev B, Petrovits C, Radhakrishnan S. 2010. Is doing good good for you? How corporate charitable contributions enhance revenue growth[J]. Strategic Management Journal, 31: 182-200.

Levine R. 1999. Law, finance and economic growth[J]. Journal of Financial Intermediation, 8(1-2): 8-35.

Li C. 2007. Three essays on the effect of the Sarbanes-Oxley Act of 2002 on the audit environment[D]. Kansas: University of Kansas.

Li H, Meng L, Wang Q, et al. 2008. Political connections, financing and firm performance: evidence from Chinese private firms[J]. Journal of Development Economics, 87: 283-299.

Liang H, Saraf N, Xue H Y. 2007. Assimilation of enterprise systems: the effect of institutional pressures and the mediating role of top management[J]. MIS Quarterly, 31(1): 59-87.

Lin S, Radhakrishnan S, Su L. 2006. Earnings management and guidance for meeting or beating analysts' earnings forecasts[R]. California State University at Fresno, Working Paper.

Lindberg F. 2011. Nowcasting Swedish retail sales with google search query data[D]. Stockholm: Stockholm University.

Liua B, McConnell J J. 2013. The role of the media in corporate governance: do the media Influence managers' capital allocation decisions?[J]. Journal of Financial Economics, 110(1): 1-17.

Livingston J A. 2005. How valuable is a good reputation? A sample selection model of internet auctions[J]. Review of Economics and Statistics, 87(3): 453-465.

Lucas R. 1988. On the mechanics of economic development[J]. Journal of Monetary Economics, 22: 782-792.

Lye K W, Jeannette M W. 2005. Game strategies in network security[J]. International Journal of Information Security, 4(1-2): 71-86.

Mace M L. 1986. Directors: myth and reality[M]. Boston: Harvard Business School Press.

Mahenthiran S, Zhang X, Huang H. 2009. Governance and performance implications of the delisting regulation-evidence from the Chinese Stock Market[R]. Butler University working paper. http://papers.ssrn.com/sol3/papers.cfm?abstract_id=1483362.

Mahmood M A, Mann G J. 1993. Measuring the organizational impact of information technology investment: an exploratory study[J]. Journal of Management Information Systems, 1: 97-122.

Mahon J E, Waddock S A. 1992. Strategic issues management: an integration of issue life-cycle perspectives[J]. Business and Society, 31: 19-32.

Mailath G J, Samuelson L. 2001. Who wants a good reputation?[J]. The Review of Economic Studies, 68: 415-441.

Mailath G, Samuelson L. 1998. Your reputation is who you're not, not who you'd like to be[R]. CARESS Working Paper.

Maksimovic V, Titman S. 1991. Financial policy and reputation for product quality[J]. The Review of Financial Studies, 4(1): 175-200.

Malmendier U, Tate G. 2005. CEO overconfidence and corporate investment[J]. Journal of Finance, 60(6): 2661-2700.

Margolis J D, Elfenbein H A, Walsh J P. 2009. Does it pay to be good...and does it matter? A meta-analysis of the relationship between corporate social and financial performance[R]. Washington University Working Paper.

Martin P. 2009. Why managers "Go Green" and investors' reaction[R]. University of Pittsburgh Working Paper.

Masli A, Peters G F, Richardson V J, et al. 2010. Examining the potential benefits of internal control monitoring technology[J]. The Accounting Review, 85(3): 1001-1034.

Mathis J, McAndrews J, Rochet J C. 2009. Rating the raters: are reputation concerns powerful enough to discipline rating agencies?[J]. Journal of Monetary Economics, 56(5): 657-674.

McGee R W. 2007. Corporate governance and the timeliness of financial reporting: a case study of the Russian energy sector[R]. Working Paper. http://ssrn.com/abstract=978114.

McGee R W, Yuan X L. 2008. Corporate governance and the timeliness of financial reporting: an empirical study of the People's Republic of China[R]. Working Paper. http://papers.ssrn.com/sol3/papers.cfm?abstract_id=1131338.

McLaren N, Shanbhoge R. 2011. Using internet search data as economic indicators[J]. Bank of England Quarterly Bulletin, 2(51): 134-140.

McWilliams A, Siegel D. 2001. Corporate social responsibility: a theory of the firm perspective[R]. Academy of Management Review, 26: 117-227.

Menon K, Williams J D. 1994. The insurance hypothesis and market prices[J]. The Accounting Review, 69(2): 327-342.

Merrow E D, Phillips K E, Myers C W. 1981. Understanding cost growth and performance shortfalls in pioneer plants[M]. Santa Monica, CA: Rand.

Milgrom P R. 1981. Good news and bad news: representation theorems and applications[J]. The Bell Journal of Economics, 12(2): 380-391.

Milgrom P, Roberts J. 1982. Predation, reputation, and entry deterrence[J]. Journal of Economic Theory, 27(2): 280-312.

Miller G S. 2006. The press as a watchdog for accounting fraud[J]. Journal of Accounting Research, 5: 1001-1033.

Mische A. 2011. Relational sociology, culture, and agency[M]. The SAGE Handbook of Social Network Analysis, Sage London.

Mitchell R K, Agle B R, Wood D J. 1997. Toward a theory of stakeholder identification and sa-lience: de fining the principle of who and what really counts[J]. Academy of Management Review, 22: 853-886.

Mitehell F. 2007. Sarbanes Oxley Section 404: Can material weakness be predicted and modeled? An examination of the variables of the ZETA model in prediction of material weakness[D]. Minnesota: Walden University.

Moat H S, Curme C, Avakian A, et al. 2013. Quantifying Wikipedia usage patterns before stock market moves[J]. Scientific Reports, 3(1): 1801-1805. http://dx.doi.org/10.1038/srep01801.

Mock T J, Wright A M. 1999. Are audit program plans risk-adjusted?[J]. Auditing: A Journal of Practice & Theory, 18(1): 55-74.

Modigliani F, Miller M. 1958. The cost of capital, corporation finance and the theory of investment[J]. American Economic Review, 48(4): 443-453.

Modigliani F, Miller M. 1963. Corporate income taxes and the cost of capital: a correction[J]. American Economic Review, 53: 433-443.

Mohanram P S, Sunder S V. 2006. How has regulation FD affected the operations of financial analysts?[J]. Contemporary Accounting Research, 23(2): 491-525.

Mondria J, Wu T, Zhang Y. 2010. The determinants of international investment and attention allocation: using Internet search query data[J]. Journal of International Economics, 82: 85-95.

Morellec E, Nikolov B, Schürhoff N. 2012. Corporate governance and capital structure dynamics[J]. The Journal of Finance, 67(3): 803-848.

Moser D V, Martin P R. 2012. A broader perspective on corporate social responsibility research in accounting[J]. The Accounting Review, 87(3): 797-806.

Murphy K J. 1985. Corporate performance and managerial remuneration: an empirical analysis[J]. Journal of Accounting and Economic, 7(1): 11-42.

Myers S C, Majluf N S. 1984. Corporate financing and investment decisions when firms have information that investors do not have[J]. Journal of Financial Economics, 13: 187-222.

Myers S C. 1977. The determinants of corporate borrowing[J]. Journal of Financial Economics, 5: 147-175.

Myers S C. 1984. The capital structure puzzle[J]. Journal of Finance, 39: 575-592.

Nicolaou A I. 2004. Firm performance effects in relation to the implementation and use of enterprise resource planning systems[J]. Journal of Information Systems, 18(2): 79-105.

Nini G, Smith D C, Sufi A. 2012. Creditor control rights, corporate governance, and firm value[J]. Review of Financial Studies, 25(6): 1713-1761.

Nini G, Smith D, Sufi A. 2009. Creditor control rights and firm investment policy[J]. Journal of Financial Economics, 92(3): 400-420.

Nofsinger J R. 2005. Social mood and financial economics[J]. Journal of Behavioral Finance, 6(3): 144-160.

Oliver C. 1991. Strategic responses to institutional processes[J]. Academy of Management Review, 16: 145-179.

Omer T. 2008. What Google knows: privacy and internet search engines[J]. Utah Law Review, 4: 1433-1476.

Orlitzky M, Siegel D S, Waldman D A. 2011. Strategic corporate social responsibility and environmental sustainability[J]. Business & Society, 50: 6-27.

Ostrom A L, Iacobucci D. 1998. The effect of guarantees on consumers' evaluation of services[J]. The Journal of Services Marketing, 12(5): 362-378.

Otway H J, Winterfeldt D V. 1982. Beyond acceptable risk: on the social acceptability of technologies[J]. Policy Sciences, 14(3): 247-256.

Owusuansah S. 2009. Timeliness of corporate financial reporting in emerging capital markets: empirical evidence from the zimbabwe stock exchange(undated)[R]. Working Paper. http://ssrn.com/abstract=215929.

Oztekin O, Flannery M J. 2012. Institutional determinants of capital structure adjustment speeds[J]. Journal of Financial Economics, 103: 88-112.

Pagano M, Panetta F, Zingales L. 1998, Why do companies go public? An empirical analysis[J]. Journal of Finance, 63: 27-64.

Parker L D. 1986. Polemical themes in social accounting: a scenario for standard setting[J]. Advances in Public Interest Accounting, 1: 67-93.

Parker T H, Knapp R, Rosenfield J A. 2002. Social mediation of sexually selected ornamentation and steroid hormone levels in male junglefowl[J]. Animal Behaviour, 64(2): 291-298.

Patterson P G, Johnson L W, Spreng R A. 1996. Modeling the determinants of customer satisfaction for business-to-business professional service[J]. Journal of Academy of Marketing Science, 25(1): 4-17.

Peloza J. 2006. Using corporate social responsibility as insurance for financial performance[J]. California Management Review, 48: 52-65.

Penna N D, Huang H. 2010. Constructing consumer sentiment index for US using Google searches[R]. Working Papers, University of Alberta, Department of Economics.

Petrovits C. 2006. Corporate-sponsored foundations and earnings management[J]. Journal of Accounting and Economics, 41: 335-362.

Pfeffer J, Salancik G R. 1978. The external control of organizations: a resource dependence perspective[M]. New York: Harper & Row.

Pistor K, Raiser M, Gelfer S. 2000. Law and finance in transition economies[J]. Economics of Transition, 8(2): 325-368.

Pistor K, Wellons P. 1999. The role of law and legal institutions in Asian economic development: 1960-1995[M]. Oxford: Oxford University Press.

Pistor K, Xu C. 2005. Governing stock markets in transition economies: lessons from China[J]. American Law and Economics Review, 7(1): 184-210.

Porshnev A, Redkin I, Shevchenko A. 2013. Improving prediction of stock market indices by analyzing the psychological states of twitter users[EB/OL]. Higher School of Economics Research Paper No. WP BRP 22/FE/2013. Available at SSRN: https://ssrn.com/abstract=2368151.

Poston R, Grabski S. 2001. Financial impacts of enter resource planning implementations[J]. International Journal of Accounting Information Systems, 2: 271-294.

Prawitt D F, Smith J L, Wood D A. 2008. Internal audit quality and earnings management[R]. Working Paper, Marriott School of

Management, Brigham Young University.

Preis T, Moat H E, Stanley H E. 2013. Quantifying trading behavior in financial markets using Google Trends[J]. Scientific Reports, 3: 1684-1690.

Preis T, Moat H S, Stanley H E, et al. 2012. Quantifying the advantage of looking forward[J]. Scientific Reports, 2: 350-351.

Preis T, Reith D, Stanley H E. 2010. Complex dynamics of our economic life on different scales: insights from search engine query data[J]. Philosophical Transactions of the Royal Society A, 368: 5707-5719.

Premuroso R F, Bhattacharya S. 2008. Do early and voluntary filers of financial information in XBRL format signal superior corporate governance and operating performance?[J]. International Journal of Accounting Information Systems, 9(1): 1-20.

Putrevu S, McGuire J, Siegel D S, et al. 2012. Corporate social responsibility, irresponsibility, and corruption: Introduction to the special section[J]. Journal of Business Research, 65: 1618-1621.

Qi B, Yang R, Tian G. 2013. Can media deter management from manipulating earnings? Evidence from China[J]. Review of Quantitative Finance and Accounting, 3: 1-27.

Qian Y, Tian Y, Wirjanto T S. 2009. Do Chinese publicly listed companies adjust their capital structure toward a target level?[J]. China Economic Review, 20: 662-676.

Raghunandan K, Rama D V. 2006. SOX Section 404 material weakness disclosures and audit fees[J]. Auditing: A Journal of Practice and Theory, 25: 99-114.

Rajan R G, Zingales L. 1995. What do we know about capital structure? Some evidence from international data[J]. Journal of Finance, 50: 1421-1460.

Rangaswamy A, Giles C L, Seres S. 2009. A strategic perspective on search engines: thought candies for practitioners and researchers[J]. Journal of Interactive Marketing, 23: 49-60.

Rasmussen S J. 2013. Revenue recognition, earnings management, and earnings informativeness in the semiconductor industry[J]. Accounting Horizons, 27(1): 72-75.

Reed P. 2013. Hashtags and retweets: using twitter to aid community, communication and casual (informal) learning[J]. Research in Learning Technology, 21: 1-21.

Rehbein K, Waddock S, Graves S B. 2004. Understanding shareholder activism: which corpo-rations are targeted?[J]. Business and Society, 43: 239-267.

Richardson G, Taylor G, Lanis R. 2013. The impact of board of director oversight characteristics on corporate tax aggressiveness: an empirical analysis[J]. Journal of Accounting and Public Policy, 32(3): 68-88.

Richardson S. 2006. Over-investment of free cash flow[J]. Review of Accounting Studies, 11: 159-189.

Rivoli P, Waddock S. 2011. First they ignore you…: the time-context dynamic and corporate responsibility[J]. California Management Review, 53(2): 87-104.

Roberts M, Sufi A. 2009. Control rights and capital structure: an empirical investigation[J]. Journal of Finance, 64(4): 1657-1695.

Ross S. 1973. The economic theory of agency: the principal's problem[J]. American Economic Review, 63: 134-139.

Rowley T J, Moldoveanu M. 2003. When will stakeholder groups act? An interest- and identity-based model of stakeholder group mobilization[J]. Academy of Management Review, 28: 204-219.

Roychowdhury S. 2006. Earnings management through real activities manipulation[J]. Journal of Accounting and Economics, 42: 335-370.

Russo J E, Schoemaker P J H. 1992. Managing overconfidence[J]. Sloan Management Review, 33: 7-17.

Saavedra S, Hagerty K, Uzzi B. 2011. Synchronicity, instant messaging, and performance among financial traders[J]. PNAS, 108(13):
5296-5301.

Saxton G D. 2012. New media and external accounting information: a critical review[J]. Australian Accounting Review, 62(3):
286-302.

Schau H J, Gilly M. 2003. We are what we Post? Self-presentation in personal web space[J]. The Journal of Consumer Research,
30(3): 385-404.

Schau H J, Muñiz A M, Arnould E J. 2009. How brand community practices create value[J]. The Journal of Marketing, 73(5): 30-51.

Schipper K. 1989. Commentary on earnings management[J]. Accounting Horizons, 3: 91-102.

Schneider A, Church B K. 2008. The effect of auditors' internal control opinions on loan decisions[J]. Journal of Accounting and
Public Policy, 27: 1-18.

Schnietz K E, Epstein M J. 2005. Exploring the financial value of a reputation for corporate social responsibility during a crisis[J].
Corporate Reputation Review, 7: 327-345.

Sen S, Bhattacharya C B, Korchun D. 2006. Working for a good global company: employee reactions to corporate social
responsibility[R]. School of Management, Boston University Working Paper.

Sette E. 2009. Sorting, reputation and entry in a market for experts[R]. Bank of Italy Temi di Discussione Working Paper.

Shaw K W, Zhang M H. 2008. Is CEO cash compensation punished for poor firm performance?[J]. The Accounting Review, 85(3):
1065-1093.

Shea L J. 2010. Using consumer perceived ethicality as a guideline for corporate social responsibility strategy: a commentary essay[J].
Journal of Business Research, 63: 263-264.

Shefrin H. 2001. Behavioral corporate finance[J]. Journal of Applied Corporate Finance, 14(3): 113-126.

Shelton T, Poorthuis A, Graham M, et al. 2014. Mapping the data shadows of hurricane sandy: uncovering the sociospatial dimensions
of "big data" [J]. Geoforum, 52: 167-179.

Shleifer A, Wolfenzon D. 2002. Investor protection and equity markets[J]. Journal of Financial Economics, 66: 3-27.

Shrivastava P. 1995. The role of corporations in achieving ecological sustainability[J]. Academy of Management Review, 20:
939-960.

Sia S K, Tang M, Soh C, et al. 2002. Enterprise resource planning(ERP)systems as a technology of power: empowerment or panoptic
control[J]. The Data Base for Advances in Information Systems, 33(1): 23-37.

Siegel D S, Vitaliano D F. 2007. An empirical analysis of the strategic use of corporate social responsibility[J]. Journal of Economics
and Management Strategy, 16: 773-792.

Siganos A. 2013. Google attention and target price run ups[J]. International Review of Financial Analysis, 29: 219-226.

Singh M, Davidson III W N. 2003. Agency costs, ownership structure and corporate governance mechanisms[J]. Journal of Banking
and Finance, 27(5): 793-816.

Singh T, Liza V, Blogging C J. 2008. A new play in your marketing game plan[J]. Business Horizons, 51(4): 281-292.

Sirri E R, Tufano P. 1998. Costly search and mutual fund flows[J]. Journal of Finance, 53(3): 1589-1589.

Skinner D J. 1994. Why firms voluntarily disclose bad news[J]. Journal of Accounting Research, 32(1): 38-60.

Slovic P. 1987. Perception of risk[J]. Science, 236(277): 280-285.

Slovic P. 2000. The perception of risk[J]. Risk Society and Policy, 69(3): 112.

Smith C, Warner J. 1979. On financial contracting: an analysis of bond covenants[J]. Journal of Financial Economics, 7: 117-161.

Smith C, Watts R L. 1992. The investment opportunity set and corporate financing, dividend, and compensation policies[J]. Journal of Financial Economics, 32: 263-292.

Solove D J. 2013. Introduction: privacy self-management and the consent dilemma[J]. Harvard Law Review, 126(7): 1880-1903.

Soltani B. 2002. Timeliness of corporate and audit reports: some empirical evidence in the French context[J]. The International Journal of Accounting, 37: 215-246.

Spence M, Zeckhauser R. 1971. Insurance, information, and individual action[J]. The American Economic Review, 61: 380-387.

Sprinkle G B, Maines L A. 2010. The benefits and costs of corporate social responsibility[J]. Business Horizons, 53: 445-453.

Statman M, Tyebjee T T. 1985. Optimistic capital budgeting forecasts: an experiment[J]. Financial Management, 14: 27-33.

Stein J C. 2003. Agency, information and corporate investment[J]. Handbook of the Economics of Finance, 1(03): 111-165.

Stein J. 1996. Rational capital budgeting in an irrational world[J]. The Journal of Business, 69: 429-455.

Stiglitz J E, Weiss A. 1981. Credit rationing in markets with imperfect information[J]. The American Economic Review, 71(3): 393-410.

Stulz R. 1990. Managerial discretion and optimal financing policies[J]. Journal of Financial Economics, 26: 3-27.

Suchman M C. 1995. Managing legitimacy: strategic and institutional approaches[J]. Academy of Management Journal, 20(3): 571-610.

Suhoy T. 2009. Query indices and a 2008 downturn: Israeli data[R]. Bank of Israel. http://www.bankisrael.gov.il/deptdata/mehkar/papers/dp0906e.pdf.

Syverson P E. 1997. A different look at secure distributed computation[C]. Proceedings of the 1997 IEEE Computer Security Foundations Workshop, Washington, DC, USA: 109-115.

Tang A, Xu L. 2007. Institutional ownership, internal control material weakness and firm performance[R]. Working Paper, Morgan State University.

Tasi V. 2001. Mathematics and the roots of postmodern thought[M]. Oxford: Oxford University Press.

Teo T, Choo W Y. 2002. Assessing the impact of using the internet for competitive intelligence[J]. Information and Management, 39(1): 67-83.

Titman S. 2001. The Modigliani and Miller theory and market efficiency[R]. NBER Working Paper.

Tkacz G. 2013. Predicting recessions in real-time: mining Google trends and electronic payments data for clues[J]. C.D. Howe Institute Commentary, 387.

Townsend R M. 1979. Optimal contracts and competitive markets with costly state verification[J]. Journal of Economic Theory, 21: 265-293.

Triplett J E. 1999. The Solow productivity paradox: what do computers do to productivity?[J]. The Canadian Journal of Economics, 32(2): 309-334.

Trubek D M, Galanter M. 1974. Scholars in self-estrangement: some reflections on the crisis in law and development studies in the United States[J]. Wisconsin Law Review, 4: 1062-1102.

Tsoukas S, Mizen P, Tsoukalas J. 2011. The importance of a good reputation: new evidence from the US corporate bondmarket[R]. Working Paper.

Tufano P, Sevick M. 1997. Board structure and fee-setting in the U.S. mutual fund industry[J]. Journal of Financial Economics, 46: 321-356.

Tumasjan A, Sprenger T O, Sandner P G, et al. 2010. Predicting elections with Twitter: what 140 characters reveal about political sentiment[C]. Fourth International AAAI Conference on Weblogs and Social Media.

Ullmann A. 1985. Data in search of a theory: a critical examination of the relationship among social performance, social disclosure, and economic performance[J]. Academy of Management Review, 3: 450-477.

Verrecchia R E. 1983. Discretionary disclosure[J]. Journal of Accounting and Economics, 5: 179-194.

Verrecchia R E. 2001. Essays on disclosure[J]. Journal of Accounting and Economics, 32(1-3): 97-180.

Vosen S, Schmidt T. 2011. Forecasting private consumption: survey-based indicators vs. Google trends[J]. Journal of Forecasting, 30(6): 565-578.

Wagenhofer A. 2003. Accrual-based compensation, depreciation and investment decisions[J]. European Accounting Review, 12(2): 287-309.

Wald J K, Long M S. 2007. The effect of state laws on capital structure[J]. Journal of Financial Economics, 83: 297-319.

Wang Q, Wong T J, Xia L. 2008. State ownership, the institutional environment, and auditor choice: evidence from China[J]. Journal of Accounting and Economic, 46: 112-134.

Wang X. 2003. Capital allocation and accounting information properties[R]. Emory University, Working Paper.

Warfield T D, Wild J J, Wild K L. 1995. Managerial ownership, accounting choices, and informativeness of earnings[J]. Journal of Accounting and Economics, 20(1): 61-91.

Wasserman S. 1994. Advances in social network analysis: research in the social and behavioral sciences[M]. London: Sage.

Watts R L, Zimmerman J L. 1986. Positive accounting theory[M]. Prentice Hall, Inc., Englewood Cliffs.

Weill P. 1992. The relationship between investment in information technology and firm performance: a study of the valve manufacturing sector[J]. Information Systems Research, 4: 307-333.

Weisbach M S. 1988. The CEO and the firms investment decision[J]. Journal of Financial Economics, 40: 567-591.

Weiss L, Hölmstrom B. 1985. Managerial incentives, investment and aggregate implications[J]. Review of Economic Studies, 52: 403-426.

Whittred G, Zimmer I. 1984. Timeliness of financial reporting and financial distress[J]. The Accounting Review, 2: 287-295.

Wier B, Hunton J E, Hassabelnaby H R. 2005. Enterprise resource planning and non-financial performance incentives: the joint impact on corporate performance[R]. Working Paper, Virginia Commonwealth University.

Williams J. 1987. Perquisites, risk, and capital structure[J]. Journal of Finance, 42: 29-49.

Wilson J Q, Kelling G L. 1982. Broken windows: the police and neighborhood safety[J]. Atlantic Monthly, 249(3): 29-38.

Winters B I. 2004. Choose the right tools for internal control reporting[J]. Journal of Accountancy, 197(2): 34-40.

Wirtz J. 1998. Development of a service guarantee model[J]. Asia Pacific Journal of Management, 15: 51-75.

Wood D J. 1991. Corporate social performance revisited[J]. Academy of Management Review, 4: 691-718.

Wright S, Wright A. 2002. Information system assurance for enterprise resource planning systems: implementation and unique risk considerations[J]. Journal of Information Systems, 16(s-1): 99-113.

Wu L, Brynjolfsson E. 2009. The future of prediction: how Google searches foreshadow housing prices and quantities[J]. ICIS Proceedings, 147.

Xie H. 2001. The mispricing of abnormal accruals[J]. The Accounting Review, 76(3): 357-373.

Yan Y C. 2007. Associations between SOX 404 opinions and auditors, audit committees, and executives[D]. Miami: Florida International University.

Yang M C, Rim H C. 2014. Identifying interesting Twitter contents using topical analysis[J]. Expert Systems with Applications,

41(9)：4330-4336.

Yoon H,Zo P,Ciganek A. 2011. Does XBRL adoption reduce information asymmetry?[J]. Journal of Business Research,64:157-163.

Zaheer A，Venkatraman N. 1995. Relational governance as an interorganizational strategy：an empirical test of the role of trust in economic exchange[J]. Strategic Management Journal，16(5)：373-392.

Zang A Y. 2012. Evidence on the tradeoff between real manipulation and accrual manipulation[J]. The Accounting Review，87(2)：675-703.

Zhang R，Rezaee Z，Zhu J. 2009. Corporate philanthropic disaster response and ownership type：evidence from Chinese firms' response to the Sichuan Earthquake[J]. Journal of Business Ethics，91：51-63.

Zhang R，Zhu J，Yue H，et al. 2010. Corporate philanthropic giving，advertising intensity and industry competition level[J]. Journal of Business Ethics，94：39-52.

Zhang Y. 2004. Law, corporate governance, and corporate scandal in an emerging economy：insights from China[R]. Peking University Working Paper.

Zheng L. 1999. Is money smart? A study of mutual fund investors' fund selection ability[J]. Journal of Finance，54：901-933.

Zheng S，Yen D C，Tarn J M. 2000. The new spectrum of the cross-enterprise solution：the integration of supply chain management and enterprise resources planning systems[J]. Journal of Computer Information Systems，41(1)：84-93.

Zhu T，Yang X. 2012. Local government intervention and the implementation effect of special treatment[R]. Jinan University Working Paper.

Zyglidopoulos S C，Georgiadis A P，Carroll C E，et al. 2012. Does media attention drive corporate social responsibility?[J]. Journal of Business Research，65：1622-1627.

后　记

  自从计算机诞生以来,计算机技术就开始逐渐影响人类的行为。而互联网技术的出现,使得计算机技术深度嵌入到人类的行为之中,逐渐开始改变人类的行为。由此,互联网技术影响甚至改变人类经济行为也成为可能和现实。特别是近年来,以大数据、人工智能和区块链技术为核心的新一轮科技革命正在给人类的社会和经济行为带来巨大革命。那么,技术革命给人类经济行为带来的影响究竟是如何作用的?这是我个人从博士生阶段以来,一直在思考的研究问题。

  会计学作为反映和刻画企业经济行为特征的一门学科,在互联网的浪潮之下,现有的会计学如何有效刻画科技革命所带来的经济影响?会计学理论又是如何解释科技革命所带来的经济影响?由此,我在 2013 年 7 月发表在《经济研究》上的论文就提出 Internet 治理这一概念,并给出了定义,以充分考察互联网技术如何从公司内部和公司外部影响企业行为。此后,我的个人研究方向一直往这个方向延续,形成了一些不成熟的想法,陆陆续续把这些想法形成文字,其中一部分发表在学术期刊上,还有一些没有发表,构成了相关的论文,这些都构成了本著作的素材基础。随着信息技术的不断发展,新的信息技术层出不穷,未来的新技术对经济的影响,本书提出的观点是否还具有适用性?如果不适用,那么,该如何修正本书提出的观点?这些都是我未来需要持续关注的问题。

  这本著作肯定存在很多不足,希望能够得到各位读者的批评指正,联系 Email：zjg@pku. org. cn。

曾建光
2020 年 11 月于重庆